选矿机械

周恩浦 编著

中南大学出版社
www.csupress.com.cn

图书在版编目(CIP)数据

选矿机械/周恩浦主编. —长沙：中南大学出版社，2014.8
ISBN 978 - 7 - 5487 - 1165 - 0

Ⅰ.选…　Ⅱ.周…　Ⅲ.选矿机械　Ⅳ.TD45

中国版本图书馆 CIP 数据核字(2014)第 184184 号

选矿机械

周恩浦　主编

□责任编辑	刘石年		
□责任印制	易建国		
□出版发行	中南大学出版社		
	社址:长沙市麓山南路	邮编:410083	
	发行科电话:0731-88876770	传真:0731-88710482	
□印　装	长沙印通印刷有限公司		

□开　本	787×1092　1/16	□印张 20.75	□字数 513 千字	□插页
□版　次	2014 年 8 月第 1 版	□2014 年 8 月第 1 次印刷		
□书　号	ISBN 978 - 7 - 5487 - 1165 - 0			
□定　价	65.00 元			

前　言

本书内容包括破碎机械、筛分机械、磨矿机械、分级机械、选别机械和脱水机械。本书在介绍各类选矿机械设备的工作原理、基本结构和工作特点的基础上，系统地阐述了本学科的基本理论和设备性能参数的分析和计算，以及各类机械的设计方法。本书结合国内生产实际，反映了我国选矿机械方面的新成就，同时对国外选矿机械的发展动向亦作了扼要的介绍。

本书可作为高等学校工程机械、选矿、冶金、建筑材料、道路工程及化工等有关专业的教学参考书，亦可供有关专业的工程技术人员参考。

本书在出版过程中，得到中南大学、中南大学机电工程学院和中国五矿长沙矿冶研究院有限责任公司领导的支持和赞助，在此表示深深的谢意。

本书在编写过程中，得到曹中一教授、张国旺教授级高级工程师、银金光教授、刘排秧教授级高级工程师、曾洪茂教授级高级工程师的支持、关心和照顾，并得到女儿周梅、周澜的鼓励，始能克服年老体衰、两眼昏花的困难，增强信心。本着生命不息、奋斗不止的精神，终于完成多年的心愿。在此，仅以此书向他们表示衷心的感谢。

书中内容虽反复审核，难免存在某些缺点和不足之处，恳切地希望读者批评指正。

周恩浦

2013 年 10 月于中南大学

目 录

第一章　选矿(选煤)的基本知识

第一节　选矿(选煤)的目的

从矿山开采出来的矿石称为原矿。原矿通常是由有用矿物和脉石所组成。有用矿物就是含有用成分(如 Fe、Cu)的矿物，如 Fe_2O_3、CuS 等。脉石就是矿石中没有使用价值的或不能被利用的部分，如 SiO_2。有用矿物和脉石有的组成为紧密的实体，有的则以疏散的混合物状态存在。

矿石一般不是只含有一种金属(有用成分)，而是含有多种金属。含一种金属的矿石叫单金属矿石，含两种或多种金属的矿石称为多金属矿石。

从矿山开采出来的矿石多为品位较低的矿石(品位表示矿石中金属的含量，通常用百分数表示)。例如贫铁矿石通常只含铁 20%~30%，铜矿石含铜只有 0.5%~2%。由于现代冶炼技术对矿石的品位有一定的要求，例如在铁矿石中铁的品位应高于 45%~50%，铜矿石中铜的品位应高于 8% 等，所以，为了满足冶炼上的要求，对于品位低的贫矿石在冶炼前必须进行选矿。选矿的主要目的是用物理方法(包括重、磁、电等方面)将矿石中的脉石和有害的杂质尽可能地除掉，提高矿石的品位，达到冶炼产品的要求和提高冶炼产品的质量；此外，选矿还可将几种有用矿物相互分离，使之不因冶炼一种金属而使另一种金属损失掉。

选煤过程也是除去原煤中的有害杂质(灰分和硫分)，合理地利用煤炭资源和满足炼焦用煤、化工用煤、动力用煤等的质量要求。

选矿(选煤)还可大量节约矿石的运输费用，特别是对品位较低的矿石。

选矿是采矿和冶金工业的一个中间环节。它在提高矿石品位使之符合冶炼要求以及合理利用国家资源方面，成为国民经济中一个不可缺少的组成部分。

随着采煤机械化程度的不断提高，原煤质量迅速下降，而现代工业对煤的质量要求越来越高，为了适应工业发展的需要，最大限度地提高精煤产率和质量是选煤工业的首要任务。

在选矿(选煤)厂中，生产过程的主要作业，都是借助于选矿(选煤)机械(破碎机、筛分机、磨矿机、分级机、选别机械和脱水机械)来完成。这类机械设备依靠皮带运输机、给料机、砂泵以及其他辅助设备联系起来，使选矿(选煤)的生产过程实现综合机械化。在选矿(选煤)厂中，其中任一主要机器的停止运转，都将引起选矿(选煤)厂的生产停顿。所以，正确地设计和选择选矿(选煤)机械，加强机械设备的保养和维修工作，保证每台设备正常运转，对提高选矿(选煤)过程的技术经济指标有着很大的意义。

第二节　选矿的工艺流程

选矿的工艺流程是由选前的准备作业、选别作业和选后的脱水作业等组成。每个作业都起着不同的作用。

一、选前的准备作业

有用矿物在矿石中通常呈嵌布状态。嵌布粒度的大小，通常为 0.05 mm 至几毫米。目前，露天矿开采出来的原矿最大块度为 200 ~ 2000 mm，地下矿开采出来的原矿最大块度为 600 ~ 200 mm。因此，为了从矿石中提取有用矿物，必须将矿石破碎，使其中的有用矿物得以单体分离，以便选出矿石中的有用矿物。有用矿物和脉石颗粒解离得越完全，有用矿物选别作业的效果就越好。

对于绝大多数矿石，选前的准备作业可分两个阶段进行。

1. 破碎筛分作业

破碎是指将块状矿石变成粒度大于 1 ~ 5 mm 产品的作业。粗嵌布的矿石（有用矿物的粒度为几毫米），经破碎后即可进行选别。破碎矿石通常是采用各种类型的破碎机。

选矿厂最终破碎粒度是结合磨矿作业来考虑的，最适宜的产品粒度一般为 6 ~ 25 mm，这是为了使破碎与磨矿总成本达到最低。

将矿山开采出来的粒度为 200 ~ 2000 mm 的原矿石破碎到粒度为 10 ~ 25 mm 的产品时，破碎比的范围是：

$$i_{max} = \frac{D_{max}}{d_{min}} = \frac{2000}{10} = 200$$

$$i_{min} = \frac{D_{min}}{d_{max}} = \frac{200}{25} = 8$$

式中：i——破碎作业的总破碎比；i_{max} 为最大值，i_{min} 为最小值；

　　　D、d——原矿和破碎产品中粒度，D_{max}，d_{max} 为最大粒度；D_{min}，d_{min} 为最小粒度（最大粒度是指通过 95% 矿量的方筛孔尺寸）。

在一台破碎机中要达到这样大的破碎比是比较困难的。由于本身机构的特点，破碎机只能在一定限度的破碎比下，才能有效地工作。各种破碎机在不同的工作条件下其破碎比的范围见表 1 - 1。

表 1 - 1　各种破碎机在不同工作条件下的破碎比范围

破碎段数	破碎机类型	流程类型	破碎比范围
第 Ⅰ 段	颚式破碎机和旋回破碎机	开路	3 ~ 5
第 Ⅱ 段	标准型圆锥破碎机	开路	3 ~ 5
第 Ⅱ 段	标准型（或中型）圆锥破碎机	闭路	4 ~ 8
第 Ⅲ 段	短头型圆锥破碎机	开路	3 ~ 6
第 Ⅲ 段	短头型圆锥破碎机	闭路	4 ~ 8

由表1-1可以看出，要把矿石从原矿的粒度破碎到所需的粒度，必须采用几台串联工作的破碎机，实行分段破碎。总破碎比等于各段破碎比的乘积。

筛分就是将颗粒大小不同的混合物料按粒度分成几种级别的分级作业。从矿山开采出来的矿石，其粒度大小很不一致，其中含有一定量的细粒矿石，如其粒度适于下段作业的要求，那么，这些矿石就无需破碎。所以，当矿石进入破碎机之前，应将细粒矿石分出，这样可以增加机器的处理能力和防止矿石的过粉碎。其次，在破碎后的产品中也时常含有粒度过大的矿粒，这也要求将过大的矿粒从混合物料中分出并返回破碎机中继续破碎。为了达到上述目的，必须进行筛分。

在选矿厂中，破碎和筛分组成联合作业。基本破碎筛分流程如图1-1所示。

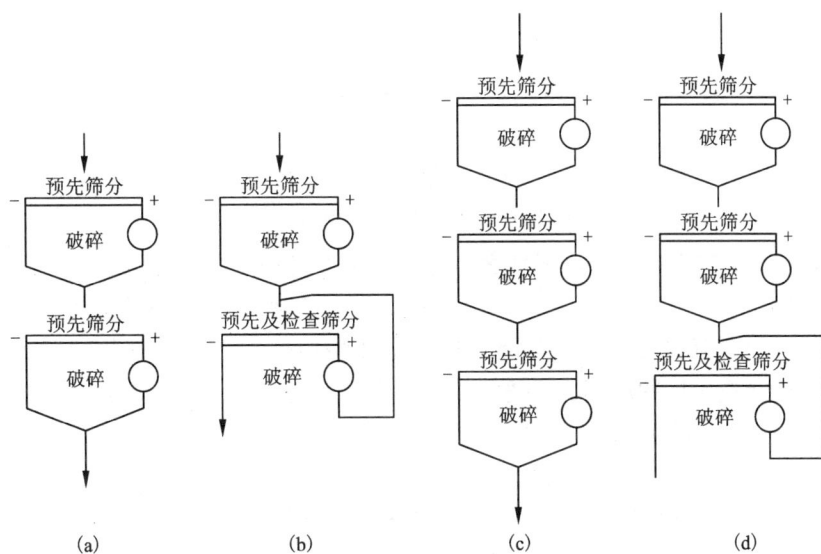

图1-1　基本破碎筛分流程

小型选矿厂常采用二段开路破碎流程[见图1-1(a)]，第一段一般可不设预先筛分。中小型选矿厂常用二段一次闭路破碎流程[见图1-1(b)]或三段一次闭路破碎流程[见图1-1(d)]。大型选矿厂常用三段开路破碎流程[见图1-1(c)]或三段一次闭路破碎流程[见图1-1(d)]。在处理含水分较高的泥质矿石及易产生大量石英粉尘的矿石时，以采用开路破碎流程为宜，因采用闭路破碎流程时，易使筛网及破碎机堵塞，或产生很多的有害粉尘。

对于一些非金属矿，如石棉，由于矿石很软，节理比较发达，因此，可以采用破碎比较大的反击式破碎机和锤式破碎机，一次破碎成所需粒度的产品。

破碎筛分流程中所用的主要机械有颚式破碎机、旋回破碎机、圆锥破碎机、反击式破碎机、锤式破碎机、辊式破碎机、固定筛、振动筛和共振筛。

2.磨碎分级作业

有用矿物呈细粒嵌布时，由于粒度比较小(0.05~1 mm)，矿石经几段破碎以后，必须继续进行磨碎，才能使有用矿物与脉石达到单体分离，以便选出有用矿物而去掉脉石。

为了控制磨矿产品的粒度和防止矿粒的过粉碎或泥化，通常采用分级作业与磨矿作业联合进行。

图 1 - 2 表示最基本的磨矿分级流程。

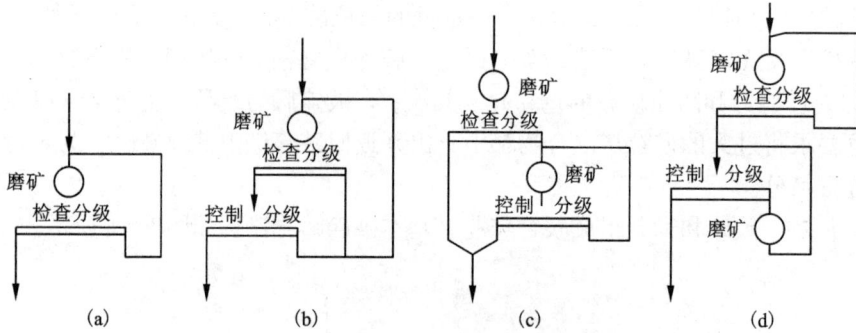

图 1 - 2　基本磨矿分级流程

由于磨矿机有较大的破碎比，一般磨矿细度大于 0.15 mm 时采用一段磨矿；小于 0.15 mm 时采用两段磨矿。磨矿作业可以分为开路及与分级设备构成闭路两种形式。开路磨矿易造成物料的过粉碎，故仅在以棒磨机代替细碎的情况下或物料泥化对选别效果没有影响时才采用，一般均与分级设备构成闭路。分级设备一般在粗磨时常采用螺旋分级机，细磨时采用螺旋分级机或水力旋流器(或细筛)与磨矿机构成闭路循环。

随着自磨机在选矿厂的应用，使破碎和磨碎流程大为简化，从而减少了基建和设备投资以及维护管理费用，降低了选矿成本。

破碎作业的能耗少，磨碎作业的能耗多。减少磨碎作业能耗的关键是使破碎的粒度尽量减小，即增大破碎比，降低磨矿的给料粒度(多破碎，少磨矿)。为此，国外采用了四段破碎的工艺流程，最终的破碎产品粒度可在 7 mm 以下。

二、选别作业

矿石经破碎或磨碎到一定大小的粒度以后，虽然有用矿物呈单体分离状态，但仍与脉石混在一起，所以，必须根据矿石的性质，用适当的方法选出矿石中的有用矿物。最常用的选矿方法有以下几种：

1. 重力选矿法

重选是利用矿石中有用矿物和脉石的比重差，在介质(水、空气、重液或悬浮液)中造成不同的运动速度而使它们分离的一种选矿方法。

重选的设备有跳汰机、摇床、溜槽和重介质选矿机等。

2. 浮游选矿法

浮选是根据各种矿物表面物理化学性质的差别，而使有用矿物与脉石相互分离的选矿方法。

浮选是在浮选机中进行的。

3. 磁力选矿法

磁选是根据有用矿物与脉石的磁性不同，而使它们分离的一种选矿方法。

磁选是在磁选机中进行的。

此外,还有根据矿物的导电性、摩擦系数、颜色和光泽等不同而进行选矿的一些其他选矿方法,如静电选矿法,摩擦选矿法,光电分选法等。目前还出现了一种细菌选矿法,它主要是利用某些细菌及其代谢产物的氧化作用,使矿石中的金属变成硫酸盐形式溶解出来,然后适当处理,回收有用金属。

三、选后的脱水作业

绝大多数的选矿产品(如浮游精矿,摇床精矿等)都含有大量的水分,因此,对于运输和冶炼加工都很不方便,所以,在冶炼前,必须将选矿产品中的水分脱除。

脱水通常按以下几个阶段进行:

1. 浓缩

这是利用液体中的固体粒子在重力或离心力的作用下产生沉淀而排出一部分水分的作业。浓缩过程通常是在浓缩机中进行的。

2. 过滤

由于浓缩后的产品还含有一定量的水分,所以,还要进一步脱水。矿泥(浮游精矿等)的脱水是采用过滤的方法在过滤机上进行的。过滤是利用某种多孔材料(如滤布)制成的隔板使固体颗粒与水分离的作业。

3. 干燥

它是脱水过程的最后阶段。干燥是根据加热蒸发的原理以减少物料中水分的作业。干燥机是用于这种作业中的机器。

矿石经过选矿过程以后,可以得到几种产品:精矿、尾矿和中矿。

选矿过程的效率主要用回收率来表示。回收率是以精矿中金属的重量与原矿中金属的重量之比的百分数表示。回收率愈高,则选矿过程的效率愈高。

各种矿石的选矿过程是不同的,它们取决于矿石的性质、选矿厂所在地的自然条件、冶炼要求等一系列因素。图1-3为用主要设备和辅助设备表示的某金属选矿厂矿石流动的机械流程图。

由图1-3可以看出,从矿山开采出来的矿石,在送到冶炼厂之前,要经过一系列工序连续加工处理。

选矿机械是根据选矿流程来选择的。但是,选矿机械结构的改善或新型选矿机械的出现,也会对选矿工艺流程产生影响,甚至会引起工艺流程的重大改变。

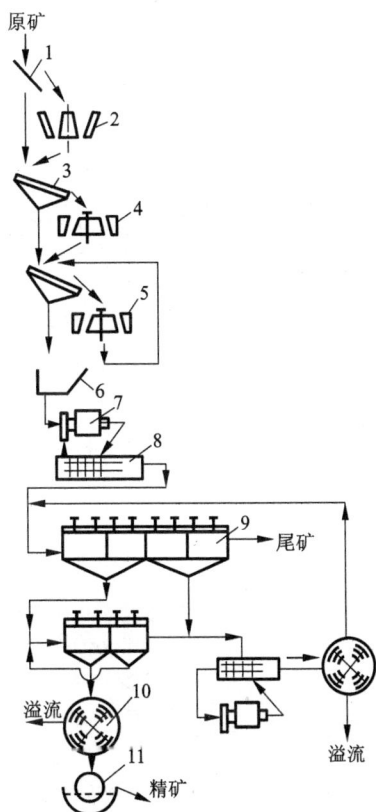

图1-3 机械流程图

1—固定格筛;2—旋回破碎机;3—振动筛;
4—标准型圆锥破碎机;5—短头型圆锥破碎机;
6—矿仓;7—球磨机;8—螺旋分级机;
9—浮选机;10—浓缩机;11—真空过滤机

表1-2是选矿厂的基本工艺流程和采用的主要设备。

表1-2　选矿厂基本工艺流程和主要设备

工艺过程		设备名称	工艺要求和设备特点	
选前准备作业	破碎与筛分联合作业	粗碎	颚式破碎机 旋回破碎机	采用二段或三段破碎使矿石破碎至粒度为1~5 mm以下
		中碎、细碎	圆锥破碎机 辊式破碎机 反击式破碎机	
		筛分	惯性振动筛 共振筛	从破碎产品中筛出粒度过大的物料,进行再破碎
	磨矿与分级联合作业	磨矿	球磨机 棒磨机 砾磨机 自磨机	磨矿的产品粒度为几微米至1毫米 注:采用自磨机的工艺流程,原矿可一段破碎后或直接进入自磨机
		分级	螺旋分级机 水力旋流器	控制磨矿产品的粒度并避免较小矿粒的过粉碎
选矿作业	重力选矿	重介质选矿	圆锥型重介质分选机 圆筒型重介质分选机 重介质振动溜槽 重介质旋流器	用于粗粒级物料的分类
		跳汰选	隔膜跳汰机	
		溜槽选矿	扇形溜槽 螺旋选矿机	用于处理细粒级的物料
		摇床选矿	平面摇床 离心摇床	
		离心选矿	离心选矿机	处理矿泥的有效设备
	浮选		机械搅拌式浮选机 压气式浮选机 混合式浮选机 浮选柱	应用范围特别广,尤适用于处理细粒浸染、成分复杂的矿物
	磁选	弱磁场磁选机	湿式永磁筒式磁选机 干式永磁筒式磁选机 永磁脱水槽	分选强磁性矿物 湿式永磁磁选机可以处理细粒或粗粒物料 干式永磁磁选机用于处理粗粒物料 永磁脱水槽主要用于脱除细粒脉石和矿泥
		强磁场磁选机	湿式电磁强磁选机 永磁强磁选机	分选弱磁性矿物
	电选		高压电选机	用于稀有金属、有色金属和非金属矿石的分选

(注:使有用矿物呈单体分离状态,为分选创造条件;选黑色金属矿石,尤其是磁铁矿石和锰矿石的主要方法,并广泛用于稀有金属矿石的分选)

续表 1－2

工艺过程		设备名称	工艺要求和设备特点
选后产品的脱水作业	浓缩	耙式浓缩机 水力旋流器 倾斜板浓密箱 磁力脱水槽	浮选精矿多选用浓缩机，而磁选粗矿多用磁力脱水槽作为第一段脱水作业 细粒精矿一般采用浓缩—过滤二段脱水作业。对于浓度较高的精矿可直接进行过滤
	真空过滤	盘式过滤机	适用于含有矿泥的细粒精矿
		内滤式筒式过滤机	主要用于粗粒精矿，如磁选铁精矿的脱水
		外滤式筒式过滤机	主要用于要求水分较低的细粒精矿，如浮选有色金属和非金属精矿
		外滤磁力过滤机 永磁筒式内滤机 磁选过滤机	用于磁选精矿的脱水
		折带式过滤机	用于含泥多的细粒精矿，尤其是较黏的浮选精矿，如铁矿浮选精矿的脱水
	干燥	圆筒式干燥机等	在寒冷地区的冬季或对产品水分有特殊要求时，才采用精矿的干燥作业

第三节 选煤的工艺流程

选煤的工艺流程通常是由原煤准备作业（破碎筛分作业）、选前分级及洗选作业、脱水作业、煤泥水处理及干燥作业组成。

为了控制入选原煤粒度，使精煤和矸石连生体充分解离，物料入洗前（或中煤再洗前）要进行适当破碎。破碎效果直接影响到选煤质量。因此，破碎也是选煤作业中一个重要环节。

送入选煤厂的原煤，是粒度不同的混合物。因此，首先要按照精选作业的要求，采用筛分的方法，把原煤分成粒度比较均一的几种级别的物料。

在破碎之前，为了预先分出小于规定粒度的煤，或是检查破碎产品的粒度是否符合要求，必须进行筛分。

破碎筛分作业有两种系统——开路破碎和闭路破碎（图 1－4）。由于煤是易碎物料，所以在选煤厂中多采用开路破碎系统。

破碎筛分流程中所用的主要机械有颚式破碎机、齿辊式破碎机、锤式破碎机、反击式破碎机、单轴惯性振动筛、双轴惯性振动筛和共振筛。

选煤的主要任务是降低煤的灰分，就是使混杂在煤中的矸石、煤矸共生的夹矸煤与纯净煤，按它们在比重、外形和其他物理性质方面的差别加以分离。

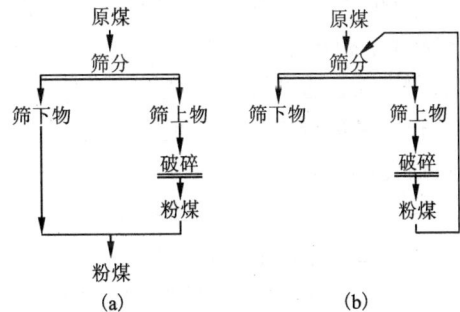

图 1－4 煤的破碎系统
(a)开路破碎；(b)闭路破碎

选煤方法一般分为下列几种：

一、手选

手选又名人工拣矸，即根据煤块和矸石块在颜色、光泽及外形上的差别来进行分选。在机械化选煤厂中，手选只是主要选煤过程之前的一种准备作业，它的应用范围正在逐渐缩小或被机械化方法(如重介质选矸等)代替。

二、重力选煤法

这是依据煤和矸石的不同比重进行的选煤方法。湿法重力选煤有跳汰选、流槽选(槽选)、摇床选、重介质选等。跳汰选在目前是最主要的选煤方法，重介质选煤法是新兴的、有发展前途的重要方法。

三、浮游选煤法

这是依据煤粒与矸石颗粒表面润湿性的差别，实现细粒(0.5~1 mm 以下)物料分选的方法。浮选法是精选煤泥的最有效的方法，但由于成本很高，主要用于炼焦煤选煤厂。

四、特殊选煤法

如利用煤与矸石的导电率或导磁率的不同而进行的静电选(用于煤尘)、电力拣矸(用于块煤)及磁力选煤；利用放射线对煤和矸石穿透能力不同而实现的放射线同位素选煤和 X 射线选煤；此处，还有利用煤和矸石在摩擦系数、硬度、形状和弹性等方面的差别而设计的各种选煤装置。

以上各种选煤方法中，湿法重力选煤应用最广。

选煤厂的主要产品是精煤。副产品是中煤(是夹矸煤、净煤和矸石组成的混合产品)和煤泥或煤尘。洗后矸石是选煤厂的废物。

近代的选煤厂绝大多数采用湿法选煤工艺，即利用水或水与矿物组成的悬浮液(重介质)选煤。洗选产品都带有大量的水。水分过高的煤将给运输和使用造成浪费和困难。

为了脱除煤中的水分，常用的脱水方法有自然排泄、过滤、离心脱水及热力干燥。常用的脱水机械有：脱水斗式提升机、脱水煤仓、脱水筛、离心脱水机、真空过滤机、压滤机和干燥机。

随着采煤、选煤机械化程度的提高，原煤中细粒级煤量和次生煤泥量大大增加，而且在选煤过程中又额外增加了次生煤泥量。因而在用过的洗水中不免要带有许多煤泥。显然，含有大量煤泥的洗水，由于浓度增高，影响洗选效果，而且难于重复使用，但又不可直接排放出厂。因为大量的煤泥随洗水排至厂外，不仅浪费了资源，增加了选煤成本，还占用大量土地、污染水源、河流和环境，造成严重的公害。由此可见，洗选产品和煤泥的脱水以及循环水的澄清，是选煤厂实现煤泥厂内回收、洗水闭路循环以及控制污染的关键性作业。

煤泥水处理作业的任务，就是使悬浮在水中的煤泥沉降下来，从而得到固体含量极低的澄清水和浓稠的煤泥水。澄清水供洗煤机循环使用，煤泥水可送入精选或脱水作业回收煤泥。

常用的浓缩和澄清设备可分为两类。一类是依靠重力作用使水中的固体颗粒沉降下来，如角锥浓缩池、浓缩漏斗、沉淀塔、耙式浓缩机等；另一类是借助于离心力作用进行浓缩，如水力旋流器。

图 1 - 5 是简单的煤泥水处理系统。在这个开路系统中，由精煤中分离出来的煤泥水送入角锥池(或耙式浓缩机、沉淀塔)浓缩和澄清，得到可以循环使用的洗水。经角锥池浓缩后的煤泥水，可用水力旋流器作进一步浓缩，得到浓度达 400 ~ 600 g/L 以上的浓稠矿浆。利用筛子筛出粗粒煤泥，然后根据其灰分高低，掺入精煤或中煤里。旋流器的溢流水，在多数情况下不超过 100 g/L，可并入循环洗水中。煤泥筛的筛下水可送去浮选，或排入室外沉淀池。

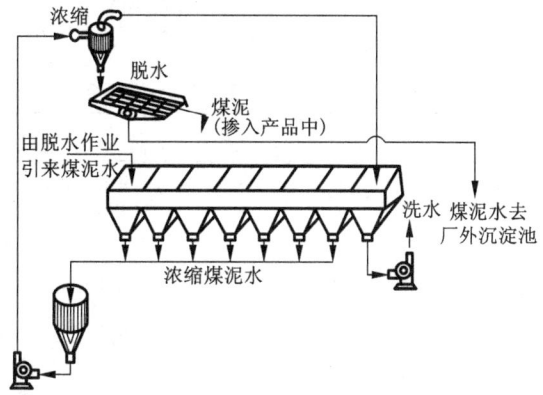

图 1 - 5　煤泥水处理系统

图 1 - 6 是选煤厂的机械流程图。原煤由储煤池的漏斗 1 或翻车机 2 入厂，用皮带运输机送入准备车间 3，经筛分、拣矸和破碎后存入缓冲煤仓 4。由此再经皮带运输机和斗式运输机送给跳汰机 5。跳汰机是三段的，第一段斗式运输机提出的洗矸送入矸石仓 11 脱水、装车；第二段斗式运输机提出的中煤经皮带运输机送入煤仓 10 脱水、装车；第三段的筛下产物可作为中煤，亦可作为循环物料送回跳汰机头部；溢流精煤用振动筛 6 脱水。这台筛子有两层筛网，由上层筛网得到的筛上块煤经皮带运输机直接装仓，下层筛网筛出的末煤经离心机 7 脱水装仓，筛下煤泥水用煤泥泵压入浓缩机 8 浓缩，澄清水则供洗煤机使用。浓缩后的煤泥水经弧形筛 13 和振动筛 9 脱水，筛出粗粒煤泥掺入精煤中。筛下水放入室外沉淀池 12 中，将煤泥沉淀下来。

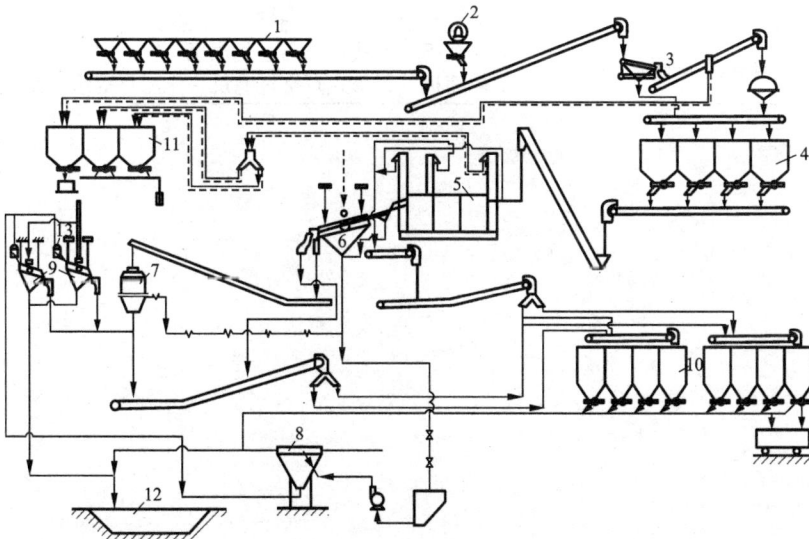

图 1 - 6　选煤厂的机械流程图

1—漏斗；2—翻车机；3—皮带运输机；4—煤仓；5—跳汰机；6—振动筛；7—离心机；
8—浓缩机；9—振动筛；10—煤仓；11—矸石仓；12—沉淀池；13—弧形筛

表 1 - 3 是选煤厂的基本工艺流程和采用的主要设备。

表 1 - 3　选煤厂基本工艺流程和主要设备

工 艺 过 程		设 备 名 称
选前准备作业	筛分	单轴振动筛 共振筛
	拣矸	手选皮带与吸铁器 选择性碎选机
	破碎	齿辊式破碎机 颚式破碎机 锤式破碎机
块煤、末煤的洗选与脱水	跳汰选煤	筛侧空气室式跳汰机 筛下空气室式跳汰机
	重介质选煤	斜提升轮式分选机 立轮式分选机 末煤重介质旋流器
	块精煤脱水	双轴振动筛 - 脱水仓
	末精煤、末中煤的脱水	双轴振动筛 - 卧式振动离心脱水机(螺旋卸料式离心脱水机)
	中煤、矸石的脱水	脱水斗式提升机 - 脱水仓
煤泥浮选与尾煤处理	煤泥水的浓缩与澄清	耙式浓缩机
	煤泥浮选	机械搅拌式浮选机 喷射式旋流浮选机
	浮选精煤脱水	盘式真空过滤机 外滤式筒式真空过滤机
	浮选尾煤脱水	浓缩机 - 卧式沉降离心脱水机 浓缩机 - 折带式真空过滤机 - 压滤机等组合系统

第二章　矿石粉碎的基本原理

第一节　矿石的物理力学性质

矿石是矿物颗粒的集合体。颗粒间由其直接接触面上所产生的相互作用力来联结，或者由外来的黏结物来联结。由于矿石的结构和构造特征形成了矿石的非均质性、各向异性和裂隙性。

矿石的物理力学性质对粉碎工作有很大的影响。矿石的物理性质，主要有容重、密度和裂隙性。矿石的力学性质，主要有变形特性和强度特性。

1. 容重

单位体积原矿的重量称为矿石的容重。矿石的容重取决于组成矿石的矿物成分、孔隙及含水的多少。矿石的容重一般在 $23 \sim 30 \ \mu N/cm^3$ 范围内变化。矿石的容重的大小在一定程度上反映出矿石的力学性质的情况。图 2-1 表示矿石的单轴抗压强度与容重的相互关系。

2. 密度

矿石的密度是以矿石的实体体积(不包括孔隙体积)来计算，即单位实体体积内矿石的质量。

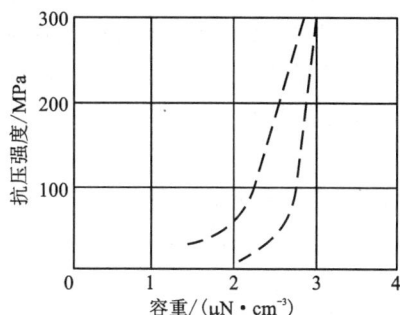

图 2-1　矿石的单轴抗压强度与容重的关系

矿石的密度取决于组成矿石的矿物密度。矿石的密度一般在 $2.7 \ g/cm^3$ 左右。

3. 裂隙性

裂隙性是表示矿石中含有孔隙多少的性质。由于矿石的孔隙主要是由矿石内的粒间空隙和细微裂隙所构成，所以孔隙率也是判定矿石质量的重要物理性质指标。孔隙率愈大，空隙和细微裂隙也就愈多，矿石的力学性质就愈差，反之愈好。

4. 矿石的变形特性

根据矿石的破坏特征，可以分为脆性破坏、塑性破坏和弱面剪切破坏(图 2-2)。大多数坚硬矿石在一定的条件下都表现出脆性破坏的性质。矿石的变形性质与受力条件也有一定关系。在三向受压或高温下，塑性会显著增加，在常态下具有脆性的矿石，此时也能变成塑性体。在冲击载荷的作用下，矿石脆性又会显著增加。

矿石的应力 - 应变曲线(图 2-3)一般可以分为四个区段：

(1)在 OA 区段内，曲线稍微向上弯曲。这可以理解为矿石中原有的裂隙受压后逐渐闭合所引起。在这一阶段中，虽然矿石的裂隙末端有某些破裂，但由于相应的荷载不大，因而不占重要地位；

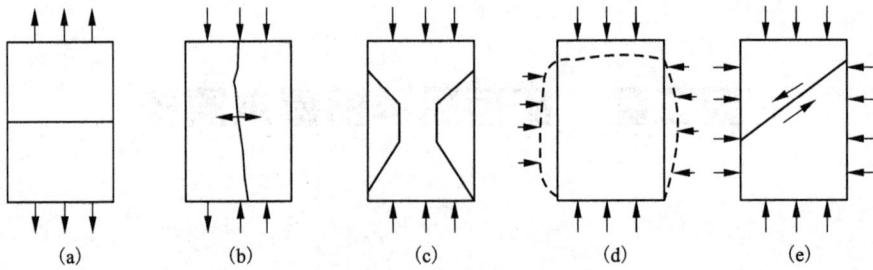

图 2-2　矿石的破坏形式

(a)、(b)脆性断裂破坏；(c)脆性剪切破坏；(d)塑性变形破坏；(e)弱面剪切破坏

(2)在 AB 区段内，曲线近似直线；

(3)BC 区段内，曲线弯曲到达顶峰，此阶段内，局部破损逐渐增大，从而导致矿石达到极限值 C；

(4)CD 区段为压力下降阶段。在这个阶段内，矿石仍保持一整体继续抵抗载荷，但破裂仍继续发展，直到 D 点，矿石才在某些面上完全丧失黏聚力，分裂成几块，最终才达到破坏。

在 OA 和 AB 两个区段内，矿石变形接近于弹性，稍有一点滞回效应。但是，在这两个区段内，加载与卸载对于矿石不产生不可恢复的变形。第三区段 BC 的 B 点为产生与不

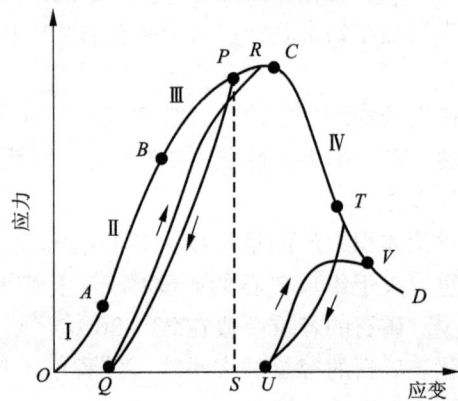

图 2-3　矿石在室温和大气条件下的单向压缩试验曲线

产生塑性的分界点，称为屈服极限，其屈服应力以 σ_y 表示。C 点所对应的应力是矿石在这种条件下所能承受的最大压缩压力，称为抗压强度，以 σ_c 表示。一般 σ_y 约为 $1/2\sim2/3\sigma_c$。在 BC 范围内，矿石将发生不可恢复的变形。加载与卸载的每次循环都是不同的曲线。在图 2-3 上的卸载曲线 PQ 在零应力时还有残余变形。在 P 点，矿石内既有塑性变形又有弹性变形。OQ 为塑性部分，即永久变形。QS 为弹性部分，即弹性变形。在 CD 区段内的特点是矿石表现出脆性性质。

5.矿石的强度特性

矿石在载荷的作用下，变形达到一定程度就产生破坏。当然在变形阶段也有破裂的发生，但是，由于破裂的发展及汇合，形成了破裂面(滑动面)，产生了破坏(崩裂)。处于破坏阶段，矿石所能承受的最大载荷叫做极限载荷。用单位面积表示，称为极限强度。由于受力的情况不同而有不同的极限强度，如抗压强度、抗拉强度、抗剪强度、抗弯强度、抗扭强度。

矿石的抗压强度就是矿石试件在单轴向压力下达到破坏的极限强度，它在数值上就等于破坏时的最大压应力。矿石的抗压强度介于 $20\sim30$ MPa 至 $200\sim300$ MPa 之间。矿石顺层理的抗压强度小于垂直层理的抗压强度(一般小 $1.5\sim2$ 倍或更多)。抗拉强度只有抗压强度的 $1/50\sim1/10$，抗剪强度只有抗压强度的 $1/12\sim1/8$。因此，要使矿石破坏，应尽可能使它处于

拉伸与剪切的状态之下。

矿石的坚固系数(或称普氏系数)是以矿石的极限抗压强度为依据。不同的矿石具有不同的坚固性。但同一种矿石由于结构、构造和风化程度不同,其坚固性也不同。常见的矿石普氏系数介于1~20之间。

部分矿物和矿石的物理力学性质见表2-1。

表2-1 部分矿物和矿石的物理力学性质

名称	容重 /($\mu N \cdot cm^{-3}$)	密度 /($g \cdot cm^{-3}$)	抗压强度 /MPa	抗拉强度 /MPa	弹性模量 $\times 10^5$/MPa	泊松比	普氏系数
煤			5~50	2~5	0.003~0.065	0.1~0.5	1~2
方铅矿			4.5				2~4
菱铁矿			7				2~4
闪锌矿			7~10				2~4
页岩	20~24	2.57~2.77	10~100	2~10	0.09~0.23	0.09~0.35	2~3
石膏			20~80		0.012~0.084	0.30	2~8
凝灰岩			20~40				
砂岩	20~26	2.60~2.75	20~170	4~25	0.1~0.31		4~10
褐铁矿			82~125				6~10
磁铁矿			106.5		0.45~0.82	0.27~0.36	6~10
石灰岩	22~26	2.48~2.85	30~250	5~25	0.24~0.70	0.18~0.35	6~12
正长岩			80~200		0.6~0.8	0.18~0.26	8~10
花岗岩	26~27	2.5~2.84	100~250	7~25	0.31~0.844	0.17~0.36	8~15
大理岩	26~27	2.60~2.80	100~250	7~20	0.1~0.686	0.2~0.35	10~12
半假象赤铁矿			158~195.5				15~18
辉绿岩			100~300		0.4~1	0.26~0.28	15~18
闪长岩			180~300	15~30	0.7~1	0.20~0.23	15~20
片麻岩	29~30	2.63~3.07	50~200	5~20	0.155~0.573	0.20~0.35	15~18
石英岩	26.5	2.53~2.84	150~300	10~30	0.41~1.5	0.12~0.27	15~25
斑岩			153~280	6.8			18~20
铜矿石			150~280				18~20
钛磁铁矿			234				18~20
玄武岩	28~29	2.6~3.30	150~300	10~30	0.4~0.1	0.1~0.35	18~25
白云岩	25~26	2.2~2.9	80~250	15~25	0.45~0.85	0.2~0.35	12~14
橄榄岩			50~120		0.67	0.24	
蛇纹岩			50~140		0.36~0.71	0.26~0.39	12~14
安山岩	22~23	2.4~2.8	40~250				14~16
燧石			140~340		0.71~1.03	0.20~0.22	
角闪岩			82~200		0.13~0.55	0.17~0.30	20~25

第二节　矿石粉碎的基本方法

　　破碎是一种使大块物料变成小块物料的过程。这个过程是用外力(人力、机械力、电力、化学能、原子能或其他方法等)施加于被破碎的物料上,当由外力所引起的应力超过了矿石抵抗破裂的能力时,也就是超过了极限应力状态时,物料就发生破裂,使大块物料分裂成若干小块。破碎产品一般均大于 3 mm,磨碎产品一般均小于 3 mm。

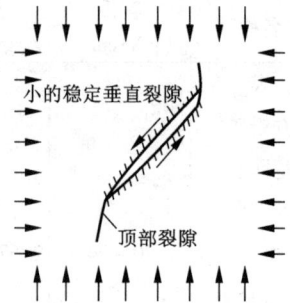

图 2-4　矿石中裂隙的扩展

　　矿石的内部存在着许多原生的微小裂隙,可以认为这些裂隙呈椭球形或扁平形,随机地分布于不同的方向。当矿石受到外力作用后(见图 2-4),裂隙产生了闭合,如图 2-3 内的 OA 段。外力继续增加,裂隙闭合后即出现应力—应变关系为线性的 AB 段。此阶段的特点是闭合的裂隙面之间将产生某些滑动。由于裂隙面之间的相对运动中的摩擦效应,在沿裂隙长度内产生了短的张拉裂纹(见图 2-4)。裂隙表面的不规则性造成了沿裂隙长度上不均匀的应力分布。由于矿石内的裂隙很狭,最大的拉应力显然产生在靠近椭圆裂隙的端点处,即在裂隙端部产生应力集中现象。裂隙的扩展往往从裂隙端部开始,最后导致矿石的完全破坏。

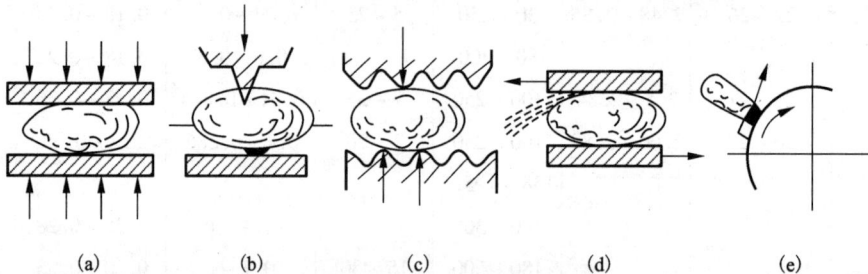

图 2-5　矿石的粉碎方法

(a)压碎;(b)劈碎;(c)折断;(d)磨碎;(e)冲击破碎

　　目前在工业上利用机械力破碎矿石的方法有以下几种:

　　1. 压碎[见图 2-5(a)]

　　将矿石置于两个破碎表面之间,施加压力后,矿石因压应力达到其抗压强度限而破碎。

　　2. 劈碎[见图 2-5(b)]

　　用一个平面和一个带有尖棱的工作表面挤压矿石时,矿石将沿压力作用线的方向劈裂。劈裂的原因是由于劈裂平面上的拉应力达到或超过矿石拉伸强度限。

　　3. 折断[见图 2-5(c)]

　　矿石受弯曲作用而破坏,被破碎的矿石就是承受集中载荷的两支点或多支点梁,当矿石内的弯曲应力达到抗弯强度限时,矿石即被折断。

4. 磨碎[见图 2 - 5(d)]

矿石与运动的表面之间受一定的压力和剪切力作用后，其剪应力达到矿石的抗剪强度限时，矿石即被粉碎。磨碎的效率低，能量消耗大。

5. 冲击破碎[见图 2 - 5(e)]

矿石受高速回转或高频往复机件的冲击力而破碎。它的破碎力是瞬时作用时，其破碎效率高，破碎比大，能量消耗少。

实际上，任何一种破碎机和磨矿机都不是只用前面所列举的某一种方法进行破碎，一般都是由两种或两种以上的方法联合起来进行破碎的，例如压碎和折断，冲击和磨碎等。

矿石的破碎方法主要是根据矿石的物理力学性质、被破碎矿石块的尺寸和所要求的破碎比来选择。

通常，对于坚硬矿石最好采用压碎、折断和冲击的组合破碎方法；对黏性矿石可采用劈碎和磨碎方法破碎；脆性矿石和软矿石采用劈碎和冲击破碎的方法为宜。

目前，为了降低能耗和钢耗，改善产品的形状和细度，在冲击颚式破碎机和旋盘式破碎机(gradisc crusher)中，多采用物料群层压破碎方法。因为根据对砂岩进行压碎试验的结果，单个物料块的压碎是物料沿压力方向不断地发生裂缝而破裂，生成的碎片形状以扁平、扁长为多；采用物料群层压破碎方法时，由于每个物料周围具有足够的约束条件和能够受力的状态，因而可使系统的外部受力转化为系统内部每个物料单元的相互作用力，所以破碎产品的碎片形状，扁平、扁长的少，颗粒多呈立方形。

第三节　破碎理论及其应用

破碎理论主要是研究物料在粉碎过程中能量消耗的基本规律，也就是研究粒度减小与能量消耗之间的关系。

物料在粉碎过程中，外力首先使物料块的某些部分产生变形，这种外形的瞬间变化促使物料块中存在的微细裂痕逐渐形成裂缝。应力超过物料的极限强度以后，物料就沿最脆弱的断面裂开，分裂成许多碎块，产生新的表面。随着粉碎过程的进行，物料粒度的不断减小，物料内部的脆弱点和脆弱面会逐渐消失，物料变得越来越坚固，因而粉碎较小的物料，相对地就要消耗较多的能量。

粉碎过程中，能量主要消耗在克服作用于固定质点间的内聚力上。内聚力的大小取决于物料块中晶体本身的性质和结构，也与晶体结构中所形成的各种缺陷有关。这些缺陷可能是宏观和微观的裂痕。在脆性物料中总是存在着裂痕。由于裂痕的存在，质点间的内聚力变小，于是形成内聚力薄弱的脆弱点和脆弱面。内聚力的大小甚至对同一种物料来说，差别也是很大的。

粉碎时的能量消耗，一部分使被破碎的物料块变形，并以声和热的形式散失于周围空间；另一部分则用于形成新表面，变成固体的自由表面能。粉碎过程的总能耗是这两个部分能耗之和。

破碎和磨碎(粒度减小)是把原料转变成最终产品的许多加工过程中的一项重要作业。在采石、冶金和水泥工业中，都具有规模较大的破碎和磨碎作业，而能量消耗则是该项作业的巨大费用。为了深入理解物料的破碎和磨碎过程，评价破碎和磨碎工艺和机械设备的效率，以及寻求经济而有效的破碎和磨碎方法，百多年来，人们为了探索粒度减小与能量消耗的基本规律，进行了大量的试验研究工作，提出了几种破碎理论。

能量与粒度减小之间的关系可用下列通用方程式来表示：

$$\mathrm{d}E = -K\frac{\mathrm{d}D}{D^n} \qquad (2-1)$$

式中：$\mathrm{d}E$——物料粒度 D 发生很小变化 $\mathrm{d}D$ 时所需的能量；

K——比例系数；

n——随物料 D 而变化的指数。

n 值分别用 2、1 和 1.5 代入式（2-1）中，积分后依次得到的方程式如下：

1. 雷廷格乐方程式（面积假说，1867 年由 P. R. Rittinger 提出）

$$E = K_1\left(\frac{1}{D_P} - \frac{1}{D_F}\right) = K_1\left(\frac{i-1}{D_F}\right) \qquad (2-2)$$

由上式可知：

①当原矿的平均粒度 D_F 一定时，破碎功耗与破碎比 i 减 1 之值成正比，即破碎产品粒度 D_P 愈细，需要的功耗也愈大；

②当破碎比一定时，破碎功耗与原矿的粒度成反比，即原矿粒度愈小，需要的功耗愈大。

2. 基尔皮切夫、基克方程式（体积假说，B. ЛKupницeq 1874 年和 F. Kick 1885 年先后提出）

$$E = K_2\ln\frac{D_F}{D_P} = K_2\ln i \qquad (2-3)$$

由此可知，破碎功耗只与破碎比有关。

根据体积假说，按照虎克定律，被破碎的物料体积为 V 时，破碎功的计算公式为：

$$A = \frac{\sigma_c^2 V}{2E} \qquad (2-4)$$

式中，σ_c 及 E 表示物料的抗压极限强度和弹性模数。

若将直径为 D 的物料体积 V_1 破碎到直径为 d 的体积 V_2 时，其所需之功为：

$$A = \frac{\sigma_c^2}{2E}(V_1 - V_2) \qquad (2-5)$$

3. 邦德方程式（裂缝假说，1952 年由 F. C. Bond 提出）

$$E = K_3\left(\frac{1}{\sqrt{D_P}} - \frac{1}{\sqrt{D_F}}\right) \qquad (2-6)$$

邦德公式通常用下列形式表示：

$$W = W_i\left(\frac{10}{\sqrt{P}} - \frac{10}{\sqrt{F}}\right) \qquad (2-7)$$

式中：W——粉碎物料的单位功耗，即将一吨给料粒度为 F 的物料粉碎到产品粒度为 P 时所消耗的功，kW·h/t；

F——给料粒度，80% 物料通过的筛孔尺寸，μm；

P——产品粒度，80% 物料通过的筛孔尺寸，μm；

W_i——功指数，它表示物料对破碎或磨碎的抗碎（磨）性，kW·h/t。

功指数有破碎功指数、球磨功指数和棒磨功指数。

破碎功指数的计算方法和公式见参考文献[16]。

破碎功指数 W_i 也可按下列数据选取：软矿石 $W_i=6.0\sim12$；中硬矿石 $W_i=12\sim16$；硬矿石 $W_i>16$。

球磨功指数 $W_i(\mathrm{kW\cdot h/t})$：

$$W_i=\frac{44.5}{(P_1)^{0.23}\times(G_{bp})^{0.82}\times\left(\dfrac{10}{\sqrt{P}}-\dfrac{10}{\sqrt{F}}\right)}\times1.1$$

式中：P_1——球磨产品粒度的筛孔尺寸，μm；

　　　G_{bp}——最后三次球磨可磨性试验的平均值，$g/(r\cdot min^{-1})$；

　　　P——最后一次球磨试验的产品粒度（80%通过筛孔），μm；

　　　F——给料粒度（80%通过筛孔），μm。

棒磨功指数 $W_i(\mathrm{kW\cdot h/t})$：

$$W_i=\frac{62}{(P_1)^{0.23}\times(G_{rp})^{0.62}\times\left(\dfrac{10}{\sqrt{P}}-\dfrac{10}{\sqrt{F}}\right)}\times1.1$$

式中：P_1——棒磨产品粒度的筛孔尺寸，μm；

　　　G_{rp}——最后三次棒磨可磨性试验的平均值，$g/(r\cdot min^{-1})$；

　　　P——最后一次棒磨试验的产品粒度（80%通过筛孔），μm。

表 2-2 为各种物料的磨矿功指数。

表 2-2　各种物料的磨矿功指数 W_i

物料	密度 /(g·cm⁻³)	功指数 W_i /[(kW·h)·t⁻¹]	物料	密度 /(g·cm⁻³)	功指数 W_i /[(kW·h)·t⁻¹]
安山岩	2.84	24.39	辉长岩	2.83	20.34
重晶石	4.28	6.88	方铅矿	5.39	11.23
玄武岩	2.89	22.50	石榴石	3.30	13.64
铝矾土	2.38	10.42	玻璃	2.58	3.40
水泥熟料	3.09	14.87	片麻岩	2.71	22.19
水泥生料	2.67	11.65	金矿	2.86	16.35
铬矿石	4.06	10.58	花岗岩	2.68	15.86
黏土	2.23	7.83	石墨	1.75	49.64
煅烧黏土	2.32	1.58	砾石	2.70	27.74
煤	1.63	12.53	石膏岩	2.69	8.99
焦炭	1.51	22.82	钛铁矿	4.27	14.45
石油焦	1.78	81.35	赤铁矿	3.76	13.98
铜矿石	3.02	14.47	磁铁矿	3.88	11.25
珊瑚	2.70	11.20	铁燧岩	3.52	16.39
闪长岩	2.78	21.38	蓝晶石	3.23	20.80

续表 2-2

物料	密度/(g·cm⁻³)	功指数 W_i/[(kW·h)·t⁻¹]	物料	密度/(g·cm⁻³)	功指数 W_i/[(kW·h)·t⁻¹]
白云岩	2.82	12.47	铅矿石	3.44	12.57
刚玉	3.48	64.13	铅锌矿石	3.37	12.51
铬铁	6.75	9.78	石灰石	2.69	12.80
长石	2.59	12.86	锰矿	3.74	13.73
锰铁	5.91	8.56	云母	2.89	148.26
硅铁	4.91	14.14	钼矿	2.70	14.30
燧石	2.65	28.84	页岩	2.58	18.08
锌矿	3.68	13.69	硅石	2.71	14.91
镍矿石	3.32	13.10	石英砂	2.65	18.14
油母页岩	1.76	19.95	碳化硅	2.73	28.85
磷肥	2.65	14.36	银矿	2.72	19.07
磷酸盐矿石	2.66	11.17	烧结矿	3.00	9.67
钾碱矿石	2.37	9.79	高炉渣	2.39	13.40
浮石	1.96	13.15	板石	2.48	15.24
黄铁矿	3.48	9.81	硅酸钠	2.10	14.33
磁黄铁矿	4.04	10.55	正长岩	2.73	16.42
石英岩	2.71	13.43	锡岩	3.94	11.92
石英	2.64	14.08	钛矿	4.23	13.10
金红石矿	2.84	13.36	暗色岩	2.86	23.26
砂岩	2.68	12.71	铀矿	2.70	19.76
萤石	2.98	10.76			

由于在工业生产中，磨矿机的给料粒度、磨矿机的直径等磨矿条件与球磨功指数、棒磨功指数计算公式的特定条件往往不同，所以在按邦德公式计算球磨机和棒磨机的功率消耗时，需要引入适当的校正系数。

以上介绍的三种破碎理论都是各自反映物料破碎过程的一个阶段。体积假说注意的是物料受外力作用发生变形的情况，裂缝假说只考虑裂缝的形成和发展，而面积假说看到的是物料破碎后生成的新表面。因此，它们都有片面性，但互不矛盾，而是互相补充。由于三个破碎假说的基本观点不同，故每一个假说都有它的适用范围。物料破碎时的破碎比不大，新生表面积不多，形变能占主要部分，因而用体积假说计算功耗的误差较小。物料磨碎时的破碎比大，新生表面积多，表面能是主要的，因而用面积假说计算功耗较适宜。裂缝假说的功耗计算公式是用一般的破碎和磨碎设备的试验资料研究得出的，在中等破碎比的情况下，计算结果都大致与实际符合。胡基(R. T. Hukki)为了深入地验证三个假说的适用性，进行了大量的试验研究,试验结果如图 2-6 所示。

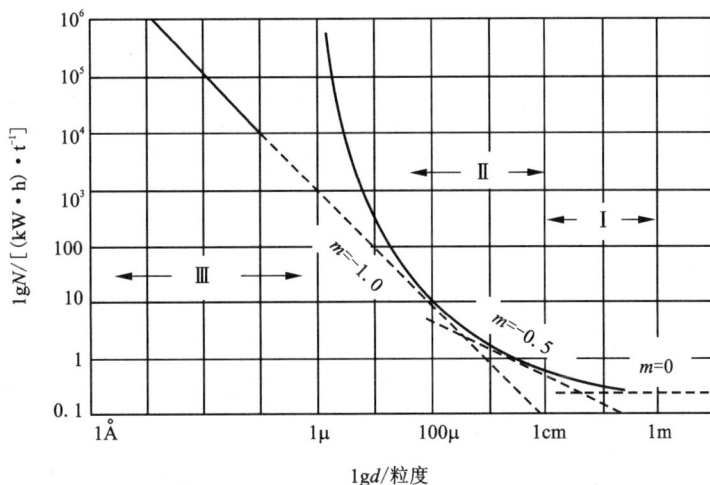

图 2-6 破碎产品粒度与比功耗的关系
I—普通碎矿范围;II—普通磨矿范围;III—磨矿极限范围

图中 II 段的功耗符合裂缝假说,但从 100 μm 破碎到 10 μm 以下,裂缝假说求得的数据过于小,这种情况以面积假说较为合理。但是在粗碎阶段,以体积假说较为准确。

物料的破碎过程是很复杂的,能量消耗与很多因素有关,如物料的物理力学性质、物料的形状、尺寸和湿度、采用的破碎方法等,这些都会影响物料的强度,从而影响物料破碎的能量消耗。尽管这些假说有它各自的局限性,但毕竟把物料强度、给料粒度、产品粒度和能量消耗四个重要因素的基本关系确定下来了,它在一定程度上反映了物料破碎过程的实质,为分析研究提供了理论依据。

实践中,计算粉碎能耗的各种公式虽有一定用途,但由于粉碎过程及物料性质的变化,这些公式还必须和物料的可碎性或可磨性试验以及长期运转的经验数据结合起来,才能用来计算、评价、设计粉碎流程及粉碎机械的能耗。

第四节 粉碎产品的粒度特性

一、粒度表示法及粒度分析

物料块的大小称为粒度。物料块一般都是不规则的几何形体,需要用几个尺寸来表示它的大小。但是,通常都用一个尺寸——平均直径或等值直径来表示物料块的大小。

平均直径通常用来表示破碎机的给料和排料中最大物料块的尺寸,并用它来计算破碎比。物料块的平均直径 d 可由下式求出:

$$d = \frac{l+b}{2} \tag{2-8}$$

或

$$d = \frac{l + b + t}{3} \tag{2-9}$$

式中：l——物料块长度，mm；

　　　b——物料块宽度，mm；

　　　t——物料块厚度，mm。

物料块粒度很小时，可用等值直径 d_{dz} 来表示。等值直径是将细粒物料颗粒作为球体计算的，其计算公式为：

$$d_{dz} = 1.24 \sqrt[3]{\frac{m}{\rho}} \tag{2-10}$$

式中：m——物料颗粒质量，g；

　　　ρ——物料密度，g/cm³。

这种测定方法，常用来测定大块物料。在显微镜下测定微细粒子的平均直径，也可用这种方法。

式（2-8）、式（2-9）和式（2-10）是单个物料块粒度的计算方法。对于由不同粒度混合组成的物料群，通常用筛分方法（以颗粒能透过的最小正方形筛孔尺寸来作为颗粒直径）来确定物料群的平均直径。如通过筛孔为 d_1 的上层筛面而留在筛孔为 d_2 的下层筛面上的物料群，其粒度既不能用最大的粒度表示，也不能用最小的粒度表示，通常用下列方法表示：

$$-d_1 + d_2 \quad \text{或} \quad d_1 \sim d_2$$

当 $-d_1 + d_2$ 粒级的粒度范围很窄，筛比不超过 $\sqrt{2}$ 时，则此粒级的平均直径可用下式计算：

$$d = \frac{d_1 + d_2}{2} \tag{2-11}$$

产品形状是以颗粒的最大尺寸和最小尺寸来确定的。如果一个颗粒的最大尺寸比最小尺寸大三倍以上就算是不合格的。测量 250 个颗粒样品，对不合格的颗粒称重，若其重量在样品总重量的 20% 以下，这种产品的形状可称为颗粒状（Edelspitt），若占样品总重量的 20% ~ 50%，则称为片状产品（Splitt）。

全部碎散物料的粒度，是用物料中各粒级的含量表示，即用粒度组成来衡量。物料中的粒度组成可用下列分析方法确定：

1. 筛分分析

粒度大于 0.074 mm 的物料，可用筛分方法分成各种粒级；

2. 水力沉降分析

利用不同尺寸的颗粒在水介质中沉降速度的不同而分成若干级别。此法适用于 1 ~ 75 μm 粒度范围的物料的测定。

3. 显微镜分析

用显微镜测量颗粒的大小和形状。这种方法主要用来分析微细物料，其测量范围为 0.1 ~ 20 μm。

在选矿厂，为了检查筛分、破碎及磨矿过程所需要的物料粒度组成，通常使用筛分分析的方法。

二、粉碎产品的粒度特性

破碎、磨碎和筛分的产品，都是由粒度不同的各种物料颗粒所组成。为了鉴定破碎机和磨矿机的破碎效果和检查破碎、磨碎和筛分产品的质量，必须确定它们的产品粒度组成和粒度特性曲线。确定粒度为 0.074 mm 以上的混合物料的粒度组成，通常采用筛分分析的方法。

筛分分析采用的筛子有两种：一种为非标准筛（或手筛）。手筛用来筛分粗粒物料（破碎和筛分产品的粒度分析），筛孔大小一般为 150、120、100、80、70、50、25、15、12、6、3、2、1 mm 等，根据需要确定。另一种是标准套筛，多用在磨矿产品、分级产品或选别产品的粒度分析。标准套筛是由一套筛孔大小有一定比例的、筛孔宽度和筛丝直径都按标准制造的筛子组成。标准套筛的筛面是使用正方形筛孔的金属丝筛网。标准套筛有多种不同的标准，我国通常采用泰勒标准套筛。

泰勒标准套筛的筛孔大小用网目（简称目）来表示。网目是指 25.4 mm 长度内所具有的筛孔数。网目愈多，筛孔愈细。这种筛子是以 200 目（筛孔宽 0.074 mm）作为基本筛，筛孔由上到下逐渐减小，构成筛序。两个相邻筛子的筛孔尺寸之比称为筛比。泰勒标准套筛有两个筛比，即基本筛比 $\sqrt{2}$ 和补充筛比 $\sqrt[4]{2}$。补充筛比即在 $\sqrt{2}$ 筛比的基本筛序中间又插入一套筛比为 $\sqrt{2}$ 的附加筛序构成。求筛孔大小时，可根据筛比计算。例如计算基本筛的上一基本筛序 150 目的筛子的筛孔尺寸时，用基本筛的筛孔乘以基本筛比，即 $0.074 \times \sqrt{2} = 0.104$ mm。

进行筛析时，从被筛析的物料中称出适量的试样。试样称好后置于一套标准筛的第一层筛面上并用盖封闭，然后放在振动器上进行筛析。筛析的时间一般为 20~30 min。筛好后将各层筛上的物料分别进行称量，然后以试样的总重量分别除各个粒级的重量，即可得到每一粒级相应的产率，以百分数表示。

筛分分析结果填入规定的表格（表 2-3）。根据筛分结果，分别计算筛分级别的产率及累积产率。累积产率分为筛上累积产率（正累积产率）及筛下累积产率（负累积产率）。正累积产率是大于某一筛孔的各级别产率之和，即表示大于某一筛孔的物料共占原物料的百分率。负累积产率是小于某一筛孔的各级别产率之和，即表示小于某一筛孔的物料共占原物料的百分率。

表 2-3 筛分分析结果

级别 /mm	质量 /kg	产率		
		部分产率/%	正累积产率/%	负累积产率/%
-16 +12	2.25	15	15	100
-12 +8	3.00	20	35	85
-8 +4	4.50	30	65	65
-4 +2	2.25	15	80	35
-2 +0	3.00	20	100	20
共计	15.00	100		

根据筛析及计算的结果，可以作出原矿、破碎和磨碎产品的粒度特性曲线。粒度特性曲线表示产率和物料粒度之间的关系。这种曲线的绘制方法很多，随研究的目的而定。一般是以产率为纵坐标，粒度为横坐标。根据各个级别的产率绘制的曲线，称为部分粒度特性曲线；根据累积产率绘制的曲线，称为累积粒度特性曲线。实际上最常用的是累积粒度特性曲线。

累积粒度度特性曲线有三种绘制方法：算术坐标法、半对数坐标法和全对数坐标法。

算术坐标法是把粒度特性曲线绘制在普通的直角坐标系上，图2-7是根据表2-3的数据绘制的粒度特性曲线。如纵坐标表示大于某一筛孔尺寸的产率，则粒度特性是正累积曲线；如纵坐标表示小于某一筛孔尺寸的产率，则粒度特性为负累积曲线。这两条曲线是互相对称的。

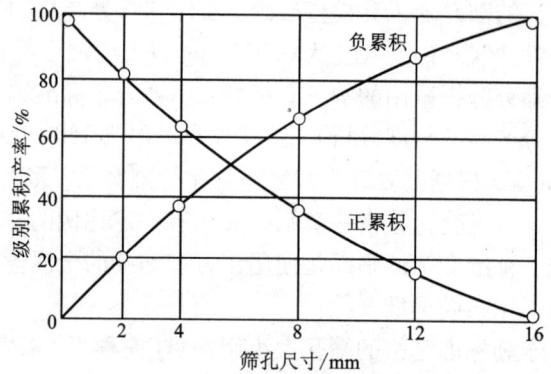

图2-7　累积粒度特性曲线

在粒度范围很广的累积粒度特性图中，细级别粒度在横坐标上的间距特别短，曲线难以绘制和使用，因此，必须把曲线绘在很大的图纸上。为了解决这个问题，累积粒度特性可以采用半对数坐标法或全对数坐标法绘制。

半对数坐标法的横坐标（粒级尺寸）用对数表示，纵坐标用算术坐标表示。图2-8是根据表2-3的数据，绘制的半对数累积粒度特性曲线。在绘制这种曲线时，值得注意的是：当$d \to 0$时，$\lg d = \lg 0 = -\infty$，故曲线不能画到粒度为0之处。

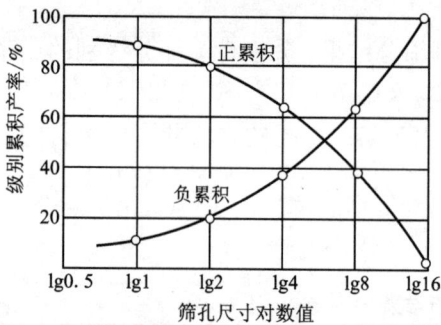

图2-8　半对数累积粒度的特性曲线

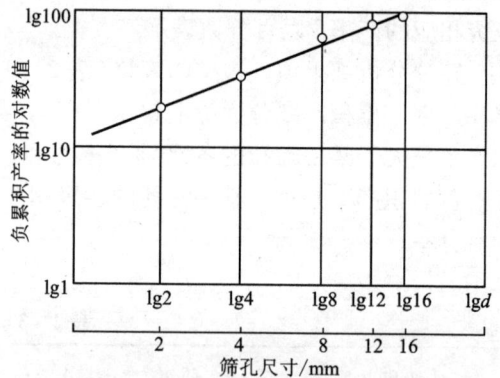

图2-9　对数累积粒度特性曲线

对数累积粒度特性曲线在$(\lg x, \lg y)$坐标系上绘制。图2-9是根据表2-3的数据作出的对数累积粒度特性曲线。使用对数累积粒度特性曲线，可以确定颗粒粒度在物料中的分布规律。

利用各种矿样的筛析数据，可以作出图2-10到图2-15的粒度特性曲线。破碎机产品的粒度特性曲线，它的横坐标不用物料粒度的绝对量表示，而是采用相对量，这是为了能够普遍研究各种排料口宽度的产品。通常是以直角坐标的横轴表示筛孔尺寸与原矿最大粒度之比，或者是筛孔尺寸与破碎机排料口之比，或者是筛孔尺寸与磨碎产品的最大粒度之比；纵轴表示每一层套筛上物料重量累积百分数或简称级别累积产率(%)。

粒度特性曲线的横坐标轴与曲线间的任一条垂线（纵坐标），其值表示大于横坐标轴上相应点所代表的物料粒度的产率。这一数值与100之差就是粒度小于这一尺寸的物料产率。两段线段(纵坐标)之差,就是在横轴上相应两点间的颗粒尺寸(物料粒级)的产率。

从图2-10到图2-15表示的粒度特性曲线中可看出,难碎性矿石的粒度特性曲线1都是凸形曲线,这表明矿石中的粗粒级物料占多数;中等可碎性矿石的粒度特性曲线2都近似于直线,这表明各种粒级所占的产率大致相等;易碎性矿石中的粒度特性曲线3都是凹形曲线,这表明矿石中细粒级物料占多数。根据图中的粒度特性曲线,可以比较各种矿石的破碎难易程度,检查破碎机和磨矿机的工作情况,比较各种破碎机和磨矿机的破碎效果。

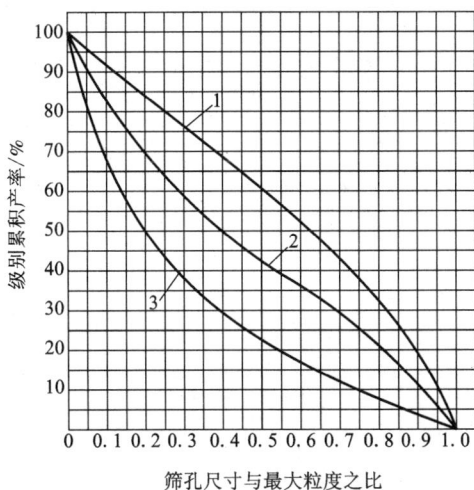

图2-10　原矿粒度特性曲线

1—难碎性矿石;2—中等可碎性矿石;3—易碎性矿石

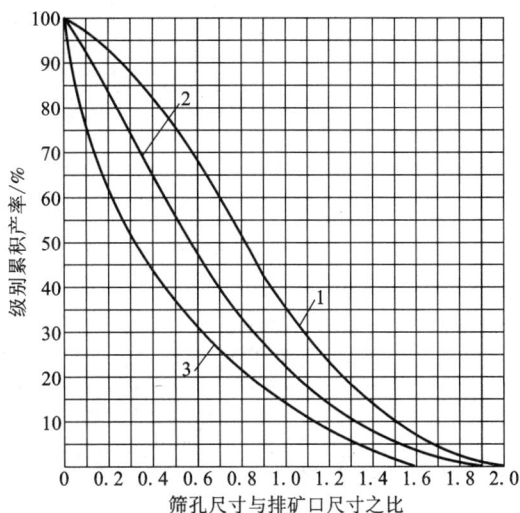

图2-11　旋回破碎机破碎产品粒度特性曲线

1—难碎性矿石;2—中等可碎性矿石;3—易碎性矿石

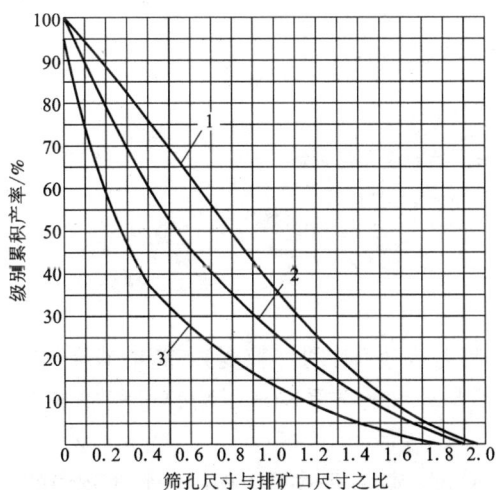

图2-12　颚式破碎机破碎产品粒度特性曲性

1—难碎性矿石;2—中等可碎性矿石;3—易碎性矿石

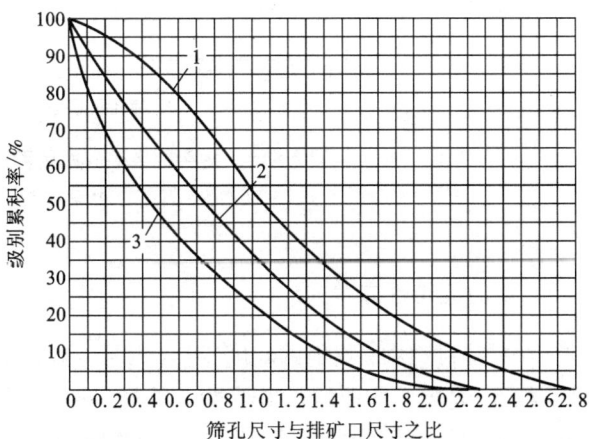

图2-13　标准圆锥破碎机破碎产品粒度特性曲线

1—难碎性矿石;2—中等可碎性矿石;3—易碎性矿石

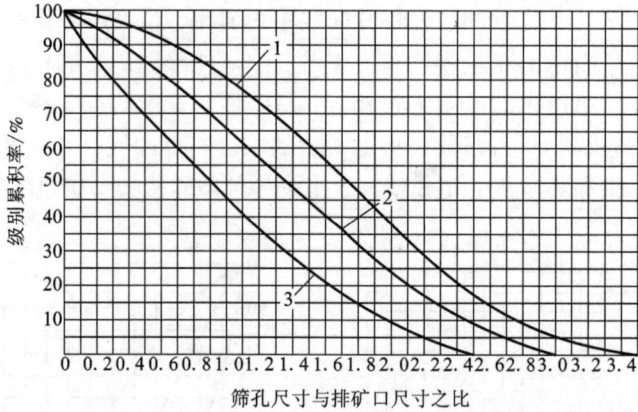

图 2 – 14　短头圆锥破碎机开路破碎产品粒度特性曲线
1—难碎性矿石；2—中等可碎性矿石；3—易碎性矿石

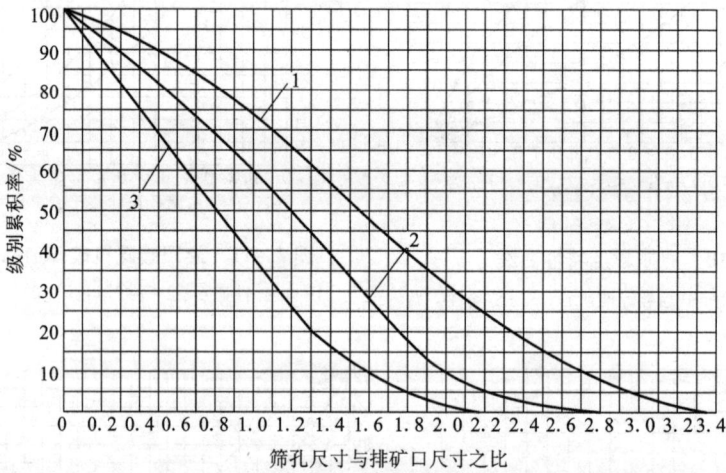

图 2 – 15　短头圆锥破碎机闭路破碎产品粒度特性曲线
1—难碎性矿石；2—中等可碎性矿石；3—易碎性矿石

三、粒度特性方程式

在粉碎过程中，物料的粒度特性(重量 – 粒度)、粉磨强度(时间 – 粒度)、能量消耗(能量 – 粒度)是粉碎作业的基本特性。重量、时间、能量与粒度的关系构成了粉碎过程的本质关系。它们是分析研究粉碎过程的理论基础。

粒度特性方程式是粒度特性曲线的数学表达式。粒度特性方程式可以解决粉碎过程中的许多问题。如确定任一粒级的颗粒数目、表面积、体积和质量，并且可以方便地求出特性参数。粒度特性方程式有很多种，但对破碎机和磨矿机的产品粒度组成，常用的只有下面两个粒度特性方程式。

(1)A·O·盖茨(GaTes)—A·M·高登(Gaudin)—R·舒曼(Schuhman)粒度特性方

程式

在图 2-8 所示的对数坐标上, 直线方程式具有下列形式:

$$\ln y = k\ln x + \ln A$$

式中: y——筛下产物的负累积产率, %;

　　k——系数, k 值等于直线的斜率;

　　x——筛孔尺寸, mm;

　　$\ln A$——直线在纵坐标轴上的截距。

将上式变为反对数后, 可得

$$y = Ax^k \qquad (2-12)$$

在对数粒度特性曲线上选择粒度相差最大的两点, 根据这两点的值, 用下式求定直线的斜率:

$$k = \frac{\ln y_2 - \ln y_1}{\ln x_2 - \ln x_1}$$

将 k 值代入式(2-12), 然后用上面选定的一个点求截距 A:

$$A = \frac{y_2}{x_2^k}$$

在式(2-12)中, 如 $x = x_{\max}$, $y = 100\%$, 则

$$A = \frac{100}{x_{\max}^k}$$

因此

$$y = 100\left(\frac{x}{x_{\max}}\right)^k \qquad (2-13)$$

式(2-13)简称为 G. G. S. 粒度特性方程式。

G. G. S. 粒度特性方程式, 对于颚式破碎机、圆锥破碎机和辊式破碎机的产品粒度分布状态的描述是比较正确的。

式中指数 k 表示粒度特性曲线的特征。如果粒度特性是正累积曲线, $k>1$ 时, 曲线为凸形; $k=1$ 时, 曲线是直线; $k<1$ 时, 曲线为凹形。因此, 根据指数 k 可以判断物料是粗粒占多数, 或是细粒占多数。

(2) R·罗逊(Rosin)—E·拉姆勒(Rammler)—K·斯波林(Sperling)粒度特性方程式

根据大量粉碎产品的筛析结果, 利用统计方法提出的粒度特性方程式为

$$R = 100e^{-bx^n} \qquad (2-14)$$

式中: R——大于 x 粒级的累积产率, %;

　　x——筛孔或颗粒尺寸, mm;

　　b——与产品细度有关的参数;

　　n——与物料性质有关的参数。

公式(2-14)亦称为 R. R. S. 粒度特性方程式。

若需验证试验资料是否与公式(2-14)相符, 可以采用图解法。图解法是将公式(2-14)连续取两次对数, 变为下列形式:

$$\ln\left(\frac{100}{R}\right) = bx^n\ln e$$

或

$$\ln\left(\ln\frac{100}{R}\right) = n\ln x + \ln(b\ln e)$$

在以 $\ln\left(\ln\frac{100}{R}\right)$ 为纵坐标，$\ln x$ 为横坐标的坐标系中，式(2-14)是一条直线，参数 n 可从该直线的斜率求得。

由式(2-14)可以看出，只有在物料粒度为无限大时，级别产率 R 才能达到零。显然这是不符合实际情况的。故在应用该式时，必须考虑这种情况。但是，这并不影响它的实用性。可以取很小的 R 值(如0.1%)，把和它相对应的粒度作为最大粒度，就可接近实际情况。

令

$$b = \frac{1}{x_e^n}$$

则式(2-14)可以写为

$$R = 100e^{-\left(\frac{x}{x_e}\right)^n} \tag{2-15}$$

式中，x_e 称为绝对粒度常数，它就是筛上累积产率为36.8%时的筛孔宽。

式(2-15)称为 R. R. B. 粒度特性方程式。在大多数情况下，锤式破碎机和球磨机的产品粒度分布特性都符合这个公式。对于粉碎脆性物料尤为适合。

第五节 粉碎机械的分类及其工作特点

粉碎机械是破碎机械和粉磨机械的总称。通常是按排料粒度的大小来区分。当排料中粒度大于 3 mm 的含量较多时称为破碎机械，而当粒度小于 3 mm 的含量较多时则称为粉磨机械。

粉碎机械按给粒和排料粒度的大小可分为：粗碎破碎机(由 200 ~ 500 mm 破碎到 100 ~ 350 mm)；中碎破碎机(由 100 ~ 350 mm 破碎到 40 ~ 100 mm)；细碎破碎机(由 40 ~ 100 mm 破碎到 10 ~ 30 mm)；粗磨机(由 2 ~ 60 mm 磨碎到 0.1 ~ 0.3 mm)；细磨机(由 2 ~ 30 mm 磨碎到 <0.1 mm)。

粉碎机械按工作原理和结构特征可分为：

1. 颚式破碎机[图 2-16(a)、(b)]

颚式破碎机的工作部分由固定颚和可动颚组成。当可动颚周期性地靠近固定颚时，借压碎作用将装于其间的矿石破碎。由于装在固定颚和可动颚上的破碎板表面具有波纹状齿形，因此对矿石也有劈碎和折断作用。

2. 旋回破碎机和圆锥破碎机[图 2-16(c)、(d)]

它们的破碎部件是由两个几乎成同心的圆锥体——不动的外圆锥和可动的内圆锥组成的。内圆锥以一定的偏心半径绕外圆锥中心线作偏心运动，矿石在两锥体之间受压碎和折断作用而破碎。

3. 辊式破碎机[图 2-16(e)]

矿石在两个平行且相向转动的圆柱形辊子中受压碎(光辊)或受压碎和劈碎作用(齿辊)而破碎。如果两个辊子的转数不同，还有磨碎作用。

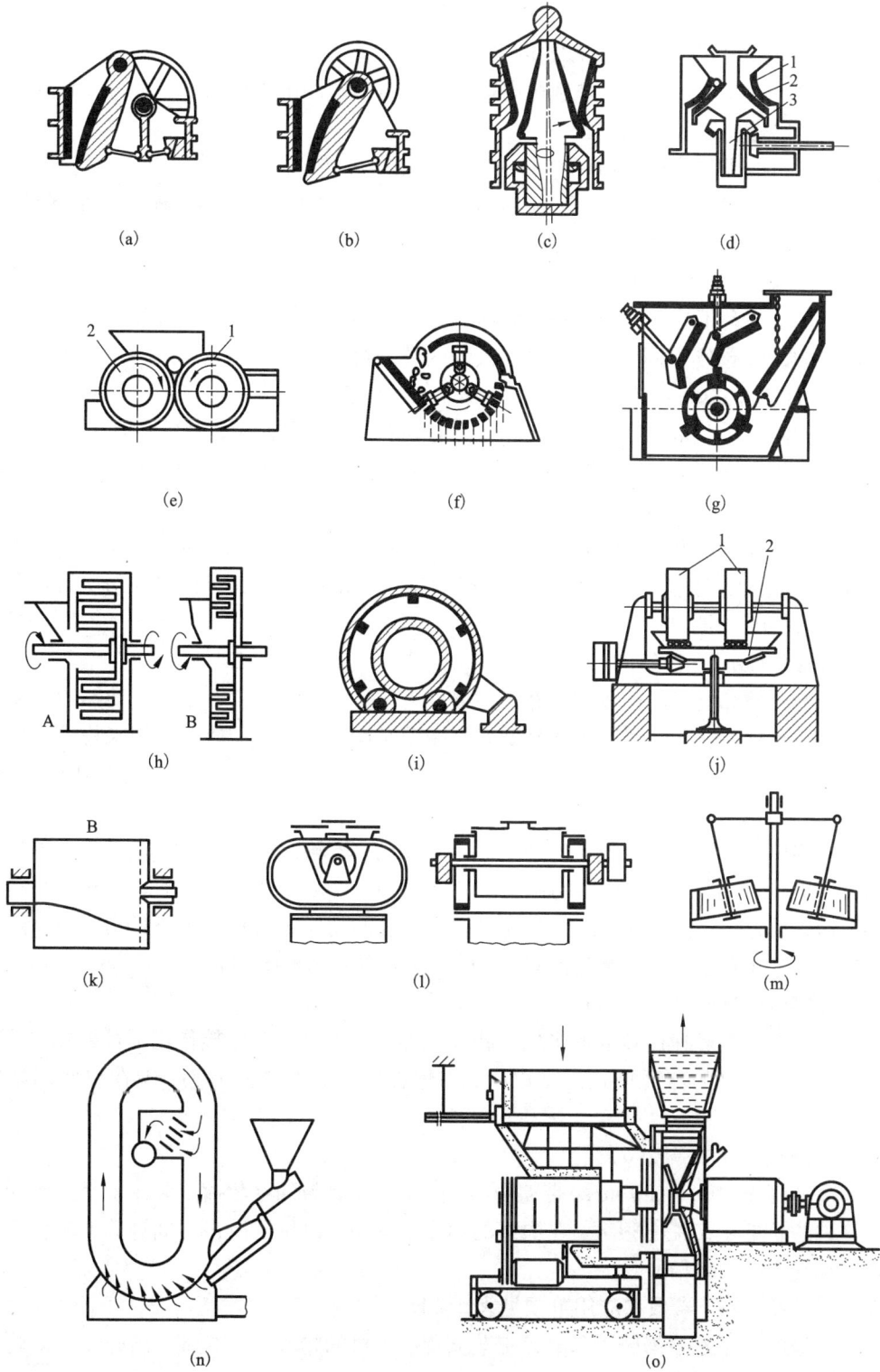

图 2 - 16　粉碎机械的类型

（a）~（o）—粉碎机械的类型划分见文中描述

4. 冲击式破碎机[图2-16(f)、(g)、(h)]

物料受到快速回转的运动部件的冲击作用而粉碎。

锤式破碎机和反击式破碎机是利用高速旋转的锤子的冲击作用和矿石本身以高速向固定不动的衬板上冲击而使矿石破碎。

笼式破碎机的破碎机构是由两个同心套装而相向旋转的圆盘组成，圆盘上装有2~3圈钢棒。利用旋转圆盘上的冲击作用来粉碎物料。若有一个圆盘固定不动而另一个圆盘回转，并且圆盘上的钢棒换成各种形状的刀刃，则称为笼式切碎机。

5. 滚筒碎选机[图2-16(i)]

滚筒碎选机是利用旋转的圆柱形筛筒内侧提升板将物料提到一定高度后自行落下，根据物料(矸石和煤)的硬度不同，实现选择性破碎的破碎机械。

6. 轮碾机[图2-16(j)]

工作机构由辊轮和碾盘组成。其运动方式有两种：a. 碾盘固定，辊轮在其上作自转和公转运动；b. 碾盘转动，辊轮只作自转运动。利用辊轮的重力压碎和碾碎物料。

7. 圆筒式磨机[图2-16(k)]

它是由一个筒体，两个主轴承和一套传动装置所组成。矿石的磨碎主要是靠破碎介质落下时的冲击力和运动时的磨剥作用完成。按照破碎介质的不同，圆筒式磨机分为球磨机、棒磨机、砾磨机和自磨机。

8. 振动磨机[图2-16(l)]

装有研磨介质和物料的筒体支承在弹性元件上，并与振动器相连接。振动器的振动频率通常为1500~3000次/分。利用研磨介质高频振动时产生的冲击与研磨作用来粉碎物料。当给料粒度小于2 mm时，干磨时的产品粒度为0.085~0.005 mm，湿磨时可达0.0001 mm。

9. 悬辊式磨机[图2-16(m)]

工作机构由磨辊和磨环组成。磨环是固定不动的，辊轮2活动地悬挂在主轴上端的支架上。当主轴旋转时，磨辊在离心力的作用下向外摆动，紧贴在磨环上转动。物料在磨辊与磨环之间被粉碎后，由磨辊下方吹入的热气流将粉碎过的物料带进机体上方的分选机，经过分离，合格产品随气流进入收集装置，大粒物料则返回研磨区重新粉磨。

10. 风扇磨煤机[图2-16(n)]

它的工作机构是高速回转的冲击轮。物料在冲击轮的冲击和摩擦作用下被粉碎。这种磨机的重量较同样功率的球磨机轻一半以上，占地面积小，生产能力高，现在主要用来粉磨煤矿。

11. 喷射磨机[图2-16(o)]

利用高速气流(100~180 m/s)带动物料，由于物料颗粒的互相撞击和摩擦而达到粉碎的目的。这种磨机的生产能力很大，在同样的动力消耗下，以机器所占空间计算的单位容积产量比球磨机高10~100倍。

粉碎机械的类型、参数和应用范围见表2-4。

粉碎机械的类型是根据破碎和磨碎工艺流程、物料的物理力学性质、破碎比及影响物料可碎性的其他一些因素进行选择的。

表 2-4 粉碎机械的类型、参数和应用范围

型　式	主要粉碎方法	给料粒度 /mm	排料粒度 /mm	生产能力 /(t·h^{-1})	单位能耗 /[(kW·h)·t^{-1}]	应用范围
颚式破碎机	压碎、折断	150～1800	25～250	10～1000	0.2～0.7	硬岩石、中硬岩石
旋回破碎机	压碎、折断	150～1800	25～250	35～3500	0.15～0.5	硬岩石、中硬岩石
圆锥破碎机	压碎、击碎	25～250	5～40	10～600	0.4～2.2	硬岩石、中硬岩石
辊式破碎机	压碎	5～75	3～15	3～150	0.7～1.1	中硬岩石
齿辊破碎机	劈碎、击碎	75～500	50～200	5～1000	0.15～0.4	脆性物料
锤式破碎机	冲击破碎、磨碎	50～1800	3～25			脆性物料
反击式破碎机	冲击破碎	80～1500	3～200			脆性物料
笼形破碎机	冲击破碎	≤200	0.043～0.54			煤、黏土
滚筒碎选机	冲击破碎					煤
轮碾机	压碎、磨碎	≤50	<10			硅石、黏土
自磨机	击碎、磨碎	≤500	0.043～6			硬岩石、中硬岩石
棒磨机	压碎、磨碎	5～25	0.07～0.8	3～75	7～15	硬岩石、中硬岩石
球磨机、管磨机	击碎、磨碎	5～20	0.04～0.5	2～12	10～30	硬岩石、中硬岩石
砾磨机	击碎、磨碎	≤30	0.043～0.5			稀有金属矿石
振动磨机	击碎、磨碎	0.5～10	0.002～0.2			各种硬度的磨料
风扇磨煤机	冲击破碎					煤
悬辊式磨机	击碎、磨碎	0.8～25	0.04～0.8	0.02～20	3.7～150	中硬岩石、软岩石
喷射磨机	冲击破碎、磨碎	0.15～15	0.001～0.03	0.1～10		中硬岩石、脆性物料

　　粉碎机械经常在繁重负荷的条件下和灰尘密布的恶劣环境中进行工作,为了保证粉碎机械在运转过程中的安全性和可靠性,每一种粉碎机械必须满足以下要求:

　　①结构上力求简单、耐用、可靠;

　　②必须备有可靠的防尘装置和除尘装置;

　　③粉碎机械的构造应当保证迅速而容易地更换其全部被磨损了的部件,特别是破碎部件。这些部件的数目应当使之最小,每一个部件的重量也不要太大,而其形状则应尽可能地便于制造和检修;

　　④破碎机的传动装置、给料口以及排料口必须要有安全保护装置;

　　⑤破碎机都应当有简单而有效的保险装置;

　　⑥破碎机应有迅速而容易地改变破碎比的装置,即排料口的调节装置;

　　⑦最大给料块的直径应比破碎机给料口宽度小 10%～20%。破碎机的给料和排料应当是连续的。

　　粉碎机械的破碎效果以所消耗的能量来衡量,即以每千瓦·小时电能所处理的破碎产物的吨数来表示;有时也采用电能消耗的倒数,即以破碎每吨物料所需的千瓦·小时数来表示。为了确切地表示粉碎机械的破碎效果,对于破碎机械应计入破碎比,即 $\eta = \dfrac{Q}{Ni}$;对于粉磨机械应在上式中计入新生成的表面积,即 $\eta = \dfrac{Q}{NA}$。

第三章　颚式破碎机

第一节　概　述

颚式破碎机具有构造简单、工作可靠、制造容易、维修方便等优点,因而在选矿、建筑材料、硅酸盐和化学工业等部门中,得到了广泛的应用。它在选矿工业中多用来对坚硬和中硬矿石进行粗碎和中碎。在其他工业部门中也作细碎用。

在颚式破碎机中,物料的破碎是在两块颚板之间进行的。可动颚板绕悬挂心轴对固定颚板作周期性摆动[见图3-1(a)]。当动颚靠近固定颚板时,位于两颚板间的物料受压碎、劈碎和弯曲作用而破碎。当动颚离开固定颚板时,已破碎的物料在重力作用下,经排料口排出。

颚式破碎机的规格用给料口宽度 B 和长度 L 来表示。根据给料口宽度 B 的大小,颚式破碎机可以分为大型、中型和小型。$B > 600$ mm 为大型,$B = 300 \sim 600$ mm 为中型,$B < 300$ mm 为小型。

根据动颚的驱动方式和运动轨迹,颚式破碎机分为以下几种型式:

1. 简摆颚式破碎机[见图3-1(a)]

动颚悬挂在机架上部的心轴上,采用曲柄双摇杆机构使动颚绕心轴作往复运动,动颚面上各点的运动轨迹为圆弧形。动颚的水平行程是从破碎腔的给料口往下逐渐增大,至排料口处(动颚底部)为最大。但破碎腔上部皆为较大的矿块,因而处在上部的矿石得不到破碎所必需的压缩量,破碎负荷大部分集中在破碎腔的中部和下部,这就降低了破碎机的生产能力。如果增大动颚上部的水平行程,必然会导致下部水平行程的增大,从而造成产品粒度更加不均匀。所以,简摆颚式破碎机的破碎比通常为3~6。由于动颚的垂直行程较小,故颚板的磨损强度较低,产品的过粉碎现象少。

为了局部地消除动颚上部与下部水平行程的巨大差异,可把动颚心轴的位置提高,并向前移至破碎腔啮角的分角线上。因而动颚板几乎垂直地摆动,故垂直行程很小,可以降低颚板的磨损和破碎腔的堵塞。Kue-Ken型颚式破碎机[见图3-1(b)]就是根据这种原则设计的。

由于简摆颚式破碎机采用曲柄双摇杆机构,因而具有一个重要的机构上的优点。当连杆与肘板之间的夹角为88°时,则作用在物料上的破碎力比连杆上的力约大15倍。所以,简摆颚式破碎机一般都制成大型和中型的,其最大规格为2100 mm×3000 mm。

2. 复摆颚式破碎机[见图3-1(c)]

动颚直接悬挂在偏心轴上,由曲柄摇杆机构驱动作往复运动。动颚上部的运动轨迹近似为圆形,下部则为椭圆形。动颚上部的水平行程较大,可以满足矿石破碎时所要求的压缩量,而且动颚向下运动时有促进排矿的作用。所以比简摆颚式破碎机的生产率高30%左右,破碎比可达10。

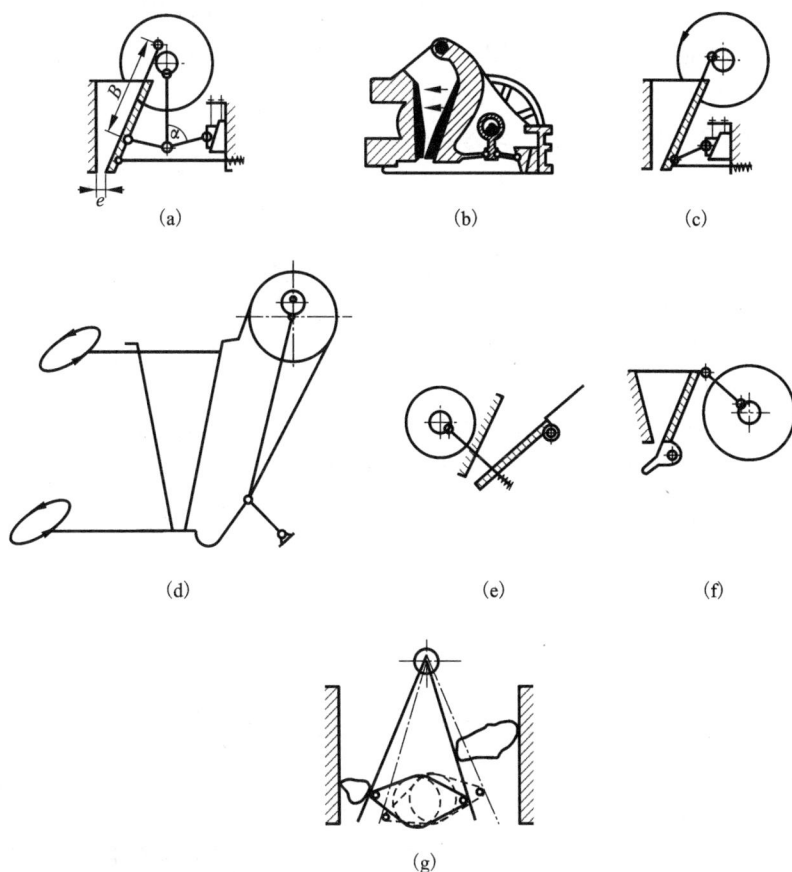

图 3 - 1　颚式破碎机的型式

(a)简摆颚式破碎机；(b)Kue-Ken 型颚式破碎机；(c)复摆颚式破碎机；
(d)负支撑复摆颚式破碎机；(e)冲击颚式破碎机；(f)上动型颚式破碎机；(g)双颚式破碎机

复摆颚式破碎机具有结构紧凑、生产能力高、机器重量轻(在生产能力相等时，比简摆颚式破碎机约轻20% ~ 30%)等优点。但是，由于动颚的垂直行程大，使颚板磨损快且加重了产品的过粉碎现象，从而使非生产性的能量消耗增加。为了克服上述缺点，取传动角大于90°、制成负支撑复摆颚式破碎机[见图 3 - 1(d)]。在具有相同水平行程或偏心距的情况下，其动颚垂直行程小于止支撑(传动角小于90°)复摆颚式破碎机的相应值。行程特性值(垂直行程与水平行程的比值)可小于 1。因而，减少了破碎板的磨损，降低了能耗，提高了生产能力。

复摆颚式破碎机的最大规格为 1500 mm × 2100 mm。

3. 冲击颚式破碎机[见图 3 - 1(e)]

动颚悬挂在机架上部的心轴上，通过偏心轴、连杆(安置在机架两则)及动颚下部的肘板作往复摆动。冲击颚式破碎机与简摆和复摆颚式破碎机相比，偏心轴的转速约高30%，动颚行程增大约40% ~ 45%，因而生产能力比同规格的颚式破碎机要高。由于采用变斜度的破碎腔(越接近排料口斜度越大)，物料在快速、大行程动颚的往复作用下承受多次冲击，物料松散而且排料速度快，因而避免了排料口的堵塞现象，产品粒度均匀且呈立方形和尖角形。

冲击颚式破碎机的使用范围不仅与颚式破碎机相同，而且能破碎湿的和黏性物料。冲击颚式破碎机的最大规格为 2000 mm×1250 mm。

4. 上动型颚式破碎机[见图 3-1(f)]

动颚支承在机架下部的心轴上。动颚在给料口处的行程最大，而在排料口处最小。这种机器的优点是产品粒度均匀，缺点是破碎腔易于堵塞，因而只能制成小型的，供实验室使用。

5. 双颚式破碎机[见图 3-1(g)]

双颚式破碎机是有两个破碎室的颚式破碎机。通常这两个破碎室是并联的。并联的双颚式破碎机主要是利用普通颚式破碎机的空程也进行破碎工作，使生产率得以成倍地提高。两个破碎室可以同时破碎同样大小的物料，也可一边进行粗碎作业，另一边进行细碎作业。

6. 双动颚式破碎机(见图 3-10)

固定颚板和可动颚板均是能动的，可以达到水平行程大而垂直行程小的要求。它不仅能用作粗碎和中碎，同时也可用于细碎。适于破碎黏性物料。这种破碎机有两种传动方式：一种是由一台电动机通过齿轮传动使两个偏心轴旋转；另一种则是两个偏心轴各用一台电动机传动。

颚式破碎机的结构型式是很多的，但是，目前应用最广泛的只有两种型式：简摆颚式破碎机和复摆颚式破碎机。

第二节　颚式破碎机的构造

图 3-2 是 900 mm×1200 mm 井下简摆颚式破碎机的构造图。颚式破碎机的破碎腔是由固定颚板(即机架 1 的前壁)和可动颚板 5 构成。固定颚和可动颚都衬有锰钢制成的破碎板 2 和 4。破碎板用螺栓和楔固定于颚板上。为了提高破碎效果，两破碎板的表面都带有纵向波纹，而且是凸凹相对。这样，对矿石除有压碎作用外，还有弯曲作用。破碎机工作空间的两侧壁上也装有锰钢衬板 3。由于破碎板的磨损是不均匀的，特别是靠近排矿口的下部磨损最大。因此，往往把破碎板制成上下对称的，以便下部磨损后，将其倒置而重复使用。大型破碎机的破碎板是由许多块组合而成，各块都可以互换，这就可以延长破碎板的使用期限。

可动颚板悬挂在心轴 6 上，心轴则支承在机架侧壁上的滑动轴承中。可动颚板绕心轴对固定颚板作往复摆动。

动颚的摆动是借曲柄双摇杆机构来实现的。曲柄双摇杆机构由偏心轴 9、连杆 7、前肘板 15 和后肘板 13 组成。偏心轴放在机架侧壁上的主轴承中，连杆的上连杆头装在偏心轴的偏心部分上，前后肘板的一端支承在偏心轴的偏心部分上，前后肘板的一端支承在下连杆头两侧凹槽中的肘板座 14 上，前肘板的另一端支承在动颚后壁下端的肘板座上，而后肘板的另一端则支承在机架后壁的楔铁 12 中的肘板座上。当偏心轴通过三角皮带轮从电动机获得旋转运动后，就使连杆产生上下运动。连杆的上下运动又带动肘板运动。由于肘板不断地改变倾斜角度，因而使动颚绕心轴摆动，对物料进行破碎。当连杆位于下部最低位置时，肘板与水平线所成的倾斜角度通常为 10°~12°。

后肘板不仅是传递力的杆件，而且也是破碎机的保险零件。当破碎中落入不能破碎的物体而使机器超过正常负荷时，后肘板立即折断，破碎机就停止工作，从而避免整个机器的损坏。

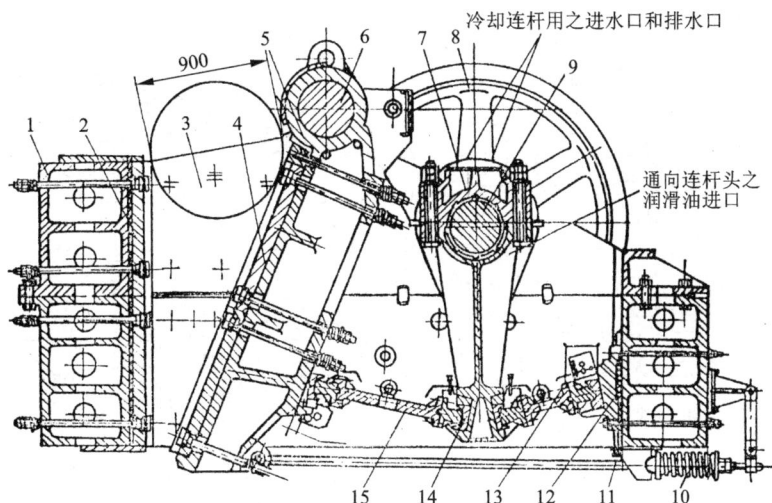

图 3-2　900 mm×1200 mm 井下简单摆动颚式破碎机

1—机架；2、4—破碎板；3—侧面衬板；5—可颚动板；6—心轴；7—连杆；8—飞轮；
9—偏心轴；10—弹簧；11—拉杆；12—楔铁；13—后肘板；14—肘板座；15—前肘板

当连杆向下运动时，为使动颚、肘板和连杆之间互相保持经常接触，因而采用以两根拉杆 11 和两个弹簧 10 所组成的拉紧装置。拉杆 11 铰接于动颚下端的耳环上，其另一端用弹簧 10 支承在机架后壁的下端。当动颚向前摆动时，拉杆通过弹簧来平衡动颚和肘板所产生的惯性力。

颚式破碎机有工作行程和空转行程，所以电动机的负荷极不均衡。为了减少这种负荷的不均衡性，在偏心轴的两端装有飞轮 8 和皮带轮。皮带轮同时也起飞轮作用。在空转行程中，飞轮把能量储存下来，在工作行程中它再把能量释放出来。

在机架后壁与楔铁 12 之间，放一组具有一定尺寸的垫片。当改变垫片的厚度时，可以调整排料口的宽度。

破碎机的全部轴承都采用铸有巴氏合金的滑动轴承。在大型破碎机上也可采用滚动轴承。主轴承和连杆头的轴瓦过热时可用循环水冷却。

破碎机的摩擦部件用稀油和干油润滑。偏心轴和连杆头的轴承采用齿轮油泵压入稀油进行集中循环润滑；动颚轴承和肘板座的支承垫采用手动干油润滑站定期压入干油润滑。

这种结构的简摆颚式破碎机，启动时要消耗很大的功率，排料口宽度的调节是用人力，破碎机采用机械保险装置，更换保险零件——肘板时操作困难。为了克服上述缺点，我国还生产了 1200 mm×1500 mm 分段启动简摆颚式破碎机。这种破碎机的构造特点是在偏心轴的两端装置了液压摩擦离合器(见图 3-3)。破碎机的皮带轮和飞轮借助于摩擦离合器与偏心轴相连。摩擦离合器装有摩擦片，并用弹簧压紧。离合器由液压系统控制。启动破碎机时，首先开动油泵电动机，使压力油沿油管经柱塞中心通孔进入柱塞的右方(皮带轮处)和左方(飞轮处)，推动柱塞而使弹簧压缩，于是摩擦离合器的摩擦片分开，则皮带轮、飞轮同时与偏心轴脱开。这时，停止油泵电动机，启动主电动机，皮带轮转动。然后通过继电器和电磁换向阀的作用，顺序接通摩擦离合器。先使皮带轮与偏心轴闭合，后使飞轮与偏心轴闭合。

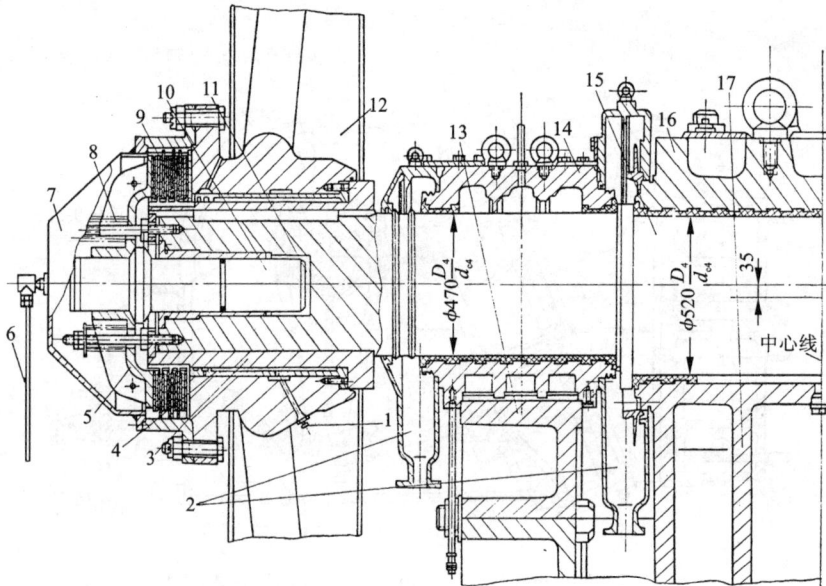

图 3－3　液压摩擦离合器

1—油塞；2—集油器；3—轴套；4—轴瓦；5—压紧架；6—油管；7—罩子；8—压紧弹簧；
9—摩擦片；10—柱塞；11—油缸；12—皮带轮；13—机架；14—轴承盖；15—偏心轴；16—连杆头；17—连杆

扭矩由皮带轮传给偏心轴，再由偏心轴传递给飞轮。破碎机就是依此顺序分三段启动运转。图 3－4 是 1200 mm × 1500 mm 简摆颚式破碎机的液压系统及原理图。

液压摩擦离合器同时也作为机器的超负荷保险装置。机器正常工作时，如果突然超载，过电流继电器通过延时继电器使油泵电动机启动，则离合器分离，同时切断主电动机。

排料口的宽度也是通过液压系统来调整的。

复摆颚式破碎机的构造如图 3－5 所示。这种破碎机的动颚 14 直接悬挂在偏心轴 13 上。动颚的下部由肘板 5 支撑住。肘板的另一端支承在与机架 15 的后壁相连的楔形调整机构的楔铁 7 上。

在偏心轴的两端装有飞轮 12 和皮带轮 16（同时起飞轮作用）。在飞轮的轮缘上有配重，用以部分地平衡连杆在运动时所产生的惯性力。

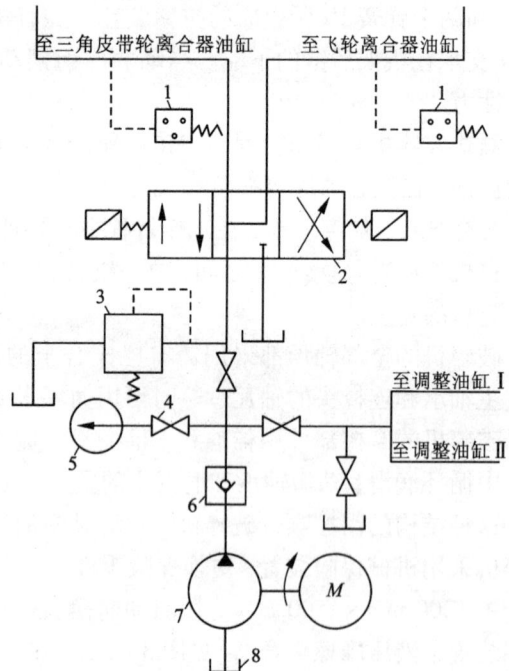

图 3－4　1200 mm × 1500 mm 分段启动简摆颚式
破碎机的液压系统及原理

1—压力继电器；2—电磁换向阀；3—溢流阀；4—压力表开关；
5—压力表；6—单向阀；7—单级叶片泵；8—油箱

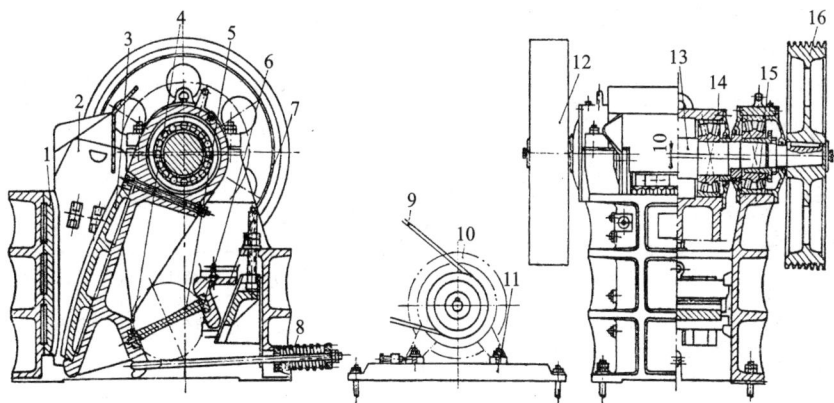

图3-5　复摆颚式破碎机

1—固定颚板；2—边护板；3—破碎板；4—肘板座；5—肘板；6—肘板座；7—楔铁；8—弹簧；
9—三角皮带；10—电动机；11—铁轨；12—飞轮；13—偏心轴；14—动颚；15—机架；16—皮带轮

当偏心轴按逆时针方向旋转时，动
颚便作复杂摆动——动颚上端的运动轨
迹近似为圆形，而下端则为椭圆形。动
颚的这种运动不仅产生压碎力，而且也
产生磨碎力。

排料口的调整是借楔形调整机构来
实现的。楔铁7沿导轨左右移动时，可
使排料口减小或增大。

排料口的间隙也有用液压千斤顶来
调整的（见图3-6）。

复摆颚式破碎机采用滚动轴承。破
碎机的其他部件与简摆颚式破碎机相似。

表3-1为颚式破碎机的基本参数。

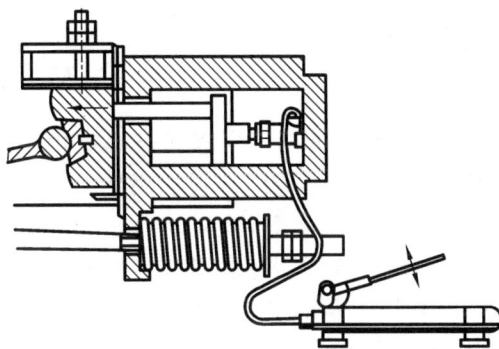

图3-6　排料口间隙的液压调整机构

表3-1　颚式破碎机的基本参数

基本参数名称			型　号				
			PE-150	PE-250	PE-400	PE-600	PE-900
给料口尺寸 /mm	宽度 B①	公称值	150	250	400	600	900
		极限偏差	±10	±15	±20	±30	±45
	长度 L	公称值	250	400	600	900	1200
		极限偏差	±15	±20	±30	±45	±60
最大进料粒度		/mm	125	210	340	500	750

续表 3 – 1

基本参数名称		型　　号				
		PE – 150	PE – 250	PE – 400	PE – 600	PE – 900
排料口宽度 $b^{②}$ 调整范围	/mm	10 ~ 40	20 ~ 80	40 ~ 100	65 ~ 160	100 ~ 200
电动机功率	不大于(kW)	5.5	15	30	75	110
外形尺寸 不大于 /mm	长 L_0	950	1450	1700	2700	3800
	宽 B_0	850	1350	1800	2500	3500
	高 H_0	950	1400	1650	2600	3500
不包括电动机的破碎机重量^{③}	不大于/t	1.2	3	7	20	55
生产能力^{④}	不小于/(t·h^{-1})	1 ~ 3	4 ~ 14	8 ~ 25	40 ~ 100	100 ~ 200

注: ①尺寸 B——在破碎机给料口部位,当破碎机活动颚板与固定颚板分开最远时(开边时),一颚板的齿峰(齿谷)与
另一颚板的齿谷(齿峰)之间的最短距离。

②尺寸 b——在破碎机排料口部位,当破碎机活动颚板与固定颚板最接近时(闭边时),一颚板的齿峰(齿谷)与另
一颚板的齿谷(齿峰)之间的最短距离。

③破碎机重量不包括表 3 – 1 中备件的重量。

④生产能力以破碎堆比重为 1.6 t/m³ 的石灰石和连续给料为依据。

复摆颚式破碎机与简摆颚式破碎机相比,其优点是:动颚上部水平行程较大,可以满足矿石破碎时要求的压缩量,而且动颚向下运动时有促进排矿的作用。但是,由于动颚垂直行程大,使破碎板磨损快且加重了产品的过粉碎现象,从而使非生产能量消耗增加。为了克服上述缺点,可将肘板制成负倾角的复摆颚式破碎机(见图 3 – 7)。在具有相同的水平行程或偏心距的情况下,肘板成负倾角的破碎机,其动颚垂直行程小于肘板成正倾角的复摆颚式破碎机的相应值。

图 3 – 7　负倾角复摆颚式破碎机

由于简摆和复摆颚式破碎机是采用曲柄肘杆机构使动颚作往复运动,动颚行程与时间的关系是一条正弦曲线(见图 3 – 8)。实践证明,动颚的摆动次数超过某一极限值时,产量反而下降。所以,若要提高颚式破碎机的生产能力,必须在保证充裕的排料时间(动颚的开启时间)下,使动颚的闭合时间最短,也就是动颚的闭合速度最快,这样不仅可以减少循环周期的时间,而且还可充分地利用惯性能量,提高破碎效果。

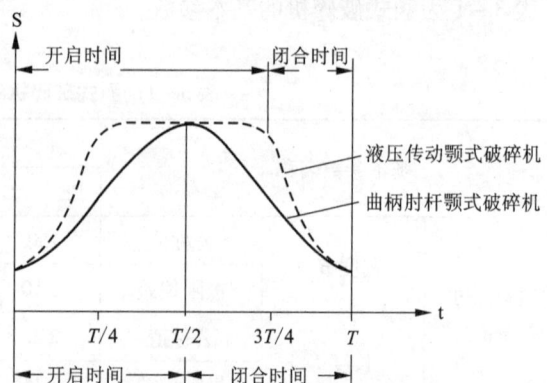

**图 3 – 8　液压传动颚式破碎机与曲柄肘杆式
颚式破碎机的开启时间和闭合时间的对比**

液压传动颚式破碎机(见图3-9)和双动颚式破碎机(见图3-10)就是根据以上设想而设计的。

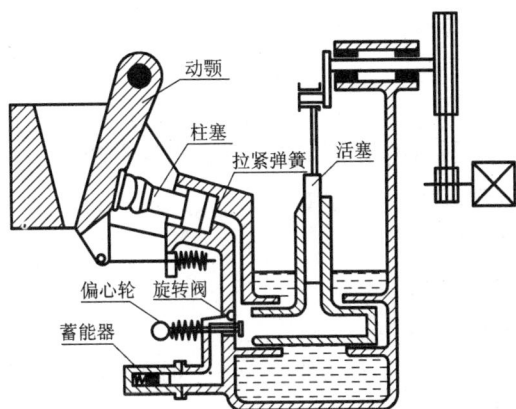

图3-9　液压传动颚式破碎机

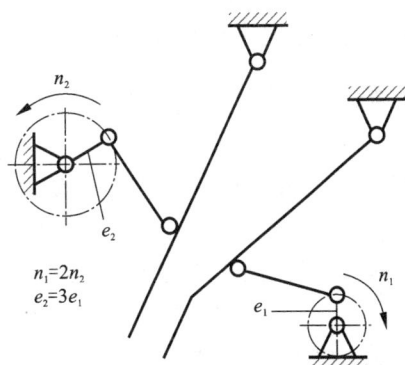

图3-10　双动颚式破碎机的原理图

如图3-9所示,活塞向下运动时,借助压力油通过柱塞使动颚作闭合运动。活塞返回向上运动时,拉紧弹簧使动颚和柱塞返回原位。当活塞又向下运动时,控制旋转阀使压力油进入蓄能器,因而柱塞和动颚仍旧保持在回程位置上;活塞向上运动时,蓄能器的油又返回油缸。至此,活塞的两次运动使动颚完成一个工作周期。破碎机按照这种运动规律进行工作,动颚的开启时间(排料时间)增加了50%,从而提高了机器的生产能力。

双动颚式破碎机(见图3-11)的上部颚板,其摆动次数为下部颚板摆动次数的一半,而偏心轴的偏心距等于下部偏心距的三倍。排料口的开启和闭合周期类似于液压传动颚式破碎机,生产能力可以提高60%~70%。

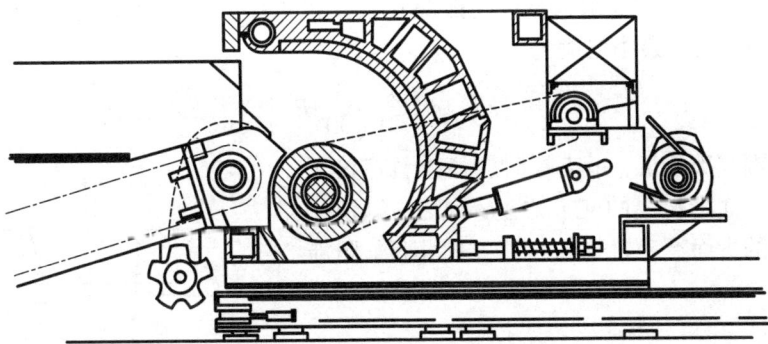

图3-11　可移式旋转颚式破碎机

在采矿工业中,为了减少大块矿石的装卸费用,美国伊格尔破碎机公司(Eagle Crusher Co.)开发了一种用于井下或露天矿开采的可移式旋转颚式破碎机(见图3-11)。这种破碎机具有低矮的外形,其给料高度低于1.85 m,可供井下或平峒在工作面进行破碎使用,并与运输系统配套作业。这种配套系统,提高了开采效率,具有灵活性和安全性。

第三节　颚式破碎机的结构参数和工作参数

一、结构参数的选择和计算

1. 给料口与排料口的尺寸

给料口的宽度 B 取决于给料的最大粒度 D_{max}，给料口的长度 L 取决于要求的生产率。

为了保证破碎机工作时能啮住矿块，给料口宽度可按下式选取

$$B = (1.1 \sim 1.25) D_{max} \tag{3-1}$$

给料口长度通常根据给料口宽度确定，其经验公式为

$$L = (1.25 \sim 1.6) B \tag{3-2}$$

对于大型破碎机，取 $L = (1.25 \sim 1.5)B$；中小型破碎机，取 $L = (1.5 \sim 1.6)B$。在细碎型破碎机中，为了获得较高的生产率，可取 $L = (2 \sim 3.6)B$。

排料口宽度的表示方法有两种，一种是指在破碎机的排料口底部，当动颚板与定颚板相距最远时（开口边），一颚板的齿峰与另一颚板的齿谷之间的距离，用 b 表示；另一种是用动颚板与定颚板最接近时（闭口边）的距离表示排料口宽度，用 e 表示。

排料口宽度的大小直接影响着破碎机的生产率、功率消耗和破碎板的磨损。排料口的最小宽度必须保证物料在破碎腔的下部不产生过压实现象，也就是不造成排料口的堵塞。所以，排料口的最小宽度取决于动颚下端的水平行程和物料在破碎腔内的充填密度。由此，可以得到排料口最小宽度的计算公式为

$$b_{min} = \left(\frac{1}{12} \sim \frac{1}{8} \right) B \tag{3-3}$$

$$e_{min} = \left(\frac{1}{21} \sim \frac{1}{15} \right) B \tag{3-4}$$

简摆颚式破碎机可按上限选取，复摆颚式破碎机可按下限选取。对于细碎型颚式破碎机，其闭合时的排料口最小宽度为

$$e_{min} = \left(\frac{1}{40} \sim \frac{1}{30} \right) B \tag{3-5}$$

设计复摆颚式破碎机，正支撑时应使排料口位于肘板延长线与齿面延长线的交点之上；反之，则位于排料口水平上的齿面运动轨迹与料流方向相反，阻滞物料的流动。

2. 啮角 α

破碎机的排料口宽度处于闭口状态时，动颚板与固定颚板表面之间的夹角称为啮角。采用压碎方式破碎物料时，啮角是影响物料破碎效果的主要因素之一。当破碎物料块时，必须使物料块既不向上滑动，也不从破碎腔中跳出来。为此，啮角应该保证物料块与颚板工作表面间产生足够的摩擦力以阻止物料块的

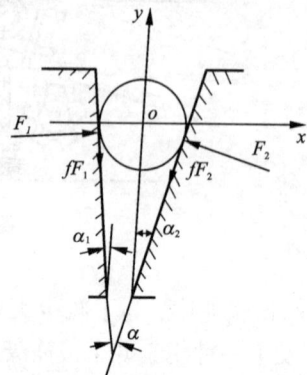

图 3-12　矿块在颚板间的受力分析

滑动现象。

　　假设物料块的形状为球形，当颚板压紧物料时，作用在物料块上的力如图3-12所示。F_1和F_2为作用在物料块上的压碎力，其方向垂直于颚板表面。由压碎力所引起的摩擦力fF_1和fF_2是平行于颚板表面的，f是颚板与物料之间的摩擦系数。由于物料块的自重与压碎力相比甚小，故可忽略不计。

　　为了使物料在破碎时不产生向上的滑动现象，啮角应满足下列条件：

$$F_1\cos\alpha_1 + fF_1\sin\alpha_1 = F_2\cos\alpha_2 + fF_2\sin\alpha_2 \qquad (3-6)$$

$$F_1\sin\alpha_1 + F_2\sin\alpha_2 \leqslant fF_1\cos\alpha_1 + fF_2\cos\alpha_2 \qquad (3-7)$$

　　联立解方程式(3-6)和(3-7)，化简后可得：

$$\alpha = \alpha_1 + \alpha_2 \leqslant 2\varphi \qquad (3-8)$$

式中：α_1——固定颚板的斜角，$\alpha_1 = 0 \sim 10°$；

　　　φ——物料与颚板表面的摩擦角，$f = \tan\varphi$。

　　由式(3-8)可知，为了使颚式破碎机正常地进行破碎工作，啮角应小于摩擦角的两倍。不然，物料就会向上滑动或排出而不被压碎，因而降低了破碎机的生产率和破碎效率，加剧颚板的磨损，甚至还会造成严重的安全事故。

　　啮角的大小取决于物料与颚板表面的摩擦系数。摩擦系数与物料的硬度有关。通常，物料硬度愈高，摩擦系数愈低。大理石与钢的摩擦系数$f = 0.17$；石灰石与钢的摩擦系数$f = 0.24$；岩石与钢的摩擦系数$f = 0.3$。实际上，由于物料干湿程度不同，摩擦系数没有固定的数值。一般情况下$f < 0.3$，即$\varphi < 16°40'$。

　　颚式破碎机的啮角一般在14°~23°范围内选取。复摆颚式破碎机的啮角不应大于20°~22°，简摆颚式破碎机的啮角不应大于22°~23°。破碎硬岩石时采用较小的啮角，破碎软岩石时可选取较大的啮角。

　　正确地选择啮角对于提高破碎机的破碎效率具有很大的意义。减小啮角，可使破碎机的生产率增加，但会引起破碎比的减少；增大啮角，可降低机器高度，或在同一高度下可增加破碎比，但同时又引起生产率的降低。应该指出，在大型破碎机中，即使是啮角增加很小，也会使机器的高度、重量和成本降低很多。国外设计的最大型简摆颚式破碎机，其啮角采用25°~27°。因此，选择啮角时，应该进行技术经济比较。

　　3. 动颚的摆动行程S

　　它直接影响物料的破碎效果，是破碎机的主要结构参数之一。动颚的摆动行程是以动颚板上各点的运动轨迹在水平方向的投影——水平行程和在法线方向上的投影——垂直行程来表示。由于动颚的运动轨迹沿破碎腔高度方向是不同的，所以规定以位于排料口水平上的动颚水平行程作为标记。动颚的摆动行程并不完全表示物料在破碎腔里实际的压缩量。简摆颚式破碎机的动颚行程等于压缩量，而复摆颚式破碎机在破碎腔上部的压缩量约等于动颚行程的70%，下部则近似相等。

　　在理论上，动颚的摆动行程应按物料达到破坏时所需的压缩量来确定。根据巴赫对矿石所作的试验，所需的压缩量可由下式计算：

$$\Delta S = \frac{\delta^{1.13}}{E}D_{max} \approx 0.01D_{max} \qquad (3-9)$$

式中：δ、E表示物料的抗压极限强度和弹性模数。

然而，由于破碎机的变形，以及工作机构和传动机构等零件间存在间隙等因素的影响，实际上选取的动颚摆动行程远远大于理论上求出的数值。通常，动颚的摆动行程是根据经验数据确定的。

简摆颚式破碎机的动颚摆动行程是在破碎腔的上部小，下部大。动颚下部的水平行程与动颚支点的距离成正比，与动颚的倾角成反比。根据实验，动颚下部的最优水平行程为

$$S_{\text{下}} = 8 + 0.261 b_{\min} \tag{3 - 10}$$

式中：$b_{\min}$单位为 mm。

破碎腔上部的动颚行程值应能可靠地破碎具有最大给料粒度的物料。上部行程与下部行程存在着以下的比例关系：

$$S_{\text{上}} = (0.37 \sim 0.4) S_{\text{下}} \tag{3 - 11}$$

在复摆颚式破碎机中，动颚的水平行程是由给料和排料两端向中部逐渐减小。动颚下端的水平行程可在下列范围内选取：

$$S = (0.035 \sim 0.054) B \tag{3 - 12}$$

式中：B 为给料口的宽度，mm。

对于大型颚式破碎机取小值，反之取大值。

根据破碎作业的要求，在破碎腔的上部应有较大的水平行程，以确保较高的生产率；在破碎腔的下部不希望有过大的水平行程，以免在破碎腔下部引起物料的过压实现象和排料口的堵塞。

4. 偏心轴的偏心距 r

偏心距是颚式破碎机最重要的结构参数。因为偏心距的大小不仅与能耗有关，而且还与动颚的摆动行程，特别是垂直行程有关。偏心距愈大，则功耗愈大，动颚的水平行程虽有增加，但行程特性值$\left(\dfrac{\text{垂直行程}}{\text{水平行程}}\right)$变大，从而加剧了颚板的磨损；偏心距小，虽可降低能耗，但水平行程减小，破碎效果变坏。因此，合理地确定偏心距的最佳值是很重要的。

图 3 - 13 为简摆颚式破碎机左侧肘板位置的示意图。Δ_s 表示动颚水平行程的 1/2，即当偏心轴处于最高和最低的偏心位置时，肘板端点最外和最内两个位置的水平距离差。

肘板长 K 及其偏斜量 C_o 是根据机器的规格及结构初步选定的。C_o 值的选择应当是在偏心位置为最高时，两个肘板内端点低于两个外端点的连线，即肘板连杆的夹角 β 应在 $86° \sim 89°$ 的范围内选取。这样可以最小的能耗获得最大的破碎效果。

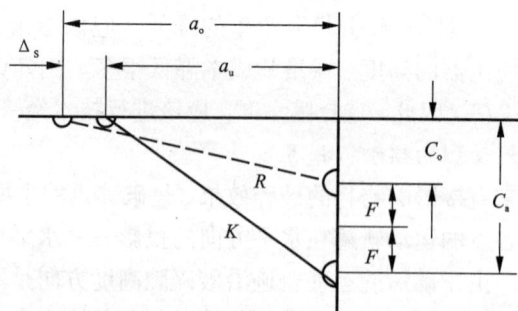

图 3 - 13 动颚的水平行程和偏心距的关系

由图 3 - 13 可得以下关系式：

$$\Delta_s = a_o - a_u$$
$$a_o = \sqrt{K^2 - C_o^2}$$

$$a_u = \sqrt{K^2 - (C_o + 2r)^2}$$

联立解之,化简后可得:

$$r = -\frac{C_o}{2} + \sqrt{\left(\frac{C_o}{2}\right)^2 - \left(\frac{a_u}{2}\right)^2 + \left(\frac{a_o}{2}\right)^2} \qquad (3-13)$$

复摆颚式破碎机的偏心距可按图 3 – 14 所示的近似方法计算。

为了简化计算公式的推导过程,假定 C 点的运动轨迹为直线,则可得到以下计算式:

$$C_x = (l_{max} - l_{min})\sin\psi$$

根据勾股定理可写出下列关系式:

$$l_{max}^2 = (L + r)^2 - H^2$$
$$l_{min}^2 = (L - r)^2 - H^2$$

因为

$$l_m \approx L\cos(\psi + \theta)$$

$$\psi = \beta + \frac{\varphi}{2}$$

$$\theta = 90° - \gamma - \beta - \frac{\varphi}{2}$$

由此,导出的偏心距计算公式为:

$$r = \frac{C_x\cos(90° - \gamma)}{2\sin\left(\beta + \dfrac{\varphi}{2}\right)} \qquad (3-14)$$

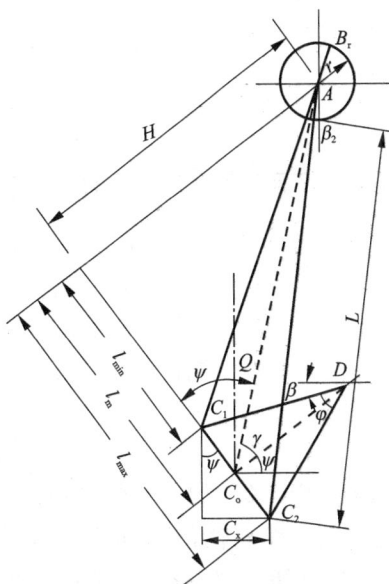

图 3 – 14　复摆颚式破碎机的偏心距计算图

式中:C_x——C 点的水平行程,近似地等于动颚下端的水平行程;

　　　γ——传动角,即连杆与肘板之间的夹角。γ 角愈大,对机构传动有利,但行程特性值增大,这对破碎板的磨损是不利的。γ 角减小将使偏心距变小,动颚的上部行程也将随着减小。通常取 $\gamma = 45° \sim 55°$;

　　　β——肘板角,就是指当动颚处于闭边时,肘板与水平之间的夹角。增大 β 角,C 点的水平行程可以增加,但使偏心轴的受力加大,故一般取 $\beta = 18° \sim 20°$,最大可取 $\beta \leqslant 30°$;

　　　φ——肘板的摆动角。为了保证肘板与支承垫间的运动为纯滚动,而不出现滑动,取 $\varphi = 4° \sim 6°$。

偏心轴的偏心距可以根据设计中规定的机械效率 η 来确定。若取 $\eta \leqslant 0.8$ 时,则

$$r \geqslant 8fd \qquad (3-15)$$

式中:f——轴颈与轴承的摩擦系数。对于滚柱轴承 $f = 0.0025 \sim 0.01$。当润滑油的黏滞性小时,取较小值,反之,取较大值;

　　　d——偏心轴颈的直径。

偏心轴的偏心距除了采用上述方法计算以外,还可以根据初步拟定的构件尺寸用画机构图的方法来确定。

5. 动颚悬挂点的高度 h

即动颚的轴承中心距给料口平面的高度。为了保证在破碎腔的上部产生足够的破碎力来

破碎大块物料，因而，动颚在给料口处必须具有一定的摆动行程。根据试验，对于简摆颚式破碎机，当生产率达到最大值时，$h = (0.37 \sim 0.4)L$。式中 L 表示动颚长度，通常 $(0.37 \sim 0.4)L \geqslant h \geqslant 0.2L$。在复摆颚式破碎机的设计中，采用降低动颚悬挂点的措施，可以增加动颚上部的水平行程，行程特性值也会得到一定的改善。一般可采用正悬挂（$h \leqslant 0.1L$）或零悬挂（$h = 0$）。对于细碎型破碎机，可取负悬挂（$h < 0$），但不宜过低，否则将导致主轴受力恶化，甚至有使动颚翻转的可能。所以，复摆颚式破碎机的动颚悬挂高度范围为

$$-\left(\frac{B - D_{\max}}{\tan\alpha}\right) \leqslant h \leqslant 0.1L \tag{3-16}$$

二、工作参数的选择与计算

1. 动颚的摆动次数 n（偏心轴的转数）

合理地选取转数，不仅可以提高机器的生产能力，而且可以减少破碎板的磨损和降低能耗。当转数过高时，则排料时间减少，这样会造成破碎腔内的物料堵塞，加剧破碎板的磨损，出现生产能力下降、能耗增加的现象。当转数过低时，虽然排料时间增加，但单位时间内压碎物料的次数却减少了，因而也使生产量降低。所以，选取转数时，应按最有利于排料的条件来确定。

为了简化计算，假定动颚作平移运动，即忽略动颚在摆动过程中啮角变化的影响，其次，不考虑物料与破碎板间的摩擦力对排料的影响，破碎产品在重力作用下自由下落。

当动颚摆动一次时，从破碎腔中排出的破碎产品是断面为梯形的棱柱体（见图 3-15）。棱柱体的高度为

$$h_0 = \frac{S}{\tan\alpha_1 + \tan\alpha_2} \tag{3-17}$$

由此可知，单位时间的生产能力为

$$Q_1 = L \times \frac{b + e}{2} \times h_0 \times \delta / t_0 \tag{3-18}$$

式中：δ——物料的松散密度；

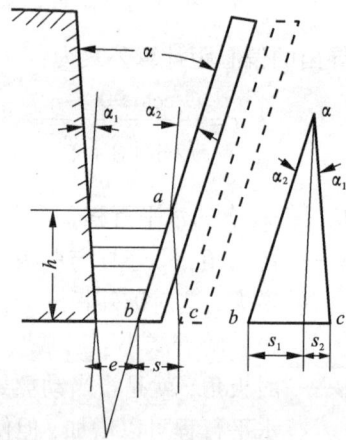

图 3-15　动颚摆动次数的确定

t_0——动颚摆动一次的时间，$t_0 = \dfrac{60}{n}$。

式（3-18）可以写为下列形式：

$$Q_1 = L\left(\frac{b + e}{2}\right)\left(\frac{S}{\tan\alpha_1 + \tan\alpha_2}\right)\delta\left(\frac{n}{60}\right) = K_1 n \tag{3-19}$$

棱柱体的落下高度亦可用下式计算：

$$h_0 = \frac{1}{2}g t_1^2 = \frac{g}{8}\left(\frac{60}{n}\right)^2 \tag{3-20}$$

将式（3-20）代入式（3-18）中，得

$$Q_2 = L\left(\frac{b + e}{2}\right)\frac{g}{8}\left(\frac{60}{n}\right)^2 \delta\left(\frac{n}{60}\right) = K_2 \frac{1}{n} \tag{3-21}$$

　　根据式(3-19)和式(3-21)可以绘出理论生产率与偏心轴转数的关系,如图3-16所示。两曲线交点的相应转数即为颚式破碎机的理论最佳转数。其计算式可由上述两式联立解之即得。式中取 $g = 981 \text{ cm/s}^2$。

$$n_{\text{opt}} = 664 \sqrt{\frac{\tan\alpha_1 + \tan\alpha_2}{S}} \quad\quad (3-22)$$

式中: n_{opt}——理论最佳转数。

　　若 $\alpha_1 = 0$,则 $\alpha_2 = \alpha$,故

$$n_{\text{opt}} = 664 \sqrt{\frac{\tan\alpha}{S}} \quad\quad (3-23)$$

式中动颚下端的水平行程 S 的单位为 cm。

　　对于中小型颚式破碎机,其动颚的摆动次数可以直接按式(3-23)确定。对于大型颚式破碎机,动颚的摆动次数应按计算的理论值降低5%~10%选取。由于简摆颚式破碎机具有较大的摆动质量,故产生的惯性力就比较大。为了减小机构的惯性力和降低能耗,动颚的摆动次数应按上限值降低选取。

　　2. 生产率 Q

　　颚式破碎机的生产率是以动颚摆动一次,从破碎腔中排出一个松散的棱柱形体积的物料作为计算的依据(见图3-16)。若动颚每分钟摆动 n 次,则破碎机的生产率 Q(t/h):

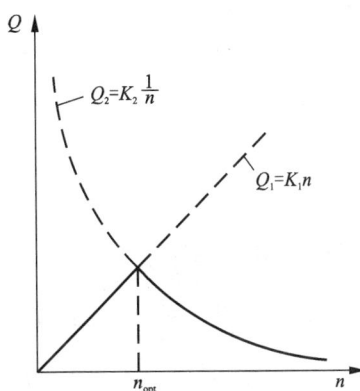

图3-16　理论生产率与
偏心轴转数的关系

$$Q = \mu \frac{30nLs(b+e)\delta}{\tan\alpha_1 + \tan\alpha_2} \quad\quad (3-24)$$

式中, μ 为给料和排料的不均匀系数,通常取 $\mu = 0.25 \sim 0.8$。对于大型破碎机破碎硬物料时,取小值,对于中小型的破碎机,取大值。

　　破碎机的生产能力不是仅仅取决于破碎腔下部的结构参数,而是取决于整个破碎腔的结构参数。因此,式(3-24)仅只考虑破碎腔下部的结构参数是不全面的。为此应从破碎腔上、下部的结构参数出发来推导生产率的计算式。

　　采用压碎方式破碎块状物料时,破碎机在单位时间的生产率 Q_0(m³/s):

$$Q_0 = \frac{V_K}{mt_0} = \frac{V_K n}{60m} \quad\quad (3-25)$$

式中: V_K——破碎腔的容积,m³;

　　　　m——为了排出破碎腔整个容积内的物料必须的循环次数。

　　物料的破碎是通过运动着的工作机构(动颚板)来实现的。在其他条件相同的情况下,工作机构在一个周期内的工作能力与工作机构的有效面积和其平均行程的乘积成正比。这个乘积称为工作容积 V_P,如图3-17所示:

$$V_P = \frac{S_{CP}L(B-b)}{\sin\alpha} \quad\quad (3-26)$$

式中：S_{CP}——平均行程；

$$S_{CP} = \frac{S_B + S_H}{2};$$

S_B——破碎板的上部行程；

S_H——破碎板的下部行程。

进入破碎机内的物料，经破碎以后，其粒度小于 b 时才有可能排出。因此，将 V_K 排出就必须经过 K 次循环，即

$$\frac{V_K}{V_P} = K \tag{3-27}$$

当 b 值变化时，工作容积 V_P 变化很小，因此，对一定的破碎机而言，K 是常数。

如果在 K 次循环中，物料从进料粒度减小到出料粒度，那么这个物料块在一次循环中减小的程度由 $\frac{1}{K}$ 表示。显然

$$m \cdot \frac{1}{K} = i \tag{3-28}$$

i 表示机器破碎比，$i = \frac{B}{b}$。

将以上关系式代入式（3-25）中，得到机器的小时生产能力 Q(t/h) 为

$$Q = 60\rho \frac{S_{CP}Lbn(B-b)\delta}{B\sin\alpha} \tag{3-29}$$

式中，ρ 为比例系数。这是考虑给料粒度均小于 B，且大多为 $(0.3 \sim 0.4)B$，故取 $\rho = 0.5 \sim 0.6$。代入上式后则得

$$Q = \frac{(30 \sim 36)S_{CP}Lbn(B-b)\delta}{B\sin\alpha} \tag{3-30}$$

从式（3-24）和式（3-30）中看出，影响生产率的因素是很多的。在一定的范围内，生产率随着转数的增加而增长，并且随着啮角的减小而提高。

根据实际观察，破碎机的排料过程是连续的。在排料口的开启和闭合过程中，只是排料的强度不同而已。所以任何计算生产率的公式都是近似的。

颚式破碎机的生产率除了采用理论公式计算外，还常常采用经验公式计算。

3. 电动机功率 N

在颚式破碎机的破碎过程中，其功率消耗与转数、规格尺寸、排料口宽度、啮角大小及被破碎物料的物理力学性质和粒度特性有关。转数愈高，规格尺寸愈大，功率消耗愈大；破碎比愈大，功率消耗也愈大。但是，对功率消耗影响最大的还是物料的物理力学性质。由于功率消耗与许多因素有关，现在尚无一个完整的理论公式能精确地计算出破碎机的功率消耗。

根据体积假说导出的电动机功率 N/(kW) 计算公式为

$$N = \frac{\sigma^2 nLK\mu(B^2 - e^2)}{240000E\tan\alpha\eta} \tag{3-31}$$

式中：η——破碎机的传动效率，$\eta = 0.75 \sim 0.85$；

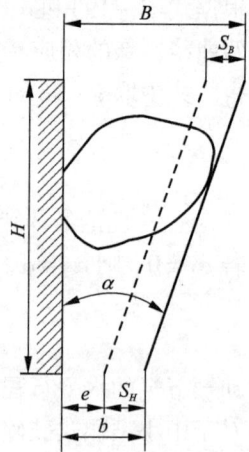

图 3-17 生产率计算图

K——给料粒度的特性系数；

μ——破碎腔的充满系数。在通常情况下，$K\mu = 0.2 \sim 0.25$。式中长度单位为米。

从式(3-31)看出，破碎机的电动机功率与很多因素有关。实际上，由于物料的破碎过程是非常复杂的，有些因素尚未完全反映出来，有些因素(如物料的抗压强度 σ 和弹性模数 E)也很难准确地选取。所以，上式只能供初步计算破碎机电动机功率时使用，然后用实验方法来修正。

根据裂缝假说计算电动机功率 $N/(\text{kW})$ 的公式为

$$N = \frac{1}{\eta}QW_i\left(\frac{10}{\sqrt{P}} - \frac{10}{\sqrt{F}}\right) \tag{3-32}$$

式中：W_i——破碎功指数，$\dfrac{\text{kW} \cdot \text{h}}{\text{t}}$；对于软矿石 $W_i = 6.0 \sim 12$；中硬矿石 $W_i = 12 \sim 16$；硬矿石

$W_i > 16$。W_i 亦可根据物料的冲击破碎强度来计算[16]；

F——给料粒度，μm；以给料的 80% 能通过的方筛孔尺寸表示，其值按给料口宽度的 2/3 计算；

P——产品粒度，μm；以产品的 80% 能通过的方筛孔尺寸表示。其值可按下式计算：$P = 0.7b$。

颚式破碎机的电动机功率 N 也可采用下列公式计算：

$$N = (7 \sim 10)LHSn \tag{3-33}$$

式中：H 表示固定颚板的计算高度，m。其他符号同前，L、S 的单位取 m。对于复摆颚式破碎机取低值；对于简摆颚式破碎机取高值。

三、破碎腔的设计

破碎腔的形状对破碎板的使用寿命、功率消耗、生产率、产品细度、产品形状及产品的合格率有很大的影响。破碎腔的形状和尺寸应该满足以下几点要求：

(1)为了防止机器超载和堵塞，在单位时间内，进入破碎腔的物料不应多于能够破碎和排出的物料；

(2)为了保证机器负荷均匀，运转平稳，破碎板磨损均匀，物料应均匀地分布在破碎腔内；

(3)为了提高破碎效率，防止堵塞和过粉碎现象，破碎后的物料应能畅通地从破碎腔内排出；

(4)为了保证产品的细度和形状(呈立方体)，对于细碎型的破碎机，破碎腔的下部应有平行区。

破碎腔的形状有直线形和曲线形两种。若两种破碎腔的给料口宽度、排料口宽度、动颚的摆动行程和摆动次数均相同时，物料在破碎腔内的流动状态如图3-18所示。图中实线表示颚板闭合时的位置，虚线表示颚板后退最远时的位置。许多水平线表示物料在陆续向下运动时所占据的区域。处于水平面1上的物料，当动颚摆动到虚线位置时，便下落到水平面2上。两水平面1和2间的垂直距离，就是破碎机在空转行程时料块落下的距离。在颚板下一次的工作行程中，水平面2处的料块则被破碎，到空转行程时，料块便落到水平面3上。依此类推，料块逐渐被破碎而粒度逐渐减小，最后通过排料口排出去。各连续水平面间形成的

梯形断面的体积向下依次递减，物料
间的空隙也逐渐减小，物料的充填密
度却逐渐增加。因为位于各水平面间
的物料质量是相同的，故

$$a\delta_0 = 常数 \qquad (3-34)$$

式中：a——水平面间的梯形面积；

δ_0——梯形体积内的物料充填
密度。

物料在破碎腔内的充填密度是自
上而下递增的，并在排料口附近位置
达到最大值。因为动颚摆动行程的确
定原则是使物料不产生过压实状态。
故物料的最大充填密度 $\delta_{\max} \leqslant 0.8$，细
碎时也不大于 0.9。物料的充填密度取决于一系列的因素：给料粒度、颗粒形状、物料种类、
湿度等。根据观察，排料不仅是在排料口开启时流过，实际上是以不同的强度连续地排出
的，因而估算这些因素的影响程度是很困难的。

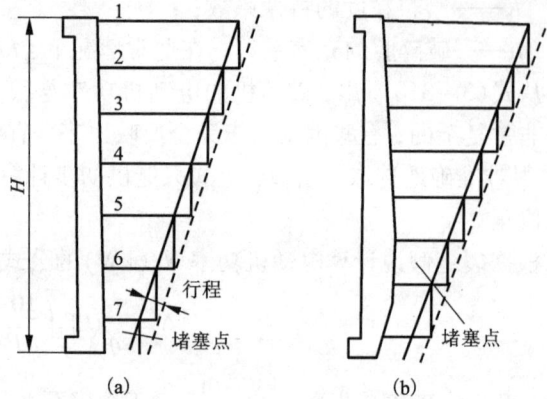

图 3-18 破碎腔的形状
(a)直线形破碎腔；(b)曲线形破碎腔

当动颚摆动一次时，位于破碎腔内任一水平的物料，落下的梯形面积 a_x 可按下式计算：

$$a_x = \left(e_x + \frac{s_x}{2}\right)h_x \qquad (3-35)$$

式中：e_x——闭合时，动颚板与物料啮合点的破碎腔宽度；

s_x——物料啮合点的动颚水平行程；

h_x——物料的落下高度，$h_x = \dfrac{s_x}{\tan\alpha_x}$。$\alpha_x$ 为物料啮合点的啮角。

因为动颚表面各点的水平行程是不同的。若 α 角取定值，则位于各点的每一水平物料的
下落高度是不等的。因此，在破碎腔内相应于每一个 h_x 都有一个临界转数 n_x，即：

$$n_x = \frac{664}{\sqrt{h_x}}$$

当颚式破碎机以超临界转数运转时，偏心轴旋转 $\pi + \varphi$ 角，即动颚没退到极限位置，又
返回移动了某一水平距离时，动颚才与沿破碎腔下落的物料咬合。因此，物料下落高度为

$$h' = \frac{S}{\tan\alpha}\left(\frac{1+\cos\varphi}{2}\right) = \frac{S}{\tan\alpha}C \qquad (3-36)$$

而临界转数则为

$$n'_{opt} = 60\left(\frac{\pi+\varphi}{2\pi}\right)\sqrt{\frac{g}{\frac{S}{\tan\alpha}(1+\cos\varphi)}} = \frac{A}{\sqrt{\frac{S}{\tan\alpha}}} \qquad (3-37)$$

式中，系数 C、A 是转角 φ（φ 用弧度表示）的函数，其值见表 3-2。根据表 3-2 可以绘制
$C-A$ 曲线(见图 3-19)。

表 3 - 2　不同 φ 角时的 C 和 A 值

φ	0	10	20	30	45	60	75	90	105	120	135	150	160	165	180
C	1.0	0.99	0.97	0.93	0.85	0.75	0.63	0.5	0.37	0.25	0.146	0.067	0.030	0.017	0
A	665	704	750	802	899	1023	1186	1409	1728	2215	3038	4706	7227	9756	∞

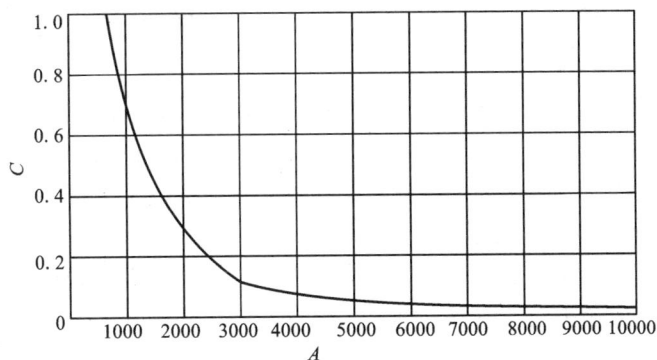

图 3 - 19　$C - A$ 曲线

当选取的转数超过临界转数时，可以利用如图 3 - 19 所示的 $C - A$ 曲线确定物料的下落高度。

从式(3 - 35)可以看出，直线形破碎腔的排料区的物料降落面积最小，因而在排料口附近必然发生物料堵塞现象，这是造成机器超载和破碎板下端磨损严重的主要现象。为了防止这种状态的产生，目前，一般是在最大的允许啮角范围内，把破碎板上部作成直线形，而下部作成曲线形。在这种破碎腔中，各连续水平面间形成的梯形断面，从中部往下是逐渐增加的，因而物料间的空隙增大，有利于排料。

对于物料的粗碎和中碎，采用直线 - 曲线形破碎是合理的。因为可以保证物料在破碎腔上部的啮合条件，提高物料的破碎效果。如果颚式破碎机用于给料粒度平均尺寸小于 0.4B 的细碎时，那么配置具有折线形的破碎腔[见图 3 - 20(a)]是合理的。这种结构保证了破碎腔中部和下部的最佳啮角。对于物料的细碎，也可配置凸凹形的破碎腔[见图 3 - 20(b)]，在破碎腔的下部具有较大的平行区。凸凹形破碎腔与直线形破碎腔的对比试验证明，生产率降低了 8% ~ 10%，但是提高了具有立方形颗粒产品的含量。

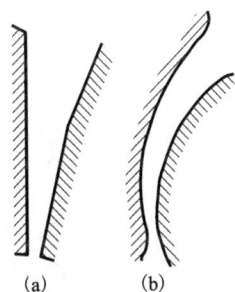

图 3 - 20　折线形和凸凹形破碎板
(a)折线形；(b)凸凹形

实践证明，当动颚的摆动行程和摆动次数相同时，曲线形破碎腔具有以下优点：(1)生产率高；(2)破碎比大，产品粒度均匀，过粉碎少；(3)破碎腔下端衬板的磨损较小，延长了衬板的使用寿命；(4)破碎每吨产品的动力消耗减少。

为了提高破碎效果，破碎板通常都具有三角形和梯形沟槽的断面形状，并且是一个破碎板的齿峰总是对着另一个破碎板的齿谷。利用齿形破碎板破碎物料时，能够使应力集中，并有助于降低破碎力和电能消耗。

破碎板的沟槽形状和尺寸是根据物料的力学性质和产品粒度而定。细碎时，沟槽的夹角要小一些；粗碎时夹角要大一些。通常夹角在 90° ~ 120°的范围内选取。齿距的选择应按要求的产品粒度来决定。通常选取齿距接近于产品的最大粒度，齿高为齿距的一半。

当齿形的齿距和齿高相等时，三角形截面比梯形截面能保证较大的生产率、较小的比功耗和较好的产品颗粒形状。但是，采用梯形截面时，产品中过大颗粒的尺寸和含量稍低些，破碎板的使用寿命要长些。

第四节　颚式破碎机的运动学和动力学

颚式破碎机的连杆和动颚，在运转时会产生很大的惯性力。这种惯性力将在机器各运动副中引起一种动压力，因而会增加运动副中的磨损，影响构件的强度，降低机器的效率。此外，由于惯性力的大小和方向的周期性变化，将使机器及基础发生振动和使偏心轴回转产生不均匀性。为了消除这些有害的影响，合理地确定机器的工作参数和结构参数，必须研究颚式破碎机各构件的运动速度、加速度和惯性力的变化规律，分析各构件的运动规律对破碎机工作的影响，以便寻求解决的方法和有利的工作参数和结构参数。

一、颚式破碎机的运动学

颚式破碎机的连杆和动颚的位移、速度和加速度可以采用分析法和图解法确定。

若采用分析法研究简摆颚式破碎机的运动学和动力学时，首先将运动系统简化为图 3 − 21 所示。C 点沿着直线 AC' 移动。动颚摆动角 θ 很小，则 D 点的运动轨迹可视为直线。在这种简化模型中，D' 点不是固定的，而是可以移动的。在这种情况下，动颚摆动角 θ 仅为原来的一半。

根据图 3 − 21 所示，按对心曲柄滑块机构确定滑块位移的方法，连杆端部 C 点的位移方程式为

$$x = r(1 - \cos\varphi) \pm l\left[1 - \sqrt{1 - \left(\frac{r}{l}\sin\varphi\right)^2}\right] \qquad (3-38)$$

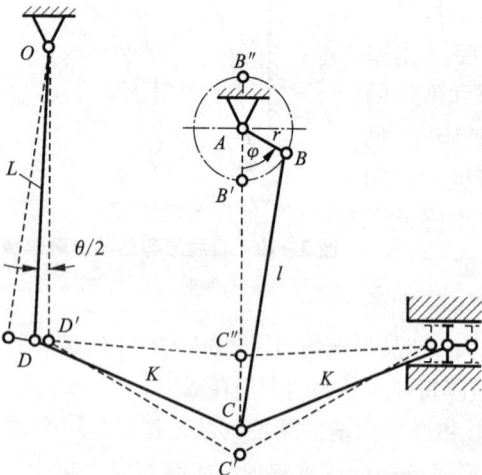

图 3 − 21　简摆颚式破碎机的机构运动简图　　　图 3 − 22　动颚运动参数的计算图

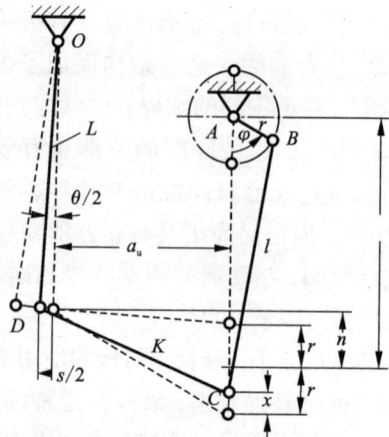

因为在颚式破碎机的曲柄连杆机构中，$\dfrac{r}{l} \ll 1$，故上式中的末项可以略去不计，则

$$x = r(1 - \cos\varphi) \tag{3-39}$$

$$\dot{x} = v_B \sin\varphi \tag{3-40}$$

$$\ddot{x} = a_B \cos\varphi \tag{3-41}$$

此外，由图 3-22 可得下列关系式：

$$K^2 = a_u^2 + (n + r)^2 \tag{3-42}$$

$$K^2 = \left(a_u + \frac{S}{2}\right)^2 + (n + r - x)^2 \tag{3-43}$$

$$S = L\theta \tag{3-44}$$

将上述方程组联立解之，可得动颚摆动的角位移 θ、角速度 θ' 和角加速度 θ'' 为：

$$\theta = -2\left(\frac{a_u}{L}\right) \pm 2\sqrt{\left(\frac{a_u}{L}\right)^2 - \left(\frac{r}{L}\right)^2 (1 - \cos\varphi)^2 + 2\left(\frac{r}{L}\right)\left(\frac{n}{L} + \frac{r}{L}\right)(1 - \cos\varphi)} \tag{3-45}$$

$$\theta' = \pm \frac{2\left(\dfrac{r}{L}\right)\omega\sin\varphi\left[\dfrac{n}{L} + \dfrac{r}{L}\cos\varphi\right]}{\sqrt{\left(\dfrac{a_u}{L}\right)^2 - \left(\dfrac{r}{L}\right)^2 (1 - \cos\varphi)^2 + 2\dfrac{r}{L}\left(\dfrac{n}{L} + \dfrac{r}{L}\right)(1 - \cos\varphi)}} \tag{3-46}$$

$$\theta'' = \frac{\pm 2\left(\dfrac{r}{L}\right)\omega^2}{\sqrt{\left(\dfrac{a_u}{L}\right)^2 - \left(\dfrac{r}{L}\right)^2 (1 - \cos\varphi)^2 + 2\left(\dfrac{r}{L}\right)\left(\dfrac{n}{L} + \dfrac{r}{L}\right)(1 - \cos\varphi)}} \left\{ \left[\left(\frac{n}{L}\right)\cos\varphi + \frac{r}{L}(2\cos^2\varphi - 1)\right] \right.$$

$$\left. - \frac{\dfrac{r}{L}(1 - \cos^2\varphi)\left[\left(\dfrac{n}{L} + \dfrac{r}{L}\right)^2 - 2\left(\dfrac{r}{L}\right)\left(\dfrac{n}{L} + \dfrac{r}{L}\right)(1 - \cos\varphi) + \left(\dfrac{r}{L}\right)^2 (1 - \cos\varphi)^2\right]}{\left(\dfrac{a_u}{L}\right)^2 - \left(\dfrac{r}{L}\right)^2 (1 - \cos\varphi)^2 + 2\left(\dfrac{r}{L}\right)\left(\dfrac{n}{L} + \dfrac{r}{L}\right)(1 - \cos\varphi)} \right\} \tag{3-47}$$

式中，a_u 和 n 的大小是由机器结构而定。n 值决定了当偏心位置为最高时肘板的最小偏斜角。n 值的选择应当在曲柄位置为最高时，两个肘板的内端点低于两个外端点的连线，即使角 γ（肘板与连杆的夹角）接近于 $90°$。

颚式破碎机的位移、速度和加速度采用图解法研究时，方法简单而且所得结果的精确度完全满足工程要求。下面仅以复摆颚式破碎机为例，用图解法研究这种机构的位移、速度、加速度、惯性力及其平衡方法。

复摆颚式破碎机是一种曲柄摇杆机构。首先用选定的长度比例尺 μ_l 作机构图，按曲柄一转的回转角分成 12 等分，并画出 12 个不同位置的机构图，如图3-23所示。

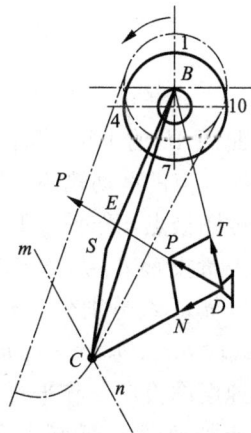

图 3-23　复摆颚式破碎机的机构图

为了确定各构件的惯性力，必须先计算各构件的重量及重心位置（主要是连杆和动颚，肘板可忽略不计）。曲柄 AB 的重心位于直线 AB 的 B 点上，其到 A 点的距离等于偏心轴的偏心距。构件 BC 的重心位置可用重心坐标的公式求出。

曲柄 AB 作匀速转动，故 B 点的线速度（m/s）为

$$v_B = \frac{\pi r n}{30} \tag{3-48}$$

v_B 的方向与曲柄垂直。

由于曲柄 AB 作匀速转动，故 B 点的切向加速度等于零，法向加速度 a_B（m/s²）为

$$a_B = \frac{v_B^2}{r} \tag{3-49}$$

a_B 只改变方向不改变大小。

选定速度比例尺 u_v 和加速度比例尺 u_a 作 B 点速度图和加速度图，如图 3-24 所示。

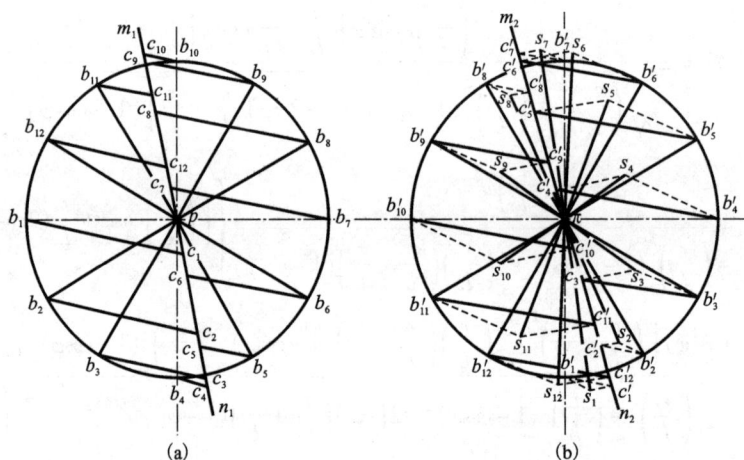

图 3-24　复摆颚式破碎机的速度图和加速度图
(a)速度图；(b)加速度图

由于曲柄 AB 的半径 r 与构件 BC 和 CD 的长度相比很小，因而构件 CD 绕 D 点的摆角甚小，故可将 C 点的运动轨迹近似地取为垂直于构件 CD 的直线 mn。

过速度图极点 p 作平行于 mn 的直线 $m_1 n_1$，则 $m_1 n_1$ 即是构件 BC 的 C 点的速度方向线。根据速度矢量投影法，从 B 点速度 v_B 的端点 b_1，b_2，…，b_{12} 作垂直于相对应位置的构件 BC 的垂线，与 $m_1 n_1$ 线分别交于 c_1，c_2，…，c_{12} 点，线段 hc_1，hc_2，…，hc_{12} 即是不同位置的 C 点的速度，而线段 $b_1 c_1$，$b_2 c_2$，…，$b_{12} c_{12}$ 是 C 点对 B 点的相对速度。

过加速度图极点 π 作平行于 mn 的直线 $m_2 n_2$，则 $m_2 n_2$ 即是构件 BC 的 C 点的加速度方向线。从 B 点加速度 a_B 的端点 b'_1，b'_2，…，b'_{12} 作垂直于相对应位置的构件 BC 的垂线，与 $m_2 n_2$ 线交于 c'_1，c'_2，…，c'_{12} 点，线段 $\pi c'_1$，$\pi c'_2$，…，$\pi c'_{12}$ 即是不同位置的 C 点的加速度，而线段 $b'_1 c'_1$，$b'_2 c'_2$，…，$b'_{12} c'_{12}$ 是 C 点相对于 B 点的切向加速度 a'_{CB}，其方向垂直于构件

BC。C 点相对于 B 点的法向加速度 $a_{CB}^n = \dfrac{v_{CB}^2}{l_{BC}}$，方向沿构件 BC；由于构件 BC 的长度 l_{BC} 较大，而 v_{CB} 又较小，故 a_{CB}^n 比较小，可以略去不计。

根据加速度影像法，即根据加速度 $\Delta b'_1 c'_1 s_1$ 与构件 ΔBCS 相似的原理，在加速度图上求得构件 BC 的重心 S 的加速度 πS_1，πS_2，…，πS_{12}。

二、颚式破碎机的动力学

设曲柄 AB 的重量（即偏心轴的偏心重量）为 G_1，则其惯性力 P_0 为

$$P_0 = -\frac{G_1}{g} a_B \qquad (3-50)$$

式中，$g = 9.81 \text{ m/s}^2$。这种大小不变而方向周期变化的惯性力，全部作用在偏心轴的轴承上。

构件 BC 的惯性力 P 和惯性力偶矩 M 为

$$P = -\frac{G_2}{g} a_s \qquad (3-51)$$

$$M = -J_S \varepsilon = -J_S \frac{a_{CB}^t}{l_{BC}} \qquad (3-52)$$

式中：G_2——构件 BC 的重量；

J_S——构件 BC 对其重心的转动惯量；

ε——构件 BC 的角加速度。

将 P 和 M 合成一个不通过重心 S 的总惯性力 P，其大小和方向与通过 S 的 P 相同，但两者相距一垂直距离 h，其值为

$$h = \frac{M}{P} \qquad (3-53)$$

选定力的比例尺 u_h 作构件 BC 在曲柄处于不同位置时的惯性力图，如图 3-25 所示。

由图 3-25 可知，当偏心轴转到 1，2，3，…，6 点时，动颚惯性力恰好与动颚运动方向相反，容易引启动颚与肘板脱节或产生敲击，因此，在动颚下端装有拉杆和弹簧。设计拉杆和弹簧的依据是动颚重心惯性力对其悬挂心轴的最大力矩，力矩方向与动颚重力矩方向相反。

构件 BC 的总惯性力 P 由偏心轴和肘板承受，然后再传给机架及其基础。将构件 BC 处于各个位置的惯性力 P_1，P_2，…，P_{12} 分别分解到构件 BC 的 B 点和 C 点，得到 T_1，T_2，…，T_{12} 和 N_1，N_2，…，N_{12}。

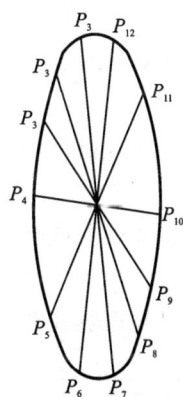

图 3-25　复摆颚式破碎机的惯性力图

作用在偏心轴上的总压力 P_2 为：

$$P_2 = P_0 + T \qquad (3-54)$$

这个周期变化的压力会引起机器及其基础的振动，同时会造成偏心轴回转的不均匀性。

三、颚式破碎机的平衡及激振力的确定

为了消除惯性力的有害影响,通常采用回转配重的平衡方法达到部分平衡,即在飞轮和皮带轮上安放配重,配重的位置在偏心轴偏心部分的相反位置上。配重的重量 G_0 按下式选取:

$$G_0 = G_1 \frac{r}{r_0} + 900 \frac{T_{pj}}{r_0 n^2} \qquad (3-55)$$

式中: r_0 ——配重重心到偏心轴轴承中心线的距离, m;

T_{pj} ——惯性力分力 T 的平均值, 即

$$T_{pj} = \frac{T_1 + T_2 + \cdots + T_{12}}{12}$$

颚式破碎机的回转平衡配重也可按下式进行计算:

$$G_0 = \frac{r}{r_0} \Big[G_1 + \Big(\frac{b}{l} + K \frac{a}{l} \Big) G_2 \Big] \qquad (3-56)$$

式中: l ——连杆长度, m;

a ——连杆重心到曲柄销的距离, m;

b ——连杆重心到肘板座的距离, m;

K ——平衡系数, 通常取 $K = 1/3 \sim 2/3$。

其他符号表示意义同前。

配重可以与颚式破碎机的皮带轮和飞轮的轮缘铸成一体,也可以用螺栓连接。在大多数情况下,配重做成弓形或扇形。但是,弓形配重比扇形有利,因为它的重心位于皮带轮和飞轮的轮缘附近,因此,在保证配重所产生的惯性力的情况下,其重量要轻些。

这种利用回转配重的平衡方法,不仅不能达到完全平衡的要求,而且还产生附加惯性力的有害影响。目前生产的大型简摆颚式破碎机,由于偏心轴的转数较低,连杆的质量又较小,虽然动颚的质量较大,但动颚的加速度比连杆的小很多,因此,近年来有不加配重的趋势。

由于颚式破碎机是变速工作的机器,在工作过程中会产生激振力,其值 P_o 可按下式近似计算:

对于简摆颚式破碎机:

$$P_o = \big[(m_o + m_c) r - m_d r_1 \big] \omega^2 \sin\varphi \qquad (3-57)$$

对于复摆颚式破碎机:

$$P_o = \big[(m_o + m_b) r - m_d r_1 \big] \omega^2 \sin\varphi \qquad (3-58)$$

式中: m_o ——偏心轴的偏心质量, kg;

m_c ——连杆的质量, kg;

m_d ——平衡配重的质量, kg;

r ——偏心距, m;

r_1 ——平衡配重重心至轴线的距离, m;

φ ——偏心轴的角速度, rad/s。

四、飞轮的计算

颚式破碎机是间断工作的机器，因而必然会引起阻力的变化，使其电动机的负荷不均，形成机械速率的波动。为了降低电动机的额定功率，且使机械速率不致波动太大，故在偏心轴上装有飞轮。飞轮在空行程时储存能量，在工作行程时则放出能量，这样就可以使电动机的负荷均匀，破碎机工作平稳。所以，飞轮是颚式破碎机一个极为重要的部件。

设破碎机在空行程和部分无负荷的工作行程时间 t_1 秒内的功率消耗为 N_1 千瓦，在工作行程的破碎时间 t_2 秒内的功率消耗为 N_2 千瓦，电动机的额定功率为 N 千瓦，并且 $N_1 < N < N_2$。

破碎机在 t_1 秒时间内，$N > N_1$ 的情况下，多余的功率就使飞轮的能量增加。如果在空转阶段开始时，飞轮的角速度等于 ω_{min}，在空转阶段终了时，飞轮的角速度增为 ω_{max}。在有载运转的 t_2 秒时间内，$N_2 > N$ 的情况下，破碎物料的功率不足，飞轮的角速度就由 ω_{max} 降至 ω_{min}，从而释放能量，有助于物料的破碎。

由此，可以列出空转时功的平衡方程式：

$$10000Nt_1 = 1000N_1t_1 + \frac{J}{2}(\omega_{max}^2 - \omega_{min}^2)$$

或

$$1000Nt_1 = 1000N_1t_1 + J\omega^2\delta \tag{3-59}$$

式中：J——飞轮的转动惯量，$kg \cdot m^2$；

ω——飞轮的平均角速度，即偏心轴的角速度，$\omega = \dfrac{\omega_{max} + \omega_{min}}{2}$，$s^{-1}$；

δ——速度不均匀系数，$\delta = \dfrac{\omega_{max} - \omega_{min}}{\omega}$，对于大型颚式破碎机，可取 $\delta = 0.01 \sim 0.03$；对于中小型颚式破碎机，$\delta = 0.03 \sim 0.05$。

根据公式（3-59）可知飞轮储存的能量为

$$J\omega^2\delta = 1000t_1N\eta \tag{3-60}$$

式中：η——考虑摩擦损失的机械效率，$\eta = \dfrac{N - N_1}{N} \approx 0.75 \sim 0.85$。简摆颚式破碎机取低值，复摆颚式破碎机可取高值。

从公式（3-60）可得飞轮的转动惯量 J：

$$J = \frac{1000t_1N\eta}{\omega^2\delta} \tag{3-61}$$

根据理论力学知，飞轮的飞轮矩为

$$GD^2 = 4gJ \tag{3-62}$$

式中：G——飞轮的重量，N；

D——飞轮的直径，m；

g——重力的速度，$g = 9.81 \ m/s^2$。

将公式（3-61）代入公式（3-62）中，可得飞轮重量的计算公式：

$$G = 4g \times \frac{1000t_1N\eta}{\omega^2\delta D^2} \tag{3-63}$$

对于复摆颚式破碎机，可取 $t_1 = t_2 = \dfrac{30}{n}s$，代入上式，则得

$$G = 10.7 \times 10^7 \frac{N\eta}{n^3 \delta D^2} \tag{3-64}$$

对于简摆颚式破碎机，可取 $t_1 = \frac{2}{3}t = \frac{40}{n}$s，则

$$G = 14.4 \times 10^7 \frac{N\eta}{n^3 \delta D^2} \tag{3-65}$$

计算飞轮的尺寸时，一般是先给定飞轮的直径（取皮带轮的直径），然后求飞轮的重量。飞轮的实际重量 G_0 约为理论重量 G 的 $1.2 \sim 1.3$ 倍。按照经验法则，对于有显著周期性作用的机器，要采用这样尺寸的飞轮，即使它的最大动能等于机器在一个有载运转阶段里所作功的 2 倍或 3 倍。

为了使偏心轴的工作条件更为有利，对于大型颚式破碎机，飞轮是制成两个（其中一个也作皮带轮用），分别置于轴的两端；对于中小型颚式破碎机，飞轮可制成一个（也作皮带轮用）。如果飞轮是铸铁制的，则其最大的圆周速度不得超过 30 m/s。

第五节　颚式破碎机的受力分析及主要零件的计算

一、破碎力的计算方法

破碎物料时，工作机构施加于破碎物料上的力称为破碎力。破碎机的破碎力是计算机器上各个零件强度和刚度的原始数据。破碎力的大小与很多因素有关，因而确定破碎力的方法也很多，概括起来有以下几种方法。

1. 理论计算法

根据破碎物料所需的破碎功，可以导出确定破碎力 $P(N)$ 的计算公式：

$$P = 60000 \frac{WQ}{nS_{pj}} \cdot C \tag{3-66}$$

式中：W——理论单位功耗，kW·h/t，其值可按邦德公式计算；

　　　Q——破碎机的生产率，t/h；

　　　n——偏心轴转数，r/min；

　　　S_{pj}——动颚行程的平均值，m；

　　　C——系数，$C = 1.5 \sim 2.5$。

2. 功耗计算法

如果已知简摆颚式破碎机的电动机功率 $N(kW)$，则连杆有效力的数值为

$$P_z = 60000 \frac{N}{rn} \tag{3-67}$$

求得连杆有效力以后，可按本节二的受力分析法计算破碎力。

3. 实验分析法

目前，国内多是采用实验分析法来确定颚式破碎机的破碎力。根据对复摆颚式破碎机的固定颚和动颚的实际受力测定，在破碎机动颚上所产生的破碎力系与矿块纵断面面积成正比。因此，作用在动颚上的最大破碎力 P_{max} 可按下式计算：

$$P_{max} = qLH \tag{3-68}$$

式中：L、H——破碎腔的长度和高度，m；

q——破碎板单位面积上的平均压力，其计算公式为

$$q = \frac{\sigma}{300}\left(1.85 + \frac{0.25}{B}\right)$$

式中 σ——物料的抗压强度，MPa；

B——给料口宽度，m。

最大破碎力都是垂直作用于固定颚和动颚上，其作用点的位置，根据试验测定。复摆颚式破碎机的最大破碎力多发生在破碎腔高度的 0.35 ~ 0.65 处。对于简摆颚式破碎机，最大破碎力的作用点是破碎腔的 2/3 处（由给料口平面算起）。当破碎单一大块矿石时，作用点则向上移。

二、各部件的受力分析

计算颚式破碎机各个零件的强度和刚度以前，必须先求得作用在各个部件上的外力。破碎力是确定这些外力的原始数据。根据破碎力 P 利用分析法或图解法即可求得各个部件上的计算载荷。

假定简摆颚式破碎机两肘板为对称形，连杆位于上极限位置时，肘板垂直于动颚。当两颚板压紧矿石时，则由图 3 - 26 可以得到下列关系式：

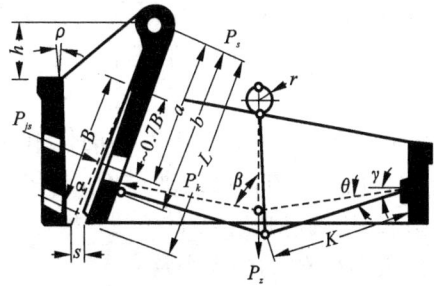

图 3 - 26 简摆颚式破碎机的受力分析

$\rho = 0 \sim 10°$；$h = 0.2L$；$a \le b = 0.7 \sim 0.75L$；$B = 0.8L$；
$\alpha = 18° \sim 24°$；$\gamma = 5° \sim 13°$；$\theta \approx 4° \sim 6°$

$$P_s = P\frac{b - a}{b} \tag{3 - 69}$$

$$P_k = P\frac{a}{b} \tag{3 - 70}$$

$$P_z = 2R_k\cos\beta \tag{3 - 71}$$

式中：P_s——作用在动颚轴承上的外力，N；

P_k——作用在肘板上的外力，N；

P_z——作用在连杆上的外力，N；

a——动颚悬挂心轴到破碎力作用点的距离，m；

b——动颚悬挂心轴到肘板支承点的距离，m；

β——当两颚板处于压紧矿石状态时，肘板与连杆之间的夹角 $\beta(°)$。

假设作用在连杆上的力 $P_z = 1000$ N，改变 β 角，计算沿肘板中心线方向的作用力 P_k。P_k 力随 β 角的增加而增加，计算结果列于表 3 - 3 中。

表 3 - 3 肘板的受力情况

β	60°	65°	70°	75°	80°	82°	84°	86°	88°	90°
P_k/N	1000	1180	1460	1930	2880	3600	4780	7170	14330	∞

从表 3-3 中看出，当 β 角接近 90°时，P_k 力将增长到最大值。因此，破碎力也将达到最大值。所以，在设计时，应使 β 角接近于 90°（当连杆处于上极限位置时），这样可以减少连杆和偏心轴的作用力，因而就减轻了机器重量。

设计颚式破碎机时，采用图解法确定各部件上的计算载荷是比较方便的。

图 3-27 是简摆颚式破碎机各部件计算载荷的图解法。先选定长度和力的比例尺，画出机构的工作位置图，并且不要考虑各杆件连接铰销上摩擦力的影响。首先取动颚为分离体，动颚上作用有三个力：破碎力 P，其大小和方向都是已知的；前肘板的计算力 P_k，其方向（沿肘板中心线）为已知；动颚悬挂心轴的反力 P_s，只知其作用点一定通过心轴中心 O_1 点。根据理论力学静力学基本公理——在同一平面内三个互不平行的力相互平衡，则它们的作用线心汇交于一点。因此，P 与 P_k 力的作用线交于点 a，而 P_s 力作用线的方向必定通过 O_1 点和 a 点。从点

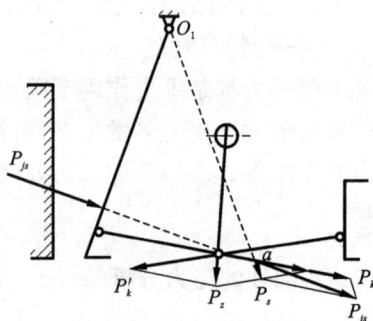

图 3-27 简摆颚式破碎机各部件受力的图解法

a 用选定的比例尺画出 P_c 的矢量，根据力的平行四边形定理，即可按选定的力的比例尺求得 P_k 力的大小和 P_s 力的大小及方向。

再取连杆为分离体。后肘板和连杆的受力方向已知，前肘板 P_k 力的大小和方向已由上述图解法确定。由于两肘板对称布置，故 $P'_k = P_k$，由此，则可求得后肘板和连杆的计算力 P'_k 和 P_2。

如果考虑各个铰销上的摩擦力，则各杆件上的力的作用线就不通过铰销的中心，而与铰销的摩擦圆相切。

考虑物料与动颚表面的摩擦作用时，则摩擦力的方向视动颚悬挂心轴的位置而定，如图 3-28 所示。由于悬挂心轴的位置和动颚结构形式的不同，作用在料块 a 点上的摩擦力 fP 将使料块向上 [图 3-28(a)] 或向下 [图 3-28(b)]。

复摆颚式破碎机各部件的受力可按上述方法确定。受力分析见图 3-29 所示。

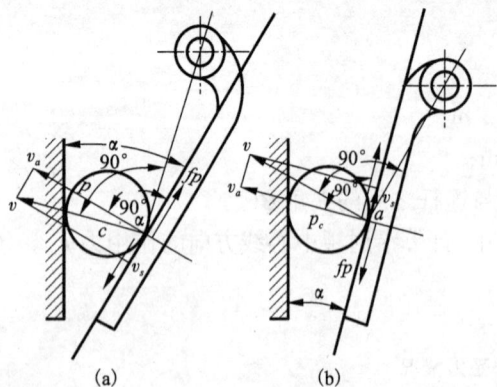

图 3-28 动颚的工作图解

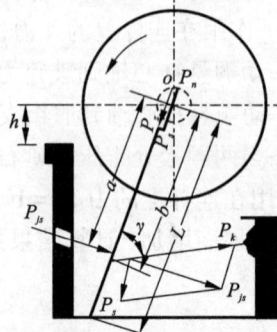

图 3-29 复摆颚式破碎机各部件受力的图解法

$h \le 0.1L$；$r = 45° \sim 55°$

在复摆颚式破碎机中考虑物料与动颚表面的摩擦作用时，则摩擦力的方向依动颚的运动轨迹而定。复摆颚式破碎机动颚表面的运动轨迹，沿破碎腔高度方向上是完全不同的。在破碎腔上面的轨迹是近似椭圆，而在下面是极度拉伸似的椭圆（见图 3 - 30）。

破碎腔的下部处于破碎过程时，由于动颚的运动是向上的，因而作用在物料上的摩擦力 fP 的方向是沿着破碎板的表面朝向右上方。因此，作用在物料上的合力 R 的方向与固定颚板表面所成的角度是 $\alpha + \varphi$。所以，合力 R 位于摩擦锥以外，这样，必然导致物料沿着固定颚板滑动，这就是固定颚破碎板磨损严重的原因。

在破碎腔的上部，最大破碎力是当动颚板将要向下运动时发生的，故作用在物料上的摩擦力沿动颚表面向下。合力的方向与固定颚板成 $\alpha - \varphi$ 角。因而 $\alpha \leqslant 2\varphi$，则 $\alpha - \varphi \leqslant \varphi$。故合力位于摩擦锥内，物料相对于固定颚板没有滑动，但要沿着动颚板滑动。在这种情况下，动颚板的磨损比固定颚板严重，特别是在破碎腔的中部。

应当指出，在复摆颚式破碎机中，若偏心距、连杆及肘板尺寸不变时，偏心轴的受力随肘板角的增加而增大，随连杆倾角 α' 的降低而减少。

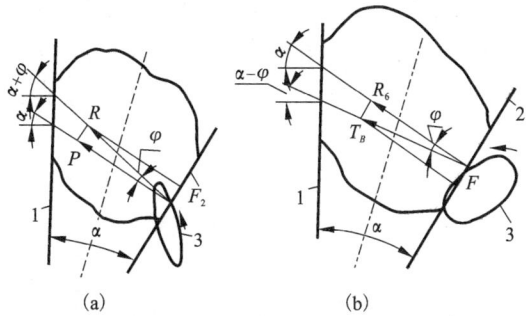

图 3 - 30 复摆颚式破碎机动颚的运动轨迹和作用在物料上的力
（a）破碎腔下部；（b）破碎腔上部
1—固定颚板；2—动颚板；3—运动轨迹

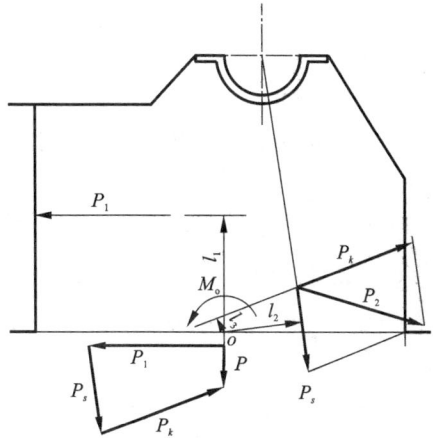

图 3 - 31 复摆颚式破碎机机架的受力分析

根据以上受力分析，复摆颚式破碎机的机架上作用着三个力，如图 3 - 31 所示。此外，尚有传动皮带的拉力，因其值较小，不予考虑。三个力不能自行平衡，把它们平移到机体底部中心 O 处，简化为一主矢 P 与一主矩 M_0。主矢 P 大致垂直向下，与机器自重一起压向地基而由地基反力予以平衡。主矩 M_0 则不同，必须拧紧地脚螺栓，使其产生拉力，形成与 M_0 相反的力矩，达到机体的平衡。否则，机体会随偏心轴的回转有节拍地跳动。

三、主要零件的强度计算

颚式破碎机的主要零件有：偏心轴、动颚、连杆、肘板、拉杆与弹簧及机架等。它们的强度和刚度可按《机械零件》的计算方法进行计算。下面仅介绍计算时应该注意的事项及主要的计算公式。

1. 偏心轴

偏心轴在颚式破碎机中是最重要的零件。轴上主要作用有两种外力：一种是径向力，它们引起主轴的弯曲；另一种是阻力矩 M_{PS}，它们引起主轴的扭转，叫做扭矩。偏心轴在径向力和扭矩的作用下，应作弯曲强度校核、扭转强度校核、弯扭组合强度校核和刚度校核。

偏心轴所受的扭矩除了计入电动机传到轴上的最大原动力矩 M_1 外，尚应计入飞轮、皮带轮供给的附加原动力矩。主轴传动端的总扭矩 M 按下式计算：

$$M = M_1 + M_2 \qquad (3-72)$$

式中，M_2 表示皮带轮释放动能而供给的原动力矩，其计算式为

$$M_2 = \frac{1}{2}(M_{PS} - M_1) \qquad (3-73)$$

由于颚式破碎机是间断工作的机器，校核偏心轴强度时，确定许用压应力，可按对称循环交变应力选取。许用剪应力按脉动循环交变剪应力选取。

2. 动颚

根据受力分析，动颚受径向力（破碎力）和轴向拉力的作用。设计时都是按结构和制造的要求来选取各个断面的尺寸，然后再进行强度校核。

3. 连杆

连杆在工作时主要受拉力作用。因为运动速度较低，可以不考虑使杆身弯曲的惯性力的影响。计算时可按其所受的最大拉力来计算杆身断面。

4. 肘板

肘板是颚式破碎机中构造最简单、成本最低的零件。在标准结构中，一般都是用它作为保险零件，故计算时要降低其安全系数。设计时建议将其许用应力提高 25% ~ 30%。为了削弱肘板的断面，有时沿其宽度方向布有通孔。

5. 拉紧弹簧

拉紧弹簧是用来保证颚式破碎机整个机构的紧密结合，并部分地平衡动颚与肘板工作时所产生的惯性力。设计弹簧时，必须合理地选择弹簧的刚度。若弹簧的刚度不足，则不能达到上述要求；如刚度过大，又会过多地引起非生产性能量的消耗。

计算弹簧时，首先必须确定在动颚的摆动周期内弹簧的最大压缩力 P_0（见图 3 - 32）。为此，应该先确定动颚重心惯性力对悬挂心轴的最大惯性力矩 M_1 和重力矩 M_2，由此，则可求得弹簧的最大压缩力 P_0：

$$P_0 = \frac{n_0(M_1 - M_2)}{L_0} \qquad (3-74)$$

式中：n_0——安全系数，$n = 1.5 \sim 2$；

　　　L_0——P_0 力到悬挂中心的力臂，m。

对于简摆颚式破碎机，动颚重心惯性力对悬挂心轴的最大惯性力矩 M_1 可近似地按下式确定：

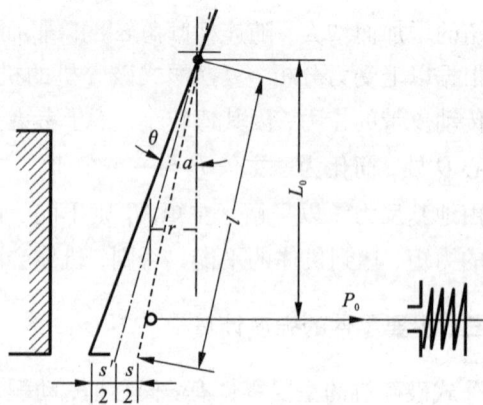

图 3 - 32　拉紧弹簧的计算

$$M_1 = \frac{JSn^2}{182l\cos\alpha_0} \qquad (3-75)$$

式中：J——动颚对悬挂心轴的转动惯量，$kg \cdot m^2$；

　　　S——动颚下端点的水平行程，m；

　　　n——偏心轴转数；

　　　l——动颚悬挂中心到动颚下端的距离，m；

　　　α_0——动颚在右死点时与垂直线间的夹角，(°)。

对于复摆颚式破碎机，动颚重心惯性力对悬挂点的最大惯性力矩 M_1 可以根据不通过动颚重心的总惯性力 P 对动颚悬挂点的最大力矩来确定。

根据力 P_0 就可按一般计算弹簧的方法，校核它的强度与刚度。为了不使所选的弹簧刚度过大，弹簧的工作圈数要大于 5 圈。

根据力 P_0 可以对拉杆进行拉伸强度校核。

6. 机架

颚式破碎机的机架在工作中受很大的冲击载荷，因此，它应具有足够的强度和刚度。目前，破碎机的机架有整体机架(整体铸造、铸件焊接及钢板焊接)和组合机架。组合机架虽然解决了大型破碎机制造和运输上的困难，但在机械加工、装配和拆卸方面却增加了不少麻烦。其次，组合机架的刚性较差。

机架周围所设的加强筋，原则上是设在横的方向承受折断及弯曲应力的位置。在轴承处应设置放射状加强筋以增加高度方向的刚度，防止侧壁在受力时弯曲和颤动。纵向加强筋一般是起附带加强作用。

颚式破碎机的机架形状比较复杂，同时受力也比较恶劣(冲击载荷)，设计时，一般是根据类似机架的结构决定断面尺寸，然后近似地校核它的强度。

对于整体机架，可以看作是一个静不定框架，在它的前壁上作用有破碎力 P，后壁上作用有后肘的作用力 P_K 的水平分力 P_H，在两侧壁的动颚心轴轴承处和偏心轴轴承处作用有支承反力。为了简化计算，忽略支承反力对侧壁的影响，并且将作用在机架后壁上的 P_H 力取

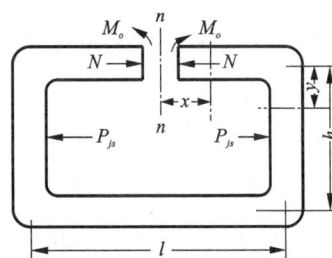

图 3 - 33　机架的计算简图

为 P 力；另外，将作用在前、后壁上的破碎力 P 视为集中力，如图 3 - 33 所示。由此，则可根据材料力学中的卡氏定理来计算颚式破碎机机架的受力。

作用在 $n - n$ 断面处的弯矩 M_0 为

$$M_0 = \frac{Ph^2}{8\left[\frac{2J_2J_3}{J_1(J_2+J_3)}l + h\right]} \qquad (3-76)$$

式中：h——机架侧壁中心线间距离，cm；

　　　l——机架前、后壁中心线间距离，cm；

　　　J_1——机架侧壁的惯性矩，cm^4；

　　　J_2——机架前壁的惯性矩，cm^4；

　　　J_3——机架后壁的惯性矩，cm^4。

求得 M_0 后，即可确定作用在前、后壁中央的最大弯矩 M_{max}：

$$M_{max} = M_0 - \frac{Ph}{4} \qquad\qquad (3-77)$$

根据所求得的 M_0 及 M_{max}，即可确定机架的断面尺寸或校核其强度。校核机架侧壁强度的计算公式为

$$\sigma_1 = \frac{M_0}{W_1} + \frac{P}{2F} \qquad\qquad (3-78)$$

校核机架前壁强度的计算公式为

$$\sigma_2 = \frac{M_{max}}{W_2} \qquad\qquad (3-79)$$

校核机架后壁强度的计算公式为

$$\sigma_3 = \frac{M_{max}}{W_3} \qquad\qquad (3-80)$$

式中：W_1、W_2、W_3——机架侧壁、前壁、后壁的断面模数，cm^3；

　　　F——机架侧壁断面面积，cm^2。

由于电子计算机的广泛应用，机架的计算可以采用有限单元法。

第六节　颚式破碎机的质量评定及新机型

一、颚式破碎机的质量评定

质量检查是产品质量管理的重要手段。产品的技术标准是产品质量检查的依据。

随着科学技术水平的提高，标准的水平也不断提高。产品质量的改进、提高和降低成本，与"标准化"有着密切的关系。

颚式破碎机的水平和质量可按下列指标进行评定。

（1）机器破碎比：给料口宽度 B 与开边时排料口最小宽度 b 之比，即 $i = \frac{B}{b}$。

（2）金属单耗：破碎机质量 M 与开边公称排料口宽度时生产能力 Q 的比值，即 $\eta_1 = \frac{M}{Q}$，$t/(m^3 \cdot h^{-1})$。

（3）单位功耗：电动机功率 N 与开边公称排料口宽度时生产能力的比值，即 $\eta_2 = \frac{N}{Q}$，$kW/(m^3 \cdot h^{-1})$。

（4）破碎金属单耗：破碎板的质量 M_0 与物料处理量 Q_0 的比值，即 $\eta_3 = \frac{M_0}{Q_0}$，kg/t。

（5）产品粒度组成和粒度特性曲线。

任何产品都有一个投入、发展、成熟、衰退，以至被淘汰的过程。所以，对于老产品的改造和新产品的研究开发应有长远安排，做到技术有所储备。

在复摆颚式破碎机中，降低动颚的悬挂高度（即降低主轴的位置），可以增大动颚上部的水平行程，适应破碎大块物料的要求。动颚采用零悬挂（偏心轴的旋转中心位于给料口的平

面内)或负悬挂(偏心轴的旋转中心位于给料口的平面之下),对提高机器的生产率将更为有利。我们研制的 250×400B 型复摆颚式破碎机(动颚采用负悬挂),不仅生产能力可以提高 30% 左右,而且机器的重量也降低了 40% 左右。

复摆颚式破碎机的缺点是动颚的垂直行程大,特别是破碎腔的中部,因而使破碎板的磨损速度快,使用寿命低,此外,还加重了产品的过粉碎现象,从而使非生产性能耗增加。为了克服上述缺点,又设计了负支撑复摆颚式破碎机(见图 3-34)。负支撑复摆颚式破碎机(芬兰 Kone 公司生产的 BML 型颚式破碎机)与普通型复摆颚式破碎机的结构基本相同,其不同点是肘板的支承位置。由于这种结构型式的差异,负支撑复摆颚式破碎机具有以下特点:

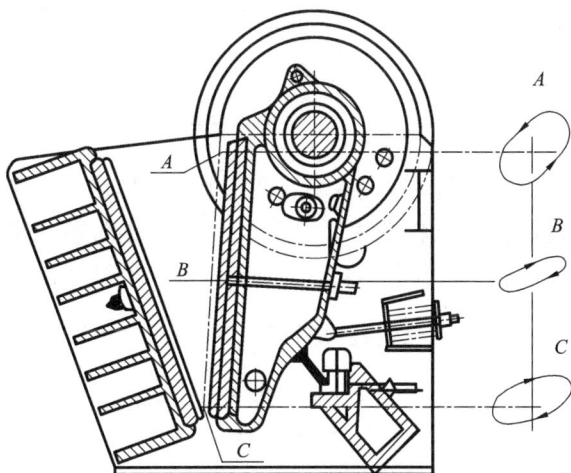

图 3-34　负支撑颚式破碎机

(1)动颚的垂直行程小,水平行程大,其行程特性值一般都小于 1。普通型复摆颚式破碎机,其行程特性值为 2~3,动颚中部有时可达到 4。因此,两者相比,负支撑颚式破碎机的破碎板磨损减少了,使用寿命可以提高 2 倍左右。

(2)动颚的垂直行程小,因而减少了产品的过粉碎现象,降低了非生产性能耗。

(3)动颚的水平行程大,特别是大块物料在破碎腔的上部就能得到有效的破碎,因此,减少了破碎腔的堵塞现象,提高了机器的生产能力。

(4)单位能耗低。这在当前能耗非常紧张的情况下,具有很重要的意义。

(5)在破碎机上部和下部的破碎力之间,有 90° 的相位移。所以,破碎时产生的水平动力较小。这个特点在降低固定式设备的基础费用和在移动式设备中都是很重要的。

在简摆颚式破碎机中,为了增大动颚上部的水平行程,消除动颚上部与下部水平行程的巨大差异,可把动颚心轴的位置提高,并向前移动至破碎腔咬角

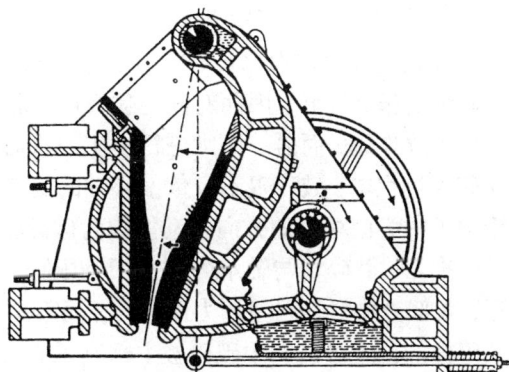

图 3-35　Kue-Ken 型简摆颚式破碎机

的分角线上。这种结构就是英国的 Armstorn Whitworth 公司和 Brown Lenox 公司设计并生产的 Kue-Ken 型简摆颚式破碎机(见图 3-35)。该机的转速可以提高 25%~60%,排料口宽度的调整,是采用不同厚度的垫板来调整固定颚板的位置,确保肘板始终位于设计的最佳位置。

试验研究结果证明,简摆颚式破碎机的动颚行程和摆动次数按表 3-4 选取时,则生产能力比老产品提高 20% 左右。

表 3 – 4　　简摆颚式破碎机的行程和转数

参数 ＼ 规格/mm × mm	250 × 400	400 × 600	600 × 900	900 × 1200	1200 × 1500	1500 × 2100
动颚下部行程/mm	22	29	34	41	47	54
动颚上部行程/mm	8	11	12.5	15	17	20
偏心轴转数/(r · min^{-1})	350	325	275	215	170	120

　　提高动颚的摆动次数，可以提高机器的生产能力，但是，功率消耗必将随之增加，齿板的使用寿命也将缩短。可是，国内的复摆颚式破碎机，在目前采用的转数基础上，提高10% ~20% 是有利的。

二、颚式破碎机的新机型

　　1. Rotex 型破碎机(回转颚式破碎机)

　　Rotex 型破碎机(辊摆式破碎机或称回转颚式破碎机)是 20 世纪 60 年代由德国研制的。其优点是在有利的单位功耗下可以生产立方形的物料颗粒，而且过粉碎现象较少。它是破碎硬质物料的一种破碎设备。

　　Rotex 型破碎机(见图 3 – 36)是由一个破碎辊和两个破碎颚板组成。中心给矿并向破碎辊两侧

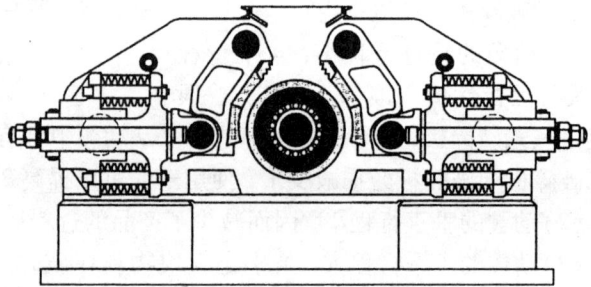

图 3 – 36　Rotex 型破碎机

分流。破碎辊通过滚动轴承安装在偏心轴的偏心部位上，相对于偏心轴心可以自由地转动。由于破碎辊的偏心回转，因而对固定颚板产生相对距离的变化，于是辊子的一侧就对给入的矿石产生破碎作用，而另一侧则进行排矿。机器的工作是连续的。

　　在破碎过程中，破碎辊不仅依偏心轴的旋转方向转动，而且由于摩擦力的作用，辊子将相对于辊子中心向相反的方向转动。因为破碎辊可以自由地沿着物料层滚动，这就降低了破碎辊的磨损量，破碎辊与轴承外圈采用动配合，以求磨损的均匀性。由于破碎腔的破碎区为曲线形，大部分物料是因剪切力而粉碎，而不是压碎，故可降低功率消耗。

　　破碎板的位置可以利用破碎板上部支承心轴及下部支承螺杆来调整，即 Rotex 破碎机不仅可以调节排料口的宽度，而且还可以调节进料口的宽度。这种机构上的新特点，可以在较大范围内调节破碎产品的尺寸和形状。

　　当进料口宽度改变时，而排料口宽度不变，则破碎区的啮角将是变化的。当破碎区的啮角较小时，被加工的物料具有特别明显的立方形，而当增加破碎区的啮角时，物料产品就变为扁平形。

　　由图 3 – 38 可知，当增加进料口宽度时，由于增加了破碎区的啮角，因而生产率有较大的增长。图中的数值是在进料口宽度 $B = 30 ~ 40$ mm，给料粒度 $D = 10 ~ 20$ mm，以及 $B = 50$ mm，$D = 20 ~ 40$ mm 时得到的。

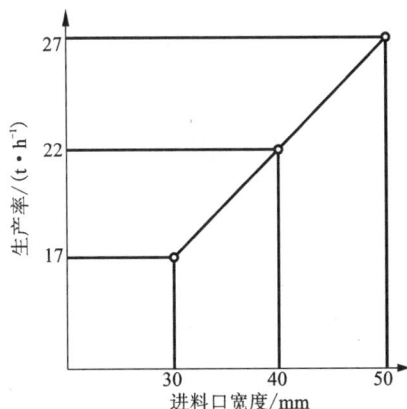

图 3 − 37　进料口宽度与生产率的关系

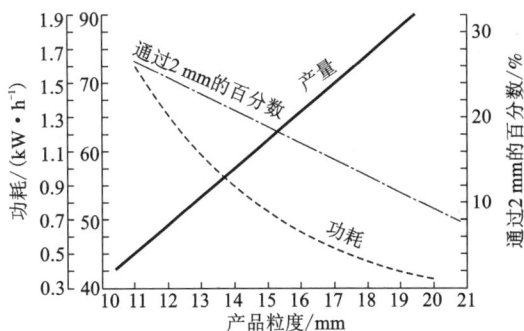

图 3 − 38　产品粒度、生产量和比功耗的关系

通过不同的破碎试验可以看出，甚至当破碎较大料块时，在进料口上部也没有形成桥拱的倾向。这是由于破碎辊偏心回转时的升高和降低，使物料松动，从而有利于物料进入破碎区。

为了研究产品粒度、生产量和比功耗之间的关系，在 Rotex − 800 破碎机中进行了试验。破碎石料为石灰石，给料粒度为 15 ~ 80 mm。试验结果如图 3 − 38 所示。

破碎辊的圆周和长度方向发生的磨损是均匀的，破碎腔侧壁的磨损在破碎区是剧烈的。

Rotex 型破碎机具有双重保险装置。为了防止电动机的负荷超载，皮带轮与偏心轴之间的连接是采用摩擦联轴节。如图 3 − 39 所示，当破碎区落入非破碎物或很硬矿石时，在破碎辊上一定作用着非常大的径向力。为了防止破碎辊表面的破坏，在机架前后壁与颚板之间设有弹簧保险装置，允许颚板有一定的径向位移。

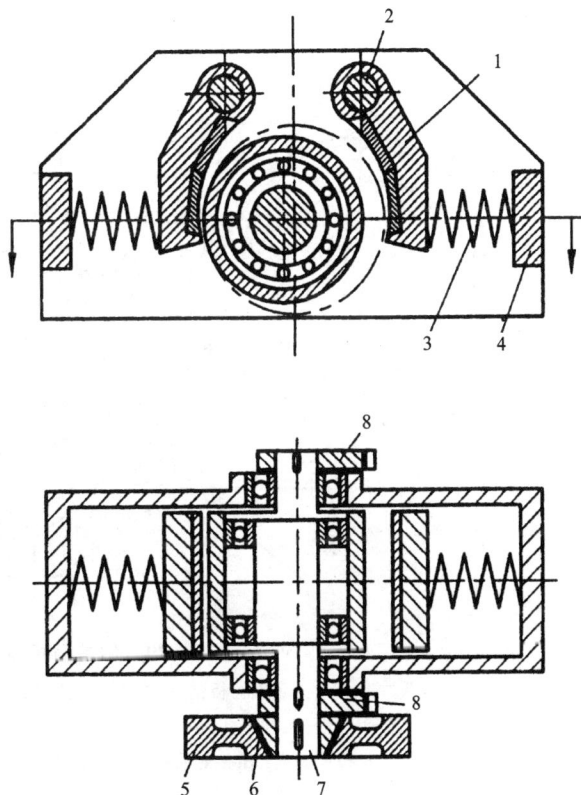

图 3 − 39　Rotex 型破碎机的安全保护装置

1—颚板；2—芯轴；3—弹簧；4—弹簧座；5—皮带轮；
6—摩擦联轴节；7—偏心轴；8—非平衡重块

在 Rotex 型破碎机中，工作机构的更换是很容易实行的。

Rotex 型破碎机的基本参数见表 3 − 5。

表 3 – 5　Rotex 型破碎机的基本参数

规格	进料口宽度 /mm	排料口宽度 /mm	最大给料粒度 /mm	生产量 /(t·h^{-1})	电机功率 /kW
R300	65 ~ 100	6 ~ 30	80	16 ~ 29	45
R500	70 ~ 110	8 ~ 35	90	29 ~ 56	75
R800	85 ~ 160	20 ~ 50	140	45 ~ 85	110

2. 冲击颚式破碎机

冲击颚式破碎机是德国 KPUPP 公司生产的,它的构造如图 3 – 40 所示。冲击颚式破碎机的动颚悬挂在机架上部的芯轴上。通过偏心轴、连杆(安置在机架两侧)及动颚下部的支承板和横梁作往复摆动。冲击颚式破碎机的破碎腔是采用变斜度的,破碎腔越接近排料口,其斜度越大。物料在快速、大行程动颚的往复作用下承受多次冲击而破碎,并使物料松散且排料速度较快,因而避免了排料口的堵塞现象。产品粒度均匀且呈立方形和尖角形。冲击颚式破碎机的生产能力比同规格的颚式破碎机约增加 50% ~ 100%。

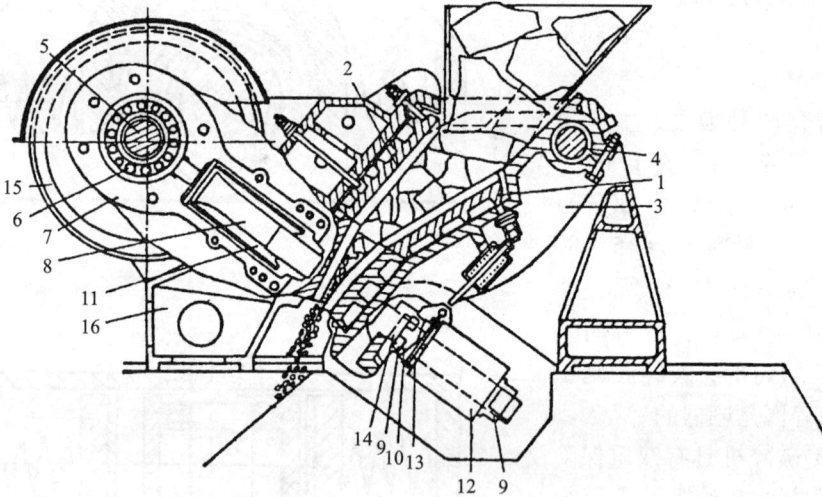

图 3 – 40　冲击颚式破碎机

1—动颚衬板;2—固定颚衬板;3—动颚;4—芯轴;5—偏心轴;6—自调位滚子轴承;
7,8—连杆头和连杆;9—调节螺钉;10—调节螺钉楔块;11—弹簧;
12—横梁;13—支承板;14—支承头;15—飞轮;16—机体

3. 双动颚式破碎机

双动颚式破碎机(见图 3 – 41)的两个颚板都是可动的,具有很强的破碎力。它属于一种强力破碎设备。适于粗碎石灰石和其他石料。破碎腔宽而深,有较大的破碎容积。排料口宽度易于调节。齿板的寿命长,可降低能耗。由于机器的重心低,所以没有摆动。

4. 振动颚式破碎机

振动颚式破碎机是根据选择性破碎原理而设计的。振动颚式破碎机的结构如图 3 – 42 所示。机架1支承在弹性基础上,两个动颚板2通过芯轴4悬挂在机座上。传动部分装有两个自同步不平衡振动器,并经弹簧与动颚相连。这种装置使得作用在轴上和轴承上的惯性负荷减少。由于它具有特殊的机架和运动件,当不可破碎物通过时,机架具有缓冲能力。

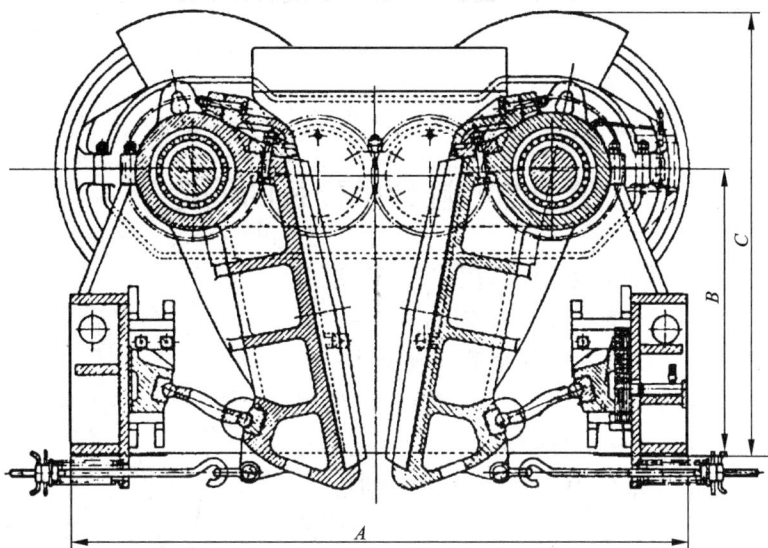

图 3 – 41　双动颚式破碎机

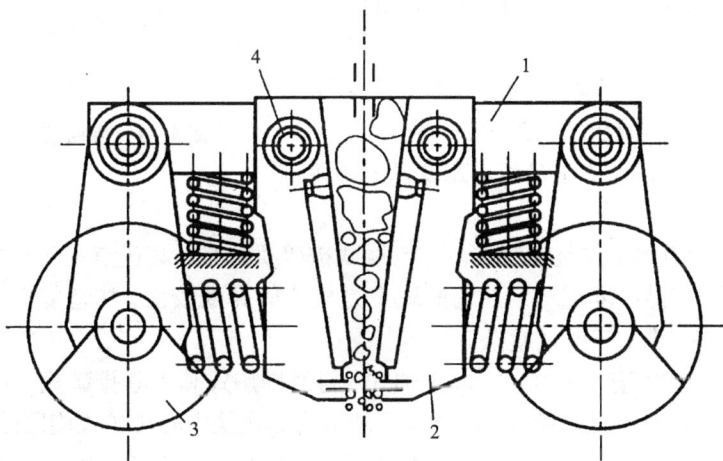

图 3 – 42　振动颚式破碎机
1—机架;2—颚板;3—不平衡振动器;4—芯轴

　　振动颚式破碎机的经济性很显著,与普通型颚式破碎机相比,其破碎比提高了3倍,功耗减少了50%。

　　振动颚式破碎机可用于破碎矿石、硬质合金、建筑材料和其他物料。

第四章 旋回破碎机

第一节 旋回破碎机的构造

旋回破碎机在选矿和其他工业部门中,广泛地用来粗碎各种硬度的矿石。它的工作原理如图4-1所示。旋回破碎机的工作机构是由两个截面圆锥体——活动圆锥(破碎圆锥)和固定圆锥(中空圆锥体)所组成。活动圆锥的芯轴支承在上部铰链 O 中,并且偏心地安置在中空的固定圆锥体内。主轴 OA 旋转时,活动圆锥体的素线依次靠近及离开中空的固定圆锥体的素线。活动圆锥体的每条素线犹似绕 O 点摆动,它与颚式破碎机的工作原理相同。

当活动圆锥靠近固定锥时,处于两者之间的矿石就被破碎;活动圆锥离开固定锥时,破碎产品则因自重经排矿口排出。旋回破碎机的主要破碎作用是压碎,但是,矿石也受弯曲作用而折断。

旋回破碎机的规格尺寸用给矿口宽度 B/排矿口宽度 e 表示,如900/160。

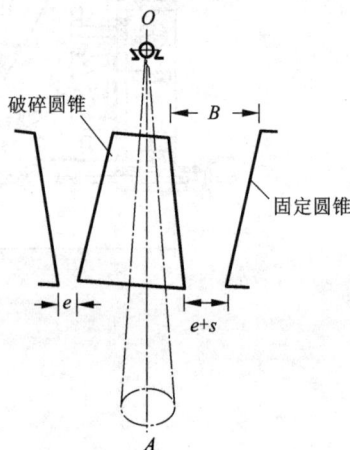

图4-1 旋回破碎机的工作原理

旋回破碎机的破碎工作是连续的。它与颚式破碎机比较,其优点是生产能力大,工作平稳,单位功耗低,产品粒度较均匀。它的缺点是机器的高度较大,构造复杂,制造和修理费用高,基建投资多,维护工作较复杂。

旋回破碎机基本上有三种型式:固定轴式、斜面排矿式和中心排矿式。由于前两种存在许多缺点,基本上已被淘汰,目前,广泛采用的结构型式是中心排矿式旋回破碎机。

中心排矿式900/160旋回破碎机(图4-2)的机架是由机座14、中部机架10和横梁9组成。它们彼此用螺栓固紧。破碎机的机座安装在钢筋混凝土基础上。

旋回破碎机的工作机构是破碎锥32和固定锥(中部机架)10。中部机架的内表面镶有三行平行的锰钢衬板11。最下面的一行衬板支承在机架下端凸出部分上,而上面一行则插入中部机架上部的凸边中。这样,就能承受碎矿时由于摩擦而产生的推力和破碎力的垂直分力。中部机架与衬板间须用锌合金(或水泥)浇铸。

破碎锥32的外表面套有三块环状锰钢衬板33。为了使衬板与锥体紧密接触,在两者间浇铸锌合金,并在衬板上端用螺帽8压紧。在螺帽上端装以锁紧板7,以防螺帽松动。

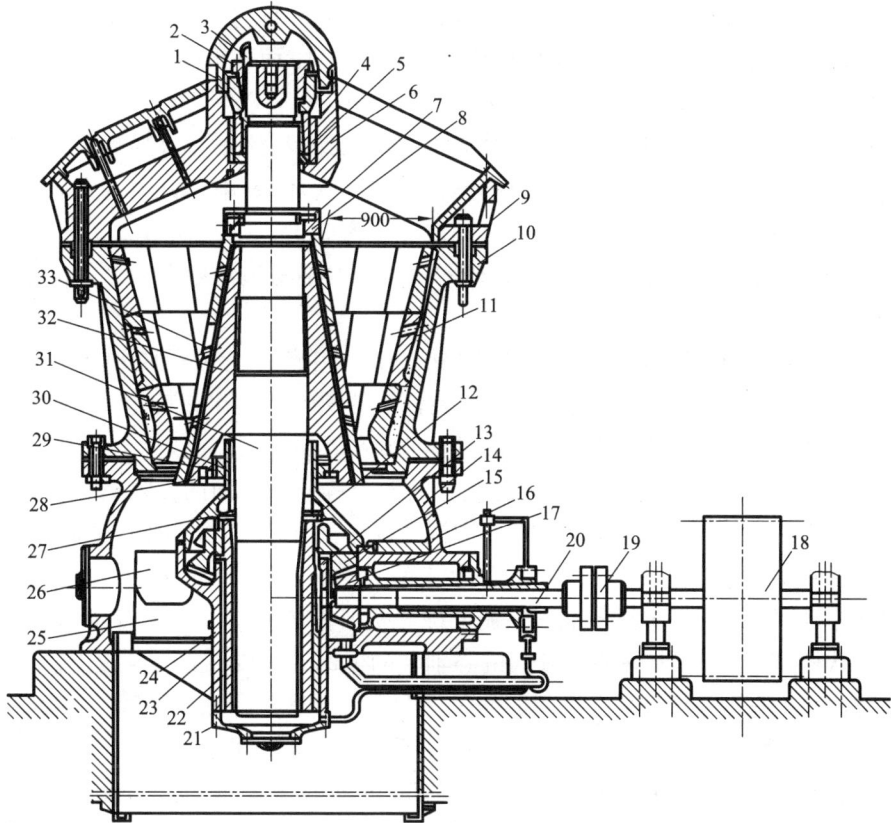

图 4 − 2　中心排矿式 900/160 旋回破碎机

1—锥形压套；2—锥形螺帽；3—楔形键；4—衬套；5—锥形衬套；6—支承环；

7—锁紧板；8—螺帽；9—横梁；10—固定锥（中部机架）；11—衬板；12—挡油环；

13—青铜止推圆盘；14—机座；15—大圆锥齿轮；16—护板；17—小圆锥齿轮；

18—皮带轮；19—联轴节；20—传动轴；21—机架下盖；22—偏心轴套；23—衬套；

24—中心套筒；25—筋板；26—护板；27—压盖；28、29、30—密封套环；31—主轴；32—破碎锥；33—衬板

　　破碎锥装在主轴 31 上。主轴的上端是通过锥形螺帽 2、锥形压套 1、衬套 4 和支承环 6 悬挂在横梁 9 上。为了防止锥形螺帽松动，其上还装有楔形键 3。衬套 4 以其锥形端支承在支撑环 6 上，而其侧面则支承在内表面为锥形的衬套 5 上。破碎机运转时，由于衬套 4 的下端与锥形衬套 5 的内表面都是圆锥面，故能保证衬套 4 沿支撑环 6 和锥形衬套 5 上滚动，从而满足了破碎锥旋摆运动的要求。

　　主轴的下端插入偏心轴套 22 的偏心孔中，该孔对破碎机轴线成偏心。偏心轴套旋转时，破碎锥的轴就以横梁上的固定悬点为锥顶作圆锥面运动，从而产生破碎作用。

　　偏心轴套是通过三角皮带轮 18、弹性联轴节 19、并由圆锥齿轮 15、17 带动。

　　偏心轴套 22 在机座的中心套筒 24 的钢衬套 23 中转动，套筒利用四根筋板 25 与机座连接。在筋板和传动轴套筒的上面，敷设有锰钢护板 26 和 16，以免落下的矿石砸坏筋板和套筒。偏心轴套的整个内表面和偏心轴套比较厚的一边约 3/4 的外表面（即承受破碎压力的一边），都浇铸巴氏合金。为使巴氏合金牢固地附着在偏心轴套上，在轴套的内壁上布置有环状的燕尾槽。

偏心轴套的止推轴承由三片止推圆盘组成。上面的钢圆盘与固定在偏心轴套上的大圆锥齿轮连接在一起。它回转时,就沿中间的青铜圆盘 13 转动,而青铜圆盘又沿下面的钢圆盘转动。下面的钢圆盘用销子固定在中心套筒的上端,以防止其转动。

为了防止矿尘进入破碎机内部的各摩擦表面和混入到润滑油中,在破碎锥下端装有由三个具有球形表面的套环 28、29 和 30 构成的密封装置。套环 28 用螺钉固定在破碎锥上。套环 29 装在中心套筒的压盖 27 的颈部上,它们之间装有骨架橡胶油封。上部套环 30 自由地压在套环 29 上。这种结构的密封装置比较可靠,矿尘不易透过各套环之间的缝隙进入破碎机的内部。

排矿口的宽度是用主轴上端的锥形螺帽 2 来调节。调节时,首先用桥式起重机将主轴和破碎锥一起向上稍稍提起,然后,将主轴悬挂装置上的螺帽 2 旋出或旋入,将排矿口调节到要求的宽度。这种装置的调节范围很小,而且调节时很不方便。

破碎机的保险零件是装在皮带轮 18 轮毂上的四个有削弱断面的保险销轴。断面的尺寸通常按电动机负荷的二倍来计算。如果破碎机内掉入大块非破碎物,则小轴应被剪断,破碎机停止运转而使其他零件免遭破坏。这种保险装置虽然构造简单,但可靠性较差。

旋回破碎机用稀油和干油进行润滑。旋回破碎机所需的润滑油是由专用油泵站供给的。油沿输油管从机座下盖 21 上的油孔流入偏心轴套的下部空间内,由此再沿主轴与偏心轴套之间的间隙,以及偏心轴套与衬套之间的间隙上升。润滑这些摩擦表面后,一股油上升途中与挡油环 12 相遇而流至圆锥齿轮;另一股油上升到偏心轴套的止推圆盘 13 上。润滑油润滑了各部位以后,经排油管流出。破碎机的传动轴 20 的轴承有单独的进油与排油管。

主轴的悬挂装置是通过手动干油润滑装置定期用干油进行润滑。

旋回破碎机的基本参数列于表 4 - 1 中。

表 4 - 1 旋回破碎机的基本参数

基本参数	规格				
	PX500/75	PX700/130	PX900/160	PX1200/180	PX1200/250
给矿口宽度/mm	500	700	900	1200	1200
排矿口宽度/mm	75	130	160	180	250
最大给矿粒度/mm	400	550	750	1000	1000
生产率/($t \cdot h^{-1}$)	150	300	500	1000 ~ 1100	1400 ~ 1500
破碎锥直径/mm	1200	1310	1630	1740	
破碎锥摆动次数/(次/min^{-1})	140	140	125	110	110
电动机功率/kW	130	145	180	310 ~ 350	310 ~ 350
破碎锥的最大提升量/mm	140	160	140	200	
外形尺寸/mm × mm × mm	3017 × 2030 × 3486		6445 × 3280 × 5470	8798 × 4682 × 7295	10800 × 6770 × 7300
机器重量/t	42.18	71.98	143.69	224	225

　　以上介绍的旋回破碎机，其缺点是没有可靠的保险装置，调节排矿口宽度的装置不仅操作不方便，而且调节范围也很小。所以，经过不断改进，在旋回破碎机中采用了液压调整和液压保险技术。利用液压调整排矿口的大小，不仅操作方便，而且易于实现自动化。采用液压装置作为机器的保险装置，灵活而安全可靠。图 4-3 是我国生产的液压旋回破碎机的结构图。它的结构与上述旋回破碎机基本相同。不同的仅是在机座下部装有油缸，破碎锥支承在油缸的上部。油缸的上部有三个摩擦盘，上摩擦盘固定在主轴下端，下摩擦盘固定在柱塞上，中摩擦盘的上表面是球面，下表面是平面。破碎机工作时，中摩擦盘的上球面和下平面与上下摩擦盘都有相对滑动。改变油缸内的油量即可调整排矿口的大小。

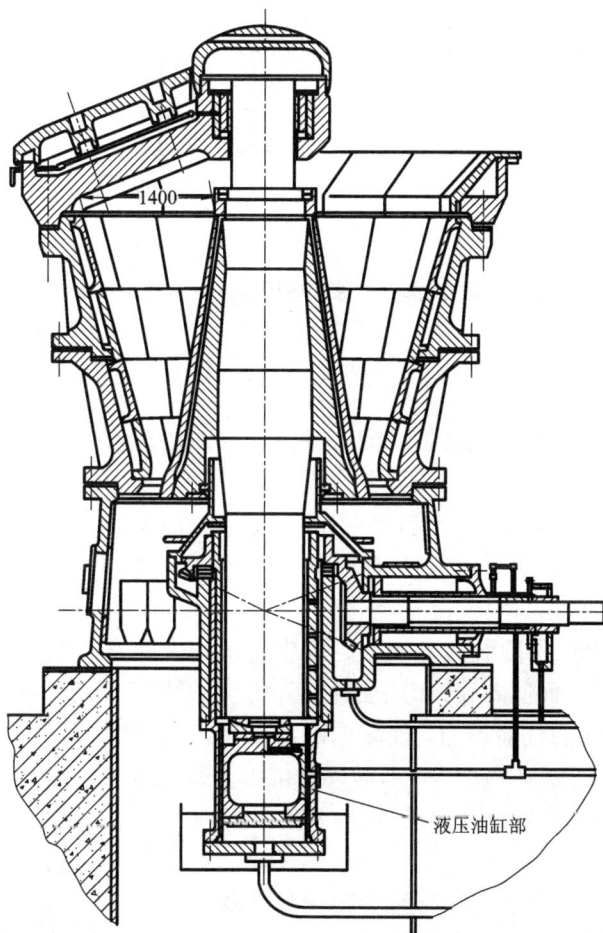

图 4-3　液压旋回破碎机

　　旋回破碎机的液压系统如图 4-4 所示。系统中的蓄能器起保险作用，内部充气压力一般为 18 MPa。单向节流阀起过铁动作快而复位运动慢的作用，以便减轻复位时对破碎机的强烈冲击。

　　启动破碎机前，首先要向油缸内充油。充油时，先打开截止阀 8 并关闭截止阀 9，然后再启动油泵。当油压接近 1 MPa 时，破碎锥开始上升，破碎锥升到工作位置后就关闭截止阀，同时也停止油泵。液压系统的压力保持 1 MPa 左右，破碎机可开始工作。破碎机工作之后，系统油压可达 1.5～1.8 MPa。

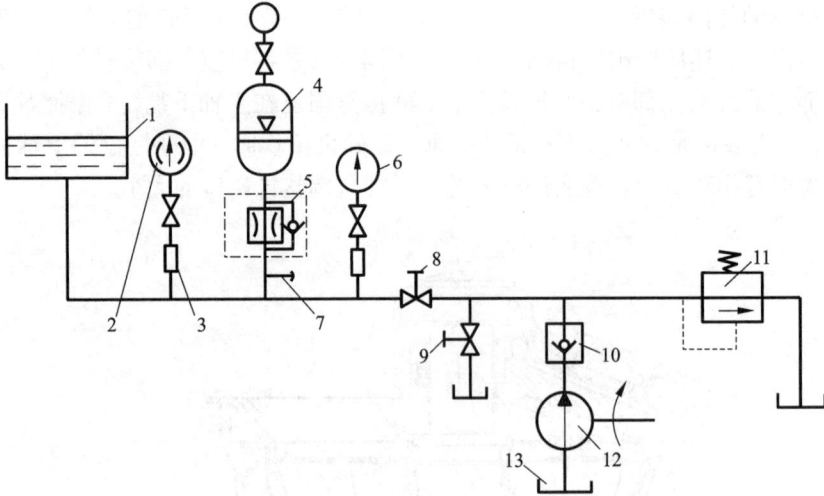

图 4 - 4　底部单缸液压旋回破碎机的液压系统
1—油缸；2—电接点压力表；3—减震器；4—蓄能器；5—单向节流阀；6—压力表；
7—放气阀；8、9—截止阀；10—单向阀；11—溢流阀；12—单级叶片泵；13—油箱

当增大排矿口时，则打开截止阀 8 和 9，油缸内的油在破碎锥自重作用下流回油箱。破碎锥下降到需要位置后，即关闭截止阀 8、9。当减小排矿口时，则打开截止阀 8，启动油泵向油缸内充油，破碎锥就上升，达到要求的排矿口宽度时，即关闭截止阀 8 和停止油泵。

液压装置也是机器的保险装置。当破碎腔中进入非破碎物时，由于破碎力激增，而使破碎锥向下压柱塞，于是，油缸内的油压大于蓄能器内的气体压力，油缸内的油被挤入蓄能器中，因而破碎锥下降，排矿口增大，非破碎物排出。非破碎物排出之后，由于蓄能器的作用，破碎锥比较缓慢地自动复位。

当破碎机给入大块硬物料时，有时会把破碎锥及主轴向上挤起，从而使主轴底部与油缸的柱塞脱离，然后又突然落下，在主轴与柱塞之间产生冲击。为防止这一现象，设置一个平衡缸，如图 4 - 5 所示。平衡缸内有一个浮动活塞。浮动

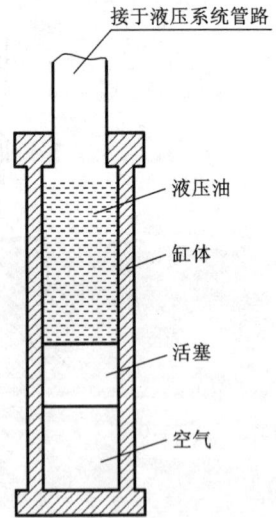

图 4 - 5　平衡油缸

活塞一端为压力油与油缸相通，另一端为压缩空气。如破碎锥及主轴突然被向上挤起，油缸的油压急降，压缩空气将平衡缸内的油排入油缸，使柱塞随之上升。主轴与柱塞之间无间隙。一旦上述现象消失，油压内多余的油排入平衡缸，恢复平衡。

为了适应破碎中等硬度矿石的需要，我国还生产了一种颚旋式破碎机（见图 4 - 6）。它的构造基本上与旋回破碎机相同，其区别仅是上部给矿口向一侧扩大，而另一侧被封闭。这

样，在一台机器上就具有两个破碎腔，可以同时进行两次破碎。因此，这种机器具有破碎比大和生产率高等优点。

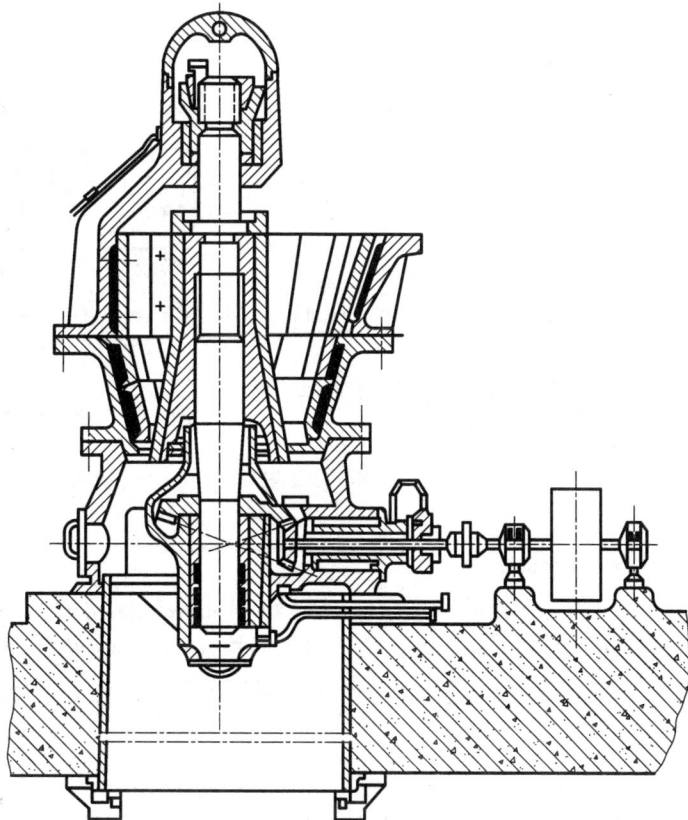

图 4 - 6　颚旋式破碎机

目前，国外的旋回破碎机有如下的发展动向：

（1）随着原矿开采粒度增大，要求制造更大型的旋回破碎机，目前已有给矿口宽度为2130 mm 的旋回破碎机。

（2）制造出一种无齿轮传动的旋回破碎机，其三角皮带轮或电动机直接装在偏心轴套上。

（3）减小机器高度。

（4）为了提高破碎机的传动效率，全部采用滚动轴承。

（5）采用液力联轴节作为机器的保险装置。

（6）为了简化制造工艺，缩短制造周期，减轻机器重量，机架全部改为焊接结构。

第二节　旋回破碎机的结构参数和工作参数

旋回破碎机与颚式破碎机相比，虽然构造不同，但破碎过程却相似，其区别仅是前者的破碎过程是连续的，而后者的破碎过程是间断的。因此，旋回破碎机的参数计算方法与颚式破碎机基本相同。

一、结构参数的选择和计算

1. 给矿口与排矿口尺寸

选取原则与颚式破碎机相同。

2. 啮角 α

旋回破碎机的齿角(见图4-7)亦须按公式(3-8)选取。一般取 $\alpha = \alpha_1 + \alpha_2 = 22° \sim 27°$。由于旋回破碎机的入料块度大、重量大，能够部分地克服破碎力的向上分力，因而在衬板上产生的滑动现象很少。基于这个原因，啮角可以选用最大值。即使是啮角增加很小，也会使机器的重量、高度、成本降低很多。

为了减小作用在破碎锥上的破碎力的垂直分力，从而减轻破碎锥支承装置的负荷，故 α_2 应取小些，而 α_1 应取大些，通常取 $\alpha_1 = 12° \sim 18°$。前苏联乌拉尔重型机器制造厂生产的旋回破碎机，$\alpha_1 = 17°10'$，$\alpha_2 = 9°30'$。

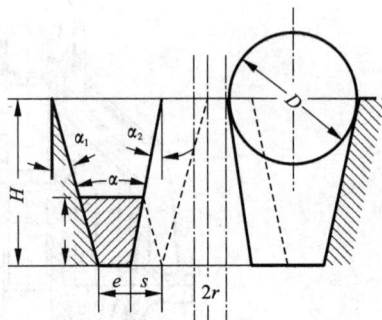

图4-7 旋回破碎机的啮角

3. 破碎锥的摆动行程 S 和偏心距 r

破碎锥的摆动行程 S 是指在排矿口平面内，破碎锥中心线的摆动量。它等于破碎锥中心线对机架中心线在该平面内的偏心距 r 的2倍。设计时按破碎机的规格及给料尺寸选择行程数值。一般 $S = 22 \sim 44$ mm。如 S 值过小，会使生产率显著下降，S 值过大，则使功耗增加，排矿粒度加大。

偏心距可用下式进行初步计算：

$$r = 8.3B + 8.5 \qquad (4-1)$$

式中：r——偏心距，mm；

B——给料口宽度，m。

4. 基本结构尺寸的确定

旋回破碎机的基本结构尺寸如图4-8所示。各部尺寸都是根据给矿口宽度 B(m)来进行计算。

$$W = 1.05B \qquad (4-2)$$

它限制了悬挂点 O 的位置。

固定锥上部直径 D_B(m)通常是在给矿口的平面上测量，其经验公式为

$$D_B = (2.6 \sim 2.8)B \qquad (4-3)$$

根据上述原则，选定 α_1、α 及 $\beta = 30' \sim 1°$，再按要求的破碎比(旋回破碎机的破碎比一般为5~8)确定排矿口宽度。由此，即可确定破碎腔的高度和破碎锥的底部直径。

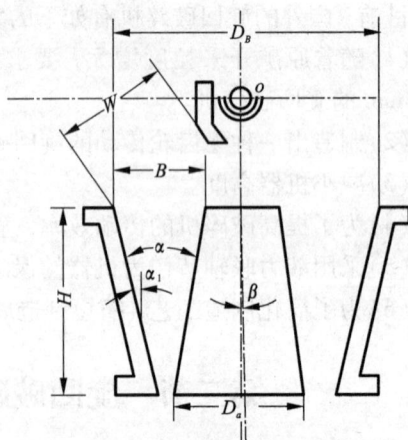

图4-8 旋回破碎机的基本结构尺寸

破碎锥底部直径 $D_a(\mathrm{m})$ 可用下式计算：

$$D_a = (1.35B + 0.45) \pm 0.1 \qquad (4-4)$$

5. 破碎腔形状的设计

破碎腔形状对物料的破碎过程起着决定作用。破碎腔形状必须满足机器生产率、破碎产品中细粒级物料占多数、破碎腔不发生堵塞现象以及衬板磨损均匀等要求。

破碎腔的型式如图4-9所示。破碎腔一般是按理想的破碎过程来设计的。各截面的环形体积向着排料口的方向是逐渐减小的。对于直线形破碎腔，其堵塞点位于排料口附近[见图4-9(a)]。为了减轻堵塞现象的影响，提高破碎效率，可以采用曲线形破碎腔[图4-9(b)]。由于曲线形破碎腔的堵塞点上移，因而允许采用较小的排矿口。实践证明，当破碎机的偏心轴套转数和行程相同时，曲线形破碎腔的优点是：破碎比大、生产率高、产品粒度均匀、单位功耗小。

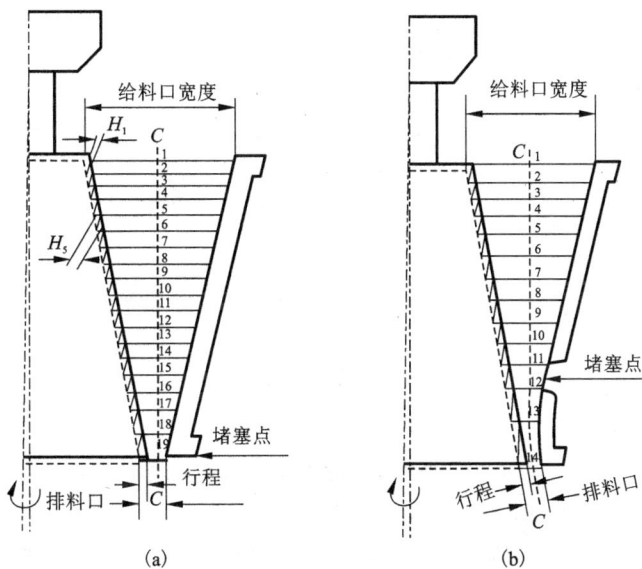

图4-9　旋回破碎机破碎腔设计图解
(a)直线形破碎腔；(b)曲线形破碎腔

旋回破碎机的破碎腔形状的设计方法与颚式破碎机相同。

二、工作参数的选择与计算

1. 破碎锥的摆动次数 n

旋回破碎机破碎腔的断面形状和排矿过程与颚式破碎机相同，故其破碎锥的摆动次数（偏心轴套的转数）可按公式(3-22)确定。目前，实际选用的旋回破碎机的工作转数大约比用理论公式(3-22)算出的小35%～50%。产生差别的原因，在于推导该公式时没有考虑物料自破碎机中排出时所遇到的各种阻力。设计时，破碎机的工作转数可采用下式计算：

$$n = \frac{240}{\sqrt{2B+1}} \qquad (4-5)$$

式中，B 表示给矿口宽度，m。

破碎机的工作转数对机器的生产率有很大的影响。在一定范围内,生产率随着转数的增高而增大。转数增高,电动机功率消耗亦有所增加,但物料的单位功耗却降低了。

破碎锥除了绕机器中心线回转外,由于摩擦作用,还绕本身的轴线转动。空载运转时,自转方向与偏心轴套的回转方向相同;有载运转时,自转方向与偏心轴套的回转方向相反。破碎锥的自转运动,可以使产品粒度均匀,也能使破碎锥衬板的磨损均匀。

2. 生产率

旋回破碎机生产率 $Q(t/h)$ 的理论计算公式[2]:

$$Q = 377 \frac{\mu n r (e + r) D_a \delta}{\tan\alpha_1 + \tan\alpha_2} \qquad (4-6)$$

式中: μ——不均匀系数, $\mu = 0.3 \sim 0.7$;

e——闭边的排料口宽度, m;

δ——物料的松散密度, t/m^3。

生产率的理论计算公式一般只可作定性研究之用。

3. 电动机功率 $N(kW)$

旋回破碎机的电动机功率的理论计算方法与颚式破碎机相似。由于理论计算公式与实际相差很大,所以,确定旋回破碎机电动机功率通常采用经验公式。对于中心排矿式旋回破碎机的电动机功率可采用经验公式(4-7)计算:

$$N = 36D_a^2 rn \qquad (4-7)$$

现代大型破碎机在负荷作用下,其摩擦损失大约为总功率消耗的30% ~ 35%,约占纯功率消耗的45% ~ 55%。

表4-2列出了液压旋回破碎机的几项基本参数。

表4-2   液压旋回破碎机的几项基本参数

规格与型式		破碎锥底部 直径 D_a /m	排料口平面 的偏心距 r /m	破碎锥的 摆动次数 n /$(r \cdot min^{-1})$	电动机功率 N /kW	$N = 36D_a^2 rn$
中国	700/100	1.4	0.014	140	145	138.3
	900/130 轻型	1.4	0.015	140	145	148.18
	900/130	1.65	0.016	125	200/210	196.02
	1200/150 轻型	1.65	0.017	125	200/210	208.27
	1200/160	2.0	0.019	110	310/350	300.96
	1400/170	2.2	0.020	105	400/430	365.90
苏联	KKB - 500/75 rpus	1.22	0.012	160	132	102.88
	KKB - 900/140 rpus	1.636	0.016	140	250	214.25
	KKB - 1200/150 rpus	1.9	0.019	120	320	296.31
	KKB - 1500/180 rpus	2.52	0.020	100	400	457.23

续表 4－2

规格与型式	破碎锥底部直径 D_a /m	排料口平面的偏心距 r /m	破碎锥的摆动次数 n /(r·min^{-1})	电动机功率 N /kW	$N = 36D_a^2 rn$
30－60HD (762×2337)	1.524	0.019 0.022 0.025 0.032	150	110.4 128.8 147.2 184	119.15 137.96 156.77 200.67
42－70HD (1067×2896)	1.778	0.019 0.025 0.029 0.032	137	147.2 184 198.72 220.8	148.12 194.89 226.08 249.46
42－70×HD (1067×2896)	1.778	0.019 0.025 0.029 0.032	137	176.64 235.52 264.96 294.4	148.12 194.89 226.08 249.46
48－75HD (1219×3378)	1.905	0.032 0.035 0.038 0.041	140	276 301.76 331.2 360.64	292.64 320.08 347.52 374.95
54－80HD (1372×3683)	2.032	0.032 0.035 0.038 0.041	140	294.4 312.8 338.56 368	332.96 364.18 395.4 426.61
60－102HD (1524×4420)	2.591	0.038 0.041 0.044 0.051	115	441.6 478.4 515.2 552	528.07 569.76 611.45 708.72
60－102×HD (1524×4420)	2.591	0.038 0.041 0.044 0.051	115	552 588.8 644 736	528.07 569.76 611.45 708.72

（左侧纵向：美国 (Nardberg)）

注：＊内的数据表示偏心轴套行程。

第三节　旋回破碎机主要零件的强度计算

一、破碎力的确定

在破碎过程中，破碎力的大小由于受物料的物理力学性质、块度、破碎方法以及物料在破碎腔内的分布状况等因素的影响，很难用理论公式计算。目前，对于普通型的旋回破碎机，通常是根据电动机功率来计算破碎力。

由于破碎腔的间隙和破碎锥的行程沿破碎锥的高度方向和圆周方向不同，因此破碎锥的载荷分布及破碎力的作用位置也不同，如图 4－10 所示。破碎力的合力作用在破碎锥高度的 1/3 处（从排料口平面算起）。P 力的作用线不在破碎锥轴线与机器中心线所组成的 $n-n$ 平面内（见图 4－11），而是偏斜一个角度 r，通常 $r=20°\sim30°$。

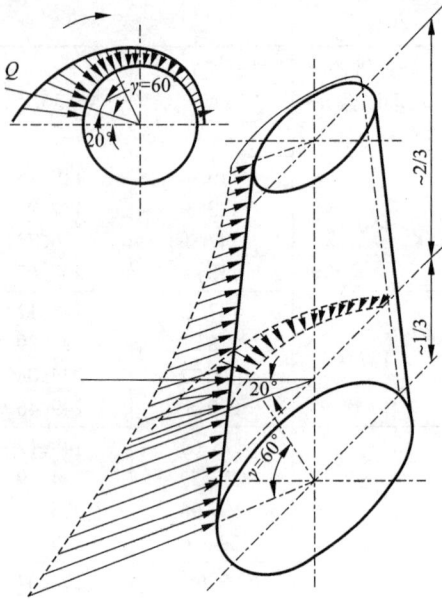

图 4 - 10   破碎锥上的载荷分布

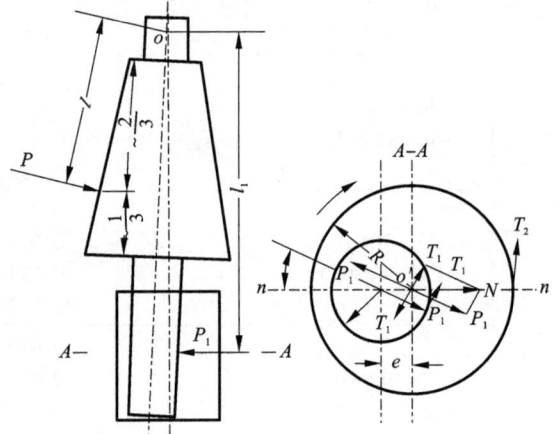

图 4 - 11   破碎力的计算图

　　假定由破碎力合力 P 引起偏心轴套内表面的反作用力 P_1 是作用在偏心轴套的中部, 由于主轴悬挂装置对破碎锥的反作用力对悬挂点 O 产生的力矩较小, 近似计算时可略去不计, 则破碎力 P 和偏心轴套的反作用力 P_1 对悬挂点 O 的力矩平衡方程式为

$$Pl = P_1 l_1$$

由此得破碎力 $P(\mathrm{N})$ 为

$$P = \frac{P_1 l_1}{l} = \frac{M l_1}{[\, e \sin r + f(r + R) \,] l} \tag{4-8}$$

　　考虑到电动机的过负荷和机器旋转部件惯性力的影响, 其最大破碎力为

$$P_{\max} = \frac{2 M l_1}{[\, e \sin r + f(r + R) \,] l} \tag{4-9}$$

式中: M ——偏心轴套上的扭矩, $\mathrm{N \cdot m}$。 $M = \dfrac{9550 N \eta}{n}$, N 为电动机功率, kW; η 表示传动效

　　　　率, $\eta = 0.6 \sim 0.7$;

　　e ——偏心轴套内孔平均半径处的偏心距, m;

　　r ——偏心轴套内孔的平均半径, m;

　　R ——偏心轴套外表面的半径, m;

　　f ——偏心轴套内外表面的摩擦系数, $f = 0.03$。

　　对于液压型旋回破碎机, 破碎力可以根据液压系统的液压力来确定。

二、受力分析

　　旋回破碎机的主要零件有: 传动轴、齿轮、偏心轴套、主轴和悬挂装置。传动轴和齿轮上的受力大小, 只要已知电动机功率, 就可利用分析法计算确定。偏心轴套、主轴和悬挂装置的受力情况可用图解法确定。

破碎力是分析这些零件受力的原始数据。为简化计算，不考虑破碎锥与偏心轴套的惯性力对主轴受力的影响，并假定：

（1）力 P 作用在破碎锥高度的 1/3 处（从底部算起）；

（2）偏心轴套的反力 P_1 作用在偏心轴套与主轴接触部分的中点；

（3）悬挂装置的反力 P_2 的作用点如图 4 - 12 中所示的 M 点。

取破碎锥作为分离体，先将力 P 延长，与破碎锥自重 G 合成 F 力，然后根据同一平面的三个力互成平衡必交于同一点的定理，求出偏心轴套与悬挂装置对主轴的反力 $-P_1$ 和 $-P_2$。负号表示反力的方向与图 4 - 12 中所示的方向相反。

已知 P_1 和 P_2 后，就可以计算主轴、偏心轴套、机架和悬挂装置的强度。

主轴是旋回破碎机的重要零件，它的强度和刚度也可以用有限元计算。

3. 下部机架的强度计算

旋回破碎机的下部机架是由中心套筒、筋板

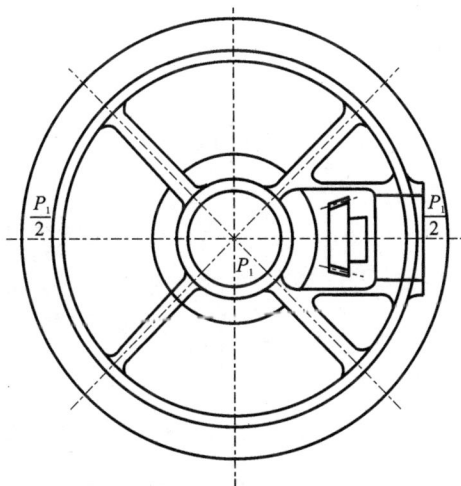

图 4 - 12　旋回破碎机的受力图

和外壳组成，其结构如图 4 - 13 所示。偏心轴套的作用力 P_1 是通过四根筋板（十字架）作用在机架的外壳上，由此产生两个反作用力 $P_1/2$ 和一个相应的弯矩使系统保持平衡。中心套筒、筋板及外壳等处产生的应力计算如下。

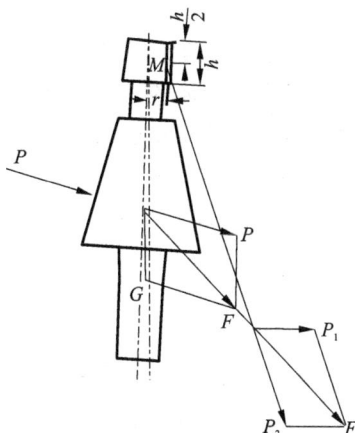

图 4 - 13　旋回破碎机下部机架的结构

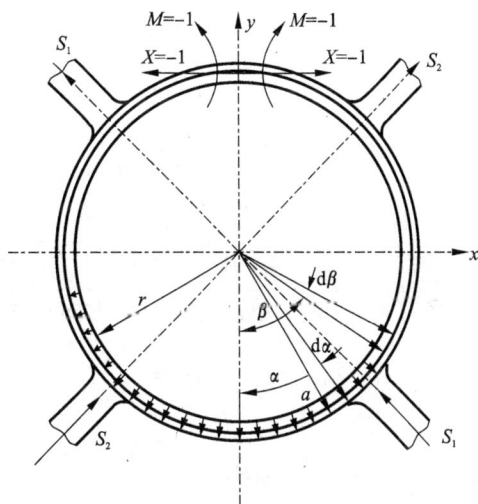

图 4 - 14　中心套筒的负荷

假设作用在中心套筒上的力是按余弦定理分布，如图 4 - 14 所示。设 q_0 表示最大单位负荷，则在任一位置上的单位负荷 $q = q_0\cos\alpha$。由于作用在中心套筒上的负荷是对称分布的，故在 x 方向上的合力为零，而在 y 方向上的合力则为

$$P_2 = 2\int_0^{\frac{\pi}{2}} qr\mathrm{d}\alpha\cos\alpha = \frac{\pi r}{2}q_0 \tag{4-10}$$

式中, r 为中心套筒的内半径。

设中心套筒的中心高度为 h , 则作用在中心套筒内表面任一位置上的单位面积压力为

$$p_\alpha = \frac{2P_1}{\pi rh}\cos\alpha \tag{4-11}$$

因为作用在中心套筒上的负荷是对称的, 故简化了这个静不定系统。因此, 则可根据卡氏定理, 应用变形位能的方法来计算中心套筒和机架外壳的强度。如图 4-14 所示, 在力的作用线处剖开中心套筒时, 为了保持系统平衡, 故在其上加有作用力 X 及力矩 M , 其值取决于系统的变形位能。

作用在中心套筒上的负荷对任一断面 a 处的力矩为

$$
\begin{aligned}
M_a &= \int -p_\beta r\mathrm{d}\beta hr\sin(\beta-\alpha) \\
&= \frac{-2P_1r}{\pi}\int_\alpha^{\frac{\pi}{2}}\cos\beta\sin(\beta-\alpha)\mathrm{d}\beta \\
&= \frac{-P_1r}{\pi}\Big[\cos^3\alpha + \sin\alpha\Big(\alpha-\frac{\pi}{2}+\frac{1}{2}\sin2\alpha\Big)\Big]
\end{aligned} \tag{4-12}
$$

根据材料力学中卡氏定理——马克思威尔 - 马尔定理, 相应于力矩 M_a 的转角变化为

$$
\begin{aligned}
\mathrm{d}\varphi &= \frac{M_{(x)}\mathrm{d}x}{EJ}\cdot\frac{\partial M_{(x)}}{\partial M_1} = \frac{M_{(x)}\mathrm{d}x}{EJ}M^0 = \frac{M_a r\mathrm{d}\alpha}{EJ} \\
&= \frac{-P_1r^2}{\pi EJ}\Big[\cos^3\alpha + \sin\alpha\Big(\alpha-\frac{\pi}{2}+\frac{1}{2}\sin2\alpha\Big)\Big]\mathrm{d}\alpha
\end{aligned} \tag{4-13}
$$

当 $X = -1$ 时, 单位载荷沿其位移方向对同一断面作功为

$$
\begin{aligned}
A_{ox_1} &= \int 1\cdot(r+r\cos\alpha)\mathrm{d}\varphi \\
&= \frac{P_1r^3}{\pi EJ}\int_0^{\frac{\pi}{2}}(1+\cos\alpha)\Big[\cos^3\alpha + \sin\alpha\Big(\alpha-\frac{\pi}{2}+\frac{1}{2}\sin2\alpha\Big)\Big]\mathrm{d}\alpha \\
&= \frac{P_1r^3}{\pi EJ}\Big(2-\frac{3\pi}{8}\Big) = 0.262\frac{P_1r^3}{EJ}
\end{aligned} \tag{4-14}
$$

当 $M = -1$ 时, 单位力矩沿其方向对同一断面作功为

$$
\begin{aligned}
A_{OM_1} &= \int 1\cdot\mathrm{d}\varphi = \frac{P_1r^2}{\pi EJ}\int_0^{\frac{\pi}{2}}\Big[\cos^3\alpha + \sin\alpha\Big(\alpha-\frac{\pi}{2}+\frac{1}{2}\sin2\alpha\Big)\Big]\mathrm{d}\alpha \\
&= \frac{P_1r^2}{\pi EJ}\Big(2-\frac{\pi}{2}\Big) = 0.137\frac{P_1r^2}{EJ}
\end{aligned} \tag{4-15}
$$

机架的中心套筒在 P_1 力的作用下, 设筋板受力为 S_1 和 S_2 , 其对同一断面的力矩为

$$
\begin{aligned}
M_{a1} &= S_1 r_m\sin\Big(\frac{\pi}{4}-\alpha\Big) \\
M_{a2} &= -S_2 r_m\sin\Big(\frac{3}{4}\pi-\alpha\Big)
\end{aligned} \tag{4-16}
$$

M_{a1} 和 M_{a2} 对同一断面所引起的转角变化为

$$d\varphi_1 = \frac{M_{a1}r_m d\alpha}{EJ} = \frac{S_1 r_m^2}{EJ}\sin\left(\frac{\pi}{4} - \alpha\right)d\alpha$$

$$d\varphi_2 = \frac{M_{a2}r_m d\alpha}{EJ} = \frac{-S_2 r_m^2}{EJ}\sin\left(\frac{3\pi}{4} - \alpha\right)d\alpha$$

$$(4-17)$$

在 $X = -1$ 的方向上，单位载荷由于转角 $d\varphi_1$ 和 $d\varphi_2$ 作功为

$$A_{ox_2} = \int_0^{\frac{\pi}{4}} 1 \cdot (r_m + r_m\cos\alpha)d\varphi_1 + \int_0^{\frac{3\pi}{4}} 1 \cdot (r_m + r_m\cos\alpha)d\varphi_2$$

$$= 1.97\frac{Sr_m^3}{EJ} = 0.696\frac{P_1 r_m^3}{EJ} \qquad (4-18)$$

式中：$S = S_1 = S_2 = \frac{\sqrt{2}}{4}P_1$。

在 $M = -1$ 的方向上，单位力矩由于转角 $d\varphi_1$ 和 $d\varphi_2$ 作功为

$$A_{OM_2} = \int_0^{\frac{\pi}{4}} 1 \cdot d\varphi_1 + \int_0^{\frac{3\pi}{4}} 1 \cdot d\varphi_2$$

$$= \sqrt{2}\frac{Sr_m^2}{EJ} = 0.5\frac{P_1 r_m^3}{EJ} \qquad (4-19)$$

因此，在 $X = -1$ 的方向上，单位载荷对同一断面所作之总功为

$$A_{ox} = A_{ox_1} + A_{ox_2} = \frac{P_1 r^3}{EJ}\left(0.262 + 0.696\frac{r_m^3}{r^3}\right) \qquad (4-20)$$

在 $M = -1$ 的方向上，单位力矩对同一断面所作之总功为

$$A_{OM} = A_{OM_1} + A_{OM_2} = \frac{P_1 r^2}{EJ}\left(0.137 + 0.5\frac{r_m^2}{r^2}\right) \qquad (4-21)$$

根据马克思威尔－马尔定理和功之互等定理，单位载荷和单位力矩所引起的转角变化和所作之功为

$$d\varphi' = \frac{Md\alpha}{EJ}M^0 = \frac{r_m d\alpha}{EJ}$$

$$d\varphi'' = \frac{Mdx}{EJ}M^0 = \frac{r_m^2(1 + \cos\alpha)d\alpha}{EJ}$$

$$(4-22)$$

$$A_{MX} = \int_0^\pi 1 \cdot (r_m + r_m\cos\alpha)d\varphi' = \frac{\pi r_m^2}{EJ} = A_{XM}$$

$$A_{XX} = \int_0^\pi 1 \cdot (r_m + r_m\cos\alpha)d\varphi'' = \frac{3}{2}\frac{\pi r_m^3}{EJ}$$

$$A_{MM} = \int_0^\pi 1 \cdot d\varphi' = \frac{\pi r_m}{EJ} \qquad (4-23)$$

根据弹性力学中弹性变形势能的计算方法，可以写出下列平衡方程式：

$$XA_{XX} + MA_{XM} = A_{OX}$$

$$XA_{MX} + MA_{MM} = A_{OM}$$

$$(4-24)$$

将公式(4-20)、公式(4-21)和公式(4-23)代入公式(4-24)中，化简后得：

$$X = \frac{2P_1 r^2}{\pi r_m^2}\left[\frac{r}{r_m}\left(0.262 + 0.696\frac{r_m^3}{r^3}\right) - \left(0.137 + 0.5\frac{r_m^2}{r^2}\right)\right]$$

$$M = \frac{3P_1 r^2}{\pi r_m}\left[\left(0.137 + 0.5\frac{r_m^2}{r^2}\right) - \frac{2r}{3r_m}\left(0.262 + 0.696\frac{r_m^3}{r^3}\right)\right]$$

$$(4-25)$$

　　若作用在中心套筒上的负荷为集中载荷时，则 $M_a = 0$，$\mathrm{d}\varphi = 0$。故 $A_{OX_1} = 0$，$A_{OM_1} = 0$。按上述方法可得

$$X = 0.1248P_1$$
$$M = 0.0344P_1 r_m \tag{4-26}$$

　　图 4-15 的右半部表示中心套筒按余弦定理分布载荷时的力矩图，图的左半部表示在集中载荷下的力矩图。由图可见，集中载荷所产生的弯矩比余弦分布载荷产生的弯矩要大。因此，中心套筒的尺寸应按集中载荷来计算。作用在中心套筒上的最大弯矩为

$$M_{\max} = 0.284P_1 r_m \tag{4-27}$$

校核机架中心套筒的强度计算公式为

$$\sigma_1 = \frac{M_{\max}}{W_1} \leq [\sigma] \tag{4-28}$$

式中，W_1 表示中心套筒的断面模数，m^3。

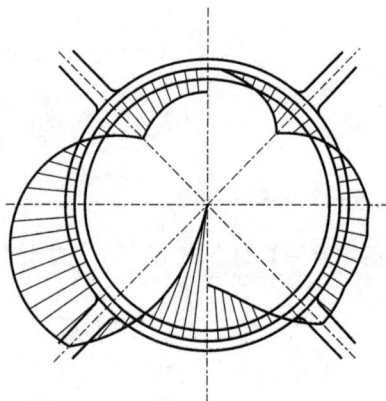

图 4-15　中心套筒的力矩分布

　　机架外壳强度的计算方法与中心套筒相同，应用上述方法可以求得

$$X = -0.2846P_1$$
$$M = 0.0346P_1 q \tag{4-29}$$

作用在机架外壳上的最大弯矩及应力（见图 4-16 及图 4-17）为

$$M_{\max} = -0.5346P_1 q \tag{4-30}$$

$$\sigma_2 = \frac{M_{\max}}{W_2} \leq [\sigma] \tag{4-31}$$

式中，W_2 表示机架外壳的断面模数，m^3。

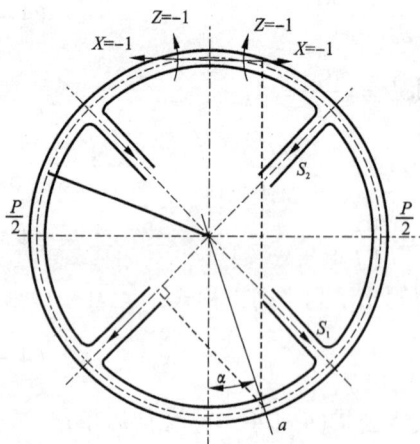

图 4-16　机架外壳的受力

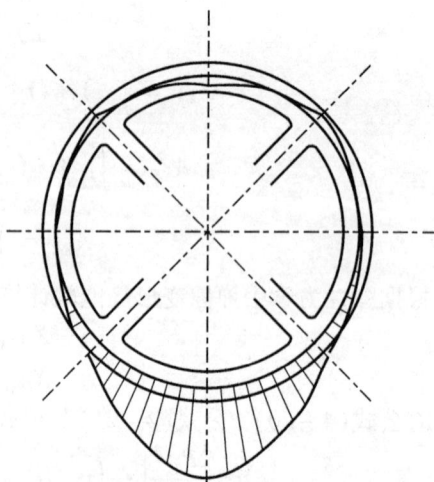

图 4-17　十字梁斜交时机壳的弯矩图

第五章　圆锥破碎机

圆锥破碎机主要用于对各种硬度的矿石进行中碎和细碎。它的工作原理与旋回破碎机相同。圆锥破碎机的破碎锥具有较高的摆动次数和较大的摆动行程，因而在破碎腔内的矿石是受大行程的快速冲击，而且在破碎腔的下部设有一定长度的平行碎矿区，能保证矿石在平行区内至少被破碎一次。因此，圆锥破碎机具有破碎比大、产量高、功耗少、产品粒度均匀和适于破碎硬矿石等优点，所以，这种破碎机获得了广泛应用。

根据破碎腔的形状，圆锥破碎机分为：标准型（中碎用）、中型（中细碎用）和短头型（细碎用）三种型式，其中以标准型和短头型应用最广。

根据调整排矿口和过负荷时的保险方式，圆锥破碎机分为弹簧保险和液压保险两种类型。

圆锥破碎机的规格尺寸用破碎锥的底部直径 $D(\text{mm})$ 表示。

第一节　圆锥破碎机的构造

图 5 – 1 是弹簧保险圆锥破碎机的构造图。破碎机的工作机构是由带锰钢衬板 16 的破碎锥和带锰钢衬板 12 的调整环 10 组成。破碎锥的锥体 17 与其衬板 16 之间要浇注一层锌合金，以保证其紧密结合。衬板 12 与调整环 10 之间也浇注了一层锌合金，同时，用 U 型螺钉通过衬板上的挂钩将其悬挂在调整环上，以保证坚固的联接。

破碎锥的锥体 17 压装在锥形轴 15 上。锥形轴的一端装入偏心轴套 31 的锥形孔内。在偏心轴套的锥形孔中装有青铜（或 MC – 6 尼龙）衬套 30。偏心轴套放在机架 7 的中心套筒 25 中，其间还装有青铜（或 MC – 6 尼龙）衬套 26。偏心轴套与衬套 26 的间隙及锥形轴与锥形衬套 30 的间隙（见图 5 – 2）对保证破碎机的正常运转极为重要，间隙过大会引起偏心轴套和锥形轴很大的偏斜，使衬套局部发热，间隙过小也会引起衬套发热，甚至会因金属扩散作用使衬套发热部分缩小而将锥形轴夹紧。表 5 – 1 为圆锥破碎机衬套的容许间隙。

表 5 – 1　圆锥破碎机衬套的间隙

间隙	规　　　格				
/mm	600	900	1200	1750	2200
a	2 ~ 2.5	2.2 ~ 2.7	2.5 ~ 3	3 ~ 3.6	4 ~ 4.6
b	2.2 ~ 2.7	2.3 ~ 2.8	2.4 ~ 3	2.9 ~ 3.6	3.8 ~ 4.6
c	6 ~ 7	7 ~ 8	8 ~ 9	9 ~ 10	10 ~ 11

电动机 1 的旋转运动通过弹性联轴节 2、传动轴 3 和圆锥齿轮副 4 与 5 传给偏心轴套，使其绕破碎机中心线转动。当偏心轴套旋转时，支承在球面瓦 20 上的破碎锥便围绕固定点 O

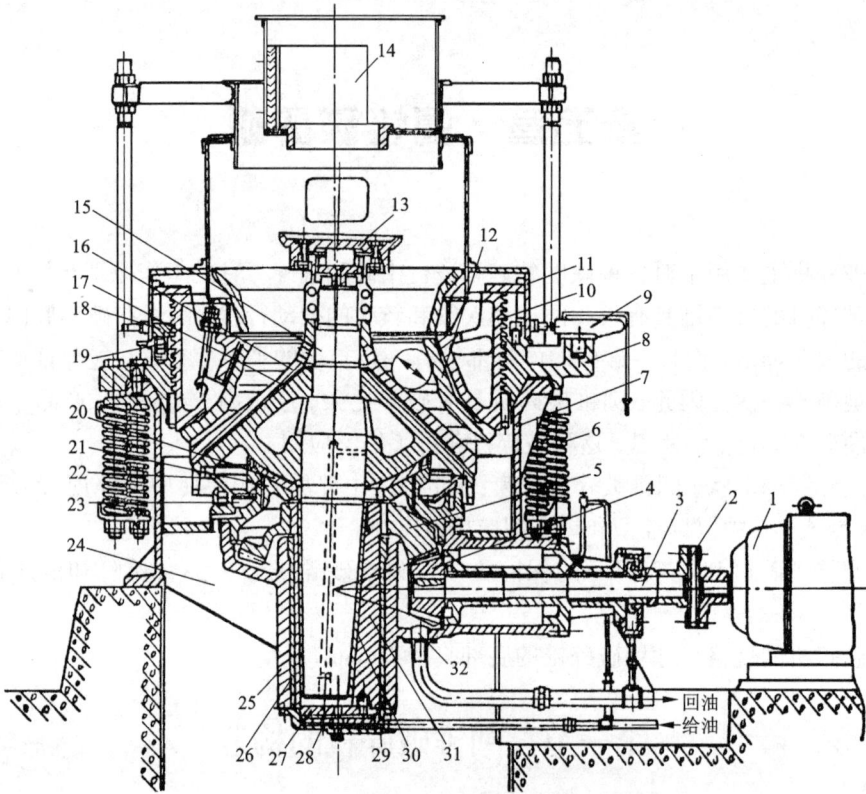

图 5 – 1　1750 型圆锥破碎机

1—电动机；2—联轴节；3—传动轴；4—小圆锥齿轮；5—大圆锥齿轮；6—弹簧；7—机架；8—支承环；
9—推动油缸；10—调整环；11—防尘罩；12—衬板；13—给矿盘；14—给矿箱；15—主轴；16—衬板；
17—破碎锥体；18—锁紧螺母；19—活塞；20—球面轴瓦；21—球面轴承座；22—球形颈圈；23—环形槽；24—筋板；
25—中心套筒；26—衬套；27—止推轴承；28—机架下盖；29—进油孔；30—锥形衬套；31—偏心轴套；32—排油孔

摆动，从而使矿石在破碎空间内不断地遭到挤压和弯曲作用而破碎。被破碎的矿石从支承在框架上的给矿箱 14 落到给矿盘 13 上，由此再均匀地落入破碎锥周围的破碎空间内。破碎后的矿石从两锥体下部的排矿缝隙经过联接机架 7 与中心套筒 25 的筋板 24 之间的空隙落到破碎机下面的皮带运输机上运走。

　　给入破碎机的矿石，应该均匀地分配到破碎腔里去。如果破碎腔内矿石分布不均匀，就会引起破碎机过负荷，并使破碎锥及调整环的衬板磨损不均，产生具有波浪形的磨损特征或一边过分磨损。这样，就会形成很宽的排料间隙，使破碎产品的粒度变粗和不均匀性，同时也会降低机器的生产能力。

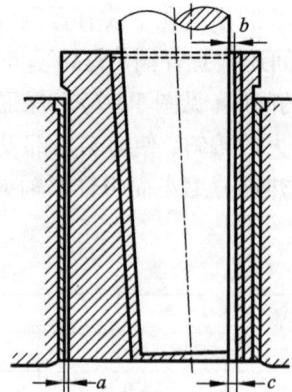

图 5 – 2　圆锥破碎机衬套的间隙

　　为了均匀地给矿，矿石从给矿漏斗出来，应该以较小的速度和几乎垂直的方向落到给矿盘 13 的中心部位上，然后，由于给矿盘随着破碎锥的摆动及旋转，将矿石均匀地分布到破碎腔内。但是,由于很难控制给矿盘上的料流中心不发生位移或在给矿盘的表面上不产生积料现象,因而安装在破碎锥顶部的给矿盘不能保证布料的均匀性。

为了保证布料的均匀性,在细碎圆锥破碎机上可以采用旋转给料器。其配置方法如图5-3所示。带溜槽和带侧边卸矿口的漏斗1是其主要机构。漏斗利用轴2支承在轴承3上,轴承3装在固定横梁4上。漏斗由电动机-减速机5传动。矿石由给矿机给入中间容器6,由此经套筒7进入漏斗1中。漏斗旋转时,沿破碎腔周围均匀布料。实践表明,使用给料器可以延长衬板的使用寿命,减少破碎的单位能耗和提高产品粒度的均匀性。

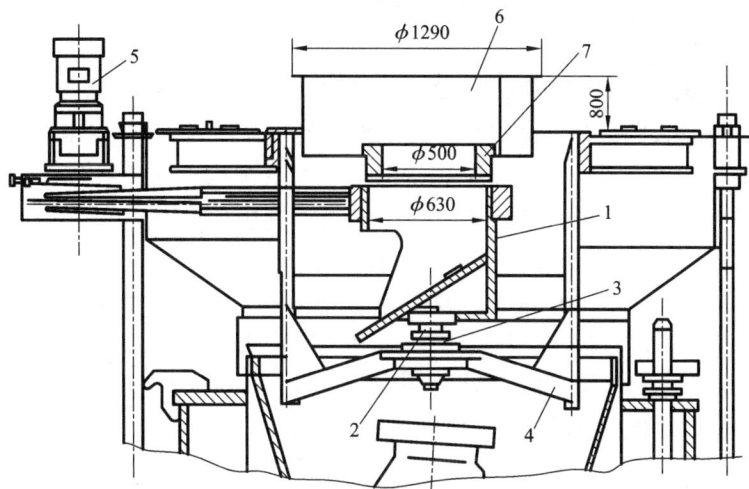

图5-3 细碎圆锥破碎机的给料器

1—漏斗;2—轴;3—轴承;4—横梁;5—电动机-减速机;6—中间容器;7—漏斗

偏心轴套31支承在由三片圆盘组成的止推轴承27上,最下面的钢圆盘固定在机架下盖28上,上面的钢圆盘与偏心轴套用销钉相联,并随之转动,而中间的青铜圆盘则作相对滑动(参见图5-1)。青铜圆盘的总厚度每年至少要检查两次,因为青铜圆盘磨损后,就要减小圆锥齿轮的啮合间隙。圆锥齿轮啮合的侧面间隙不足,就会在齿面和传动轴的轴承上产生很大的附加负荷。圆锥齿轮的啮合间隙(见图5-4)列于表5-2内。

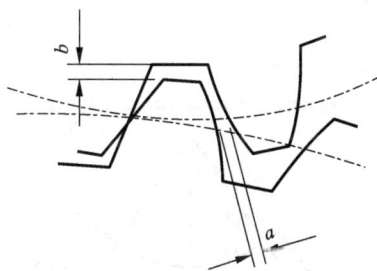

图5-4 圆锥齿轮的啮合间隙

表5-2 圆锥破碎机圆锥齿轮的啮合间隙

规 格	600	900	1200	1750	2200
侧间隙 a/mm	2.2~2.7	2.6~3.2	2.3~3.4	3~3.7	3.2~4
顶间隙 b/mm	3.5	4	5	6.2	7.5
齿轮模数	14	16	20	24	30

为了平衡破碎锥作旋回运动而产生的惯性力矩,保证偏心轴套与机架衬套25沿全长接触,并使偏心轴套的厚边紧压在机架的衬套上,所以,在大圆锥齿轮上铸有平衡重。

　　破碎锥支承在球面轴承座 21 的青铜球面轴瓦 20 上。为了满足破碎锥作旋回运动的要求，破碎锥锥体 17 的下表面要做成球形(参见图 5 - 1)。为了保证破碎机的正常工作，必须使锥体 17 的球面半径比球面轴瓦的球面半径大一些。在这种情况下，锥体将会支撑在球面轴瓦的外圆，工作一个时期后，则支撑在球面的整个表面上。

　　为防止灰尘进入机器运动部分的摩擦面，在球面轴承上有水封防尘装置。在球面轴承座 21 上有盛水或不结冻液体的环形槽 23，而在破碎锥下端固定有球形颈圈 22，其下端插入环形槽的水中，球形颈圈把灰尘挡住，使其落入水槽中，这样就能防止灰尘进入机器内部。水或其他液体不断地循环流动，清水从专用水箱用泵经由进水管送入槽中，带有灰尘的回水则从排水管中排出。

　　支承环 8 和调整环 10 组成了调节排矿口缝隙的调整装置。支承环安装在机架 7 的上部，用装置在破碎机周围的弹簧 6 与机架贴紧。支承环的上面有锁紧螺母 18。支承环上部装有锁紧油缸及活塞 19(1200 圆锥破碎机装 10 个油缸，1750 圆锥破碎机装 12 个油缸，2200 圆锥破碎机装 16 个油缸)。防尘罩 11 装于支承环上，外部周边焊有矩形齿块(参见图 5 - 1)。两对拔爪 1 及一对推动油缸 14 均分别安装在支承环上(见图 5 - 5)。排矿口液压调整装置的液压系统见图 5 - 6。工作时，高压油通入锁紧油缸使活塞上升，将锁紧螺母和调整环稍微顶起，使锯齿形螺纹斜面紧密贴合。调整排矿口时需使锁紧油缸卸载，锯齿形螺纹放松，然后操纵液压系统，推动油缸动作，推动防尘罩带动调整环向右或向左旋转，使固定锥上升或下降，以达到调节排矿口缝隙的目的。调整环的锯齿形螺纹采用毡圈或橡皮圈密封。

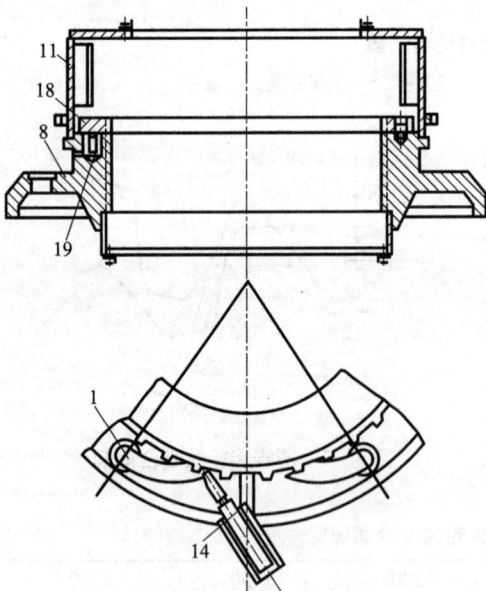

图 5 - 5　调整装置的结构图

1, 14—注释见图 5 - 6;

8, 11, 18, 19—注释见图 5 - 1

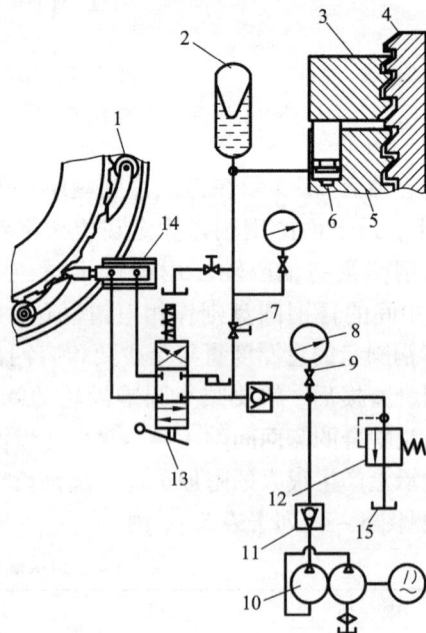

图 5 - 6　排矿口液压调整装置的液压系统

1—拔爪；2—蓄能器；3—锁紧螺母；4—调整环；

5—支承环；6—锁紧油缸；7—截止阀；8—压力表；

9—压力表开关；10—双级叶片泵；11—单向阀；12—高压溢流阀；

13—手动换向阀；14—推动油缸；15—油箱

安置在机架周围的弹簧是破碎机的保险装置。当破碎机中掉入非破碎物(锤子、钎头等)时,支承在弹簧上的支承环、调整环力求向上抬起而压缩弹簧,从而增大了排矿缝隙使非破碎物经排矿口排出,避免机件的破坏。弹簧的张紧程度对机器的正常工作具有很大的意义。在拧紧弹簧时应考虑到使其留有一定的压缩余量。破碎机每组弹簧压缩后的工作高度见表5-3。

表5-3 弹簧的工作高度

规格	600	900	1200	1750	2200
弹簧工作高度/mm	297	372	448	659~645	666
弹簧总压力/kN	400	700	1500	2500~3000	4000

圆锥破碎机是采用稀油循环润滑系统来润滑机器的圆锥齿轮副、偏心轴套的内外衬套、球面轴瓦及传动轴轴承等摩擦部件。油从机架下盖侧壁上的进油孔进入偏心轴套下面的止推圆盘中,油经过圆盘的中心孔沿其端面上的油沟流入,从而润滑止推圆盘的工作表面;同时,油从圆盘中心孔沿偏心轴套与其内外衬套的间隙上升以润滑各摩擦表面;其次,还有一股油沿主轴上的中心孔上升而润滑球面轴承。从偏心轴套和球面轴承内溢出的润滑油,润滑圆锥齿轮副,最后,油从排油孔排出而流回油箱中。传动轴轴承是采用单独的循环油路进行润滑的。

锯齿形调整螺纹的润滑是通过支承环侧壁上的注油孔定期向螺纹中压入黄油。

弹簧圆锥破碎机的型式及基本参数列于表5-4中。

表5-4 弹簧圆锥破碎机的型式及基本参数

型　式	基 本 参 数							
	破碎锥大端直径/mm	给矿口宽度/mm	排矿口调整范围/mm	产量/(t·h⁻¹)	偏心套转数/(r·s⁻¹)	主电机功率/kW	弹簧总压力/t	机重/t
PYB600 标准圆锥破碎机	φ600	75	12~25	40	356	28	40	5.5
PYD600 短头圆锥破碎机	φ600	40	3~15	23	356	28	40	5.5
PYB900 标准圆锥破碎机	φ900	135	15~50	50~90	333	55	70	9.64
PYZ900 中型圆锥破碎机	φ900	70	5~20	20~65	333	55	70	9.64
PYD900 短头圆锥破碎机	φ900	50	3~13	15~50	333	55	70	9.74
PYB1200 标准圆锥破碎机	φ1200	170	20~50	110~168	300	110	150	24.7
PYZ1200 中型圆锥破碎机	φ1200	115	8~25	42~135	300	110	150	25
PYD1200 短头圆锥破碎机	φ1200	60	3~15	18~105	300	110	150	25.3
PYB1750 标准圆锥破碎机	φ1750	250	25~60	280~480	245	155	300	50.3
PYZ1750 中型圆锥破碎机	φ1750	215	10~30	115~320	245	155	300	50.3
PYD1750 短头圆锥破碎机	φ1750	100	5~15	75~230	245	155	300	50.3
PYB2200 标准圆锥破碎机	φ2200	350	30~60	590~1000	220	280/260	400	80
PYZ2200 中型圆锥破碎机	φ2200	275	10~30	200~580	220	280/260	400	81.4
PYD2200 短头圆锥破碎机	φ2200	130	5~15	120~340	220	280/260	400	81

注：1. 推荐最大给矿粒度为给矿口尺寸的0.85倍;

2. 产量为中等硬度、容重为1.6 t/m³ 矿石的近似产量。

上述圆锥破碎机的排矿口调节装置虽然改用液压操纵，但结构仍为螺纹调节装置，由于难免灰尘进入螺纹内，所以排矿口的调节仍感困难；其次取出卡在破碎腔中而不能破碎的物体也很不方便。为了克服这种破碎机的缺点，现已生产液压保险的多缸液压圆锥破碎机及液压调整和保险的底部单缸液压圆锥破碎机。

液压保险的多缸液压圆锥破碎机仅起液压保险的作用。排矿口的调节装置仍与弹簧保险圆锥破碎机相同，也是用液压操纵。多缸液压圆锥破碎机的结构除了将布置在机架周围的弹簧换成液压缸以外，其他部件基本上与弹簧保险圆锥破碎机相似。这种破碎机的构造较复杂，制造成本高，维修困难。

底部单缸液压圆锥破碎机的工作原理与弹簧圆锥破碎机相同。它的构造如图 5-7 所示。这种破碎机排矿口宽度的调节是通过支承破碎锥主轴的油缸中油量的增加或减少使破碎锥上升或下降，从而达到排矿口的减小或增大。

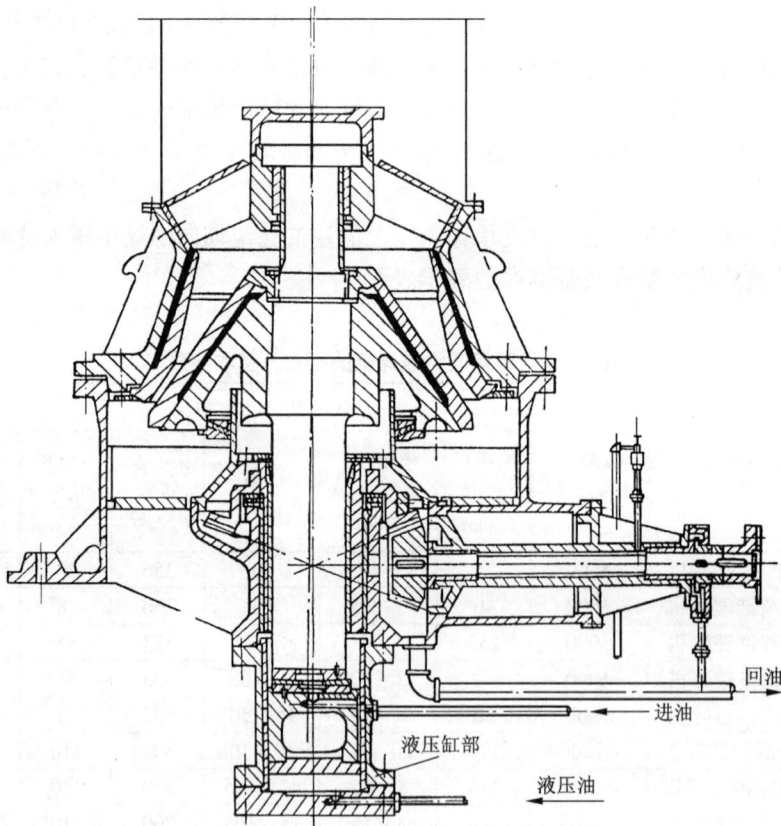

图 5-7 底部单缸液压圆锥破碎机

机器的过载保护作用是通过液压系统中装有惰性气体(氮气等)的蓄能器 10 来实现的。其工作原理见图 5-8。蓄能器内的气体压力比油缸内的油压稍高一点，因此，在正常工作情况下，油不能进入蓄能器里去。但当破碎机中进入非破碎物时，破碎锥即向下压活塞，于是油路中的油压大于蓄能器内的气体压力，油进入蓄能器内，因此破碎锥下降，排矿口宽度增

大，排出非破碎物，从而实现机器的保险。非
破碎物排出后，气体压力又高于油压，则进入
蓄能器内的油又被压回油缸，使破碎锥恢复正
常工作位置。

　　破碎机的液压系统如图 5-9 所示。液压
系统工作前，油箱内应注有一定数量的液压
油。蓄能器内充入 5 MPa 压力的惰性气体。

　　当首次或系统放油后重新往液压系统压
油时，应先将放气阀 11 打开，手动换向阀 5 位
于给油位置，然后再启动油泵 2 向系统压油，

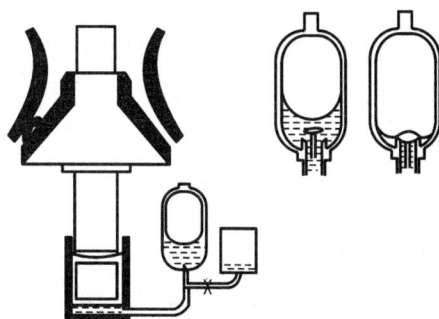

图 5-8　液压保险的工作原理图

这是为了排出系统中的空气。因为系统中存有残余空气，则机器工作时将导致破碎锥的上下
振动。当放气阀冒出油时即关闭放气阀，并继续向系统压油，破碎锥在一定压力（小于 1
MPa）下徐徐升起，而油箱 1 的油位则缓慢下降。当破碎锥上升到与固定锥接触时，应立即停
止给油，使手动换向阀位于中间位置。这时油箱内的油位可作为排矿口标尺的零位。然后使
手动换向阀位于回油位置，系统中的油在破碎锥的重力作用下返回油箱，油箱内的油位上
升，破碎锥则下降。当破碎锥下降到最低位置时，油箱内的油位数值则作为上限。油箱内的
油位变化量即为排矿口相应的变化量。根据产品粒度的要求调好排矿口后，关闭截止阀 6，
油就封闭在截止阀与油缸 13 之间。机器在运转时亦可调整排矿口，但要停止给矿。

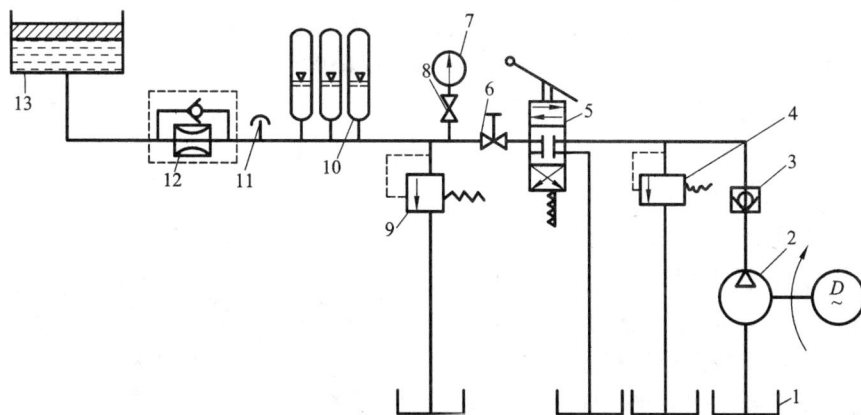

图 5-9　底部单缸液压圆锥破碎机的液压系统

1—油箱；2—油泵；3—单向阀；4—高压溢流阀；5—手动换向阀；6—截止阀；
7—压力表；8—压力表开关；9—安全阀；10—蓄能器；11—放气阀；12—单向节流阀；13—机器油缸

　　液压系统中的高压溢流阀 4 是为了控制油泵工作时系统的压力，而安全阀 9 是当机器内
进入过大的非破碎物而不能排出时，系统压力过高，机器超载过大时，则放油降压，保护主
机不致损坏。

　　底部单缸液压圆锥破碎机的优点是结构简单，制造容易，使用方便，其缺点是维护困难。

　　液压圆锥破碎机是圆锥破碎机的发展方向。目前，国外已生产 φ3048 mm 液压调整与保
险的圆锥破碎机。同时还生产了无齿轮传动的圆锥破碎机。

为了强化破碎,提高破碎效率,我国还使用了一种强力的弹簧保险圆锥破碎机。破碎锥底部直径为2133.6 mm 时,弹簧总压力为600 t。与普通型2200弹簧保险圆锥破碎机相比,弹簧总压力增加50%。强力破碎机的结构与普通型完全相同。为了取出卡在破碎腔中不能破碎的物体,在支承环与机架凸缘间装置有起重油缸,使固定锥(支承环、调节环和衬板)升起,增大排料口的宽度,使非破碎物经排料口排出。

减少磨矿作业的能耗,必须尽可能地减小破碎产品的粒度,从而降低磨矿的给料粒度。为此,目前已开始采用一种超细碎圆锥破碎机——旋盘式破碎机(Gyradise Grusher),破碎后的产品粒度可在7

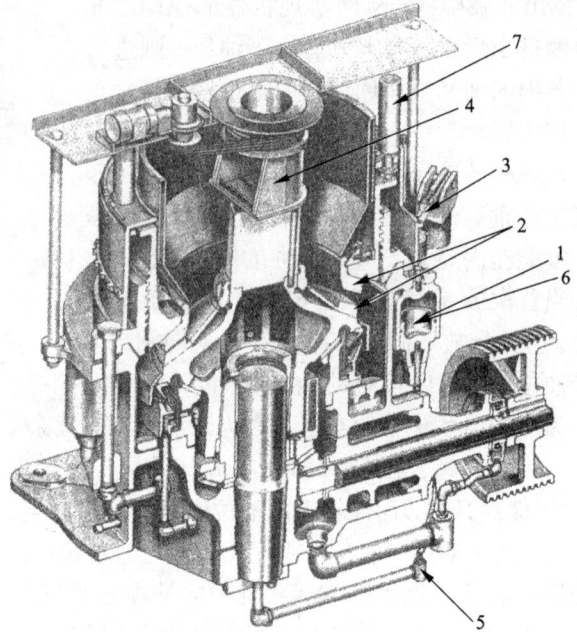

图 5 – 10 旋盘式破碎机

1、6—气动保险装置;2—破碎板;3—液力调整装置;
4—旋转给料装置;5—压力油润滑系统;7—液压控制锁紧装置

mm 以下。它的结构如图 5 – 10所示。这种破碎机是在弹簧圆锥破碎机的基础上发展的,所以两者结构相似。它们主要的不同点是给料装置和破碎腔的形状。

给料装置是旋转给料器,它装在破碎机的给料口上,其结构见图 5 – 3。给料分配器使矿石粗、细颗粒混合,连续而均匀地沿破碎腔周围给料,防止偏析。

旋盘式破碎机的破碎腔(见图 5 – 11)是上部容积大,中间是阶梯状,平行区短的结构形式。平行区的长度不仅很短,而且斜角小于物料位于压缩状态时的安息角,因而在破碎腔的上部——破碎区能充满很厚的物料层。工作时,由于破碎锥的冲击作用造成破碎区内物料内部的急剧运动,产生颗粒与颗粒间的相互挤压破碎。同时,由于颗粒之间发生相互位移,因而也有磨碎作用。因为破碎锥下部的斜角小,物料在破碎腔的平行区内不会自行下滑,而是靠破碎锥的运动使物料以较小的速度通过平行区而排出。当破碎锥返回时,在破碎区内经过预先破碎的物料自行泻落下来,分散到平行区,从而在下一次冲击前获得一组新的物料颗粒。这种工作状态不断地反复循环。

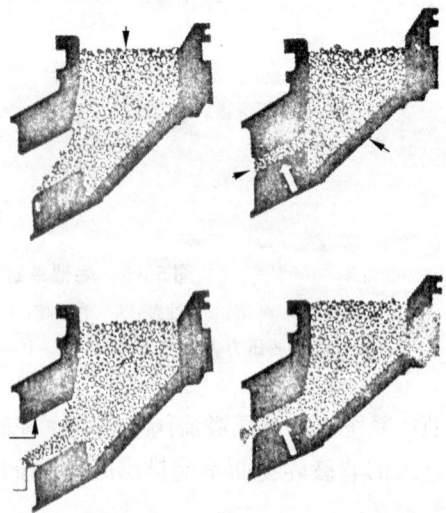

图 5 – 11 破碎腔的形状及物料的破碎过程

实践证明，这种破碎方法——物料群层压的破碎方法，可以提高细碎的生产能力，改善产品粒度的形状和产品细度，降低动力消耗，提高衬板的使用寿命。但是，这种破碎方法必须具备以下条件才能获得最佳的破碎效果。

(1)为了保证破碎区内物料的粉碎效果，破碎腔必须具有足够大的空腔体积；

(2)为了保证物料的搅动，必须有充足的给料量，但应防止过载；

(3)为了保证一定的压头，破碎腔内必须充满物料；

(4)为了连续而均匀地给料，必须具有自动控制和给料装置；

(5)给料中必须具有一定的粗粒含量，这是为了实现类似于磨矿中球或棒的磨碎作用；

(6)确定适当的偏心距和转速。

第二节　圆锥破碎机的结构参数和工作参数的选择与计算

一、结构参数的选择与计算

1.给矿口宽度与排矿口宽度

给矿口宽度 $B = (1.2 \sim 1.25)d$。给矿粒度 d 是根据选矿流程决定的。排矿口宽度应该有一个调整范围，以供破碎各种硬度的矿石的需要。对于不同硬度的矿石，其排矿的过大颗粒系数 $Z = b_{max}/e$ 不同。式中 b_{max} 是排矿口开边的宽度，e 是闭边宽度。Z 值说明了破碎产品粒度的组成特性。对于中碎用的圆锥破碎机来说，破碎硬矿石时，$Z = 2.4$；中硬矿石 $Z = 1.9$；软矿石 $Z = 1.6$。对于细碎用的圆锥破碎机，$Z = 4.0 \sim 5.5$。确定中碎用圆锥破碎机的排矿口宽度时，必须考虑产品中过大颗粒对细碎破碎机给矿粒度的影响，因为中碎用破碎机一般不设检查筛分。细碎用圆锥破碎机通常都有检查筛分，它的排矿口宽度一般就应等于所要求的产品粒度，可不考虑产品的过大颗粒问题。

2.啮角 α

圆锥破碎机的啮角(见图 5-12)仍需满足下列要求：

$$\alpha = \alpha_2 - (\alpha_1 - \beta) \leqslant 2\varphi \tag{5-1}$$

式中：α_1、α_2——破碎锥与固定锥的锥面倾斜角，(°)；

　　　β——破碎锥轴线与机器中心线的夹角，通常 $\beta = 2°$；

　　　φ——矿石与衬板之间的摩擦角，(°)。

设计时，通常取 $\alpha = 21° \sim 23°$。中碎用圆锥破碎机取 $\alpha_1 = 40° \sim 45°$；细碎用圆锥破碎机取 $\alpha_1 = 50° \sim 55°$。

3.平行碎矿区长度 l

为了保证破碎机的产品达到一定的细度和均匀度，圆锥破碎机的破碎腔下部必须设有平行碎矿区(见图 5-12)。在平行碎矿区内物料至少要受一次检查性破碎。对于标准型圆锥破碎机，平行碎矿区的长度可按下式确定：

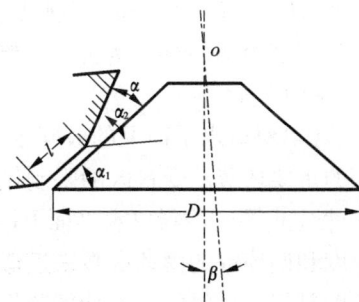

图 5-12　圆锥破碎机的啮角及平行带

$$l = (0.08 \sim 0.085)D \tag{5-2}$$

短头型圆锥破碎机的平行碎矿区长度为标准型的 1.75 ~ 2 倍，或 $l_{\min} \geqslant 3d_{\max}$。

4. 破碎锥的摆动行程

破碎锥的摆动行程 S（排矿口平面内的破碎锥轴线的摆动行程）由图 5 - 13 所示的几何关系计算得：

$$S = 2r = 2H\tan\beta \qquad (5-3)$$

式中：r——破碎锥轴线在排矿口平面内的偏心距，mm；

　　　　H——破碎锥下边缘到球面中心 O 点的高度，mm，$H = \dfrac{D}{2}\tan\alpha_1$。

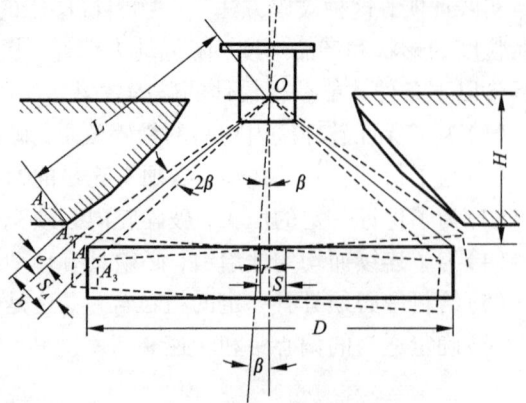

图 5 - 13　破碎锥的摆动行程

破碎锥下部 A 点的行程为

$$S_A \approx 2L\tan\beta \qquad (5-4)$$

圆锥破碎机的摆动行程 S 和 S_A 值及进动角 β 见表 5 - 5。

液压圆锥破碎机偏心套的行程 r_1，在设计时一般是根据破碎锥的底部直径 D(mm)按经验数据选取，即

$$2r_1 = \frac{D}{35 \sim 45} \qquad (5-5)$$

表 5 - 5　破碎锥的摆动行距 S、S_A 及进动角 β

规格	600	900	1200	1750	2200
S/mm	20	24	31	43	60
S_A/mm	29	39	51	75	95
β	2.43°	2.28°	2.17°	2°	2°

5. 破碎腔的设计

破碎腔的形状和尺寸是决定破碎机的生产能力、动力消耗、衬板磨损、产品细度及形状的重要因素。设计破碎腔时，为了保证机器负荷均匀、运转平稳、衬板磨损均匀和产品的细度，必须使物料能均匀地分布在破碎腔内，破碎后的物料应能通畅地从破碎腔内排出，同时应控制产品粒度的均匀性。为此，圆锥破碎机的破碎腔从上至下顺序分为三个区域：受料区、破碎区和平行区。

受料区（给料口水平面上的破碎锥与固定锥之间的环状间隙称为受料区）是限制给矿和防止堵塞的重要环节。受料区的限制作用是由给料口的最大宽度 B（开口边）和最小宽度 B_1（闭口边）来实现的。给料口水平面上的固定锥和破碎锥的直径可以根据给定的生产能力、最大给料粒度和破碎锥的摆动次数来近似地确定。破碎区的长度是按要求的破碎比来选定。平行区的长度是根据物料的运动特征和物料在平行区内至少要承受两次冲击来选取的。

圆锥破碎机的堵塞点平面，应尽可能放在给料口平面，最好就是最大的给料口平面。如图 5 - 14 所示。破碎腔的体积级差为 10% ~ 15%。破碎腔的设计及计算最好采用表格形式。

首先可把破碎锥设计成最简单的形状,固定锥衬板形状的设计,应考虑到啮角、破碎腔体积级差及平行区等。

二、工作参数的选择与计算

1. 破碎锥的摆动次数 n

圆锥破碎机破碎锥的倾角 α_1 较小,在破碎锥下部还有不同长度的平行碎矿区,故破碎了的矿石几乎没有可能自由下落,多半靠矿石自重沿破碎锥斜面排出。因此,圆锥破碎机破碎锥的摆动次数是根据它的排矿特点来进行计算的。

图 5-15 表示已破碎的矿石从平行碎矿区的始点滑到末点时所受的力:矿石的重力分力 $g\sin\alpha_1$、摩擦力 $fg\cos\alpha_1$ 和惯性力。惯性力有牵连惯性力、相对惯性力和哥氏惯性力。他们作用在物料上的合力可以近似地视为零。因此,可以不考虑。

矿石沿破碎锥平行区下滑时产生的加速度按下式确定:

$$a = g(\sin\alpha_1 - f\cos\alpha_1)$$

式中:g——重力加速度,$g = 981$ cm/s^2;

f——矿石与破碎锥表面的摩擦系数,一般取 $f = 0.25 \sim 0.35$。

假定矿石以等加速度在破碎锥摆动一次的时间 t 秒内滑过平行区长度 l_1 cm,故

$$l_1 = \frac{1}{2}g(\sin\alpha_1 - f\cos\alpha_1)\left(\frac{60}{n}\right)^2$$

化简后可得

$$n = 1330\sqrt{\frac{\sin\alpha_1 - f\cos\alpha_1}{e_1}} \qquad (5-5)$$

公式(5-5)系指标准型圆锥破碎机而言。对于短头型圆锥破碎机,为了保证细碎产品达到一定的细度和均匀度,破碎锥的摆动次数应按矿石在平行区长度 l_2 中要遭受两次破碎来选取。即

$$n = 2660\sqrt{\frac{\sin\alpha_1 - f\cos\alpha_1}{l_2}} \qquad (5-6)$$

实际上,制造厂为了制造方便和通用化,而把同一规格的中、细碎圆锥破碎机取相同的破碎锥摆动次数。这样就导致短头型圆锥破碎机的产品中,过大颗粒的含量增多,从而增加了破碎机与筛分机闭路流程的循环负荷,降低了联合机组的生产率。

圆锥破碎机的摆动次数也可以用下列经验公式计算:

$$n = \frac{320}{\sqrt{D}} \qquad (5-7)$$

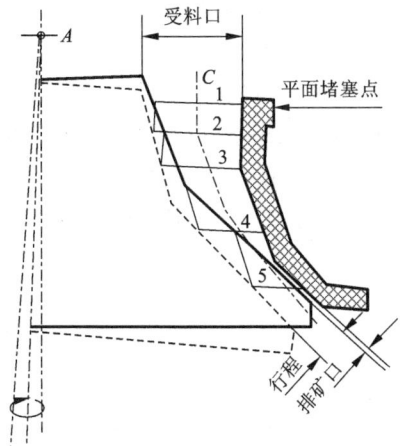

图 5-14　非堵塞形破碎腔

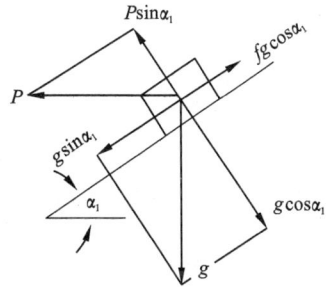

图 5-15　矿石在破碎锥上的受力分析

式中：D——破碎锥底部直径，m。

2. 生产率 Q

圆锥破碎机的生产率与矿石性质（可碎性、比重、节理、粒度组成等）、机器的类型、规格及机器的操作条件（破碎比、负荷系数、给矿均匀程度）等因素有关；同时还与破碎机在选矿工艺流程中的配置情况有关。目前，一般多采用经验公式进行概略计算。

在开路破碎时，圆锥破碎机的生产率（t/h）按下式计算：

$$Q = q_0 e \frac{\delta}{1.6} \tag{5-8}$$

式中　q_0——单位排矿口宽度的生产能力，$t/(h \cdot mm)$，见表 5-6；

　　　　e——排矿口宽度，mm；

　　　　δ——矿石的松散密度，t/m^3。

在闭路破碎时，圆锥破碎机的生产能力按闭路通过矿量 Q' 来计算：

$$Q' = KQ \tag{5-9}$$

式中：Q——开路时破碎机的生产能力，t/h；

　　　　K——闭路时平均给矿粒度变细的系数。中型式短头型圆锥破碎机在闭路时，一般按 1.15～1.4 选取（矿石硬时取小值，矿石软时取大值）。

表 5-6　开路破碎时，圆锥破碎机的 q_0 值　　　　单位：$t/(h \cdot mm)$

规格	弹簧圆锥破碎机 q_0		液压圆锥破碎机 q_0		
	标准型和中型	短头型	标准型	中型	短头型
600	1.0				
900	2.5	4.0			
1200	4.0～4.5	6.5	4.6	5.4	6.75
1650			8.15	9.6	12
1750	8.0～9.0	14.0			
2200	14.0～15.0	24	17	20	25

注：当排矿口小时取大值，排矿口大时取小值。

圆锥破碎机的生产率可以根据公式（3-29）计算。但式中 $\rho = 0.7～0.8$，取 $\rho = 0.75$；工作容积 $V_P(m^3)$ 按下式计算：

$$V_P = \frac{\pi S_{pj} H(D_0 + D + 2S_{pj})}{2\sin\beta}$$

由此得圆锥破碎机生产率 $Q(t/h)$ 的计算公式为

$$Q = \frac{70 S_{pj} e H n \delta (D_0 + D + 2S_{pj})}{B\sin\alpha_1} \tag{5-10}$$

式中，$S_{pj} = (S_B + S_H)/2$，其余各变量符号见图 5-16 所示。

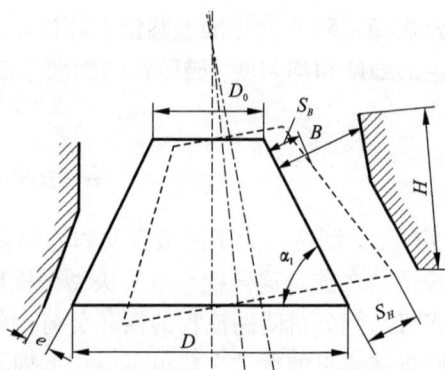

图 5-16　圆锥破碎机生产率的计算

3. 电动机功率 $N(\mathrm{kW})$

圆锥破碎机的电动机功率可按经验公式计算：

$$N = 65D^{1.9} \tag{5-11}$$

式中，破碎锥的底部直径 D 用米表示。

第三节　圆锥破碎机的运动学和动力学

一、圆锥破碎机的运动学

旋回破碎机或圆锥破碎机都具有在空间摆动的破碎锥。破碎锥的轴线与机器中心线相交于 o 点，其夹角为 β。破碎机运转时，破碎锥轴线对机器中心线作圆锥面运动，其锥顶为悬挂点 o（旋回破碎机）或球面轴承中心 o（圆锥破碎机）。o 点在破碎锥的运动过程中始终保持静止。因此，破碎锥的运动可视为刚体绕定点的转动。

由于破碎锥支承装置的结构特点，破碎锥不仅随偏心轴套的偏心孔绕机器的中心线作旋转运动，而且还绕自己的轴线旋转。因此，破碎锥的运动是由两种旋转运动组成：进动运动或牵连运动——破碎锥绕机器中心线作旋转运动；自转运动或相对运动——破碎锥绕自己的轴线作旋转运动。破碎锥的这种复杂运动称为规则进动。这种运动可以归结为破碎锥绕瞬时轴线的旋转运动。因为破碎锥绕瞬时轴线旋转的角速度向量 $\overline{\omega}_0$ 是进动角速度向量 $\overline{\omega}$ 和自转角速度 $\overline{\omega}_1$ 的几何和，即按平行四边形法则

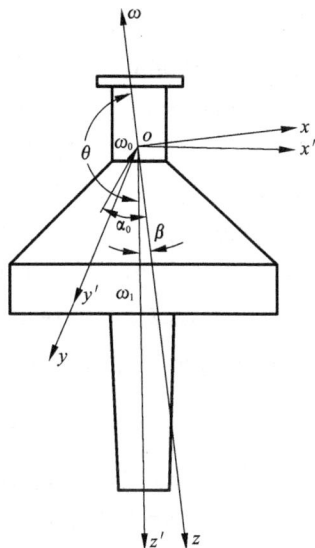

图 5-17　破碎锥的角速度向量图

相加。角速度向量的所在线与物体的转动轴相重合，角速度向量的方向由右螺旋规则决定。图 5-17 为破碎锥的各个角速度向量图。

破碎锥的进动角速度向量 $\overline{\omega}$、自动角速度向量 $\overline{\omega}_1$ 和绝对角速度向量 $\overline{\omega}_0$ 在坐标轴 ox 和 oy 上的投影为

$$\omega_0 \sin\alpha_0 = \omega_1 \sin\beta$$

$$\omega_0 \cos\alpha_0 = -\omega + \omega_1 \cos\beta$$

解上列联立方程组得

$$\omega_0 = \omega \frac{\sin\beta}{\sin(\alpha_0 - \beta)} \tag{5-12}$$

式中，α_0 为瞬时轴线与机器中心线之间的夹角，（°）。

当 ω 和 β 为定值时，则 $\omega_0 = f(\alpha_0)$ 的函数关系见图 5-18。

从公式（5-12）或图 5-18 可看出，当 $\alpha_0 - \beta = 90°$时，ω_0 有最小值：

$$\omega_{0\min} = \omega \sin\beta \tag{5-13}$$

当 $\alpha_0 = 0$ 时，则 ω_0 有最大值：

$$\omega_{0\max} = -\omega \tag{5-14}$$

　　破碎机在空载运转和有载运转时，破碎锥的瞬时轴线位置是不同的。

　　破碎机在空载运转时，由于安装或制造的质量，或球面轴承和偏心轴套内孔的润滑等情况的变化，可能出现两种极限情况：

　　（1）当 $\omega_1 = 0$ 时，则 $\omega_0 = \omega$，即破碎锥的瞬时轴线与破碎机中心线重合，也就是瞬时轴线的最终位置。这种情况表明破碎锥与偏心轴套一起转动。产生的原因则是由于安装或制造误差，造成破碎锥主轴与偏心轴套内孔局部接触，或因润滑不好、轴与偏心轴套内孔之间的间隙过小而使主轴被偏心轴套抱住。这种情况是绝对不允许的，应该停止机器运转，立即检查。

　　（2）当 $\omega_1 = \omega$ 时，说明安装质量和制造质量以及润滑都很好。根据平行四边形

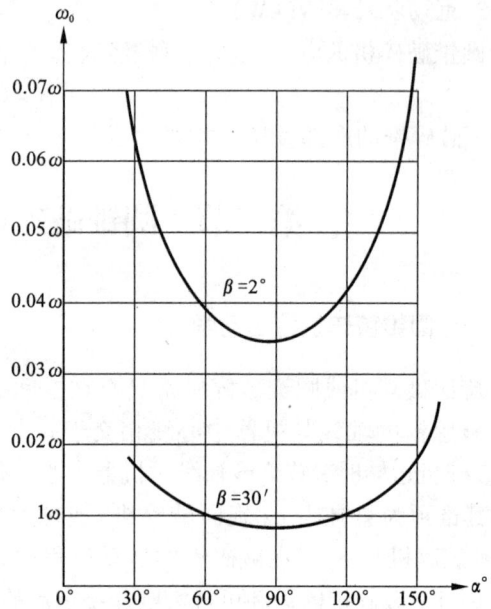

图 5 – 18　ω_0 与角 α_0 的关系曲线

法可以求得 ω_0 的方向和大小。从图 5 – 19 可以看出，由于 $\overline{o\omega} = \overline{\omega\,\omega_0}$，$\angle o\omega\omega_0 = \beta$，故 $\Delta o\omega\omega_0$ 为等腰三解形，$\angle \omega\omega_0 o = \angle \omega o\omega_0 = \dfrac{180 - \beta}{2}$，因此，$\alpha_0 = 90° + \dfrac{\beta}{2}$。对于旋回破碎机（$\beta = 30'$），$\alpha_0 = 90°15'$；对于圆锥破碎机（$\beta = 2°$），$\alpha_0 = 91°$。

　　ω_0 的大小可由下式确定：

$$\omega_0 = 2\omega\cos\left(90 - \frac{\beta}{2}\right) \tag{5 – 15}$$

　　根据以上的分析，破碎机空载运转时，破碎锥的绝对角速度 ω_0 的转动方向始终与偏心轴套的回转方向相同。根据实践，破碎机正常运转时，破碎锥的绝对转数为 10 ~ 15 r/min，即 $\alpha_0 \approx 120° \sim 150°$。

　　破碎机有载运转时，矿石对破碎锥表面的摩擦力大大地超过了作用在破碎锥的上部支承点和偏心轴套内孔对破碎锥的摩擦力。因此，破碎锥就以通过球面中心和破碎锥与矿石的接触点的连线为瞬时轴线（由于接触点是变化的，可以近似地取破碎锥的母线为瞬时轴线），沿位于破碎腔内的矿石层作无滑动的滚动。滚动的角速度 ω'_0 可由破碎锥轴线上的 B 点绕以破碎锥母线为瞬时轴线转动时的速度来确定。

　　oz' 轴上的 B 点（见图 5 – 20）以角速度 ω'_0 绕瞬时轴线转动，故 B 点的速度为

$$v_B = -c\omega'_0$$

式中，c 为 B 点至瞬时轴线（破碎锥母线）的垂距。

　　oz' 轴上的 B 点又以角速度 ω 绕 oz 轴转动，故 B 点的速度亦为

$$v_B = r_o\omega$$

式中 r_0 为 B 点至 oz 轴的垂距。

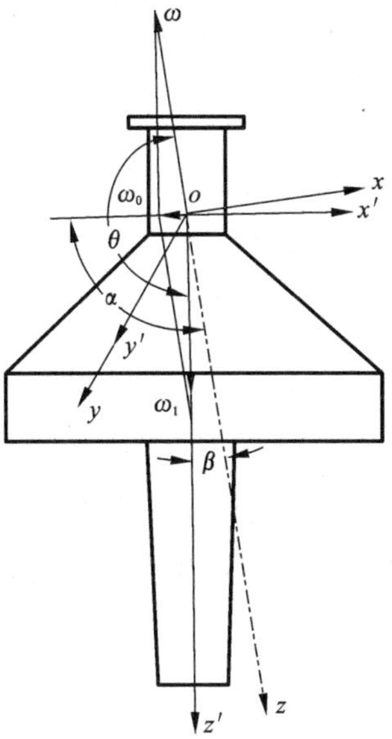

图 5-19　空载时破碎锥的角速度向量图 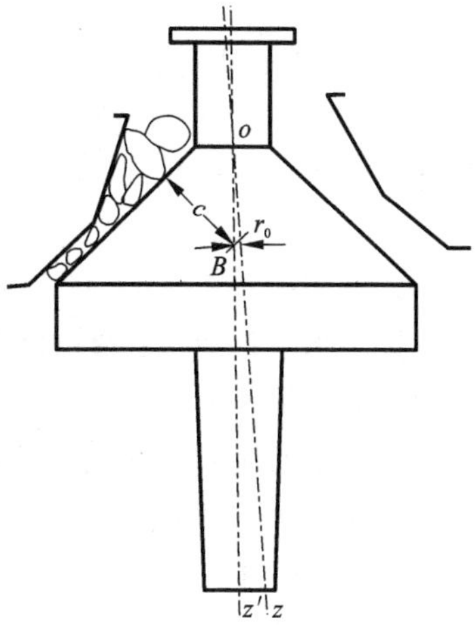　　　　图 5-20　有载时破碎锥的速度计算图

由此，则知

$$\omega'_0 = -\frac{r_0}{c}\omega \qquad\qquad (5-16)$$

式中，负号表示 ω'_0 的转动方向与 ω 的转动方向相反。根据破碎机的结构尺寸，通常取 $\frac{r_0}{c} =$ $0.04 \sim 0.05$。

破碎机有载运转时，对于旋回破碎机，$\alpha_{0min} = 15° \sim 30°$；对于圆锥破碎机，$\alpha_{0min} = 40° \sim 50°$。破碎锥的绝对角速度 ω'_0 的转动方向与偏心轴套的转动方向相反。

二、圆锥破碎机的动力学

圆锥破碎机的破碎锥和偏心轴套的质心都不在其回转中心线上，故在运转过程中，必然要产生惯性力和对固定点 o 的惯性力矩。它们作用于机架上时，则为一种周期性的动载荷，因而引起机架的振动和偏心轴套的偏斜，严重影响机器的正常运转。因此，必须研究产生的惯性力和惯性力矩的大小和方向，以便采取措施消除其有害影响。

1. 破碎锥的惯性力和惯性力矩

根据圆锥破碎机的运动学分析，破碎锥是作规则进动。为使破碎锥作规则进动，必须在其上加一具有一定大小和方向的对固定点 o 的外力力矩。反过来说，在迫使破碎锥作这种运动时，在破碎锥上将作用有与外力力矩大小相等方向相反的惯性力矩。

作用在破碎锥上的惯性力矩可用下式确定[2]：

$$M'_y = -J_1\omega\omega_1\sin\beta\left(1 - \frac{J_1 - J_2}{J_1} \cdot \frac{\omega}{\omega_1}\cos\beta\right) \qquad (5-17)$$

式中：J_1——破碎锥对 oz' 轴的转动惯量，kg·m；

J_2——破碎锥对 ox' 轴的转动惯量，kg·m。

破碎锥绕破碎机中心线以等角速度 ω 回转时，根据质心运动定理，破碎锥的惯性力 C 为

$$C = mr\omega^2 \tag{5-18}$$

式中：m——破碎锥的质量，kg；

r——破碎锥的质心到破碎机中心线的距离，m。

破碎锥的惯性力作用线到固定点 o 的距离 h 为

$$h = \frac{M_{y'}}{C} \tag{5-19}$$

惯性力位于水平方向，不通过破碎锥的质心。

2. 偏心轴套的惯性力

由于偏心轴套的质心不在其回转轴线上，因此，它在旋转中也产生惯性力 C_p，其值等于偏心轴套内锥孔所包容的质量，以相同的角速度绕同一轴线旋转时产生的惯性力，但方向相反（见图 5-21）。惯性力的大小和作用点可按下列公式计算：

$$C_p = \frac{\pi\rho\omega^2 h}{48}[d_1^2(3n+m)+2d_1d_2(n+m)+d_2^2(3m+n)] \tag{5-20}$$

$$L = \frac{[d_1^2(3n+2m)+d_1d_2(4n+6m)+d_2^2(3n+12m)]h}{5[d_1^2(3n+m)+2d_1d_2(n+m)+d_2^2(3m+n)]} \tag{5-21}$$

式中，ρ 表示偏心轴套的比重。其他符号见图 5-21 所示。

3. 圆锥破碎机的平衡

破碎锥作规则进动时，作用在其上的惯性力矩有使 β 角增大的趋势，但由于 β 角已受偏心轴套的结构限制，不可能改变，因此，在空载时对机架套筒和球面轴承产生一种随偏心轴套回转而周期变化的反力，从而引起机器的有害振动和使偏心轴套发生偏斜而不能正常运转。

旋回破碎机和圆锥破碎机的破碎锥在空载运转时都产生有害的惯性力和惯性力矩，但是，由于旋回破碎机的惯性力和惯性力矩比较小，可以不必考虑平衡问题；对于圆锥破碎机则必须很好地平衡，否则，破碎机不能正常运转。

圆锥破碎机的平衡主要是为了减少破碎锥产生的方向变化的惯性力和惯性力矩，保证偏心轴套不产生偏斜和不引起机器的振动。目前，圆锥破碎机都是采用在大圆锥齿轮上加平衡重的方法来平衡破碎锥的惯性力和惯性力矩。

图 5-21 偏心轴套的惯性力

破碎机空载运转时，作用在破碎锥和偏心轴套上的力如图 5-22 所示。破碎锥的惯性力 C 和自重 G 的合力 R 为球面轴承的反作用力 R_q 及偏心轴套的反作用力 R_{p1} 所平衡。偏心轴套的惯性力 C_p 和平衡重的惯性力 C_d 的合力作用在偏心轴套的偏心孔与主轴接触面长度的 $\frac{1}{3}$ 处

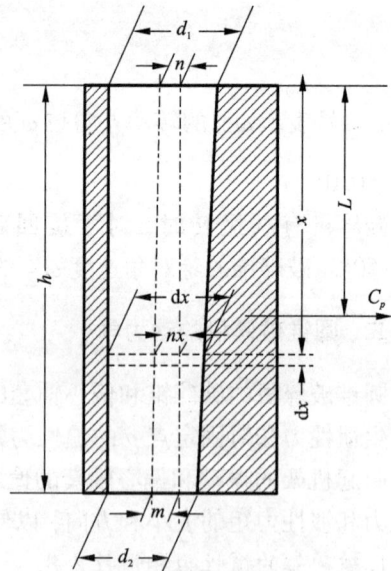

（从偏心轴套上部量起）。根据偏心轴套保持平
衡的条件，作用力 R_{p1} 也作用于同一高度上。

为了平衡破碎锥的惯性力和惯性力矩，保证
偏心轴套不发生偏斜，作用在偏心轴套上的 R_{p1}
（与图 5-22 所示方向相反）、C_p 和 C_d 及其对球
面中心 o 点的力矩应满足下列平衡方程式：

$$R_{p2} = R_{p1} - C_p - C_d \qquad (5-22)$$

$$R_{p2}L_{p2} = R_{p1}L_{p1} - C_pL_p - C_dL_d \qquad (5-23)$$

式中，R_{p2} 为未完全平衡时的剩余作用力。由于
受破碎机结构尺寸的限制，要想完全平衡破碎锥
的惯性力和惯性力矩是困难的。通常，$R_{p2} < 0.3$
$(R_{p1} - C_p)$。为使偏心轴套的外表面受力均匀，
在选定结构尺寸时，应当使 R_{p2} 作用在偏心轴套
与机架衬套的接触面中部。

圆锥破碎机的主轴与偏心轴套的偏心孔之
间，偏心轴套外径与机架衬套之间都有较大的间

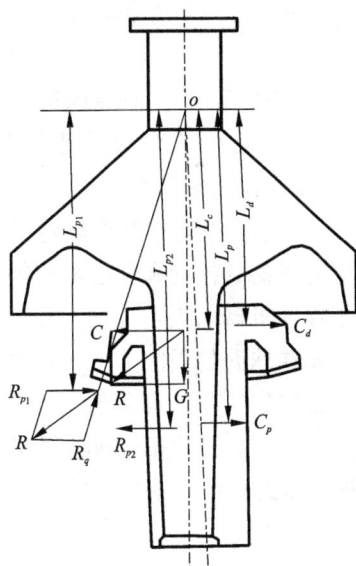

图 5-22 圆锥破碎机的平衡

隙存在。因此，若选定的平衡重的重量不同，在空载运转时，偏心轴套将会出现两种工作
状态。

（1）如果选定的平衡重的重量较小，则

$$R_{p2} = R_{p1} - C_p - C_d > 0$$

即在空载运转时，主轴压向偏心轴套的薄边（左侧），偏心轴套也以薄边压向机架衬套，
而右侧出现间隙[见图 5-23(a)]。有载运转时，由于破碎力的作用，使主轴和偏心轴套均
压向右侧，而在左侧出现间隙[见图 5-23(c)]。这种运动状态的优点是破碎机从空载过渡
到有载运转时，偏心轴套的外表面容易形成油膜，平衡重小；缺点是有冲击，易使偏心轴套
偏斜。

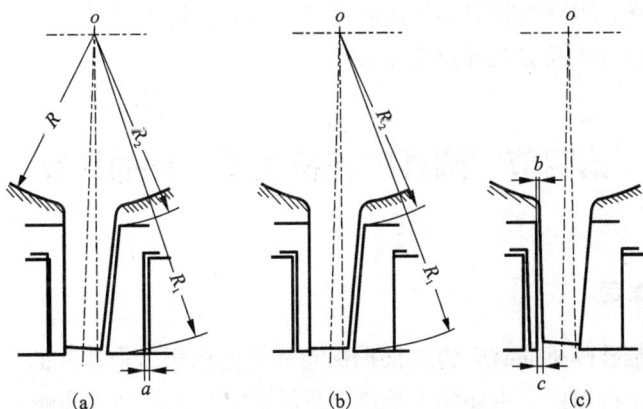

图 5-23 圆锥破碎机主轴和偏心轴套的运动状态

（2）如果选定的平衡重的重量较大，则

$$R_{p2} = R_{p1} - C_p - C_d < 0$$

即在空载运转时，主轴压向偏心轴套的薄边（左侧），右侧出现间隙。偏心轴套的厚边压向机架衬套（右侧），左侧出现间隙［见图 5 - 23（b）］。有载运转时，主轴和偏心轴都压向右侧，左侧出现间隙［见图 5 - 23（c）］。这种运动状态的优缺点与第一种运动状态相反。

实际上，选取平衡重的重量时，应使不平衡力矩 $R_{p2}L_{p2}$ 变得最小，即平衡重最小，但也使其不致引起机器的振动和偏心轴套的偏斜，并使偏心轴套的厚边压向机架衬套。

为了保证机器的正常工作，设计时应使破碎锥的球面半径比球面轴承的半径稍大些，使破碎锥支承在球面的周围上，而工作一段时期后，则应支承在球面的全部表面上，这是为了造成破碎锥稳定工作所必须的条件。同时，破碎机的零件应精确制造，以保证破碎锥主轴与偏心轴套内孔沿全长接触，即必须保证破碎锥主轴轴线与破碎机的中心线在球面中心相交，否则，将破坏破碎机的正常工作。

为了保证在偏心轴套的内外相对滑动表面之间形成稳定的液体润滑油膜，防止由于热膨胀的差异而可能产生的抱轴现象以及考虑大件加工公差的特点和大件装配精度的需要，圆锥破碎机的偏心轴套内外表面与主轴和机架衬套之间必须有较大的间隙（比一般滑动轴承大）。为使偏心轴套的相对滑动表面沿高度均匀接触，设计破碎机时，其间隙的大小可根据经验，按下列关系选取。

对于第一种运动状态［见图 5 - 23（a）］：

$$(b + a)\frac{R_1}{R_2} = c + a \qquad (5 - 24)$$

对于第二种运动状态［见图 5 - 23（b）］：

$$\frac{R_1}{R_2}b = c \qquad (5 - 25)$$

通常取 $a = 2 \sim 4$ mm，$b = 2 \sim 4$ mm。根据机器结构尺寸，由公式（5 - 24）或公式（5 - 25）即可求出 c。

由于间隙的存在，所以机器的实际排矿口尺寸比名义排矿口尺寸增大 $a + b$ 或 b，而破碎锥轴线与机器中心线的夹角 β 也比理论值略为减小。

第四节　圆锥破碎机主要零件的计算

一、破碎力的确定

弹簧保险的圆锥破碎机的破碎力是根据保险弹簧的初压力来计算的。在正常碎矿时，弹簧的初压力应能阻止机器的支承环向上抬起，并保证它与机器经常接触。当破碎机中掉入非破碎物时，破碎力急剧增加，弹簧的初压力不足以阻止支承环向上抬起的力，因而支承环绕机架上的 A 点（见图 5 - 24）向上翻转某一个角度，从而增大了夹有非破碎物那一边的破碎腔的排矿口。因此，就造成弹簧的附加压缩，产生最大的破碎力。

　　根据圆锥破碎机的工作特点,分别确定正常破碎力 P 和最大破碎力 P_{max}。

　　假定正常破碎力作用在平行碎矿区的起点,并取整个固定锥作为分离体,则固定锥上诸外力对 A 点的力矩平衡方程式为

$$Pl_p + fPl_F - (G + np)R = 0$$

故

$$P = \frac{R(G + np)}{l_P + fl_F} \qquad (5 - 26)$$

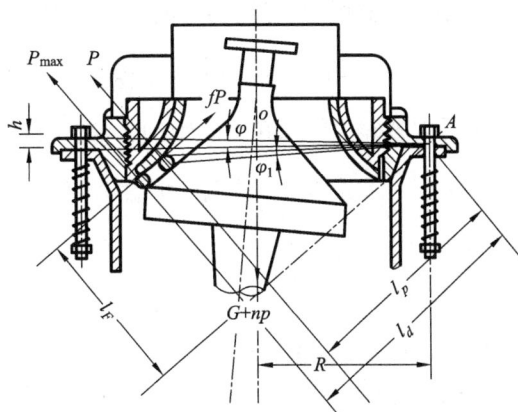

图 5 - 24　破碎力的计算图

式中:R——固定锥中心线到 A 点的距离,m;

　　　　G——固定锥的重力,N;

　　　　n——弹簧的数目;

　　　　p——每个弹簧的初压力,N;

　　　　f——矿石与衬板间的摩擦系数;

　　　　l_P、l_F——P 和 fP 力对 A 点的力臂,m。

　　计算破碎力时,必须先选定弹簧的初压力 np。若选定的弹簧初压力偏低,则支承环(固定锥)会出现剧烈跳动,从而引起机件磨损或损坏;若弹簧初压力偏高,则弹簧的压缩余量减少,不能适应过载和过铁的要求。根据多年的生产实践经验,弹簧的初压力按表 5 - 3 选取。

$$np = (850 \sim 1000)D^2 \qquad (5 - 27)$$

式中,D 表示破碎锥的大端直径(m)。对于 1750 和 2200 圆锥破碎机取小值,对于其他规格的圆锥破碎机可取大值。

　　当破碎机中掉入非破碎物时,则固定锥将绕 A 点被抬起,从而使破碎机周围各组弹簧产生不同的附加变形。弹簧的附加变形量与非破碎物的尺寸和它在破碎腔中所处的位置有关。假定非破碎物的尺寸等于 $(0.85 \sim 0.95)(e + s)$,非破碎物在平行区的始点和终点各受一次挤压。非破碎物在平行区始点受挤压时,可用图 5 - 24 所示的图解法确定固定锥平行区始点抬高后绕 A 点的转角 φ_1(弧度),然后按 $h_1 \approx 2R\varphi_1$ 求得离 A 点最远的那组弹簧的附加变形量 h_1。同理也可求得非破碎物在平行区终点受挤压时,离 A 点最远的那组弹簧的附加变形量 $h_2 \approx 2R\varphi_2$。计算最大破碎力时,可按弹簧附加变形量的平均值 $h = (h_1 + h_2)/2$ 计算。

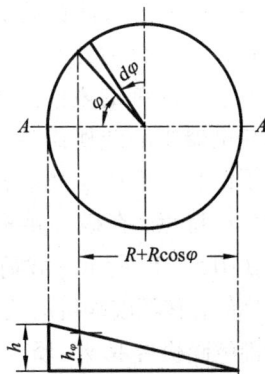

图 5 - 25　弹簧变形图

　　弹簧系沿机器周边布置,故每组弹簧的附加变形量是不同的。当离 A 点最远的弹簧抬高 h 距离时,机架周围各组弹簧的附加变形量与其至 A 点的距离成正比。由图 5 - 25 知距 A 点某处弹簧的附加变形量 h_φ 为:

$$h_\varphi = \frac{h}{2}(1 + \cos\varphi) \qquad (5 - 28)$$

设弹簧沿机器周边均匀分布，单位弧长上的弹簧个数 $i = \dfrac{n}{2\pi R}$，每个弹簧的刚度为 C（N/m）。现沿机器周边取弧长 $Rd\varphi$，则机器周围各组弹簧的附加压缩力对 A 点的力矩为

$$M = 2\int_0^\pi C \times \frac{h}{2}(1 + \cos\varphi) \times i \times Rd\varphi \times R(1 + \cos\varphi) = \frac{3}{4}ChnR \qquad (5-29)$$

假定最大破碎力作用在破碎锥的末端，则固定锥上诸外力对 A 点的力矩平衡方程式为

$$P_{max}l_d + fP_{max}l_F - (G + np)R - \frac{3}{4}CnpR = 0$$

故

$$P_{max} = \frac{\left(\dfrac{3}{4}Cnh + np + G\right)R}{l_d + fl_F} \qquad (5-30)$$

式中，各符号的意义同前。

液压圆锥破碎机的破碎力可以根据液压系统的液压力来确定。

单缸液压圆锥破碎机的破碎力可用下式计算：

$$P = \frac{0.785d_0^2 p_0 - G}{\cos(\alpha_1 - \beta)} \qquad (5-31)$$

式中：d_0——液压缸柱塞直径，m；

p_0——正常碎矿时，液压缸压力或蓄能器的充气压力，MPa。各种规格的单缸液压圆锥破碎机均取 $p_0 = 5$ MPa。

其他符号的意义同前。

系统各液压元件的工作压力不应低于 7 MPa，以便满足运转过程中，在工作状态下调节排矿口和排除破碎腔堵矿事故的要求。

通过以上公式计算的破碎力是破碎力的合力。破碎力的合力作用在平行碎矿区的起点，并垂直于破碎锥的表面，但是并不位于破碎锥轴线与机器中心线所组成的偏心平面内，而是超前于偏心平面成 γ 角。根据圆锥破碎机破碎腔的结构特点，在破碎锥横截面上的载荷分布

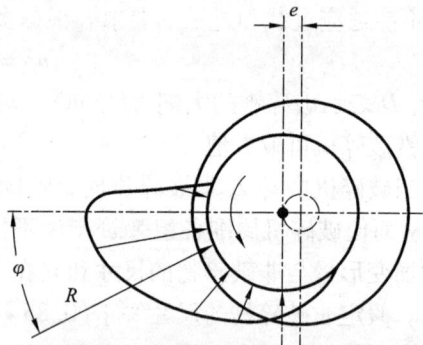

图 5-26 破碎锥上的载荷分布

状态如图 5-26 所示。载荷中心角的理论值为 180°。破碎力的合力与偏心平面的超前角 γ 是变化的，它随破碎机的负荷量而定。负荷量小，则 γ 值大，负荷量大，则 γ 值小。对于细碎圆锥破碎机可取 $\gamma = 15°$。

已知作用在机器上的外力——破碎力大小、方向、着力点和超前角 γ 以后，即可进行零件的受力分析和强度计算。

二、主轴的受力分析及强度计算

主轴所受载荷可按图 5-27 所示的图解法求得。假定破碎锥主轴以其下端边缘与偏心轴套接触。实际上由于破碎机制造与安装方面的误差，运转时很容易产生这种现象，使主轴受力处于最不利的状态。

取破碎锥作分离体。假定圆锥破碎机的正常破碎力作用在平行碎矿区的起点，最大破碎

力作用在破碎锥下边缘。将 P 和 P_{max} 沿其作用线方向移至主轴下端水平线上的 o_1 和 o_2 点。偏心轴套给主轴下端的反力 R_a 或 R'_a 一定通过 o_1 或 o_2 点，且为水平方向。根据三力平衡必交于一点的定理，球面轴承给破碎锥的反力 R_b 和 R'_b 必定通过 o_1 或 o_2 点的球面中心 o 点。应用平行四边形作图法，则可求得 R_a 或 R'_a 和 R_b 或 R'_b 的大小和方向。

利用图解法所求得的结果是近似的。这种简化计算方法偏重于安全方面，故在实际工作中是允许的。

已知 R_a 及 R'_a 后，把破碎锥的主轴视为一端受集中载荷的悬臂梁。设主轴直径为 d_0，则其危险断面 a-a 上的弯曲应力为

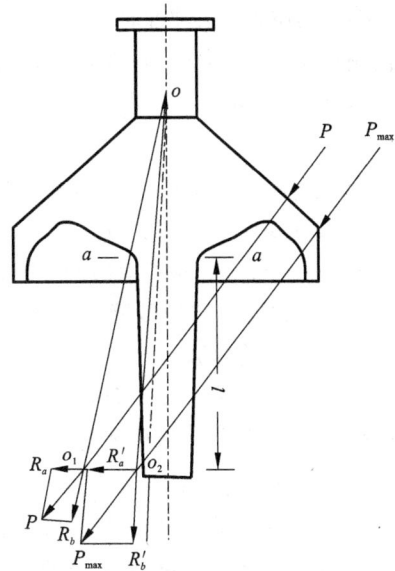

图 5-27　主轴受力的图解法

$$\sigma_w = \frac{R_a l}{0.1 d_0^3} < [\sigma]_w$$

$$\sigma'_w = \frac{R'_a l}{0.1 d_0^3} < [\sigma]'_w \qquad (5-32)$$

对于强度限为 $\sigma_B = 700 \sim 900$ MPa 的合金结构钢，其 $[\sigma]_w = 150$ MPa，而 $[\sigma]'_w \leqslant 300$ MPa。

根据公式(5-32)计算主轴的强度后，再校对其安全系数 n，一般 $n > 2$ 即可。

主轴是圆锥破碎机中最重要的零件，它不仅价值昂贵，更主要的是制造复杂。若在运转过程中，发生断轴事故，则会严重影响选矿厂的生产任务。所以，保证主轴的使用寿命是很重要的问题。主轴的寿命不仅与本身的结构、材料及制造质量有关，而且与机器的使用情况有关，如操作制度、维修质量等。目前，主轴折断的部位多数是在破碎锥底部球面的下方 a-a 断面处。断轴事故的发生，多是由于破碎腔内落入过大块金属，保险弹簧失去作用，结果使主轴载荷急剧增大，以致产生主轴的折断事故。为了防止主轴断裂，除了改进主轴的结构、提高主轴的疲劳强度外，可在圆锥破碎机前的皮带运输机上，安置金属探测器及悬挂磁铁，用来吸除矿石中的金属物品(如钎头、锤头、斗齿等)，防止金属物品落入破碎腔内，以保证破碎机的正常工作。

三、偏心轴套的受力分析

破碎机运转时，在偏心轴套上作用有旋转的空间力系。它们相对于圆锥齿轮传动的啮合点的作用力的空间位置，将随偏心轴套的回转而不断地改变。

破碎机空载运转时，破碎锥和偏心轴套的惯性力位于偏心平面内并且方向相反。偏心轴套以厚边或薄边与圆形衬套的接触位置取决于平衡配重的惯性力大小。

破碎机有载运转时，在破碎锥上还作用有破碎力。偏心轴套沿着这些力的合力方向压向圆形衬套。圆形衬套的反力大小和方向随破碎力的大小和方向而变，反力与偏心平面的夹角也是变化的。

破碎机有载运转时，作用在偏心轴套上的力如图 5-28 所示。为了确定圆形衬套的反力和偏心轴套与圆形衬套线性接触的位置，取球面轴承中心 o 为坐标系的原点。作用在偏心轴套上的力对 ox 和 oy 轴的力矩方程式为

$$M_x = \mu_1 R_k L_k \cos r_k - R_k L_k \sin r_k + F_t L_t \cos\varphi + (F_r r_k - F_0 L_t)\sin\varphi \qquad (5-33)$$

$$M_y = C_{pd} L_{pd} - G_p r_p + R_k \cos r_k L_k + \mu_1 R_k \sin r_k L_k + F_t L_t \sin\varphi + (F_0 L_t - F_r r_k)\cos\varphi \qquad (5-34)$$

式中：R_k——作用在偏心轴套内锥形衬套上的力，MPa。它是破碎锥的惯性力、重力和破碎力的函数；

r_k——R_k 的作用线与偏心平面的夹角，(°)；

G_p——偏心轴套和平衡配重的重力，N；

r_p——位于偏心轴套重心水平的偏心距，m；

C_{pd}——偏心轴套与平衡配重的惯性力，MPa；

$\mu_1、\mu_2、\mu_3$——偏心轴套的锥孔和圆柱面及止推轴承中的摩擦系数，$\mu_1、\mu_2、\mu_3 = 0.007 \sim 0.009$；

φ——相对于齿轮传动啮合点的偏心轴套的回转角；

$F_t、F_r、F_0$——圆锥齿轮传动中的圆周力、轴向力和径向力。

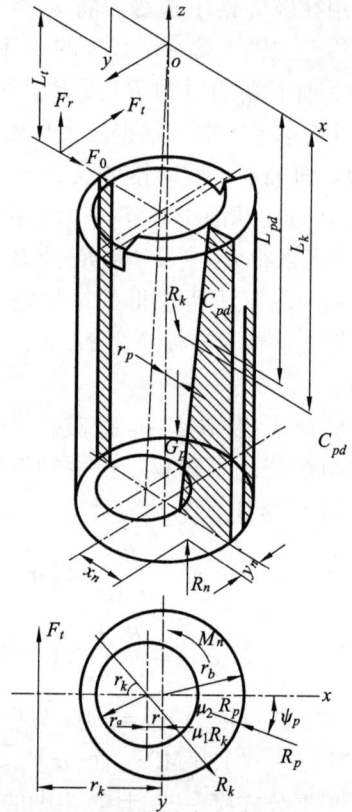

图 5-28 偏心轴套的受力分析

$$F_t = \frac{1}{r_k}\Big[R_k r \sin r_k + \mu_1 R_k (r_a - r\cos r_k) + \mu_2 r_b \sqrt{R_k^2 + C_{pd}^2 + 2R_k C_{pd}\cos r_k} + \frac{4}{3}\mu_3 G_p r_b \Big]$$

或

$$F_t = \frac{1}{r_k} M_n i \eta$$

$$F_r = F_t \tan\alpha \cos\delta_1$$

$$F_0 = F_t \tan\alpha \sin\delta_1$$

式中：$r、r_a$——力 R_k 水平面上锥孔的偏心距和半径，m；

r_b——偏心轴套的外圆半径，m；

α——大齿轮的分度圆锥角，(°)；

M_n——破碎机传动轴上的扭矩，kg·m；

i——齿轮传动的传动比；

η——传动轴的滑动轴承和齿轮传动的效率，$\eta = 0.93$。

由此，可知作用在偏心轴套上总的力矩为

$$M_0 = \sqrt{M_x^2 + M_y^2} \qquad (5-35)$$

作用在圆形衬套上的反力为

$$R_P = \frac{M_0}{L_P} \qquad (5-36)$$

反力 R_P 与偏心平面的偏斜角 ψ_p 为

$$\psi_p = \tan^{-1}\frac{M_y}{M_x} \qquad (5-37)$$

由于圆锥破碎机在工作时的负荷量是不均匀的，破碎力的大小是变化的，因而反力 R_P 和偏斜角 ψ_p 在偏心轴套转动的一个周期内是不定的。反力 R_P 随破碎力的增加成直线增长，偏斜角 ψ_p 接近于破碎力合力的超前角 γ。

4. 球面轴承的受力分析

设计圆锥破碎机时，确定作用在球面轴承上的力，对正确地选择破碎机的参数具有很重要的意义。在任何工作状态下，球面轴承的反力必须位于球面支承的范围内。

破碎机空载运转时，由于破碎锥的惯性力 C_K 和自重 G_K 而产生的球面轴承的反力 R_{qc} 及其与破

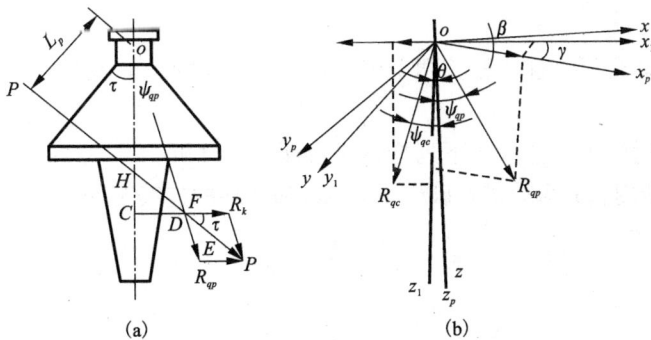

图 5 – 29　空载时球面轴承的受力分析

碎机轴线的夹角 ψ_{qc} 的数值可用图解法确定，如图 5 – 29 所示。R_{qc} 及 ψ_{qc} 亦可按下式计算：

$$R_{qc} = \frac{G_k}{L_{P1}}\sqrt{L_{P1}^2 + \left[\frac{C_k}{G_k}(L_{P1}-L_{ck}) + L_G\tan\beta\right]^2} \qquad (5-38)$$

$$\psi_{qc} = \cos^{-1}\left\{\frac{L_{P1}}{\sqrt{L_{P1}^2 + \left[\frac{C_K}{G_K}(L_{P1}-L_{CK}) + L_G\tan\beta\right]^2}}\right\} \qquad (5-39)$$

破碎机有载运转时，作用在破碎锥上的破碎力的合力 P，垂直于破碎锥的表面，并与偏心平面成 γ 角。延长破碎力的作用线与偏心轴套的反力作用线交于 D 点[见图 5 – 30(a)]，作 D 点与球面中心 O 点的连线，即可得到由破碎力而产生的球面轴承的反力 R_{qp} 作用线，及其与机器轴线的夹角 ψ_{qp}。除图解法外，尚可用解析法求得 R_{qp} 及 ψ_{qp}，计算公式如下：

$$R_{qp} = \frac{P}{L_{P1}}\sqrt{L_{P1}^2\sin^2\tau + (L_{P1}\cos\tau - l_p\cos\beta)^2} \qquad (5-40)$$

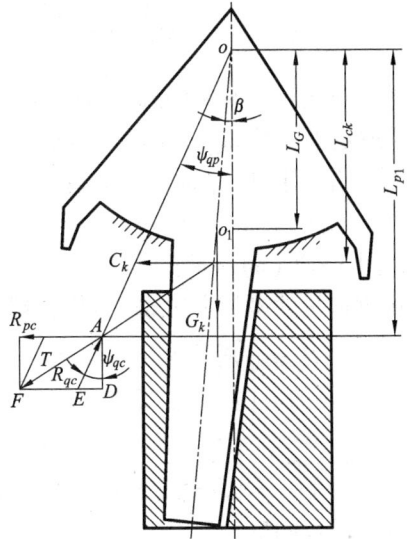

图 5 – 30　有载时球面轴承的受力分析

$$\psi_{qp} = \cos^{-1}\left[\frac{L_{P1}\sin\tau}{\sqrt{L_{P1}^2\sin^2\tau + (L_{P1}\cos\tau - l_p\cos\beta)^2}}\right] \qquad (5-41)$$

为了确定球面轴承的总反力 $\vec{R}_q = \vec{R}_{qc} + \vec{R}_{qp}$ 及其与机器轴线的夹角 ψ_q。以球面中心 o 点为原点,取定坐标系 $oxyz$,使 oz 轴与破碎机中心线重合;并取动坐标系 $ox_1y_1z_1$,使 oz_1 轴与破碎锥轴线重合,并使 ox_1 轴位于 oz 轴与 oz_1 轴构成的平面内,则 oy 轴与 oy_1 重合并垂直于该平面。作 $ox_py_pz_p$ 坐标系,取 oz_p 与 oz_1 重合,x_poy_p 与 x_1oy_1 位于同一平面上,且 ox_p 与 ox_1 偏离 γ 角,如图 5-30(b) 所示。

根据向量的坐标表达式,作用在球面轴承上的合力 R_q 的向量的模为

$$R_q = \sqrt{R_{qc}^2 + R_{qp}^2 + 2R_{qc}R_{qp}\left[\cos\psi_{qp}\cos(\psi_{qc}-\beta) - \sin\psi_{qp}\cos\gamma\sin(\psi_{qc}-\beta)\right]} \qquad (5-42)$$

合力 R_q 的方向余弦,即 R_p 与 oz 轴的夹角为

$$\psi_q = \cos^{-1}\left\{\frac{R_{qc}\cos\psi_{qc} + R_{qp}(\cos\psi_{qp}\cos\beta + \sin\psi_{qp}\cos r\sin\beta)}{\sqrt{R_{qc}^2 + R_{qp}^2 + 2R_{qc}R_{qp}\left[\cos\psi_{qp}\cos(\psi_{qc}-\beta) - \sin\psi_{qp}\cos r\sin(\psi_{qc}-\beta)\right]}}\right\} \qquad (5-43)$$

球面轴承的反力随着破碎力的增加按直线规律增长。偏心轴套的转数对球面轴承的反力影响不显著,但对夹角 ψ_{qk} 有影响。当偏心轴套的转数较高时,夹角 ψ_{qc} 在空载运转过程中可能超过极限值。但在有载运转时,则 ψ_{qc} 具有最低值。

第五节　圆锥破碎机的运转可靠性

可靠性理论是机器运转、维护和检修的科学基础。可靠性理论是以设备的任何部分都必将在足够长的时间周期后终止运转这一概念为基础的。可靠性研究的中心问题是机器在寿命期内故障的随机发生的问题,即故障的模式。

进行机器运转可靠性和实际寿命的研究时,必须取得足够的、大量的关于故障方面的信息资料。信息资料的收集可按下列程序进行:

(1)产品的故障;

(2)发生故障的产品部件;

(3)引起故障的零件;

(4)故障的原因。

由于取得的信息资料量大面广,因而对信息资料提出了完备性、真实性和同一性的要求。

圆锥破碎机的运转可靠性指标按两个因素评估:破碎物料的数量 $q(kt)$ 和机器的工作时间 $t(h)$。

圆锥破碎机的运转可靠性采用下列指标进行评估和分析。

(1)运转考察期内,平均的矿石破碎量 $\bar{q}(kt)$ 和平均的连续工作时间(h)。

$$\bar{q} = \frac{\sum_{i=1}^n q_i}{n}$$

$$t = \frac{\sum_{i=1}^n t_i}{n}$$

式中:q_i——零件在相邻两次故障之间的矿石破碎量,kt;

t_i——零件在相邻两次故障之间的正常工作时间，h；

n——运转考察期内的故障数。

（2）无故障工作的概率 $P(q)$ 或 $P(t)$。

$$F(q_0) = P(q \geqslant q_0)$$

或

$$F(t_0) = P(t \geqslant t_0)$$

式中：$F(q_0)$ 或 $F(t_0)$——可靠度函数；

q、t——无故障工作的矿石破碎量和工作时间的随机变量；

q_0、t_0——任何实数。

（3）平均修理时间 τ_B，这是消除同类零件、部件或机器一次故障的平均时间。

$$\tau_B = \frac{\sum_{i=1}^{n} \tau_{Bi}}{n}$$

式中：τ_{Bi} 是消除 i 次故障的时间，h。

（4）故障率 $\lambda(q)$ 或 $\lambda(t)$，这是单位矿石破碎量或单位工作时间内出现的故障次数。

$$\lambda(q) = \frac{n}{\sum_{i=1}^{n} q_i}$$

（5）准备工作系数 K_1——在同一个运转周期内，圆锥破碎机的正常工作时间与正常工作时间和修理工作时间之和的比值。

$$K_1 = \frac{\sum_{i=1}^{n} t_i}{\sum_{i=1}^{n} t_i + \sum_{i=1}^{n} \tau_{Bi}}$$

（6）利用系数 K_2——在考查运转期内，圆锥破碎机的正常工作时间与正常工作时间、加修理时间和技术维护时间之比值。

$$K_2 = \frac{\sum_{i=1}^{n} t_i}{\sum_{i=1}^{n} t_i + \sum_{i=1}^{n} \tau_{Bi} + \sum_{i=1}^{n} \tau_{oi}}$$

式中：τ_{oi} 表示技术维护时间，h。

（7）故障系数 K_3——在同一个运转周期内，零件或部件的故障数与机器的总故障数之比值。

$$K_3 = \frac{n_i}{n}$$

（8）相对停歇系数 K_4。

$$K_4 = \frac{\tau_{Bi}}{\tau_B} K_3$$

圆锥破碎机的运转可靠性的指标数值可按下列顺序和方法确定。

（1）根据数理统计学中研究连续随机变量分布的方法，将零件、部件或机器的正常工作时间 t 或矿石破碎量 q 所分布的区间划分为若干个相互邻接的小区间，各个区间的间隔 Δt 或 Δq 相等。区间的个数一般是取 7～10 个。

（2）按这些区间把随机变量的一切观测值 n 相应地分为 n_i 组。这样，我们就得到了随机变量落在各个区间内的频率分布表。计算实验频率 $\frac{n_i}{n}$ 和实验概率密度 $\frac{n_i}{n\Delta t}$ 或 $\frac{n_i}{n\Delta q}$。

(3)连续随机变量的统计分布可以用直方图来表示。在横轴上截取各个区间$(\Delta t$ 或 $\Delta q)$，在纵轴上标记相应的实验概率密度$\left(\dfrac{n_i}{n\Delta t}$或$\dfrac{n_i}{n\Delta q}\right)$。以各区间为底作矩形，使矩形的面积等于随机变量落在该区间的频率。

(4)为了确定可靠度函数，假定渐发性故障模式按正态分布。曲线以横轴为其渐近线。

(5)计算随机变量的数学期望、方差以及各阶的矩。

(6)根据置信概率与置信区间的确定方法，估计随机变量分布参数的估计值的可靠性和精确性。

(7)计算随机变量分布的偏态系数和峰态系数，校核随机变量分布的特征。

(8)为了审核随机变量为正态分布的假定，应用数理统计学中最常用的适度准则——皮尔逊的 χ^2 准则。计算实验频率 n_i 和理论频率 $n_i' = n_i p_i$，式中 p_i 表示区间的理论概率。

(9)计算圆锥破碎机的零件和部件的无故障工作的概率。

(10)计算圆锥破碎机的运转可靠性的指标数值：$\bar{q}$，$\bar{t}$，τ_B，K_1，K_2，K_3，K_4。

圆锥破碎机零部件的极限工作状态，以及超过时发生的影响，是研究机器运转可靠性和制定检修周期的基础。表 5-7 列有圆锥破碎机零件极限状态的特征及超过时发生的影响。

表 5-7　圆锥破碎机零部件的极限状态及影响

零件名称	零件极限状态的特征	零件极限状态运转时引起的后果
动锥和定锥衬板（ZGMn13）给料盘（ZG35）	原始重量减少了 60% ~ 65% 或在破碎区的衬板厚度减少了 65% ~ 70%	1. 形成裂缝和出现突发性故障的可能性 2. 产品粒度增大 3. 恶化了给料的均匀性
机架筋板的护板（ZGMn13）	原始厚度减少了 70% ~ 75%	1. 护板破裂 2. 机架内壁磨损
锥形衬套（巴氏合金 Б-16）	巴氏合金 Б-16 灌注层破裂，锥形衬套浮动	破坏了滑动轴承的正常工作状态，巴氏合金的碎粒进入油中，恶化了润滑工作
大圆锥齿轮（ZG35）	齿厚的磨损值 $\Delta = (0.19 \sim 0.24)m$，式中 m 表示齿轮模数	破坏了齿轮传动的正常咬合
传动轴的轴瓦（БРОЦС-6-6-3）	传动轴轴瓦的磨损量为 0.4 ~ 0.6 mm	破坏了齿轮传动的正常咬合
小圆锥齿轮（34ХНМ）	齿厚的磨损值 $\Delta = (0.19 \sim 0.24)m$	破坏了齿轮传动的正常咬合
圆柱形衬套（巴氏合金 Б-16）	巴氏合金的浇注层磨损或局部破裂	破坏了滑动轴承的正常工作状态，破坏了齿轮咬合
球面轴承（巴氏合金 Б-16）	局部破裂	破坏了破碎锥的正常工作状况，破碎锥锥体的球形支承面磨损

根据机器零件及部件的损坏形式、故障产生的原因，总结生产现场的经验，提出以下的改进措施。

（1）动锥和定锥的衬板是破碎机的易损零件，目前选用的材料仍为 ZGMn13，使用寿命较低。为了提高使用寿命，前苏联采用爆破硬化的方法，可使衬板的硬化层深 25～40 mm，表面硬度达到 400HB，破碎矿石量比未经爆破硬化处理的衬板超过 25%。

（2）圆柱形衬套上面采用锥形环配合是提高偏心部件外轴承配合寿命的较好方法。这种方法除消去了配合面之间的间隙以外，通常还具有必要的张力（公盈），如图 5-31 所示。圆形衬套的上部具有锥形外表面，其上安装了具有圆锥形内表面的圆环。在圆环的支撑部分沿周长有切口。装配时用压紧螺栓固定在圆形衬套的上部。圆形衬套紧贴在机架中心套筒中。这种配合方法可以提高圆形衬套和机架的寿命，同样可以提高破碎机和偏心部件在整个破碎流程中工作的可靠性。

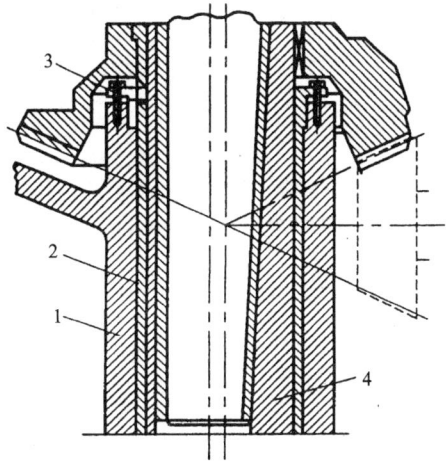

图 5-31　圆锥破碎机的偏心部件
1—机架的中心套筒；2—圆锥形衬套；
3—锥形环；4—偏心轴套

（3）球面轴承座与机座的配合亦可采用锥形环的配合形式（见图 5-32）。这种结构可使破碎锥可靠地支承在球面轴承上，因而可以改善偏心部件的工作条件并延长其使用寿命，提高了工作的稳定性。

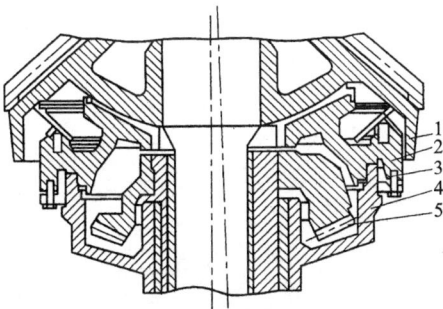

图 5-32　圆锥破碎机的球面轴承
1—破碎锥；2—球面轴承座；3—锥形环；
4—机架；5—大圆锥齿轮

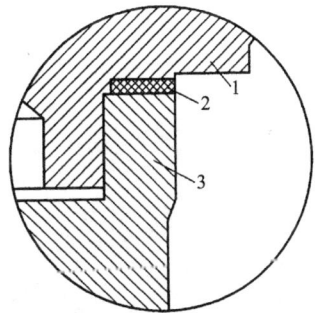

图 5-33　圆锥破碎机的球面轴承座
1—球面轴承座；2—橡胶垫圈；3—机架

为防止球面轴承在机座上摆动，除了上述方法外，在两者的接触平面之间可用橡胶垫隔开（见图 5-33），但加垫的厚度，应使破碎锥的轴与锥形衬套的配合间隙不应超过极限值。

（4）为使破碎锥主轴沿锥形衬套全长均匀接触。可使主轴和锥套具有不同的圆锥度，而且上部间隙小于下部间隙。这可适应破碎锥在惯性力的作用下，对球面中心产生惯性力矩时，破碎锥主轴下部较中部位移大，即距球面中心 O 点愈远，摆动距离越大。

(5)为了保证机器的正常工作，设计时应使破碎锥的球面半径比球面轴承的半径稍大些，使破碎锥支承在球面的周围上，而工作一段时期后，则应支承在球面的全部表面上，这是保证破碎锥稳定工作所必须的条件。

(6)为了使布料均匀，可以采用旋转给料器，沿破碎腔周围均匀布料。实践表明，使用给料器可以延长破碎机衬板的寿命，减少破碎的单位能耗和使破碎产品的平均粒度降低15%～20%。

第六章　辊式破碎机

第一节　辊式破碎机的构造

辊式破碎机出现于1806年,由于具有构造简单、工作可靠、成本低等优点,现仍被广泛用于选煤、冶金烧结、水泥、玻璃和陶瓷等工业部门。在选矿厂中,由于辊式破碎机占地面积大、生产能力低等缺点,很早就被圆锥破碎机所取代。但是,在破碎贵重矿石而又要求泥化最小时,或球磨机要求极小的给料粒度时,有时仍采用辊式破碎机。

辊式破碎机可以用来破碎煤、焦炭、石灰石、页岩和长石等物料,也可以对中硬矿石和软矿石进行中碎和细碎。

辊式破碎机的工作机构是两个相对转动的圆辊(见图6-1)。两个圆辊之间有一定的距离,该距离的大小即决定产品的最大粒度。物料从上面落在两圆辊之间,由于物料与圆辊之间的摩擦作用,转动的圆辊把物料卷入两圆辊所形成的空间内而逐渐被压碎。破碎产品在重力作用下从破碎机中排出。当不能破碎的物料落入破碎机中时,圆辊1可借弹簧6的作用自动向右移动,使圆辊之间的间隙增大,过硬物料通过,从而保护机器不被损坏。

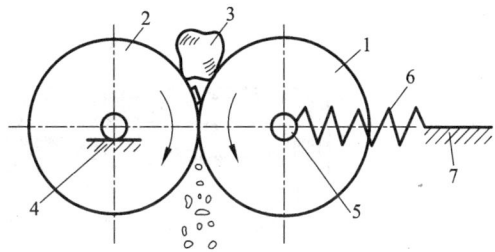

图6-1　辊式破碎机的工作原理

1、2—圆辊;3—被破碎物料;4—固定轴承;
5—活动轴承;6—弹簧;7—机架

辊式破碎机有单辊破碎机、双辊破碎机和多辊(三辊、四辊和六辊)破碎机。

辊式破碎机的圆辊表面有光滑的、槽形的和齿形的。

光面辊式破碎机对物料的破碎作用主要是压碎,附带有磨碎作用。这种破碎机主要用于中碎和细碎抗压强度低于130 MPa的物料。破碎硬矿石时,其破碎比 $i = 3 \sim 4$;破碎软矿石时,$i = 6 \sim 8$。

齿面辊式破碎机适用于破碎抗压强度低于70 MPa的物料。常用于煤、焦炭等类物料的粗碎和中碎。破碎产品的粒度通常不小于20 mm。它对物料的破碎作用主要是劈碎,破碎比可达 $10 \sim 15$。破碎产品的特点是块状多、煤粉少、粒度比较均匀。

辊式破碎机的规格用圆辊的直径 D 与长度 L 表示。

图6-2为 $\phi 400 \times 250$ 辊式破碎机的构造图。它是由机架、破碎辊及其支承装置、弹簧保险装置和传动装置等组成。

破碎辊是由轴、轮毂、辊皮组合而成。轴用键与锥形表面的轮毂装在一起。轮毂上固定有辊皮。辊皮与轮毂借三块锥形弧铁用螺钉与螺帽固定在一起。因为辊皮直接与矿石接触,

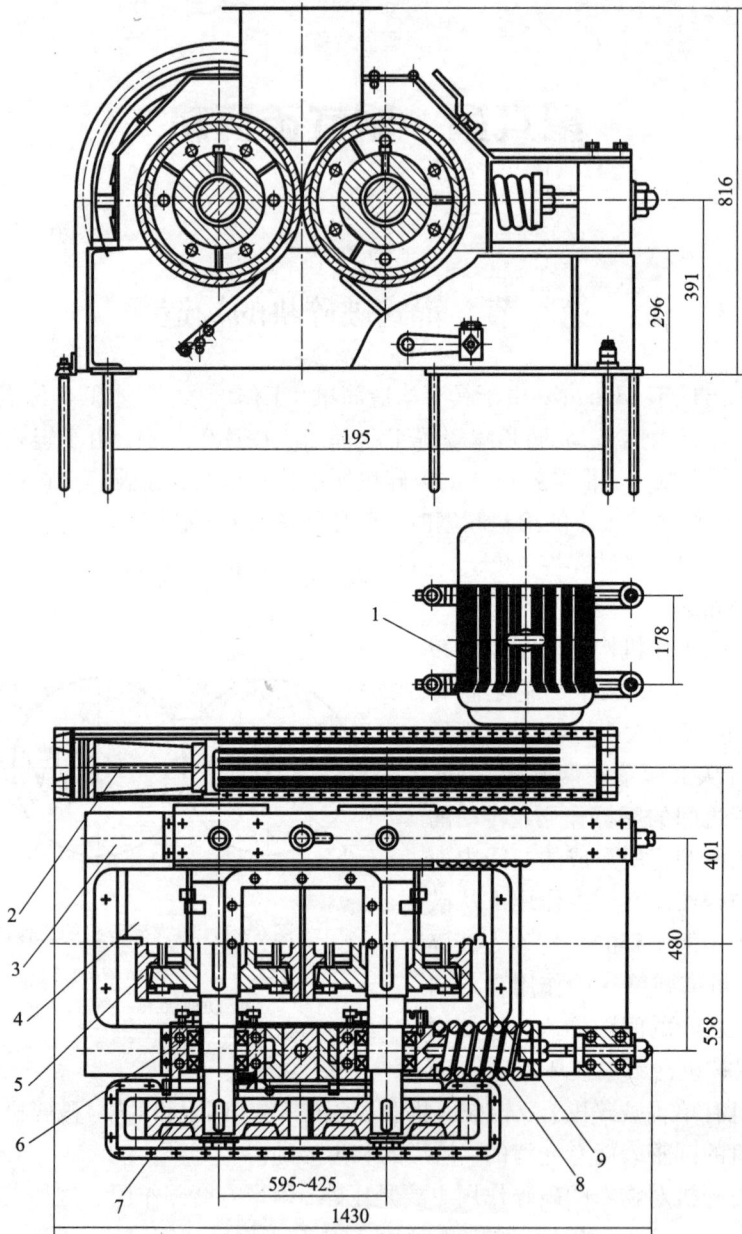

图 6 - 2   φ400 × 250 双辊破碎机

1—电动机；2—皮带传动装置；3—机架；4—安全罩；5—固定破碎辊；
6—滚动轴承；7—长齿齿轮传动；8—弹簧保险装置；9—活动破碎辊

是需要时常更换的零件，一般都是用高锰钢制造。

电动机通过三角皮带和一对传动比为 1 的长齿齿轮使破碎辊作相向旋转运动。运转时，当圆辊轴之间的距离改变时，长齿齿轮(非标准齿)可以保证啮合。长齿齿轮的结构见图 6 - 3。

长齿齿轮传动有很多严重的缺点，这种具有特殊啮合的齿轮很难制造，轮齿常常卡住或折断，齿轮的修理很困难，工作时有噪音。因此，这种传动装置只有圆周速度 $v < 3.5$ m/s 时

才是合适的。当 $v > 3$ m/s 时，则采用两个皮带传动装置，如图 6-4 所示。

排料口宽度的调整是用更换位于轴承座之间的不同厚度衬垫的方法来实现的。移动破碎辊时，必须平行移动轴的两端，不然就不可避免地要导致辊皮迅速而不均匀的磨损，甚至还能造成重大的事故。

采用长齿齿轮传动适应双辊间隙的调节时，其调节量必然受到齿长的限制。因此，国外采用了可动齿轮系传动（见图 6-5）。齿轮系传动装置结构简单，传动功率大。位于齿轮副下部的小齿轮可由装在两个破碎辊上的自调悬臂板控制。主动轮是最左方的小齿轮，它由装在机器另一端的皮带轮驱动。小齿轮带动固定辊的传动齿轮，然后通过装在两个悬臂板的销轴上的小齿轮，带动活动辊的传动齿轮。当活动辊由于进入了非破碎物而被迫向右方移动时，两个悬臂板将随之运动而互相张开，使小齿轮的销轴往上运动，以保证破碎辊在任何位置时小齿轮和两个大齿轮都能正常啮合。

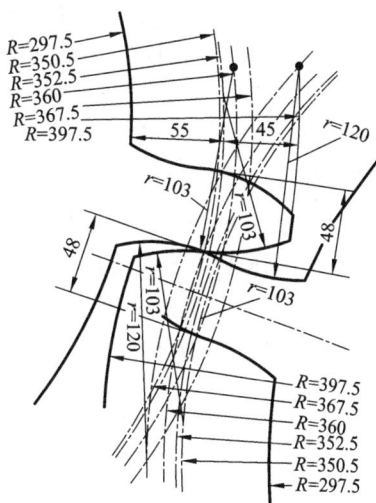

图 6-3　长齿齿轮的外形设计

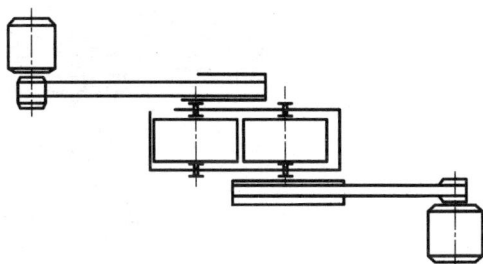

图 6-4　双皮带传动装置

这种可动齿轮系传动的双辊破碎机，活动辊可以移动的距离达 280 mm 之多。整个齿轮系都装在密闭的机壳内。小齿轮位于机壳内的润滑油液面之下，传动时把油带起，以润滑各个齿轮。

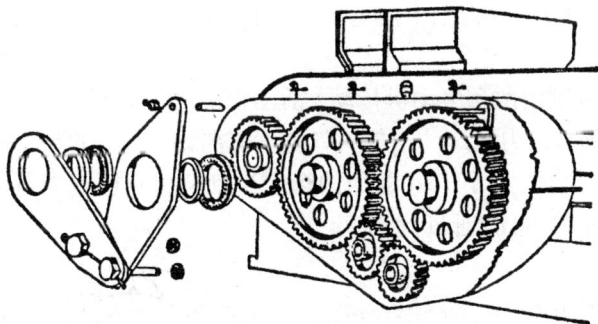

图 6-5　可动齿轮系传动的双辊破碎机

保险弹簧是辊式破碎机极为重要的一个部件。弹簧压力应能平衡在正常工作时两破碎辊之间所产生的破碎力；同时，当有金属夹杂物落入破碎机的工作空间时，弹簧应被压缩，使活动辊横向移动，增大排料口的宽度，能起安全保险作用。如弹簧压力过小，则使破碎辊间缺乏足够的压力，这不仅会影响机器产量和产品粒度，同时会产生可动轴承座在机架导轨之间不断地前后移动，从而引起轴承座和导轨过早地磨损。为此应经常注意弹簧的松紧情况。

排料口的调节方式和机器的保险方式是评价辊式破碎机性能的两个重要方面。通常用机械方法调节排料口宽度是不够方便的。其次，弹簧压力亦难控制。为了克服上述缺点，可用液压装置来调节排料口宽度和实现机器的保险作用。这种液压装置不仅操纵方便，调节准确，安全可靠，而且可使产品粒度均匀。

图 6-6 为液压辊式破碎机的示意图。活动辊的轴承是由一套液压装置支承。液压装置除起保险装置和排料口宽度调节装置作用外，它还有一套"补偿油缸"，当活动辊移动时能保证活动辊与固定辊的轴线平行。

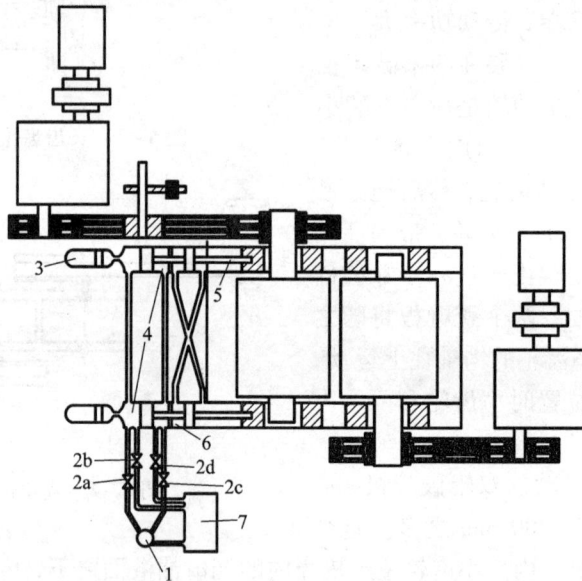

图 6-6　液压双辊破碎机

1—油泵；2a、2b、2c、2d—阀门；3—蓄能器；4—油压缸；5—活塞；6—补偿油缸；7—油箱；

固定辊和活动辊分别由两台电动机传动，活动辊由两个活塞 5 支承。蓄能器 3 中充以氮气，其压力视所需的破碎力决定。当排料口宽度需要调小时，油泵 1 把油通过阀门 2a 排入油压缸，活塞另一侧的油通过阀门 2d 返回油箱。当排料口宽度需要调大时，油通过阀门 2c 排入油压缸，活塞另一侧的油通过阀门 2b 返回油箱。

当非破碎物进入破碎机时，活塞受力将大于蓄能器的氮气压力，使活动辊往左方移动。由于补偿油缸之间交叉连接，它将保证活动辊移动时，其轴线与固定辊的轴线保持平行。

图 6-7 是双齿辊破碎机的结构示意图，其结构与光面辊式破碎机基本相同。因为成

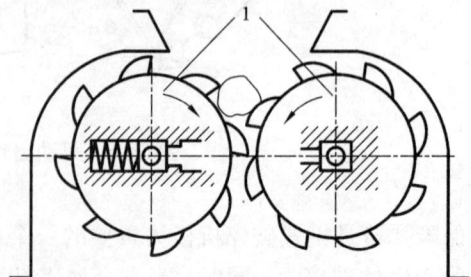

图 6-7　双齿辊破碎机

对的齿形辊1一定要以绝对相同的速度回
转以避免齿的碰撞或折断。所以在这种破
碎机上的长齿齿轮传动的另一侧，还装有
一对齿轮减速装置。用于软质煤的粗碎和
中碎时，可以取消一对齿轮减速装置，破
碎辊的圆周速度可达4.5 m/s。

　　长齿齿轮的缺点如前所述，故又出现
一种不用长齿齿轮的双齿辊破碎机。这种
破碎机采用一个专用的减速器。减速器的
两个输出轴通过万向铰链联轴器直接带动
齿辊相向回转，如图6-8所示。

　　齿辊式破碎机的辊皮和齿是用高锰钢
铸成一体。齿的形状有尖棱形的，也有一
边是平的鹰嘴形的。齿作星棋状排列，即
一个齿形辊的每一个齿都必须位于对面齿
形辊上四个最邻近的齿所构成的平行四边
形（或正方形）对角线的交点上，以此可得
到立方形的产品。齿的高度略小于破碎产
品的粒度，一般在90~110 mm。长短齿往
往是配合使用的。齿的切刃不是平面顺齿
辊的旋转方向向前运动，也就是说，使齿
劈碎物料而不是压碎物料，这不仅能省动
力，而且还能减少故障及损坏的危险。只
有在用来破碎很脆的物料的单齿辊破碎机
（见图6-9）中，才允许违反这个原则。因
为在这种破碎机中破碎很脆的物料时，除
了劈碎以外，齿的冲击破碎也具有很大的
作用。

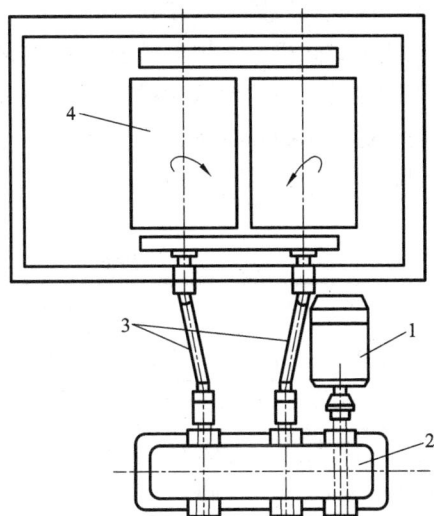

图6-8　使用万向铰链联轴器传动的双齿辊破碎机
1—电动机；2—减速器；3—万向联轴器；4—齿辊

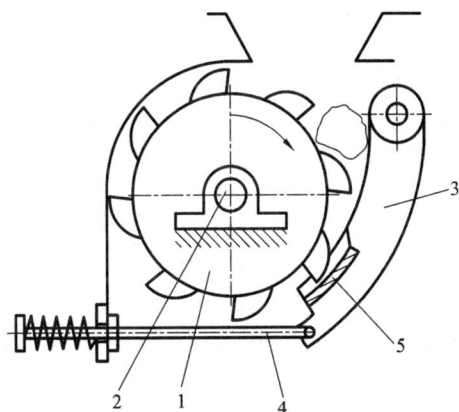

图6-9　单齿辊破碎机
1—齿辊；2—齿辊轴；3—篦条筛板；4—拉杆；5—破碎板

　　单齿辊破碎机的结构示意图如图6-9
所示。破碎机由装在轴2上的齿辊1、篦条筛板3、拉杆4、皮带轮及齿传动装置等组成。

　　齿辊上隔一定距离装一排长齿，在整个齿辊上还装有许多短齿。长齿恰好对准篦条筛面
的缝隙，短齿则对着篦条。长齿起抓捕物料的作用，并将大块破碎成小块。短齿则将小块物
料破碎成适当粒度。

　　篦条筛板的上端悬挂在芯轴上，下端用拉杆4和弹簧支承。若掉入非破碎物时，篦条筛
板经拉杆而压缩弹簧，增大排料口使非破碎物排出。

　　齿辊轴支承在装于机架侧壁的轴承上。电动机通过皮带传动装置和一对齿轮传动装置带
动齿辊回转。

　　在齿辊尺寸相同时，单齿辊破碎机所容许的给料粒度较大，但产量较小。因此，单齿辊
破碎机适用于粗碎，双齿辊破碎机多用于中碎。

　　为了提高辊式破碎机的破碎比，减少占地面积，减少物料转运次数和简化操作，还生产了三辊和四辊破碎机。三辊破碎机实质上是由一台单辊破碎机和一台双辊破碎机重叠起来的。四辊破碎机是由两台双辊破碎机重叠起来制成的。烧结厂常采用四辊破碎机来破碎焦炭。它们也适用于破碎石灰石、泥灰岩、白垩、炉渣等物料。

　　双辊破碎机的技术特征列于表 6 – 1。

表 6 – 1　双辊破碎机的技术特征

基本参数	光面辊			齿形辊		
	$D \times L / (\text{mm} \times \text{mm})$			$D \times L / (\text{mm} \times \text{mm})$		
	1200×1000	600×400	400×250	900×900	750×600	450×500
转示转速/$(\text{r} \cdot \text{min}^{-1})$	122.2	120	200	37.5	50	64
最大给料粒度/mm	40	36	32	800	600	200
排料粒度/mm	2 ~ 12	2 ~ 9	2 ~ 8	100 ~ 150	50 ~ 125	25 ~ 100
电动机功率/kW	40	20	10	28	20 ~ 22	8 ~ 11
生产量/$(\text{t} \cdot \text{h}^{-1})$	150 ~ 900	40 ~ 150	50 ~ 100	1250 ~ 1800	600 ~ 1250	200 ~ 550
弹簧力/kN						
正常/kN	600	135	48	54	62.74	46.6
最大/kN	—	243	130	130.4	146.88	106
机器重量/kN		25.5	13	132.7	67	37

　　为了节约能量消耗，降低生产成本，国外在水泥生料、熟料的粉磨系统中采用一种新型辊压机（Roller press）作为超细破碎机，其破碎产品为布满裂纹的料片。粒度小于 2 mm 的产品约占 80%，其中有小于 90 μm 的细粉约占 30%。这样的破碎产品作为入磨物料仅需稍加粉磨便可达到要求的细度。因而可使能量消耗降低 20% ~ 30%，生产能力增加约 30%。

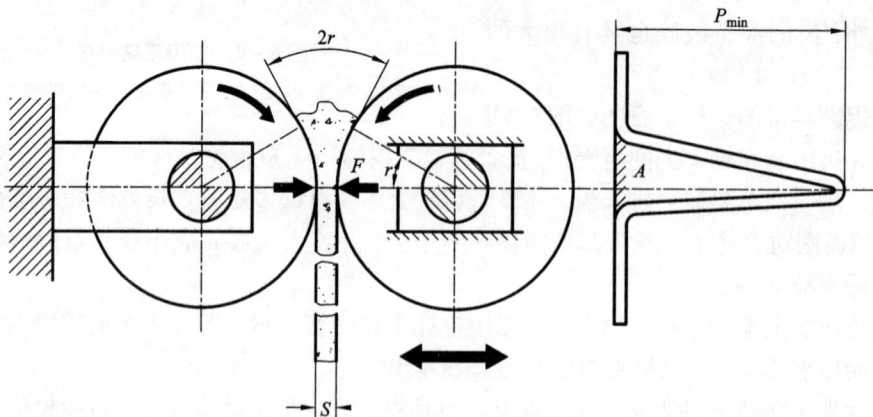

图 6 – 10　辊压机的工作原理

辊压机是在双辊破碎机的基础上发展起来的一种新型破碎设备。它主要是由两个速度相同、直径相等、转向相反的压力辊组成，如图6-10所示。在辊子上部设有给料斗，控制恒定给料。辊子对物料产生高压(单位长度上的压力为60~100 kN/cm)、低速(线速度一般在0.5~2.0 m/s之间，最高可达3.0 m/s)、满料挤压破碎。物料(最大给料粒度可为辊子直径的7%~8%)在压力作用下从给料斗进入到辊子之间的缝隙内。随着缝隙的减小，作用在物料上的压力也逐渐增大。辊子对物料产生的挤压力在排料口最小宽度水平上方区域内达到最大值。物料的压实密度也是急剧增大，同时在物料内部形成内应力，当超过物料的抗压强度极限后即产生裂纹而破碎。破碎的物料在摩擦力的作用下从排料口排出。

辊压机(见图6-11)是由电动机、皮带传动装置、行星齿轮减速器、压力辊、液压-气动装置、机座、给料斗、干油集中润滑装置及各种监测装置组成。

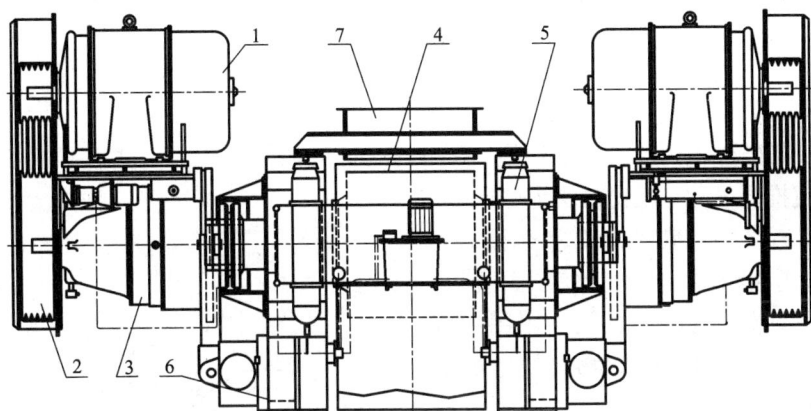

图 6-11　辊压机的结构

1—电动机；2—皮带传动装置；3—行星齿轮减速器；
4—压力辊；5—液压-气动装置；6—机座；7—给料斗

辊压机的工作部件是两个压力辊。它不像双辊破碎机是采用空心辊皮，而是两个实心的辊子。压力辊用调质钢锻制而成，并经机械加工后再堆焊于辊子表面，形成强化耐磨层。压力辊也可采用由普通碳钢制成的辊芯和用耐磨材料制成的辊皮的组合结构。

压力辊支承在自动调心型双列向心球面滚子轴承上。轴承采用冷却水或循环油冷却。一个压力辊固定在机座上，另一个辊子的轴承座可在机座与机体上盖的滑槽中滑动。

两个压力辊分别用直流调速电机单独驱动。用于辊压机变速的减速器，大多采用行星齿轮减速器。因为它的速比大，传递扭矩大，适用于辊压机要求的低速、大扭矩的工作状态。辊子的圆周速度为1 m/s左右。

为了使辊子在单位长度上产生恒定的60~100 kN/cm压力，对物料实行高强度压碎，在辊压机上设有液压-气动装置系统。它由四个液压油缸、两个氮气蓄能器、油泵、滤油器、油箱、截止阀、溢流阀等组成。液压-气动系统还有过载保护作用。两辊间的缝隙、压力、轴承温度、油压均有传感器监测。

辊压机不仅能用于水泥原料和水泥熟料的压碎，还可用于高炉炉渣、石英岩、煤及其他脆性物料的压碎。辊压机允许给入物料的含水量可以达15%。

德国洪堡威达公司(HUMBOLDT WEDAG)生产的辊压机技术性能参数见表6-2。

表6-2 辊压机技术性能参数

HW-RP	生产率 /(t·h^{-1})	需要功率 /kW	安装功率 /kW	外形尺寸/mm			质量 (不包括电机) /t
				长	宽	高	
100-40	60	180	2×110	4360	4060	2300	29
100-63	90	270	2×160	4870	4870	2500	42
115-100	150	450	2×300	5840	6260	3255	73

第二节 辊式破碎机的结构参数和工作参数

一、啮角

从物料块与破碎辊的接触点引切线,两条切线形成的夹角称为辊式破碎机的啮角(见图 6-12)。为使推导简化,设物料块为球形。

两个破碎辊产生的破碎力 P 和摩擦力 F ($F=fP$)都作用在物料块上。为使图面清晰,图中只标出来自左方破碎辊的力。由图中可以看出,只有在下列条件下,物料块才能被两个破碎辊带入工作空间:

$$2P\sin\frac{\alpha}{2}\leqslant 2fP\cos\frac{\alpha}{2} \qquad (6-1)$$

即

$$\tan\frac{\alpha}{2}\leqslant f$$

因为摩擦系数 $f=\tan\phi$,ϕ 表示摩擦角,故

$$\alpha\leqslant 2\phi \qquad (6-2)$$

辊式破碎机与其他压碎式破碎机相比,

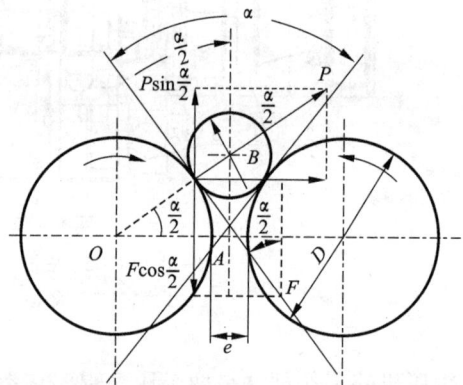

图6-12 光面辊式破碎机的啮角

具有强制咬入的作用。辊式破碎机的咬入能力,与被破碎物料和辊子之间的摩擦系数有关。通常取 $f=0.3\sim0.35$,或 $\phi=16°50'\sim19°20'$,则最大啮角 $\alpha\leqslant33°40'\sim38°40'$。生产实践证明,应用较小的啮角效果较好。当破碎硬而韧的物料时,其啮角为 $25°\sim27°$。

上述结论只适于光面辊式破碎机。

二、破碎辊的直径和长度

破碎辊的直径 D 取决于最大给料粒度 d,而两者之比又受啮角大小的制约。

对于光辊破碎机,辊径与给料粒度、摩擦系数及排料口宽度 e 之间的关系可以推导如下:

从直角三角形 OAB(见图6-12)可以得出:

$$\tan\frac{\alpha}{2}=\sqrt{\left(\frac{D+d}{D+e}\right)^2-1}\leqslant f$$

即
$$D \geqslant \frac{d - e\sqrt{1+f^2}}{\sqrt{1+f^2} - 1}\qquad(6-3)$$

由于 $e \ll D$，可取 $e \approx 0$。当 $f = 0.325$，则
$$D \geqslant 20\ d$$

由此可见，光辊破碎机只能用作中碎和细碎。齿形辊和槽形辊的 $\dfrac{D}{d}$ 值要小些，因为此时是依靠齿或槽纹咬住物料。实际上，前者 $\dfrac{D}{d} = 2 \sim 6$，后者 $\dfrac{D}{d} = 10 \sim 12$。

破碎辊的长度 L 虽然与生产率成正比，但是，由于长破碎辊的磨损极不均匀，所以，当破碎坚硬物料时，辊子的长度 $L = (0.3 \sim 0.7)D$；当破碎脆而软的物料时，特别是在辊径不大时，可取 $L = (1.25 \sim 2.5)D$。

因为辊压机的辊间单位压力很大，所以辊径较大，而长径比较小，一般为 $\dfrac{L}{D} = (0.35 \sim 0.7)$。

三、破碎辊的圆周速度

影响辊面圆周速度 v 的因素很多，如物料的物理力学性质、给料粒度及辊面形状等。辊面的圆周速度应保证最大的生产率、最小的功率消耗、均匀的产品粒度和最少的辊皮磨损。

破碎中硬矿石，破碎比等于 4 时的圆周速度 $v(\text{m/s})$ 可由下式计算：
$$v = \frac{1.27\sqrt{D}}{\sqrt[4]{\left(\dfrac{D+d}{D+e}\right)^2 - 1}}\qquad(6-4)$$

式中：D 的长度单位为 m。

辊子的圆周速度一般都是根据实践经验来选取的。通常，对于光辊破碎机，$v = 1.5 \sim 7$ m/s。对于齿辊破碎机，$v = 1.5 \sim 1.9$ m/s。物料越硬，给料粒度越大，或使用齿形辊面时，圆周速度应取小值。

近年来国外发展了一种高速齿辊破碎机，其圆周速度达 $8 \sim 10$ m/s，使给料中的大块物料在给料区附近即遭到破碎。这种齿辊破碎机不仅适用于破碎大粒度软的或中硬的物料，而且能破碎有明显解理或自然脆弱裂纹的硬物料。

辊式破碎机的生产率与它的转数呈正比。但当辊子的圆周速度太大时，物料就会产生迟滞现象，增加了物料与辊子之间的滑动距离。这时，不仅功耗增加，而且生产率也降低。在干式破碎时更加剧了粉尘的形成。所以，辊子的圆周速度不应超过某一极限值。

在破碎过程中，被破碎物料的运动速度是由零增加到破碎辊的圆周速度。这一速度的增加是由于辊子和物料之间存在着使物料得到加速的摩擦力之故。若辊子的圆周速度过大，物料不能及时得到等于辊子圆周速度的速度值，以致使物料块的运动落后于破碎辊。这样就增加了破碎辊对物料块的摩擦，使粉尘量增多，辊皮磨损加剧，能耗增加。所以，破碎辊的极限圆周速度应当这样选择：由于作用在物料块上的摩擦力而产生的加速度能在物料的破碎过程中，及时使物料块得到与破碎辊圆周速度相等的速度值。

破碎过程中物料块与辊子表面之间的摩擦力可按以下方法确定。

由图 6 - 13 可知,破碎辊作用在物料上的平均压力 P_c 沿其作用线方向移动的距离,可近似地确定为

$$S = oc - oa = \frac{d}{2} - \frac{e}{2}$$

两个破碎辊对物料所作的功 A 为

$$A = P_c(d - e) \qquad (6-5)$$

A 值应与破碎物料所耗之功相等。

破碎物料所耗之功可以根据体积假说

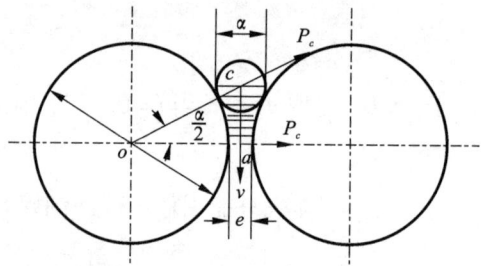

图 6 - 13　物料的破碎过程

导出的公式(2 - 5)来确定。

假设被破碎物料为球形,直径为 d_0 沿辊子长度分布的物料个数为 L/d,排料口宽度为 e,排出产品粒度为 e 的个数为 L/e。则破碎物料所耗之功为

$$A = \frac{\pi \sigma^2 L}{12E}(d^2 - e^2) \qquad (6-6)$$

由公式(6 - 5)和公式(6 - 6)可得出破碎辊作用在物料上的平均压力:

$$P_c = \frac{\pi \sigma^2 L}{12E}(d + e) \qquad (6-7)$$

两个破碎辊对物料作用的平均摩擦力的合力为

$$F_{co} = 2fP_c = \frac{f\pi \sigma^2 L}{6E}(d + e) \qquad (6-8)$$

在破碎过程中,物料向下运动时粒度是逐渐减小的。若破碎区不发生堵塞,给料量与排料量基本上是相等的。因此,可以近似地说:作用在物料上的平均摩擦力的合力 F_{co} 使它产生等加速度,其值为

$$a = \frac{F_{co}}{m} \qquad (6-9)$$

式中,m 表示一排直径为 d 的球形物料块的质量。若物料的密度为 γ,则

$$m = \frac{\pi d^2 \gamma L}{6} \qquad (6-10)$$

将公式(6 - 8)和公式(6 - 10)代入公式(6 - 9)中,可得物料运动的等加速度值:

$$a = \frac{f\sigma^2(d + e)}{E\gamma d^2} \qquad (6-11)$$

假定物料从给料口落到破碎辊表面上的初速度为零。为了使物料在与破碎辊表面接触的时间内得到等于破碎辊的圆周速度 v,其加速度必须等于

$$a_1 = \frac{v}{t} = \frac{360v^2}{\pi D \tan^{-1} f} \qquad (6-12)$$

为了避免物料的运动落后于破碎辊,必须满足下列条件:

$$a > a_1$$

由此可得破碎辊的极限圆周速度 $v'(\text{m/s})$ 为

$$v' = \sqrt{\frac{\pi D f \sigma^2(d + e) \tan^{-1} f}{360 E \gamma d^2}} \qquad (6-13)$$

由此可知，破碎辊的极限圆周速度与物料的物理力学性质、物料对辊皮的摩擦系数、辊径、给料粒度与排料口宽度有关。

四、生产率

计算辊式破碎机的生产率时，假设给料和排料是连续的，破碎产品呈断面为 Le 的连续带状，以速度 v 排出，故其计算公式为

$$Q = 188\mu LenD \tag{6-14}$$

式中：Q——生产率，m^3/h；

μ——给料与排料的不均匀系数，对于中硬物料，$\mu = 0.2 \sim 0.3$；对于黏、湿物料，$\mu = 0.5 \sim 0.6$；

n——辊子转速，r/s。

式中，长度单位取米。考虑到破碎时两个辊子不可避免地会由规定位置移开，因此，计算时应把规定的排料口宽度增加 $20\% \sim 30\%$，或按最大产品粒度选取。

齿辊破碎机的生产率也是用上式计算的。

五、电动机功率

辊式破碎机的功率消耗在物料的破碎、物料对辊皮的摩擦和轴颈在轴承内的摩擦。

根据公式(6-6)可以确定沿辊子长度分布的一排物料所需要的破碎功。设第一排给料刚移过一段距离 d，次一排物料块即被破碎辊啮住，则破碎辊每转所消耗的破碎功 $A_1(N \cdot m)$ 为

$$A_1 = A \cdot \frac{\pi D}{d} = \frac{\sigma^2 \pi^2 LD}{12Ed}(d^2 - e^2) \tag{6-15}$$

由此则得破碎物料所需功率 $N(kW)$ 的计算公式：

$$N_1 = \frac{A_1 n}{60 \times 1000} = \frac{\sigma^2 LDn}{72950Ed}(d^2 - e^2) \tag{6-16}$$

消耗于被破碎物料与辊皮之间的摩擦功率 N_2 按下式计算：

$$N_2 = fN_1 \tag{6-17}$$

消耗于破碎辊的轴颈在轴承中的摩擦功率 $N_3(kW)$：

$$N_3 = \frac{f_o P_o d_\delta n}{9550} \tag{6-18}$$

式中：f_o——轴颈与轴承间的摩擦系数；

P_o——两个轴承上的平均压力，N；

d_o——轴颈直径，m。

轴承上的平均压力是破碎力和辊子重力的合力。在计算中通常将轴承上的压力取破碎时作用在弹簧上的平均力的两倍。

所以，电动机功率 $N(kW)$ 为

$$N = (1+f)\frac{\sigma^2 LDn}{72950Ed} + \frac{f_o P_o d_o n}{9550} \tag{6-19}$$

辊式破碎机电动机功率通常按经验公式计算。

对于光面辊式破碎机，破碎中等硬度以上物料时的电动机功率(kW)为

$$N = 0.8KLv \qquad (6-20)$$

式中，K 为考虑给料和排料粒度的系数，$K = 0.6\dfrac{d}{e} + 0.15$。长度单位取米。

齿面辊式破碎机的电动机功率(kW)公式为

$$N = K_o LDn \qquad (6-21)$$

式中，K_o 为系数。破碎煤和焦炭时，$K_o = 0.85$。长度单位取米。

第三节　辊式破碎机的零件计算

一、保险弹簧的压力

在辊式破碎机中，破碎物料所需要的破碎力是靠装在活动辊子轴承上的弹簧压力造成的。该压力的大小与物料的物理力学性质、破碎比等有关。由于弹簧始终处在变载荷下工作，精确地确定弹簧压力的数值是十分困难的，因此，只能近似地计算。

假设沿辊子全长上均匀地布满物料，并且物料作用在辊子接触面上的压力也是均匀的。辊子压碎物料的面积为

$$F = L \cdot \frac{D}{2} \cdot \frac{\alpha}{2}$$

作用在弹簧上的总压力可近似地确定为

$$P = 0.25LD\alpha\sigma_o\mu \qquad (6-22)$$

式中：σ_o——辊子工作时对物料的单位压力，MPa。辊径小于 600 mm 时，取 $\sigma_o = 9$ MPa；辊径大于 600 mm 时，取 $\sigma_o = 14$ MPa。

μ——给料的不均匀系数，$\mu = 0.4 \sim 0.6$。

式中，长度单位取米，啮角 α 则用弧度代入。

弹簧压力 P 也可根据辊子长度按均布载荷 2.5 kN/cm ~ 6 kN/cm 来计算。

当掉入非破碎物时，弹簧还将产生附加压缩。假定正常工作时，弹簧的预加压缩量为 Δ。若掉入非破碎物的最大直径等于最大给料粒度 d 时，则弹簧产生的最大压缩量

$$\Delta_{max} = \Delta + d - e$$

由此，则可求得弹簧的最大压力：

$$P_{max} = P\frac{\Delta_{max}}{\Delta} \qquad (6-23)$$

P 与 P_{max} 可以作为计算破碎机零件强度的原始数据。

二、长齿齿轮的设计

在辊式破碎机的运转过程中，当非破碎物落入时，活动辊子由于压力增大而压缩保险弹簧向右移动，增大排料口宽度，以便排出过硬物料。保险弹簧压缩时，必然引起辊子的中心距发生变化。所以，为了使传动装置(见图6-2)中的两个齿轮不退出啮合，它们的齿高应当比标准齿高加长。长齿齿轮的齿廓形状是非标准形的，它是用圆弧取代渐开线齿形。这种齿

形不是采用切削法加工，而是采用铸造法加工齿轮，然后再手工修整。

齿高和齿廓形状必须允许辊子中心距的移动量为 20 mm，并保证齿根具有足够的强度。

长齿齿轮的齿数是根据铸造技术要求及传动精度误差小的条件来选择的。通常，应使基圆周节大于 80 mm。

长齿齿轮的基圆直径一般由辊径和排料口宽度来确定。齿高约为标准齿高的两倍。为了保证齿根具有足够的强度，基圆齿厚按 $S = (2 \sim 2.5)m$ 选取。式中 m 为齿轮模数，它按同轴的传动齿轮模数选取。

这种齿轮传动方式，不能保证传动比固定不变。

第七章 冲击式破碎机

第一节 概 述

冲击式破碎机是利用高速回转的锤子(板锤、圆环、钢棒)冲击物料,使其沿其自然裂隙、层理面和节理面等脆弱部分破碎。

冲击式破碎机的类型很多,如锤式破碎机、环式破碎机、反击式破碎机和笼式破碎机等。

锤式破碎机的基本结构如图7-1所示。物料给入破碎机后,即受到高速回转锤子的冲击而破碎。破碎了的物料从锤子处获得动能以高速冲向破碎板和筛条,同时还有物料间相互撞击而遭到进一步破碎。小于筛条缝隙的物料从缝隙中排出。个别大于缝隙的物料在筛条上再经锤子的附加冲击、研磨而破碎,达到合格粒度才从筛条缝隙中排出。

环式破碎机(见图7-2)与锤式破碎机的结构基本相同,只是工作零件是环形锤子。环形锤子装在销轴上,销轴安装在圆盘上。各圆盘之间有隔套,使环形锤子在破碎物料时彼此互不影响。圆环和齿环锤子相隔安装,以保证最好的破碎效果。环形破碎机主要用于破碎煤炭。

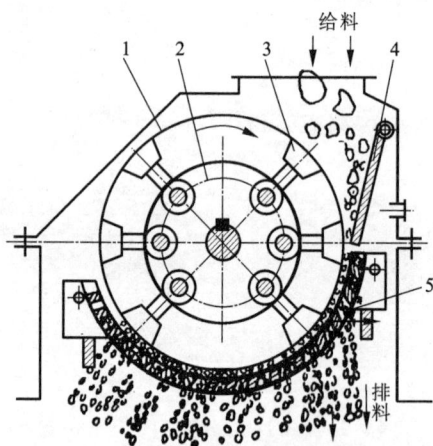

图7-1 锤式破碎机
1—机架;2—转子;3—锤子;4—破碎板;5—筛条

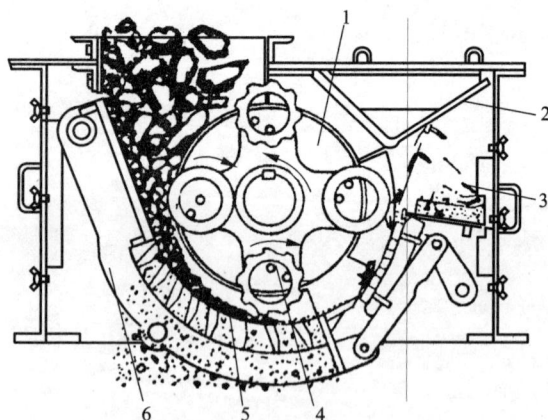

图7-2 环式破碎机
1—圆盘;2—挡板;3—非破碎物捕集区;4—销轴;5—筛条;6—筛条板

反击式破碎机的基本结构如图7-3所示。

矿石从进料口沿导矿板进入板锤打击区受到冲击破碎后,物料被高速抛向反击板,再次受到冲击破碎,然后又从反击板弹回到板锤打击区来,继续重复上述破碎过程。矿石在板锤和反击板间的往返途中,还有相互碰撞的作用。由于矿石受到板锤、反击板的多次冲击和相互间的碰撞，使得矿石不断地沿本身的节理界面产生裂缝、松散而破碎。当破碎后的矿石粒度小于板锤端部与反击板之间的缝隙时，就从机内下部排出，即为破碎后的产品。

反击式破碎机的工作原理与锤式破碎机基本相同，但结构与破碎过程却各有差异。反击式破碎机的板锤是固定安装在转子上，有反击装置和较大的破碎机空间。破碎时，能充分利用整个转子的能量，破碎比较大，可作为矿石的粗、中、细碎设备。锤式破碎机的锤子是以铰接的方式固定在转子上，破碎过大的矿石时，会产生锤子后倒——失速现象，转子的能量得不到充分利用，因此不能击碎大块矿

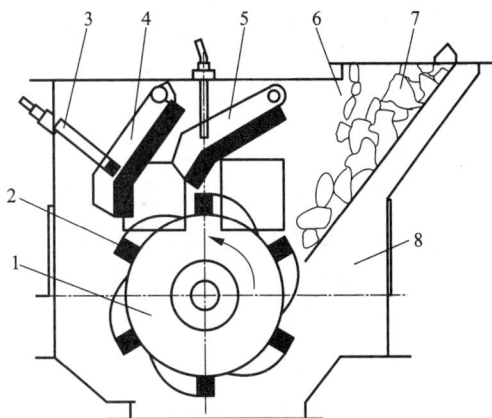

图 7-3　反击式破碎机

1—转子；2—板锤；3—拉杆；4—第二级反击板；
5—第一级反击板；6—链条；7—进料口；8—机体

石。矿石的反击和相互碰撞次数也较少。当矿石没有被破碎到要求的粒度时，还要依靠锤子对卡在机器下部筛条上的矿石进行附加冲击和研磨破碎。通常，锤式破碎机用作矿石的中、细碎设备。

笼式破碎机(图 7-4)由两个相向回转的转子组成。每个转子各有自己的转轴。在转轴的圆盘上，同心地安装几圈钢棒。钢棒是这样排列的，即一个转子的钢棒圈位于另一转子的两排钢棒圈之间。

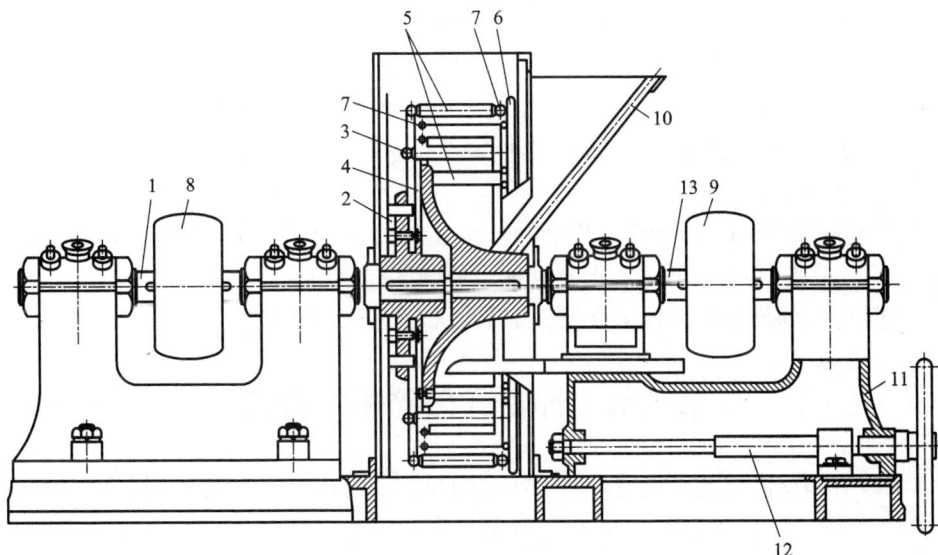

图 7-4　笼式破碎机

1、13—转轴；2、4—轮毂；3、6—圆盘；5—钢棒；7—圆环；8、9—传动轮；10—给料漏斗；11—机架；12—定位螺栓

破碎物料经给料漏斗进入破碎机的中间部分，散开以后，就落入钢棒的运动区中(见图7-5)。物料块受到最内层钢棒的打击以后，被抛向下一排钢棒。这排钢棒与前一排的转动方向相反。物料受到第二排钢棒打击以后，再次被破碎，然后再被抛向第三排。这样破碎下去，最后，破碎产品由破碎机的底部排出。

笼式破碎机的规格用工作圆盘的直径和转子的宽度表示。这种破碎机用于破碎极软、而且又脆的物料。

冲击式破碎机与其他型式的破碎机相比，具有下列优点：

图 7-5　物料在笼形破碎机内的通过途径

(1)利用冲击原理进行破碎，使矿石沿节理、层理等脆弱面破碎，破碎效率高，能量消耗少，产量大，产品粒度均匀，过粉碎现象少；

(2)破碎比大。锤式、环式、笼式破碎机的破碎比一般为 10~15，最高可达 40 左右。反击式破碎机的破碎比更大，可达 150 以上，因而破碎段数可以减少，简化了生产流程，减少了基建投资；

(3)机器构造简单，加工量少，成本低，操作维修也较简便；

(4)具有选择性破碎的特点，即比重大的矿石，破碎后粒度小，比重小的矿石，破碎后粒度大，有利于矿物的选别；

(5)设备自重轻，工作时没有明显的不平衡振动，不需笨重的基础。

冲击式破碎机的最大缺点是：锤子、圆环、板锤和圆棒的磨损较大。矿石愈硬，则磨损愈快，因此，不适于破碎坚硬矿石。当矿石中的水分大于 9% 或含有黏性物料时，对锤式破碎机，筛条易堵塞。对反击式破碎机，则反击板表面易黏结，减少了破碎空间，从而降低了生产率，有时也会造成设备事故。

目前，冲击式破碎机已在水泥、化学、电力、冶金、煤炭等工业部门广泛用来破碎各种物料，如石灰石、炉渣、焦炭、煤、石棉及其他中等硬度的物料。

冲击式破碎机的规格是以转子直径 D 和转子长度 L 来表示。

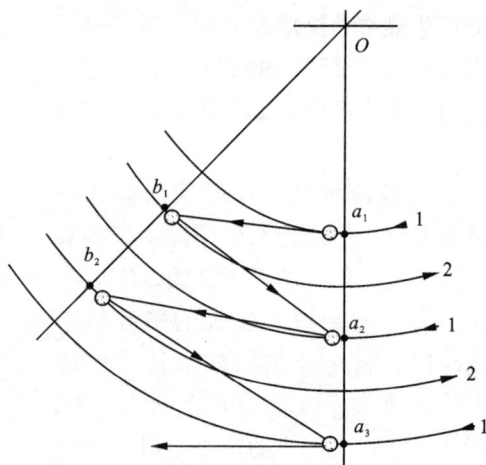

第二节　冲击式破碎机的构造

锤式破碎机和反击式破碎机在各个工业部门得到广泛应用。下面就介绍这两种破碎机的构造。

一、锤式破碎机

锤式破碎机的结构型式见表7-1。在工业部门中最常用的是单转子的、不可逆的、多排的、带铰接锤子的锤式破碎机。

表 7-1 锤式和反击式破碎机分类表

			不 可 逆 式		可 逆 式
单转子	锤式	单排锤头			
		多排锤头			
	反击式	不带均整栅板			
		带均整珊板			
			同 向 旋 转	反 向 旋 转	相 向 旋 转
双转子	锤式	转子位于同水平			
	反击式	转子位于同水平			
		转子位于不同水平			

图 7-6 表示 ϕ1600 mm × 1600 mm 单转子、不可逆、多排、铰接锤子的锤式破碎机。它适用于破碎石灰石、煤、石膏或其他中等硬度的物料,其表面水分不得超过 2%。这种机器是由传动装置、转子、格筛和机架等几个部分组成。

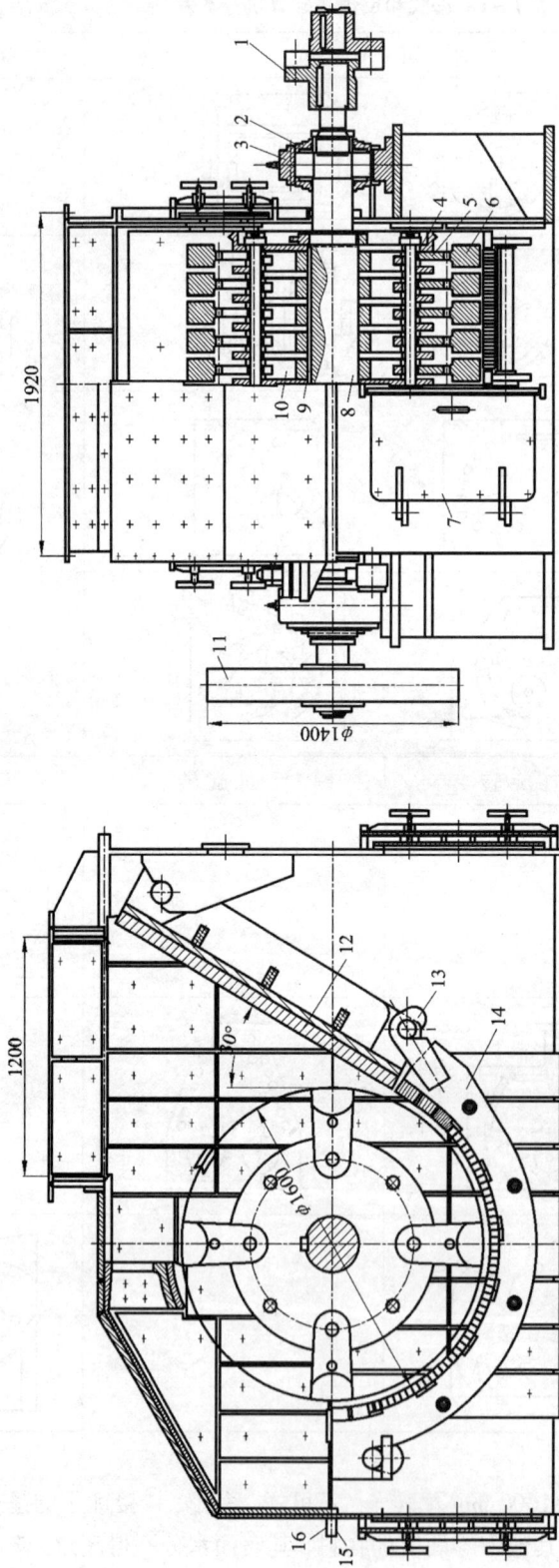

图7-6　φ1600×1600锤式破碎机

1—弹性联轴节；2—球面调心滚柱轴承；3—轴承座；4—销轴；5—销轴套；6—锤头；7—检查门；8—主轴；
9—间隔套；10—圆盘；11—飞轮；12—破碎机；13—横轴；14—格筛；15—下机架；16—上机架

电动机通过弹性联轴节直接带动主轴旋转。主轴转数为 600 r/min。主轴通过球面调心滚柱轴承安装在机架两侧的轴承座中。轴承采用干油润滑。

为了避免破碎大块物料时，锤子的速度损失不致过大和减小电动机的尖锋负荷，在主轴的一端装有飞轮。

转子采用组合式结构，由主轴、圆盘和锤子等零件组成。主轴上装有 11 个圆盘，并用键与轴刚性地联接在一起。圆盘间装有间隔套。锤子位于圆盘的间隔内，铰接地悬挂在销轴上。圆盘上配有第二组销轴孔。当锤子磨损 20 mm 后，为了更充分地利用锤子材料，可将锤子及销轴移到第二组孔内安装，继续进行破碎工作。

锤子是锤式破碎机中最易磨损的零件。锤子的磨损与矿石的物理力学性质、材料和转子的圆周速度等因素有关。通常，锤子的材料采用高锰钢或冷硬铸铁。

格筛设在转子的下方，它由弧形筛架和筛板组成。筛板上铸有筛孔，筛孔略呈锥形，内小外大，以利排料。锤子端部与筛板表面的间隙可以通过调节格筛的位置来控制。格筛左端与机架内壁有一间隔空腔，便于非破碎物从此空腔排出机外，防止机件损坏。格筛的右上方装有平面破碎板或齿形破碎板。

锤式破碎机的机架是用钢板焊成箱形结构。机架沿转子中心分成上，下机架两部分，彼此用螺栓固定在一起。机架的上方有给料口。机架的内壁(与物料可能接触的地方)装有高锰钢衬板。为了便于维修，在上、下机架的两侧均设有检查门。

设计机架内部腔形时，应尽可能地降低鼓风量，减少粉尘污染。为此，可使进料口与排料口的风压等于大气压力。由于转子旋转而产生的空气流封闭在机器内部，形成环流运动，从而可使鼓风量为零。因此，必须合理地选取锤子端部与筛板表面间的间隙 a 和锤子端部与上机架后室顶盖板之距离的比值 $\frac{a}{b}$。这个比值可用实验方法确定。当 a 值一定时，b 值可用间隙调节板来控制，以便得到最理想的比值。

单转子锤式破碎机除了上述不可逆式以外，还有一种可逆式。这种机器的特点是转子可以逆转，目的是减少机器因更换锤子所造成的停车时间。当锤头的一侧磨损后，可将转子反转，利用锤头未磨损的一侧继续工作。因此，机器的零部件需制成对称形，给料口必须设在机器的上方中部。这种机器多用于煤的破碎。其他物料的破碎则多用不可逆式锤式破碎机。单转子破碎机的型式及基本参数见表 7-2。

表 7-2　单转子锤式破碎机的型式及基本参数

| 型号 | 型式 | 转子直径×长度 /mm×mm | 转子转数 /(r·min⁻¹) | 产量 /(t·h⁻¹) | 电机功率 /kW | 破碎物料 | | | |
						物料名称	表面水分/%	最大进料块度/mm	出料粒度/mm
PC-88	不可逆式	800×800	1000	35~45	75	石灰石	≤2	≤120	≤15
PC-1010		1000×1000	1000	60~80	135			≤200	≤15
PC-1212		1250×1250	750	90~110	180			≤200	≤20
PC-1414		1400×1400	750	160~180	280			≤250	≤20
PC-1616		1600×1600	600	220~280	480			≤350	≤20

续表 7-2

型号	型式	转子直径×长度 /mm×mm	转子转数 /(r·min⁻¹)	产量 /(t·h⁻¹)	电机功率 /kW	破碎物料			
						物料名称	表面水分 /%	最大进料块度 /mm	出料料度 /mm
PCK-66	可逆式	600×600	1250	15~30/7.5~15	55	煤/石灰石	≤9/≤2	≤80/≤40	≤3
PCK-88		800×800	1250	50~70/25~35	115				
PCK-1010		1000×1000	1000	100~130/50~65	280				
PCK-1212		1250×1250	750	150~180/75~90	320				
			75	200/100	380				
PCK-1413		1430×1300	1000	400/200	550				

注：1. 可逆式锤式破碎机的出料粒度中，≤3 mm 的粒度不得少于80%；
　　2. 表中 PCK 系列带有/的参数，其分子为煤的参数，分母为石灰石的参数，型号中的 K 为可逆式的代号；
　　3. 超过 PC 系列规格的产品，按产量 500 t/h 和 750 t/h 规格发展。

一种破碎金属切削的锤式破碎机如图 7-7 所示。它使金属切削的松散体积减小 3~8 倍，便于输送至冶炼炉进行冶炼。锤子呈钩形，对物料施加剪切、拉撕作用而破碎。

二、反击式破碎机

这是一种高效率的破碎设备，它在水泥和电力工业部门得到广泛应用。反击式破碎机的分类见表 7-1。最常用的反击式破碎机是单转子、不可逆的。为了简化流程，也采用双转子反击式破碎机。图 7-8 是 φ500×400 单转子反击式破碎机的构造图。这种破碎机主要由上下机架、转子、反击板等组成。电动机经三角皮带传动而使转子高速回转，迎着矿石下落方向进行冲击而使矿石不断破碎至小颗粒后由机体下部排出。

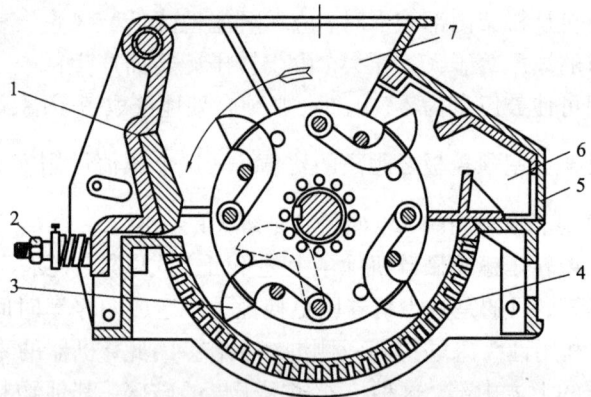

图 7-7　BJD 型破碎金属切削的锤式破碎机
1—衬板；2—弹簧；3—锤子；4—筛条；5—小门；6—非破碎物收集区；7—给料部

转子上固定着三块板锤。板锤用高锰钢材料铸造而成。转子本身用键固定在主轴上。主轴的两端借助滚动轴承支承在下机架上。

反击板的一端通过悬挂轴铰接于机架上部，另一端由羊眼螺栓利用球面垫圈支承在机架上的锥面垫圈上。反击板呈自由悬挂状态置于机体内部。调节羊眼螺栓上的螺母位置，可以改变反击板和转子间的间隙，当机器中进入不能破碎的铁块时，反击板受到较大的压力而使羊眼螺栓向上及向后移开，使铁块等物体排出，从而保证了机器不受破坏。反击板在自身的重力作用下，又恢复到原来的位置，以此作为机器的保险装置。

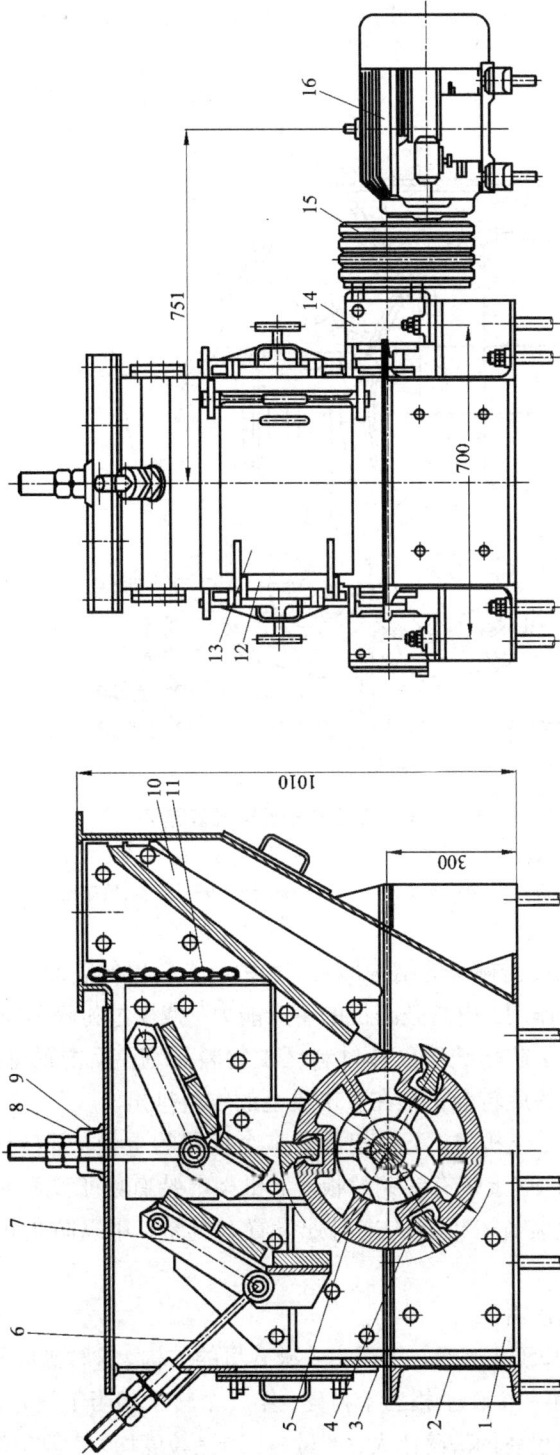

图7-8 φ500×400单转子反击式破碎机

1—防护衬板；2—下机体；3—上机体；4—锤头；5—转子；6—羊眼螺栓；7—反击板；8—球面垫圈；9—锥面垫圈；10—给矿溜板；11—链幕；12—侧门；13—后门；14—滚动轴承座；15—皮带轮；16—电动机

　　为了获得最好的破碎效果，物料与反击板的表面应呈垂直碰撞。反击板的表面形状有折线形(见图 7 -8)和渐开线形等。由于渐开线形反击板制造困难，故采用多段圆弧组成的近似于渐开线形的反击板(见图 7 -9)。

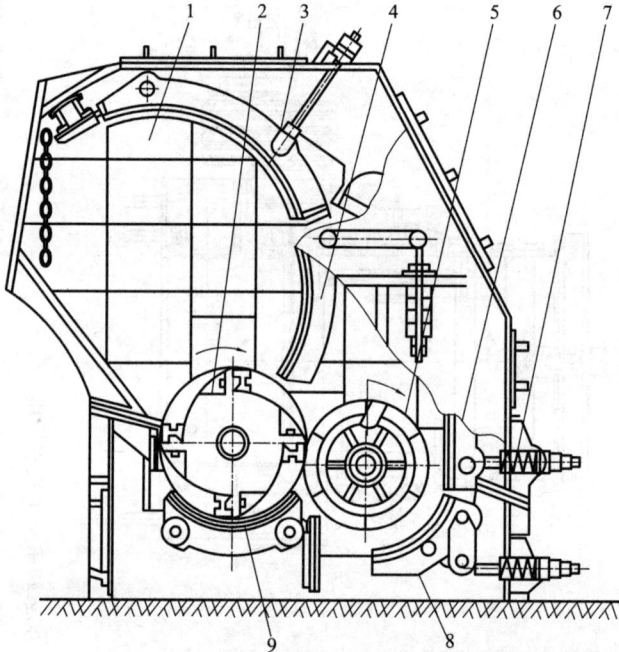

图 7 -9　φ1250 × 1250 双转子反击式破碎机

1—机体；2—第一级转子；3—第一反击板；4—分腔反击板；5—第二级转子；
6—第二反击板；7—调节弹簧；8—第二均整栅板；9—第一均整栅板

　　反击板也可造成反击辊和反击栅条的结构形式。这种反击装置的表面也可做成折线形或各种弧形。它们主要是起筛分作用，提高破碎机的生产能力，减少过粉碎和降低功率消耗。

　　破碎黏湿性的物料时，为了防止破碎区和排料区被物料堵塞，反击辊可采用回转式的。各回转辊由链条带动，回转辊的旋转会将粘在反击辊上的物料排出。

　　机架沿转子轴心线分成上、下机架。下机架承受整个机器的重量，并借地脚栓固定于地基上。上、下机架在破碎区的内壁上装有锰钢衬板。上机架上装有便于观察和检修用的侧门及后门，在门上镶有橡皮防尘装置。机器的进料处设置有链幕，用以防止物料破碎时飞出机外。

　　破碎机的滚动轴承用干油润滑。

　　图 7 -9 表示 φ1250 mm ×1250 mm 双转子反击式破碎机的结构。这种破碎机相当于两个单转子反击式破碎机串联使用。第一个转子相当于粗碎，第二个转子相当于细碎，所以可同时作为粗、中、细碎设备使用。这种设备的破碎比大，产量高，产品粒度均匀，但功率消耗大。

　　双转子反击式破碎机主要由平行排列、有一定高度差(两转子中心连线与水平线的夹角约 12°)的两个转子和上、下机体及第一级、第二级破碎腔的反击板等组成。两个转子分别由两台电动机经过弹性联轴节、液力联轴器、三角皮带组成的传动装置带动，按同向高速回转。

第一级转子将物料从 -850 mm 破碎至 100 mm 左右排入第二级破碎腔，第二级转子继续将物料破碎至 -20 mm，并从机体均整栅板处排出。

反击式破碎机的基本参数见表 7-3 和表 7-4。

表 7-3　单转子反击式破碎机的基本参数

型号	转子尺寸 /mm×mm	最大给料尺寸 /mm	出料粒度 /mm	产量 /(t·h⁻¹)	转子转数 /(r·s⁻¹)	电动机功率 /kW	机器外形尺寸 /mm×mm×mm	机器重量（不计电器）/t
PF-0504	φ500×400	100	<20	4~10	960	7.5	1305×996×1010	1.35
PF-1007	φ1000×700	250	<30	15~30	680	40	2170×2650×1850	5.54
PF-1210	φ1250×1000	250	<50	40~80	475	95	3357×2255×2460	15.24

表 7-4　双转子反击式破碎机的基本参数

型号	转子尺寸 /mm×mm	最大给料尺寸 /mm	出料粒度 /mm	产量 /(t·h⁻¹)	电动机功率/kW		转子线速度/(m·s⁻¹)	
					第一转子	第二转子	第一转子	第二转子
2PF-0606	φ650×650	350	<20	20~30	28	28	25~35	40~50
2PF-1010	φ1000×1000	450	<20	50~70	60	75	25~35	40~50
2PF-1212	φ1250×1250	850	<25	100~140	130	155	25~35	40~50
2PF-1622	φ1600×2250	1100	<25	260~340	320	380	25~35	40~50
2PF-2022	φ2000×2250	1200	<25	440~560	570	650	25~35	40~50
2PF-2030	φ2000×3000	1400	<25	750~1000	1250	1250	25~35	40~50

随着近代机器制造业科学技术的发展，以及适于高速、重负荷滚动轴承和耐磨材料的出现，这为反击式破碎机的进一步发展，提供了物资基础，而反击式破碎机的选择性破碎和大破碎比等优点，使其发展速度和使用范围，在较短的时间内迅速地超过了其他型式的破碎机。目前，世界上各主要工业国家都已发展和生产了各种类型的反击式破碎机，其中包括给料粒度可达 2 m 的粗碎用反击式破碎机和产品粒度小于 3 mm 的细碎用反击式破碎机。

第三节　冲击式破碎机的结构参数和工作参数

一、结构参数

1. 转子直径 D 及长度 L

在一定的转子线速度条件下，转子直径是影响公称破碎比、转子长度是影响产量的主导因素。转子直径一般是根据最大给料粒度 d_m 来决定的。转子直径对破碎比、生产率及能耗等性能指标有很大的影响。若锤子与物料为非完全弹性正碰撞时，消耗于破碎物料的能量为

$$A = (1-k^2)\frac{Mm_2}{2(M+m_2)}(v^2 - v'^2) \tag{7-1}$$

式中：k——弹性恢复系数，随转子线速度而变。一般取 $k=0.1$；

　　　　M——锤头折算到打击中心的质量，kg；

　　　　m——物料质量，kg；

　　　　v——转子线速度，m/s；

　　　　v'——碰撞前物料沿撞击方向的线速度，m/s，设 $v'=0$。

　　由公式（7-1）可知，锤头作用在物料上的冲击能量随它们质量差值的增大而增大。通常，转子直径与最大给料粒度之比为 4～8，用于粗碎的大型破碎机则近似地取为 2。

　　对于锤式破碎机，转子直径可按下式选取：

$$D = 3d_m + 550 \text{（mm）} \tag{7-2}$$

　　对于反击式破碎机，转子直径按不同用途选取：

用于粗碎时　　　　　$D = (1.5 \sim 3)d_m$

用于中碎时　　　　　$D = (3 \sim 10)d_m$

用于细碎时　　　　　$D \geqslant 10d_m$ $\tag{7-3}$

转子长度视机器生产值能力的大小而定。转子长度与转子直径的比值一般为 0.7～1.5。但是，在任何情况下，$L > 1.5d_m$。

　　2. 给料口的宽度和长度

　　锤式破碎机的给料口宽度 $B > 3d_m$。反击式破碎机的给料口宽度 $B \approx 0.7D$。给料口长度与转子长度相同。

　　3. 排料口尺寸

　　锤式破碎机的排料口尺寸由筛条间隙控制，一般按入磨粒度要求来确定。当破碎脆性物料时，为了提高生产率，可以增大筛条间隙。为了防止物料堵塞，筛条间隙的配置应是内窄外宽。若破碎产品粒度为 b，粗碎时筛条间隙为 $(1.5 \sim 2)b$，锤子端部与筛条内表面的最小间隙为 $(1.5 \sim 2)b$；细碎时筛条间隙为 $(3 \sim 5)b$，锤子端部与筛条内表面间隙为 $(2 \sim 4)b$。

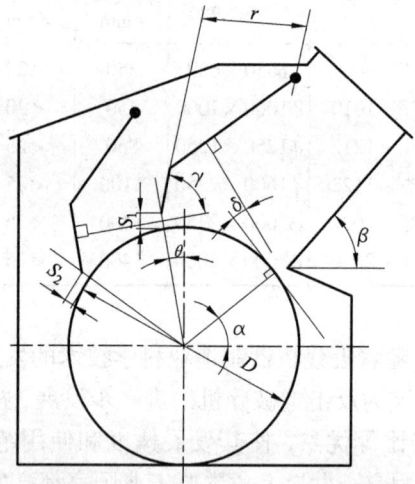

图 7-10　反击式破碎机的基本结构尺寸

　　反击式破碎机的排料口尺寸近似确定如下：
$S_{1min} \approx 0.1D，S_{2min} \approx 0.01D$（见图 7-10）。

　　4. 给料方式与给料导板的倾角

　　锤式破碎机要求给料块有一定的垂直下落速度，故给料口一般都设置在机架的上方。

　　反击式破碎机的工作特点是要求给料块沿导板给入。因此，给料导板的倾角 β（见图 7-10）不应小于 50°，否则会容易引起料块的堆积。给料导板的卸载点通常位于板锤回转 30°左右处（水平线开始），冲击效果较好。角度过小（即卸载点过低）时，更易于料块堆积，从而导致板锤和转子体的磨损加剧。

　　5. 反击板的悬挂位置

　　它直接影响设备的处理能力。θ 角小，则料块在锤击区的冲击破碎次数增多，可以获得较大的破碎比。通常，$0° < \theta < 65°$，$r = (0.17 \sim 0.2)D$，$\gamma = 55° \sim 65°$，$\delta \approx 1° \sim 2°$。

6. 锤子质量及排数的确定

锤子的质量对物料的破碎效果和能量消耗的影响很大。若质量选得过小，则可能满足不了锤击一次就将物料块破碎的要求；若选得过大，则无用功耗增加，这也是不经济的。因此，锤子质量一定要满足锤击一次使物料块破碎，并使无用功耗降到最低值，同时还必须不使锤子过度向后偏倒。为此，首先确定锤子的最小极限质量。

锤子的锤头与物料块为非完全弹性碰撞。根据动量－冲量定理，作用在物料上的破碎力 P 可参考公式（7－37）确定。由于物料受高速冲击作用而破碎，其瞬时破碎应力 $\sigma_0 \approx \frac{1}{10}\sigma_压$（Pa）。设最大给料块为球形，其最大直径用 d 表示。由此，则可得出在物料最大断面处的应力：

$$\sigma_0 = \frac{P}{\frac{1}{4}\pi d^2} \tag{7-4}$$

将公式（7－37）代入上式，并设物料块的质量 $m = \frac{\pi d^3 \gamma}{6}$，经化简后，可得锤子折算到打击点的最小质量 $M(\text{kg})$ 的计算公式：

$$M = \frac{0.0157\sigma_0\gamma d^3}{8\gamma d(1+k)v^{\frac{3}{2}} - 0.03\sigma_0} \tag{7-5}$$

式中，γ 为物料块的密度，kg/m³。

从公式（7－5）可知，锤子质量是被破碎物料的粒度、物理力学性质和转子线速度的函数。

锤子打击料块后，必然会产生速度损失。如果锤子打击料块后，其速度损失过大，就会绕销轴向后偏倒。这时，由于锤子速度减小，不能立即恢复正常工作位置（甩开呈放射状），因而在下一次与料块相遇时，它会枉然通过而破碎不了物料。所以，这就要求锤子打击料块后的速度损失不宜过大。由实践得出锤子打击料块后的允许速度损失随着破碎机的规格大小而变，一般在 40% ~ 60% 的范围内。根据碰撞理论动量相等的原理按照允许的速度损失，可以求得锤子折算到打击点处的质量：

$$M = (0.7 \sim 1.5)m \tag{7-6}$$

根据质量代换法，锤子的实际质量 M_0 可按下式计算：

$$M_0 = M\left(\frac{r}{r_0}\right)^2 \tag{7-7}$$

式中：r——锤子的打击点到悬挂点的距离，m；

r_0——锤子的重心到悬挂点的距离，m。

锤子冲击物料块时，最理想的状态是在锤头端部侧面的正向碰撞，而不希望与锤头端部有摩擦或斜碰撞。因为这样不仅冲击效果差，而且易将锤头端部迅速磨损。因此，正确地选择锤子排数对锤式破碎机和反击式破碎机有着重要意义。

设物料块从给料口落到锤子作用区边缘的垂直高度为 H。若物料块从给料口开始下落的初速度为零时，则落到锤子作用区边缘的速度为

$$u = \sqrt{2gH} \tag{7-8}$$

式中，g 表示重力加速度，$g = 9.81 \text{ m/s}^2$。

设物料块进入锤子作用区的深度为 h，时间为 t。令 $h = \frac{1}{2}d_{\max}$，则料块的运动方程式为

$$\frac{1}{2}d_{\max} = ut + \frac{1}{2}gt^2 \tag{7-9}$$

联立解公式(7-8)和公式(7-9)可得

$$t = -\sqrt{\frac{2H}{g}} \pm \sqrt{\frac{2H + d_{\max}}{g}} \tag{7-10}$$

因为 t 不可能等于负值，故式中第二项取正号。

若在转子的圆周方向上有 K 个锤子，则第一个锤子转到邻近一个锤子的时间为

$$t_0 = \frac{60}{kn} \tag{7-11}$$

式中，n 表示转子的转数。

为了保证锤头的侧面与物料块正向碰撞，必须使 $t_0 \geq t$，即

$$\frac{60}{Kn} \geq \sqrt{\frac{2H + d_{\max}}{g}} - \sqrt{\frac{2H}{g}}$$

故在转子圆周方向上的锤子个数为

$$K \leq \frac{1}{\dfrac{n}{60}\left(\sqrt{\dfrac{2H + d_{\max}}{g} - \dfrac{2H}{g}}\right)} \tag{7-12}$$

式中，长度单位用 m 表示。

通常，对于锤式破碎机，$K = 3 \sim 6$。沿转子长度方向有 $6 \sim 20$ 个锤子。锤子沿长度方向交错排。

反击式破碎机的板锤数目与转子直径有关。转子直径小于 1 m 时，板锤可选用 3 个；直径为 $1 \sim 1.5$ m 时，可选用 $4 \sim 6$ 个；直径 $1.5 \sim 2$ m 时，可选用 $6 \sim 10$ 个。物料较硬和破碎比较大时，板锤数目要多些。

二、工作参数

1. 转子的转数 n

转子的转数是冲击式破碎机最重要的工作参数。它影响着破碎机的破碎效率、破碎比和生产能力。转子的转数按下式计算：

$$n = \frac{60v}{\pi D} \tag{7-13}$$

作用在物料上的冲击破碎力是转子线速度的函数。为了保证物料在受冲击的瞬间所产生的冲击破碎力能使物料破碎，则转子的圆周速度(严格地说应是在冲击点的线速度)按下式计算：

$$v = (1 - \mu^2)^{\frac{1}{3}} \cdot \sqrt{\frac{1}{\gamma} \cdot \frac{\sigma_{\text{压}}^{\frac{5}{6}}}{E^{\frac{1}{3}}}} \tag{7-14}$$

式中，μ 表示物料的泊松比。

对于反击式破碎机,转子线速度可用下式计算:

$$v = 0.02 \sqrt[3]{\left(\frac{\sigma_0}{\gamma b}\right)^2} \qquad (7-15)$$

式中,b 表示产品的最大粒度,单位为 m。

由于公式(7-14)和公式(7-15)没有反映出破碎比这一因素,所以计算的转子线速度只能作为选取转子转数时的参考。虽然转子线速度愈高,破碎比愈大,但锤头磨损也快,功耗也大。因此,在满足产品粒度要求的情况下,转子的线速度应偏低选取。生产实践表明,锤式破碎机碎煤时转子的线速度通常为 50 ~ 75 m/min;破碎石灰石时的线速度为 40 ~ 55 m/min。反击式破碎机的转子线速度为 30 ~ 50 m/min。

2. 生产率

由于锤式破碎机与反击式破碎机的结构和破碎过程不同,所以计算生产率的公式也不同。

锤式破碎机的生产率计算公式可用下述方法导出。

假设格筛筛孔同时排出已破碎的物料体积为

$$V_0 = L_0 abz$$

式中:L_0——格筛长度,m;

　　a——格筛内表面的筛孔宽度,m;

　　b——排料粒度,m;

　　z——筛孔数目。

为避免格筛的堵塞,已破碎的物料通过格筛的时间应等于锤子扫过格筛的时间,即

$$t = \frac{\alpha D}{2v} = \frac{30\alpha}{\pi n}$$

式中,α 为格筛所对的中心角(弧度)。

若计入排料不均匀系数 μ,则单位时间内排出的物料体积 V 为

$$V = \frac{V_0}{t} = \frac{\pi n L_0 abz\mu}{30\alpha}$$

设 $\alpha = \pi$,物料的松散容重为 $\delta(\mathrm{N/m^3})$,则破碎的小时生产率 $Q(\mathrm{N/m^3})$ 为

$$Q = 120 n L_0 abz\mu\delta \qquad (7-16)$$

式中,$\mu = 0.05 \sim 0.2$。小型破碎机取小值,大型破碎机取大值。

锤式破碎机用于破碎中等硬度物料,破碎比 $i = 15 \sim 20$ 时,其生产率可用下式计算:

$$Q = (30 \sim 45) DL\delta \qquad (7-17)$$

锤式破碎机破碎焦煤时,其生产率为

$$Q = \frac{kLD^2\left(\frac{n}{60}\right)^2}{i-1} \qquad (7-18)$$

式中,k 为物料硬度和破碎机结构型式的影响系数,破碎炼焦用煤时,$k = 15$。

反击式破碎机的生产能力可按下式计算:

$$Q = 60 K_1 C(h+s) bLn\delta \qquad (7-19)$$

式中:K_1——理论生产能力与实际生产能力的修正系数,一般取 0.1;

C——板锤数目;

h——板锤的锤头高度,m;

s——锤头端部与反击板间的距离,m;

b——排料粒度,m。

3. 电动机功率

冲击式破碎机的功率消耗与很多因素有关,但主要取决于物料的物理力学性质,转子的线速度,破碎比和生产能力。冲击式破碎机在运转时必须克服机壳内部的空气阻力。因此,破碎机的功率消耗除了计入破碎物料的有用功耗及轴承摩擦的无用功耗外,尚须考虑由于风阻而引起的无用功耗。

破碎物料的有用功耗 N_1 可按下式计算:

$$N_1 = WQ$$

式中:W——粉碎物料的单位功耗,按公式(2-7)计算;

Q——破碎机的生产能力,t/h。

轴承的摩擦功耗 N_2 用下式计算:

$$N_2 = \frac{f_0 P_L \gamma n}{9550}$$

式中:f_0——轴承的滚动摩擦系数;

P_L——轴承负荷,N;

r——轴颈半径,m。

风流阻力的功耗 N_3(kW)用下式计算:

$$N_3 = \frac{Lhpv}{1000}$$

式中:h——锤头高度,m;

p——机壳内部的风压,可取 $p \approx 4$ kN/m^2。

因此,电动机的功率 N(kW)为

$$N = N_1 + N_2 + N_3 \tag{7-20}$$

一般 $N_2 + N_3 \approx (20\% \sim 30\%) N_1$。

破碎机的电动机功率可以根据实践资料来选取。

$$N = KQ \tag{7-21}$$

式中,K 称为比功耗(kW/t)。比功耗视待破碎物料的物理力学性质、转子线速度、机器的结构特点和破碎比而定。对中等硬度的石灰石,锤式破碎机取 $K = 1.4 \sim 2$;反击式破碎机取 $K = 0.5 \sim 2$;对煤取 $K = 0.8 \sim 1.5$。粗碎时取偏小值,细碎时取偏大值。转子线速度高时取大值,反之取小值。

第四节　冲击式破碎机的动力学

冲击式破碎机是属于高速运转的机器,为了使其稳定运转正常地进行工作,首先必须使它的转子获得静力平衡和动力平衡。如果转子的重心不在它的几何中心线上,则产生静力不平衡现象;若转子的回转中心线和其几何中心线相交,则将产生动不平衡现象。这两种不平衡现象,都会产生很大的惯性力和惯性力矩,从而引起机器的不稳定运转,使机器的主轴、轴承和机架等部件受力情况恶化,降低零件的使用寿命,特别是在轴承上产生周期性的冲击负荷,使轴承发热甚至碎裂。影响机器稳定运转的因素,除了转子的平衡问题外,还有由于不平衡而引起机器的振动以及锤头击碎矿块时产生的冲击力的反力等因素,所以,除了在制造上要保证转子的静力平衡和动力平衡外,还必须进行动力学计算。

一、锤子的动力学

由于锤式破碎机的锤子是铰接悬挂在转子的销轴上,若锤子的销孔位置不正确,当锤子的锤头与物料块冲击时,将在锤子销轴、转子圆盘、主轴及轴承上产生反作用力。

为了使锤式破碎机工作时,在锤子销轴上不产生反作用力,必须对锤子进行碰撞平衡计算。

锤子的锤头与物料块为非完全弹性碰撞。根据动量－冲量定理,作用在锤头端部侧面的碰撞冲量 S 可按下式确定(图 7－11):

$$S = M(u - v) \tag{7-22}$$

设锤头与物料块为正碰撞,且物料块碰撞前的速度为零,则锤子碰撞后的线速度 u 为

$$u = v - (1+k)\frac{m}{M+m}v \tag{7-23}$$

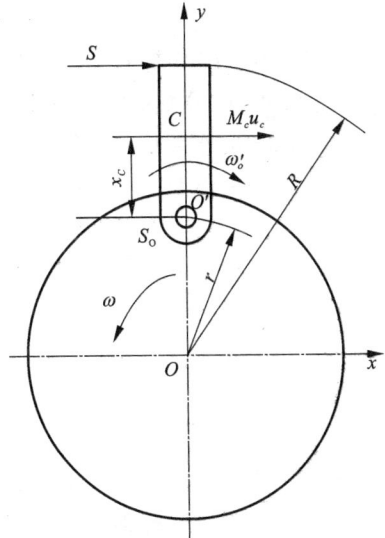

图 7－11　转子的分析

将公式(7－23)代入公式(7－22)中,则得

$$S = (1+k)\frac{Mm}{M+m}v \tag{7-24}$$

锤子铰接于销轴上。碰撞前,锤子相对于销轴是处于静止状态。碰撞后,由于冲量 S 的作用,锤子绕销轴逆转子的旋转方向转动。根据碰撞时质点系动量矩的变化,锤子绕销轴转动的角速度 $\omega_{0'}$ 为

$$\omega_{0'} = \frac{S(R-r)}{J_{0'}} \tag{7-25}$$

式中:R——锤子与物料块碰撞时的打击点至转子轴心的距离,m;

r——转子轴心至销轴轴心的距离,m;

$J_{0'}$——锤子对销轴轴心的转动惯量。

锤子与物料块碰撞的同时也产生了销轴反作用的碰撞冲量 $S_{o'}$。设 u_c 表示碰撞后锤子重心的相对速度,其方向与转子的回转方向相反。碰撞前锤子重心的相对速度 v_c 为零。根据碰撞时质点系动量的变化等于所有作用于该质点系的外碰撞冲量之和,即

$$Mu_c - Mv_c = \sum S = S + S_{o'}$$

因为 $v_c = 0$,故得

$$S_{o'} = (1+k)\frac{Mn}{M+m}v\left(\frac{M_c x_c(R-r) - J_{0'}}{J_{0'}}\right) \tag{7-26}$$

式中：M_c——锤子的质量，kg；

　　　x_c——销轴轴心到锤子重心的距离，m。

作用在销轴上的碰撞冲量的向量，按大小等于 $S_{o'}$，而方向则与之相反。

作用在销轴上的作用力 $P_{o'}$ 为

$$P_{o'} = \frac{2S_{o'}}{t} \qquad (7-27)$$

式中，t 表示冲击作用时间，$t = 0.005v^{-0.5}$ s。实验表明，料块质量与锤子质量之比，在 1:40 到 1:60 之间时，$t = 0.0012 \sim 0.0016$ s。

根据作用与反作用相等定律，作用在销轴上的冲击力 $P_{o'}$ 亦会传给圆盘、主轴和轴承。作用在转子上的冲击力偶 $P_{o'}r$ 使转子的转速降低，并额外地增加了能耗。传给轴承的冲击力使负荷增加，降低了它的使用寿命。

为了消除反作用冲击力的有害影响，根据公式(7-26)，必须使锤式破碎机的锤子满足以下条件：

$$M_c x_c (R-r) - J_{o'} = 0$$

即

$$R - r = \frac{J_{o'}}{M_c x_c} \qquad (7-28)$$

由此可知，当锤子与物料块的打击点与距销轴中心为 $(R-r)$ 的碰撞平衡打击中心重合时，就可消除反作用冲击力的有害影响。因此，对于锤子必须进行平衡计算。但是在实际工作中，由于打击点是不定的，碰撞平衡的条件经常难以实现。所以在计算转子零件的强度时，仍应计入反作用冲击力的影响。应当指出，当锤子与物料块碰撞的打击点位于碰撞平衡打击中心之下时，作用在转子上的冲击力偶与转子的回转方向相反，是作用在转子上的附加阻力矩。当打击点位于打击中心之上时，作用在转子上的冲击力偶与转子的回转方向相同，是附加的主动力矩。

为了消除反作用冲击力的有害影响，设计时一定要对锤子的几何形状进行打击平衡计算。

对于具有一个销孔的简单形状的锤子[见图7-12(a)]，若假定锤子以其外棱打击物料，而且锤子的打击中心亦定在其外棱处。根据公式(7-28)可求得锤子最合适的悬挂轴孔的位置：

$$x = \frac{a}{3} - \frac{b^2}{6a} + \frac{\pi d^4}{16a^2 b} \qquad (7-29)$$

对于具有两个销孔的简单形状的锤子[见图7-12(b)]，其合适的悬挂轴孔的位置是：

$$x^2 - \left(\frac{a^2 b}{\pi d^2} + \frac{a}{2}\right)x + \frac{ab(2a^2 - b^2)}{6\pi d^2} + \frac{d^2}{8} = 0 \qquad (7-30)$$

式中，符号的意思见图7-15所示，长度单位以 cm 表示。

锤子的悬挂轴心至外缘的距离 l 通常取为

$$l = (0.4 \sim 0.5)r \qquad (7-31)$$

二、主轴的临界转数

对于高速动转的机器，若转动机件由于不平衡而使重心偏离回转轴线 ρ 时，就会产生离

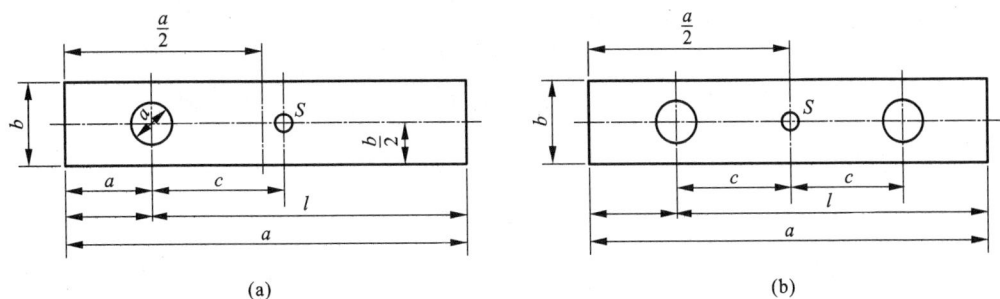

图 7 - 12　锤子的打击平衡计算

心惯性力 $P_0 = m\rho\omega^2$，虽然 ρ 值一般很小，但是 P_0 与 ω^2 成比例，故在高速运转下就会产生很大的方向变化的惯性力，从而引起机器的振动。若惯性力的频率和主轴的自振频率相等时，就发生共振，使主轴的挠曲增大，振动亦渐趋剧烈，这时的主轴转数称为临界转数。在这种情况下，即使 ρ 值很小，对于主轴也是非常危险的。所以在确定冲击式破碎机的转数时，必须计算主轴的临界转数，也就是确定它的自振频率。

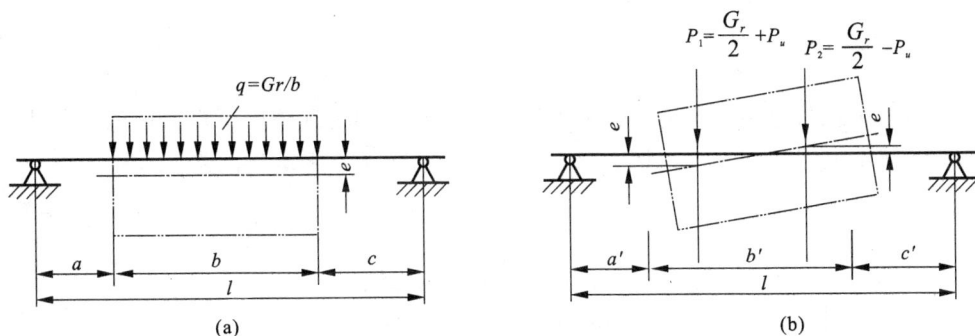

图 7 - 13　主轴载荷图

对于转子几何中心线平行偏离主轴中心线 e 时，[见图 7 - 13(a)]，主轴的自振频率 ω_0 为

$$\omega_0 = \sqrt{\frac{g}{f}} \qquad (7-32)$$

式中：g——重力加速度，$g = 9.81 \text{ m/s}^2$；

　　　f——主轴受均布载荷 时产生的静挠度，m/N。

主轴的临界转数 n_0 则为

$$n_0 = \frac{30}{\pi}\omega_0 = 300\sqrt{\frac{1}{f}} \qquad (7-33)$$

对于转子中心线与主轴中心线成某一角度偏斜并在中间相交时，主轴受的载荷如图 7 - 13(b)所示。在这种情况下，主轴的自振频率有两个数值：

$$\omega_{01} = \sqrt{\frac{m_1\delta_{11} + m_2\delta_{22} - \sqrt{(m_1\delta_{11} + m_2\delta_{22})^2 - 4m_1m_2(\delta_{11}\delta_{22} - \delta_{12}^2)}}{2m_1m_2(\delta_{11}\delta_{22} - \delta_{12}^2)}}$$

$$\omega_{02} = \sqrt{\frac{m_1\delta_{11} + m_2\delta_{22} + \sqrt{(m_1\delta_{11} + m_2\delta_{22})^2 - 4m_1m_2(\delta_{11}\delta_{22} - \delta_{12}^2)}}{2m_1m_2(\delta_{11}\delta_{22} - \delta_{12}^2)}} \qquad (7-34)$$

式中：$m_1 m_2$——转子的当量质量，kg，即 $m_1 = \dfrac{P_1}{g}$，$m_2 = \dfrac{P_2}{g}$；

　　　δ_{11}——由于力 $P_1 = 1\text{N}$ 而引起的点 1 的挠度，m/N；

　　　δ_{22}——由于力 $P_2 = 1\text{N}$ 而引起的点 2 的挠度，，m/N；

　　　δ_{12}——由于力 $P_2 = 1\text{N}$ 而引起的点 1 的挠度，m/N。

因此，主轴的临界转数为

$$n_{01} = \frac{30}{\pi}\omega_{01}; \quad n_{02} = \frac{30}{\pi}\omega_{02} \qquad (7-35)$$

由于 $\omega_{02} \gg \omega_{01}$，所以，实际上只需考虑 n_{01} 就足够了。

无论是第一种情况，还是第二种情况，冲击式破碎机的工作转数 n 均小于或大于临界转数。一般认为在 $0.7n_0 < n < 1.3n_0$ 情况下工作是有害的。应当指出，在轮毂加热后装到轴上去的圆盘，使轴的刚性增加，临界转速此时将会大大提高。

三、转子的平衡

转子的不平衡现象主要是由于转子零件的制造质量和装配精度不良造成的。同时，在工作过程中，锤子的偏倒和锤头磨损不均匀，也是影响转子不平衡的因素。通常，转子的长径比 $\dfrac{L}{D} < 0.2$，而且不论转速高低，都是采用静力平衡。当 $\dfrac{L}{D} > 1$，而且 $n > 1000$ r/min 时，则是采用动力平衡。静力平衡不能消除动不平衡所引起的力偶。

转子不平衡对转子的轴承和轴颈的工作影响有三种状况：

（1）不平衡离心力没有超过传到轴承上的零件重力。这时，轴颈和轴承工作正常，不平衡离心力不致使运动副过分强烈地磨损。

（2）不平衡离心力与重力差不多大小。这时，在轴承中引起撞击，因而使轴颈和轴承强烈地磨损。

（3）不平衡离心力比零件重力大许多。这时，轴颈和轴承间的接触虽没有破坏，但轴颈只有一部分表面和轴承摩擦，因而轴颈在一面被强烈地磨损。

通常，为了保证轴承工作的可靠性，不致引起轴颈和轴承的强烈磨损，不平衡离心力不应超过转子的重力 G。该力的极限值由下式确定：

$$\frac{G}{g}\rho\omega^2 \leqslant kG$$

若取重力加速度 $g \approx 10$ m/s²，转子角速度 $\omega \approx \dfrac{n}{10}$，则重心偏移量 ρ(m) 为

$$\rho \leqslant \frac{1000k}{n^2} \qquad (7-36)$$

式中，k 表示平衡系数，$k = 0.1 \sim 0.5$。在一般情况下，转子往往既是静不平衡，又是动不平

衡。转子经静力平衡后，机器轴承不仅受到剩余的静不平衡离心力的有害影响，而且还受到动不平衡离心力偶的作用。为了将有害影响控制在最低限度，工程上常采用许用不平衡度。不平衡度表示转子重心对转动轴线的偏移量的许用值。在工作图上标明的技术条件中，指出的零件的许用不平衡度，通常用许用不平衡力矩 $M_0(\mathrm{N \cdot m})$ 确定：

$$M_0 = G\rho_1 \tag{7-37}$$

更换锤子时，必须精确地称量。每个锤子的质量差不应超过 $0.05 \sim 0.1$ kg。每排锤子的质量总和与径向的对称排锤子质量总和之差不应超过 $0.3 \sim 0.5$ kg。

为保证机器稳定而可靠地运转，应该注意以下几个方面：

(1)转子零件的几何形状应简单，规则，便于加工；

(2)保证转子零件的加工和装配精度；

(3)提高锤子的耐磨性，及时更换磨损了的锤子。更换锤子时，最好是全部更换或者是沿圆周方向对称更换。锤子质量要一致，其误差值不得超过制造厂的规定值；

(4)应保证给料的均匀性；

(5)转子装配后必须进行平衡试验。

第五节　冲击式破碎机主要零件的计算

1. 破碎力的确定

在冲击式破碎机中，物料受高速回转的锤头的冲击作用而破碎。破碎力的平均值 P，根据碰撞理论按动量－冲量定理可以求得：

$$P = \frac{S}{t} = (1+k)\frac{Mmv}{(M+m)t} \tag{7-38}$$

由于在物料与锤头的碰撞时间内，冲击力是由零增长到最大，然后随即降低，至碰撞结束的瞬时又降到零。故最大破碎力为

$$P_{\max} = 2(1+k)\frac{Mmv}{(M+m)t} \tag{7-39}$$

从公式(7-39)中可知，当冲击作用时间很短时，在冲击瞬间便会产生强大的冲击破碎力，使物料得到有效的破碎。

在物料的破碎过程中，物料与锤头并不都是正向碰撞，而是大量的斜向碰撞。同时物料的块度也是变化的。因此，最大冲击破碎力的出现是很少的。根据 B·A·巴乌曼的试验，冲击破碎力的当量值为

$$P_{当量} = 0.31 P_{\max} \tag{7-40}$$

冲击式破碎机各零件的强度校核可按公式(7-40)确定的当量破碎力来计算。

2. 转子轴的强度计算

在转子轴上有三类载荷作用：

(1)第一类载荷是由转子的自重 G 产生的；

(2)第二类载荷是由于转子的旋转而周期性变化，其值取决于转子的不平衡而产生的离心力 P_0。这类载荷随转子的不平衡度和转子的角速度变化。在运转过程中，由于锤头的不均匀磨损，计算时，转子的平衡度应按许用不平衡度的三倍选取；

（3）第三类载荷是锤头与物料块碰撞而产生的冲击破碎力 P。它不仅每个瞬间的大小不等，而且作用的持续时间极短，仅为千分之几秒或万分之几秒。因此，计算转子轴的强度时，应按当量载荷计算。

为了计算静载荷和冲击载荷的持久性，作用在转子轴上的等值静载荷应按下式计算：

$$P_{等值} = \sqrt[3.33]{\alpha_c (G + P_0)^{3.33} + \alpha_y P_{当量}^{3.33}} \qquad (7-41)$$

式中：α_y——冲击载荷的相对作用时间，$\alpha_y = \dfrac{t}{t_0}$。$t_0$ 为每转一次的时间，$t_0 = \dfrac{\pi D}{v}$；

　　　α_c——静载荷的相对作用时间，$\alpha_c = 1 - \alpha_y$。

转子轴的强度计算可以根据破碎机的特点，按照以上受力分析进行设计计算和校核计算。

转子轴的强度校核也可按以下简略方法计算。作用在转子轴上的相当弯矩为

$$M_d = \sqrt{M_k^2 + M_n^2} \qquad (7-42)$$

式中：M_k——作用在轴上的弯曲力矩，其值可按经验公式计算，N·m，$M_k = 1.25G$；

　　　M_n——作用在轴上的扭矩，N·m，$M_n = 9550 \dfrac{N}{n}$。

已知相当弯矩后，即可计算转子轴的几何尺寸。

3. 轴承耐久性计算

计算轴承的耐久性时，可按转子轴上受三类载荷来确定作用在轴承上的载荷 P_L。

作用在轴承上的载荷 P_L 亦可根据下列经验公式确定：

$$P_L = 3G \qquad (7-43)$$

轴承的使用寿命，一般规定为 30000 h。

4. 反击装置的自重、弹簧预压力或液压力的确定

反击式破碎机工作时，反击装置的正常工作位置是靠其自重、弹簧预压力或液压力来保持的。对于这种自重、弹簧预压力或液压力大小的确定，可以通过反击装置工作时的平衡条件来计算。

根据动量定理，矿块撞击在反击板表面上所产生的冲击力 P_f 可按下式计算：

$$P_f = \frac{mv(1 + K)}{t} \qquad (7-44)$$

式中：m——撞在反击板上的矿块质量，kg·s²/m；

　　　K——恢复系数；

　　　v——矿块撞击在反击板上的冲击速度。考虑到矿块间的相互干扰，其值可按转子的圆周速度计算，m/s；

　　　t——矿块在反击板上的冲击持续作用时间，s，其值可按公式（5-13）计算，但式中 v_0 应用 v 取代。

撞击在反击板上的矿块质量，可以按照下述假设确定：如（图7-14）所示，矿块受锤头冲击和与反击板碰撞时的破碎过程是以自身等分的形式进行的。即第一块接触反击板的矿块质量是最大的矿块质量的一半，即 $m_1 = \dfrac{m}{2}$，第二块为第一块的四分之一，即 $m_2 = \dfrac{m_1}{4}$，第三块 $m_3 = \dfrac{m_2}{4}$，依此类推。为了计算方便起见，取其平均值：

$$m_{pj} = \frac{m_1 + m_2 + m_3 + \cdots + m_n}{n} \tag{7-45}$$

式中：n 为沿反击板高度方向上的矿块数。

整个反击板上承受的冲击力 p_f，则可由下式求得：

$$P_f = k\mu z \frac{m_{pj}v(1+K)}{t} \tag{7-46}$$

式中：k——给料粒度的不均匀性和料块破碎后的不规则形状与假设呈球形间的差异的修正
　　　　系数，其值为 0.5～0.7；

　　　μ——不均匀系数，$\mu = 0.1～0.25$；

　　　z——撞击在反击板长度方向上的质量为 m_{pj} 的矿块数。其他符号同前。

冲击力的作用点位置，可近似地认为作用在距铰接点的 1/3 处（图 7-14）。

根据反击装置的平衡条件，即可求得所需的反击板自重 W：

$$W = \frac{P_f \cdot \frac{1}{3}L}{e} \tag{7-47}$$

式中：L——反击板的悬挂轴心到其下端点的距
　　　　离，m；

　　　e——反击板的悬挂轴心到其重力的距
　　　　离，m。

若反击装置的排料间隙调整机构采用弹簧调节装置或液压装置时，则可根据实际结构位置，按上述方法即可求得弹簧预压力或液压力的大小。

上述计算方法，由于假设的矿块破碎过程与实际情况有差别，故其计算结果应参考现有设备进行修正。

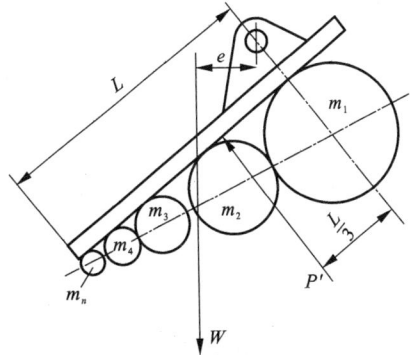

图 7-14　反击装置的平衡

第六节　其他型式的冲击破碎机

20 世纪 70 年代末期，新西兰 Barmac 工厂研制成功立式冲击破碎机。Barmac 立式冲击破碎机具有零件磨损小、破碎力大、投资少、维修方便等优点，深受用户欢迎。

Barmac 立式冲击破碎机有两种结构型式：石对钢和石对石两种冲击破碎机（见图7-15）。

立式冲击破碎机由焊接圆筒和垂直安装的转子轴组成。在转子工作区内，若圆筒内侧安装有与筒体内侧成一定角度的破碎板，则称石对钢冲击破碎机；若圆筒内侧设计成能够形成自然物料层的衬垫，则称石对石冲击破碎机。

物料通过中心圆筒送到转子上部的锥体上，使物料沿水平方向运动。转子上设有 2～4 个加速通道；它以矩形开口通向转子壁，物料流到出口处达到最大的料流速度。物料离开出口就开始了冲击破碎过程。由于具有很高的冲击速度，单块物料沿自然裂缝破碎成立方体颗粒。在这种冲击过程中，料流内部产生冲击摩擦，从而形成较高的细粒含量。最后，物料从破碎机底部垂直排出。

立式冲击破碎机不是一种压碎型的设备。因而在物料群冲击粉碎后的物料中，总会有一小部分其粒度几乎还是进料粒度尺寸。如果特别强调要求产品的粒度，则有必要配备高效率的筛子以形成闭路破碎。

图 7 – 16 中的曲线是机器在以下工作状态下：转子直径 990 mm、转子端部线速度 69.2 m/s、电机功率 200 kW、粉碎物料为炼锡炉渣、最大给料粒度为 50 mm、给料速率为 18 t/h、闭路循环作用时试验取得的产品粒度特性曲线。

Barmac 立式冲击破碎机转子的圆周速度为 60 ~ 74 m/s，给料粒度

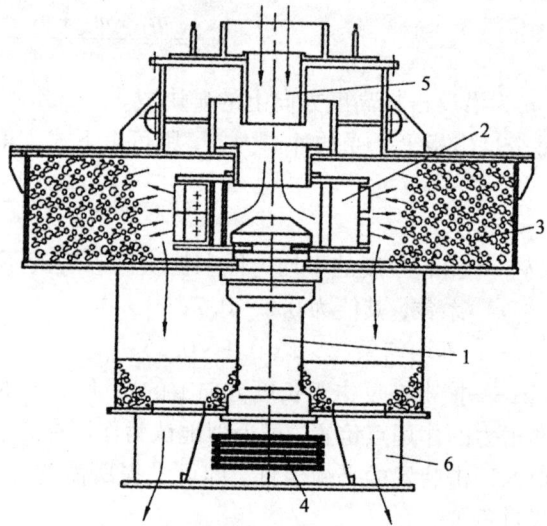

图 7 –15 立式冲击破碎机(石对石)
1—转子轴的支承装置；2—转子；3—料层；
4—V 型皮带传动；5—给料圆筒；6—出料口

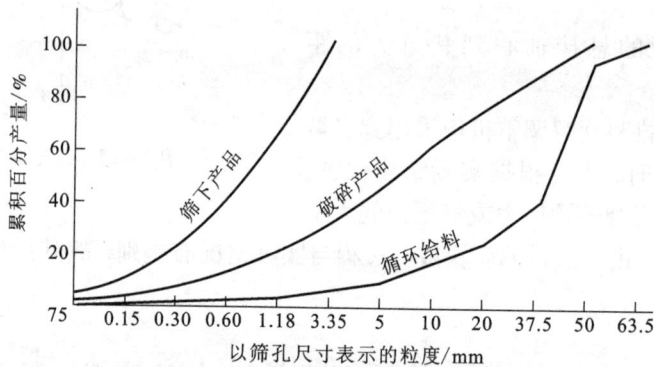

图 7 –16 Barmac 立式冲击破碎机开路及闭路作业的粒度特性曲线

通常为 –50 mm，产品粒度为 –12 ~ 2 mm。该机的功率目前已达 450 kW。

德国 O&K 公司生产的"Mammut"破碎机，破碎空间较大，采用短的锤子，而且可绕销轴转动 360°。转子圆盘外缘焊有强化合金。其破碎原理具有反击式破碎机和单辊破碎机的特点。当大块物料进入第一排锤头的工作区内时，由于料块重量超出该锤头能够破碎的范围，锤头边冲击边后退，物料支承在转子圆盘与破碎板构成的单辊破碎机上，在啮角的作用下产生部分压碎。然后第二排锤头继续冲击破碎，如此反复，大块物料碎成小块，并使其进入筛条工作区经筛孔排出。其能耗为 1.4 ~ 1.83 kW/t，可将

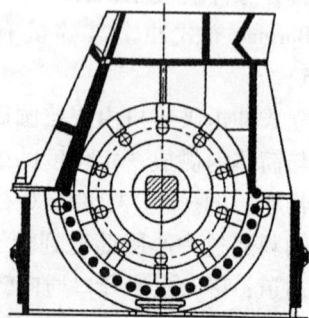

图 7 –17 "Mammut"破碎机

700～2500 mm 的物料一次破碎成 0～25 mm。

近年来火力发电厂采用高效能的环式破碎机逐渐取代锤式破碎机。环式破碎机（见图 7-18）主要是通过高速旋转的锤环击碎料块，并利用其离心力作用于破碎板、筛条之间的料块上。同时，由于采用了圆形和齿形两种锤环，故对料块既有冲击、压碎作用，又有强制劈碎和磨碎作用，破碎效率高。它能充分利用转子的动能，因而可以达到能耗低的目的。

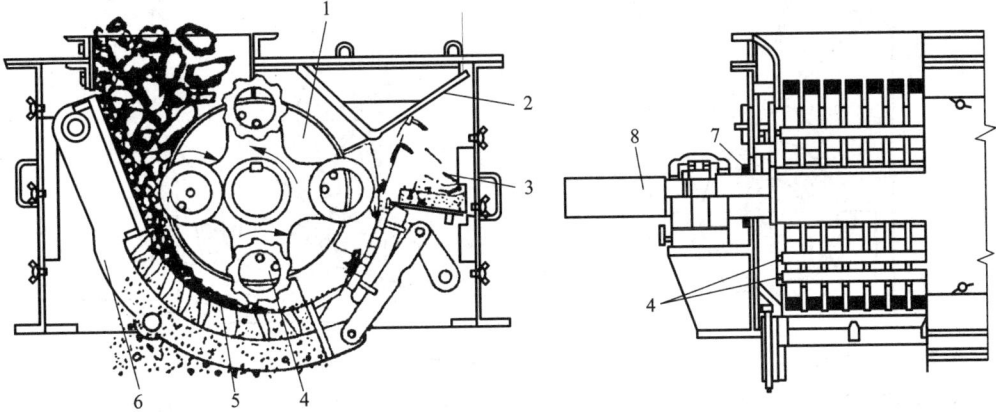

图 7-18　环式破碎机

1—圆盘；2—挡板；3—非破碎物捕集区；4—销轴；5—筛条；6—筛条板；7—密封；8—主轴

美国 BROWN LENOX 公司已系列生产 TK -1 -24B、TK -Ⅱ～38B 环式破碎机。

随着工业化水平的不断提高，工业废料和民用废料的数量日益增多，必须将这些废料破碎后进行处理，以保护环境卫生。为此，国外研制了多种型式的冲击式破碎机，专用于废料处理。图 7-19 是英国 BJD 公司生产的破碎金属的锤式破碎机，可使金属切屑的松散体积减小 3～8 倍，便于输送至冶炼炉再行冶炼。锤子呈钩形，对切屑施加剪切、拉断作用而破碎。

图 7-20 是德国（Linde-mann）公司生产的林得曼型环形锤金属切屑破碎机。

用于破碎废料的 Universa 型反击式破碎机的结构如图 7-21 所示。板锤只有两个。冲击板用弹簧支承，它由一组钢条组成（大约 10 个）。冲击板下面是研磨板，转子下部设有筛条。当要求的破碎产品粒度为 40 mm 时，仅用冲击板即可，研磨板和筛条可以拆除。当要求的产品粒度为 20 mm 时，需要装上研磨板；当要求的粒度较小或是软质物料且容重较轻时，则冲击板、研磨板和筛条都应装上。

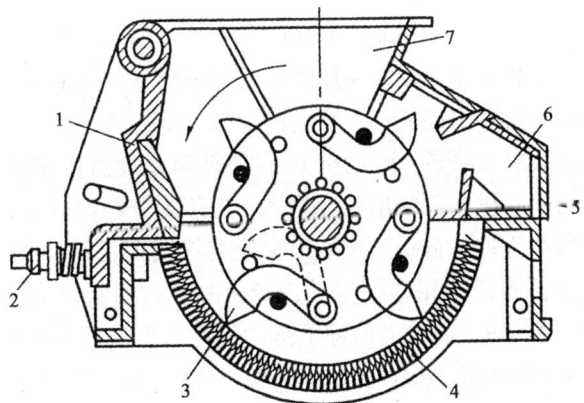

图 7-19　BJD 型破碎金属切屑的锤碎机

1—衬板；2—弹簧；3—锤子；4—筛条；5—小门；

6—非破碎物收集区；7—给料部

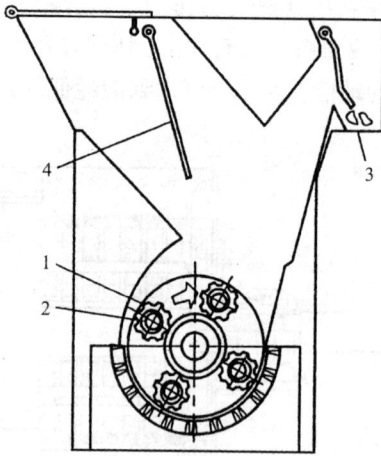

图 7－20　林得曼型金属切屑破碎机

1—环形锤；2—销轴；3—非破碎物捕集区；4—挡板

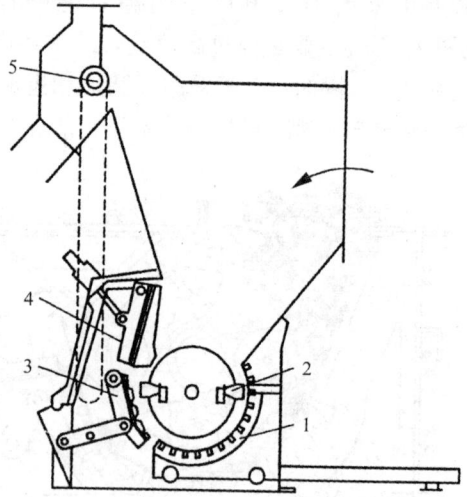

图 7－21　破碎废料的 Universa 型反击式破碎机

1—板锤；2—筛条；3—研磨板；4—冲击板；5—链幕

图 7－22 为节能型立式冲击粉碎机(专利号——ZL94226190.9)的结构图。它是我们多年研究成功的新产品,利用高速回转机构的冲击、挤压和研磨作用使物料粉碎的高效节能设备。

立式冲击粉碎机的粉碎区以分料盘 6 为界,上部为正对筒壁内衬的冲击破碎区,下部则是冲击、挤压、研磨区。

立式冲击粉碎机由筒形机体 9 与转子组成。转子垂直地装于空心机体中。转子由主轴 2、圆盘 3、锤子 4 等构成。主轴上装有数层圆盘,并用键与主轴刚性地连接在一起。圆盘间装有间隔套 5,为了防止圆盘的轴向串动,一端用圆螺母固定。锤子位于两个圆盘的间隔内,铰接地装在销轴 1 上。相邻两层锤子错位安装。自上而下形成螺旋排列。为了增加锤子的使用寿命,转子能够双向旋转。圆盘的层数及每层安装的锤子个数,根据产品要求的粒度确定。主轴上端装有皮带轮。电动机 10 的旋转运动通过皮带传动装置 8 使转子旋转。

物料从机体部的给料斗进入,先落到分料盘 6 上,并被甩向筒体内壁,进入冲击破碎区,使物料产生冲击破碎,然后沿筒壁与圆盘间隙下落进入冲击、挤压、研磨区。下落的物料与高速旋转的锤子相遇而受其击碎,击碎后物料飞向筒壁,从而又一次或数次受到冲击而破碎。同时,锤子还对沿筒壁下落的物料产生挤压和研磨作用。由于主轴上装有多层圆盘—锤子,故物料可经多次冲击、挤压和研磨作用,其产品粒度小于 1 ~ 3 mm。粉碎后的物料从机体底部的周边排出。

运转试验证明,该机具有结构简单、制造容易、重量轻、处理能力高、破碎比大、钢耗低、能耗少等优点。可以取代生产能力低、功耗高、机器质量笨重的筒形棒磨机,亦与惯性圆锥破碎机媲美。该机适用于选矿厂、水泥厂、化肥厂、砂石场以及其他工业部门。

试验样机(ϕ380)与日本神户制钢所生产的 ϕ910 × 2440 棒磨机的技术性能对比如下:

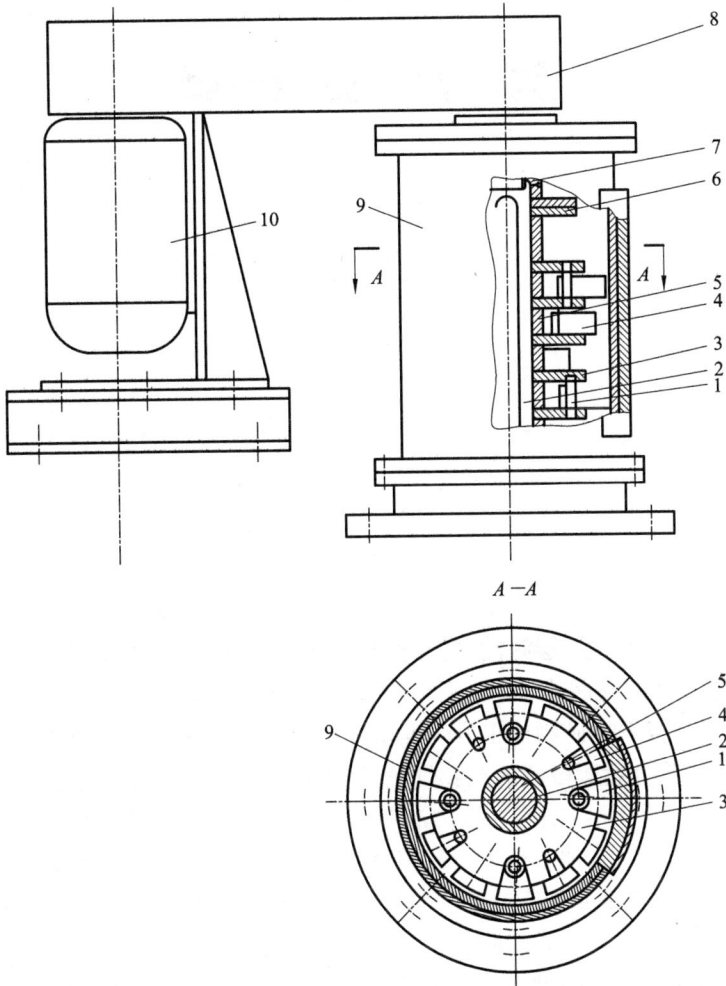

图 7 - 22　节能型立式冲击粉碎机

1—销轴；2—主轴；3—圆盘；4—锤子；5—间隔套；6—分料盘；7—圆螺母；8—皮带传动装置；9—机体；10—电动机

机器名称	装棒量/t	生产量(80%通过的粒度/mm)/(t·h⁻¹)					电机功率/kW
		2.38	1.68	1.19	0.84	0.59	
φ910×2440 棒磨机	2.7	4.9	3.7	3.0	2.3	1.8	19
φ380 立式冲击粉碎机	0	4.5	3.7	3.4	3.0	2.4	15

第八章 筛分机械

第一节 概 述

一、筛分机械的用途

从井下或露天采矿场开采出来的或经过破碎的物料,通常以各种大小不同的颗料混合在一起。在选矿厂、选煤厂和其他工业部门中,物料在使用或进一步处理前,常常需要分成粒度相近的几种级别。物料通过筛面的过孔分级称为筛分。筛分所用的机械称为筛分机械(或简称筛子)。

筛分矿物时,留在筛面上的物料称为筛上产物用正号(+)表示;透过筛孔的物料为筛下产物用负号(−)表示。通过一层筛网筛分时,我们便获得两个等级的物料,例如 + 50 mm 级和 − 50 mm级。若通过几层筛网筛分时,则可获得 $n + 1$ 级的产品。

如选矿工艺流程或有用矿物加工前的准备过程中,筛分作业可以分为以下几种:

(1)独立筛分:筛分后所得到的产物即为成品时,这种筛分称为独立筛分。例如在选煤厂中,将原煤分成几种不同级别而直接供消费者使用的产品,就是采用独立筛分。

(2 预备筛分:为下一步加工而进行的筛分作业称为预备筛分。在选矿厂中,如采用重力选矿、电磁选矿等方法时,则要求矿石有一定的粒度范围,因而在选别作业前,须将矿石分成若干级别,以利选别作业的顺利进行。

(3)辅助筛分:这种筛分作业是和破碎作业配合使用的。在破碎机前分出粒度已符合要求的合格产品,这种筛分方式通常称为预先筛分;在破碎机后用以检查破碎产品粒度的筛分作业通常称为检查筛分。

筛分机械除了用于物料分级之外,还用于脱水、脱泥和脱介(在重介质选矿中,须将矿粒中间的重介质洗下,以便回收并重新利用)等工作。

在选矿厂和选煤厂应用的筛分机械有很多种结构型式,如固定格筛、弧形筛、旋流筛、滚轴筛、筒筛、摇动筛、惯性振动筛和共振筛等。目前,由于惯性振动筛具有构造简单、生产能力大、筛分效率高等优点,因而在选矿厂、选煤厂及其他工业部门中已被广泛用于分级、脱水、脱介和脱泥作业。共振筛在生产实践中也取得了较好的效果,但因具有较大的冲击载荷,故其机件(如横梁与侧板)容易损坏,须进一步研究和改进。

二、筛面

筛面是筛分机械的基本工作部分,其上有许多尺寸和形状一定的孔眼,这些孔眼称为筛孔。在一个筛面上筛分物料时,可获得两种产品。透过筛孔的物料称为筛下产品,留在筛面上的物料称为筛上产品。

　　筛分机械上所用的筛面，一般按被筛物料的粒度和筛分作业的工艺要求来确定，可以采用棒条筛面、板状筛面、编织筛面、波浪形筛面、条缝筛面和非金属筛面等。

　　1. 棒条筛面

　　棒条筛面是由平行排列的异形断面的钢棒组成。各种棒条的断面形状如图 8 - 1 所示。这种筛面通常用在固定筛或重型振动筛上，适用于对粒度大于 50 mm 的粗粒级物料的筛分。

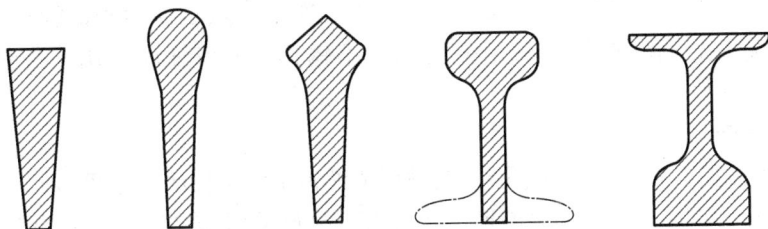

图 8 - 1　各种棒条的断面形状

　　2. 板状筛面

　　板状筛面通常用厚度为 5～8 mm 的钢板制成，钢板的厚度一般不超过 12 mm。

　　筛孔的形状有圆形、方形和长方形。长方形筛孔的筛面与圆形或方形筛孔的筛面比较，其优点是开孔率较大、筛面重量轻、生产能力较大，处理含水较多的物料时，能减小筛面堵塞现象。但是，长方形筛孔的筛面，只能在对筛分产物粒度要求并不特别严格的情况下使用。

　　板状筛面上筛孔排列的方法如图 8 - 2 所示。圆形筛孔一般布置在等边三角形的顶点。方形筛孔可按直角等腰三角形斜向排列。长方形筛孔通常与筛面的纵轴排成一定角度。筛孔间的距离应考虑筛面的强度和开孔率(筛面的有效面积)。

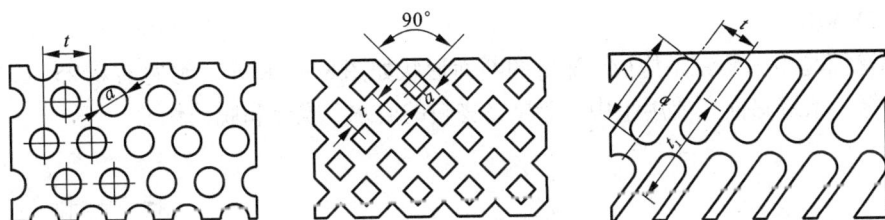

图 8 - 2　板状筛面上筛孔的排列方法

　　孔距一般按经验公式确定：当筛孔 $a = 10 \sim 100$ mm 时，则孔距 $t = 1.25a$。

　　板状筛面的开孔率 F_0 按下式计算：

　　圆孔：

$$F_0 = \frac{90.7a^2}{t^2}\%$$

　　方孔：

$$F_0 = \frac{100a^2}{t^2}\%$$

长方孔：
$$F_0 = \frac{100a(l - 0.215a)}{t\, t_1}\%$$

板状筛面的优点是比较牢固，刚度较大、使用寿命较长；缺点是开孔率较小，约为40%～60%。板状筛面一般用于中等粒级物料的筛分。筛孔尺寸通常为12～50 mm。

3. 编织筛面

编织筛面(见图8-3)是用钢丝编织而成。筛孔的形状为方形或长方形。开孔率可达75%。编织筛面的优点是开孔率高、重量轻、制造方便；缺点是使用寿命较短。为了提高编织筛面的使用寿命，钢丝材料应采用弹簧钢或不锈钢。编织筛面适用于中细粒级物料的筛分。

4. 波浪形筛面

波浪形筛面(见图8-4)的筛条沿横向被压成波浪形，波长的大小可按筛孔的要求而定。筛孔由两筛条合并组成。筛条的横断面为倒梯形。材料采用65锰钢，它富有弹性，能产生较小振幅的二次振动，这种振动有利于消除筛孔的堵塞。

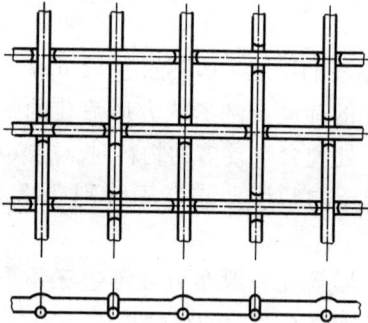

图8-3 编织筛面

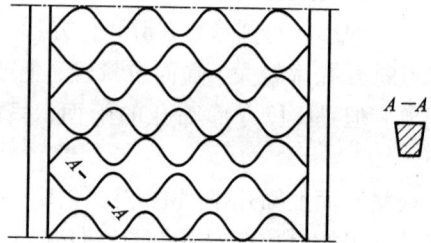

图8-4 波浪形筛面

5. 条缝筛面

条缝筛面是由不锈钢条构成。筛条的断面形状如图8-5所示。缝宽有0.25、0.5、0.75、1、2 mm等。条缝筛面主要用于中、细粒级物料的脱水、脱介和脱泥作业。

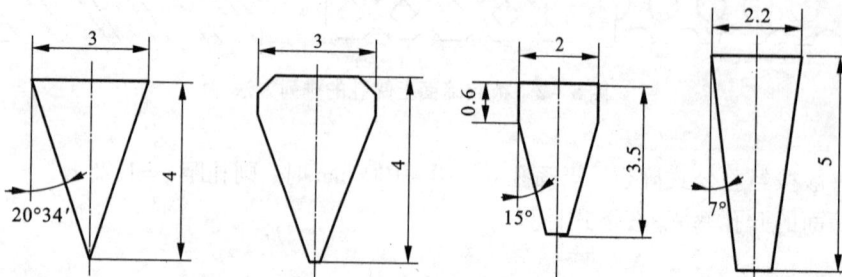

图8-5 筛条的断面形状

条缝筛面的结构型式有穿条式(见图8-6)、焊接式(见图8-7)和编织式(见图8-8)三种。穿条式条缝筛面的优点是结构可靠，缺点是制造复杂、耗费材料较多、开孔率较低。焊接式条缝筛面与穿条式相比，可节约30%的材料，而且制造简单。编织式条缝筛面的优点是开孔率较高、重量轻、装拆方便，但使用寿命较低。

6. 非金属筛面

目前，我国使用的非金属筛面有天然橡胶、合成橡胶(聚氨脂)和尼龙等几种。橡胶筛面多用于黑色和有色金属矿山的矿石分

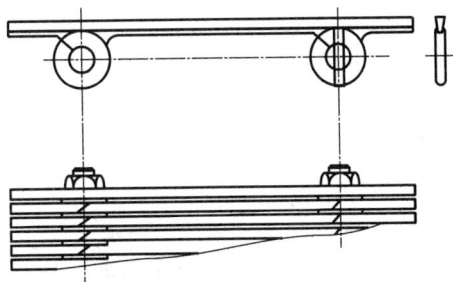

图8-6 穿条式条缝筛面

级。橡胶筛面的厚度一般为12~20 mm，筛孔应比要求筛分的物料粒度大10%~25%。橡胶筛面的优点是耐磨、抗折断能力强，因此，它的使用寿命一般比板状筛面长6~7倍，比编织筛面长13~20倍。同时，它还具有防止堵孔、减少噪音、维护方便等优点。它的缺点是开孔率较低，不适于细粒级物料的筛分。尼龙筛条与不锈钢筛条的结构相同，它的优点是重量轻，耐磨；缺点是筛条长度受限制，一般为600 mm。

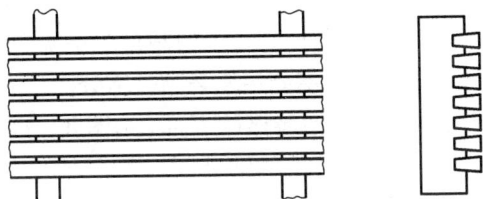

图8-7 焊接式条缝筛面

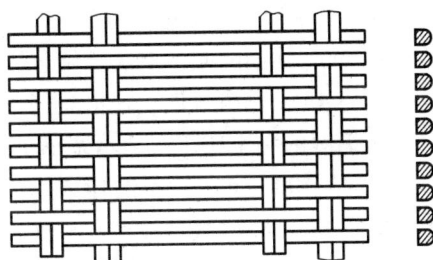

图8-8 编织式条缝筛面

筛面紧固的可靠性对筛面的使用寿命和筛分效率影响很大。筛面的拉紧和压紧方式必须使筛面均匀地拉紧。

板状筛面和条缝筛面的两侧用木楔压紧(见图8-9)，木楔遇水后膨胀，可把筛面压得很紧。筛面的中间用方头螺钉压紧。

编织筛面的两侧用钩紧装置钩紧(见图8-10)，筛面的中间部分有U形螺钉压紧。

三、筛分机械的分类

目前我国各工业部门中应用的筛子有各种各样的结构，按照这些筛子的构造和工作原理可分成以下几类。

1. 固定棒条筛

棒条筛的筛面是由许多棒条组成。筛面与水平呈一角度。物料从筛面上端给入，在本身重力作用下沿筛面向下运动。这时，细粒透过筛缝漏到筛下；粗级别则从筛面的下端排出。

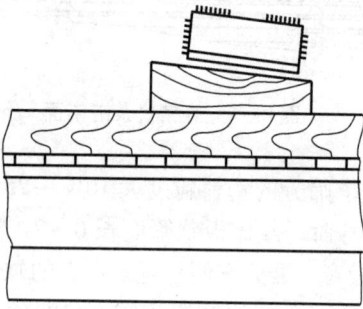

图8-9　板状筛面和条缝筛面的压紧方式

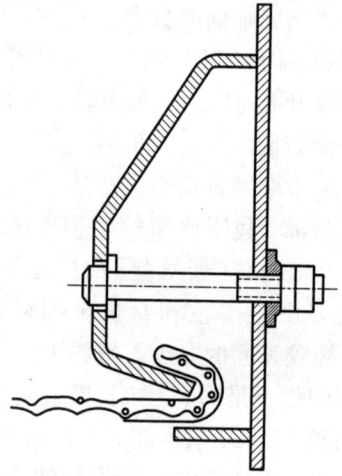

图8-10　编织筛面的钩紧装置

　　这类筛子在筛分粗粒物料时使用。棒条之间的缝隙尺寸不小于50 mm，但个别情况可造成25~30 mm。筛面的倾角取决于筛分原料的物理性质。根据实践资料，筛分矿石时，筛面倾角为40°~45°；筛分煤时，倾角为30°~35°；在筛分潮湿物料时，筛子的倾角应增加5°~10°。由于潮湿的黏土质矿石会堵塞筛子的缝隙，所以这种矿石不能用棒条筛来筛分。

　　筛分小于100 mm级原料的棒条筛的筛面，安装在自流运输流槽的底部(见图8-11)。重型棒条筛(见图8-12)设在粗碎机前，用来预先分出破碎物料中的细级别。矿石直接从大翻车(60~100 t)给到筛上，筛子的宽度取决于车皮的长度。棒条是工字梁或焊接的支承梁，并加设锰钢制成的保护衬板。棒条之间的缝隙是200~250 mm。

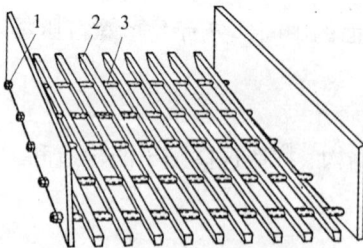

图8-11　固定棒条筛
1—棒条；2—拉紧螺栓；3—支隔横管

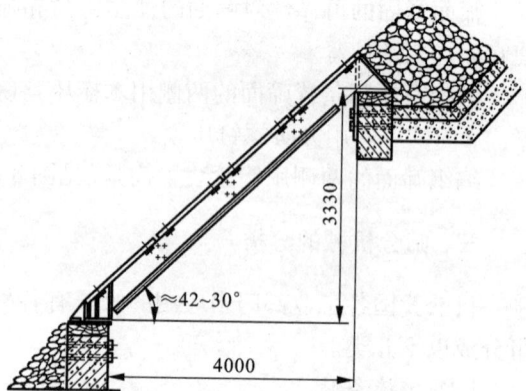

图8-12　重型固定棒条筛

如果棒条之间的缝隙的尺寸比较小，但用来筛分粗粒原料(达 150 mm)时，为了提高筛分效率，也使用悬臂式棒条筛(见图 8－13)。悬臂棒条的尾部受下落的物料的碰击而产生振动，这样就减少筛孔堵塞的机会，并提高筛分效率。

棒条筛的尺寸由原料中最大块尺寸来决定，但同时也要考虑筛子的安装条件。为了避免物料在筛子两侧的挡板间堵塞，筛子的宽度应大于最大块尺寸的三倍。如果原料中大块含量不多，筛子的最小宽度可以比两倍最大块尺寸再大 100 mm 左右。筛面的长度至少为宽度的两倍。

因为物料在棒条筛面上作自流运动，所以筛子的生产率很大。棒条的缝隙为 25 mm 时，棒条筛每平方米筛面的平均生产率，按原料计算为 60 t/h。生产率的大小与筛孔宽度成正比。

2. 滚轴筛

滚轴筛是由装在倾斜筛架上的许多平行的滚轴组成。滚轴向物料的运动方向旋转(见图 8－14)。在滚轴上镶嵌或铸着许多小圆盘或圆三角盘，因此滚轴就形成了有孔的筛面。筛孔的形状和尺寸，取决于滚轴间的距离及滚轴本身的形状。

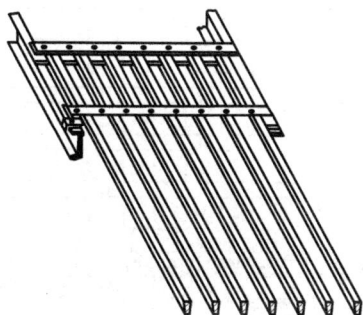

图 8－13　悬臂式棒条筛

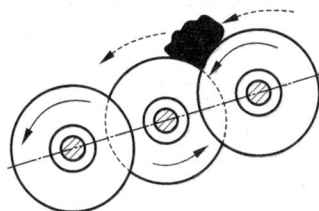

图 8－14　物料在滚轴筛上运动示意图

不同结构的滚轴筛的滚轴数目为 5 到 13 根。筛分细粒物料时，滚轴要更多一些。滚轴筛的筛孔尺寸为 5～175 mm，筛架的安装倾角为 12°～15°。

滚轴筛由固定不动的筛框(机架)构成，在筛框内安装有顺着机架排列的 3 至 23 个圆形滚轴(见图 8－15)。滚轴上有所谓圆盘或圆柱的环形凸缘。一个滚轴上的环形凸缘嵌到接邻的滚轴上两个另外的凸缘所形成的间隔(缝隙)中去(见图 8－16)。盘子成圆形，或成异形；后一种主要用于筛煤。

滚轴由电动机通过皮带或链轮传动做回转运动；每一个滚轴由基本的主动滚轴借助链传动而获得各种不同的角速度。所以所有

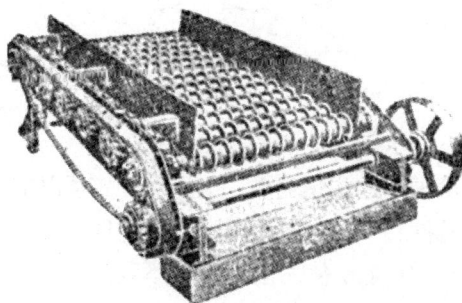

图 8－15　滚轴筛

的滚轴以各种不同角速度回转，因而就有可能擒住被筛分的料块，并将其推向下方，这对于避免被筛物料的过粉碎是必要的。如滚轴的转速相同时，物料只能在相邻两轴的表面上滑动，此时会产生额外的磨损，因此也会造成额外的和多余的能量消耗。

对于有异形盘的滚轴，也具有相同的角速度。

滚轴筛也像格筛一样，用来从尺寸大于 100 mm 的需继续破碎的被筛物料中筛出小块。

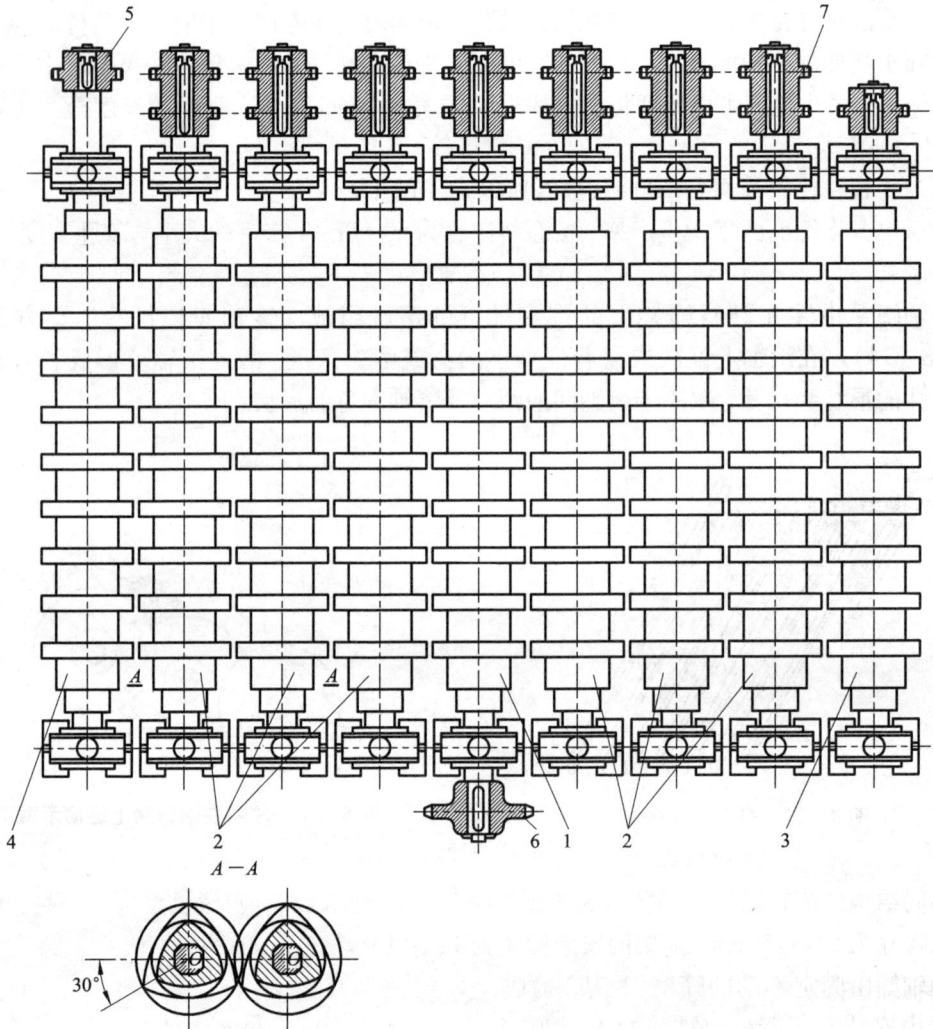

图 8 – 16　三角盘滚轴筛的滚轴装配图

1、2、3、4—滚轴；5、6、7—链轮

滚轴筛的构造简单，工作可靠，所以能够在繁重的筛分条件下使用。例如，可以用它来筛分粒度达 800 mm 的大块煤。这种筛子常用于预先筛分，以分出小于 50 ~ 150 mm 的产品；对黏土质矿石，使用滚轴筛是不利的，因为滚轴很快被黏土黏住，使筛孔堵塞。

滚轴筛不会产生动负荷，所以可以配置在厂房的上层。这种筛子的生产率大，与固定棒条筛比较，能保证较高的筛分效率。由于筛子的倾角小，所以不会在厂内引起很大的高度损失。

3.滚筒筛

根据筒体形状的不同，滚筒筛可分为圆筒形滚筒筛和圆锥形滚筒筛。滚筒筛的筒壁，由

带孔的钢板或筛网制成,因此,筒壁也就是筛子的
筛面。圆筒形滚筒的轴线与水平成1°~14°的倾角
(通常为4°~7°);圆锥形滚筒的轴线是水平的。
原料从滚筒上端给入,由于滚筒系倾斜安装并不
停地转动,物料便沿轴线方向前进。细粒物料透
过筛孔漏到筛下;粗粒物料从滚筒下端排出。

图 8 - 17　滚筒筛

　　滚筒筛同样也可将物料筛分成几个级别。在
这种情况下,滚筒筛的筛面是由筛孔不同的几段
组成。各段筛面顺筒长顺次排列,筛孔尺寸按排料方向逐渐增加,也就是说,物料的筛分顺
序是由细到粗。有时,筛面是由几个同心圆筒组成,最内层筛面的筛孔尺寸最大,最外层的
筛孔最小,也就是说,筛分顺序是由粗到细。在某些情况下,也采用混合式的结构。这种结
构的滚筒是由筛孔尺寸逐渐增大的几段筛面组成,滚筒上还同心地装设一层或几层筛孔较小
的筛面(见图 8 - 17)。

　　棱角形的滚筒筛又叫做多角形滚筒筛,但这种筛子在实践中很少使用。

　　圆形滚筒的直径为 500 ~ 3000 mm;长度为 2000 ~ 9000 mm;滚筒的每段长度为 800 ~
1500 mm。多角形滚筒筛的规格是:直径 1000 ~ 1100 mm;长度 3500 ~ 6000 mm。

　　尺寸小的滚筒筛是带中心轴的,筛面支持在中心轴上的径向支杆上。重型滚筒筛没有中
心轴,滚筒外面有轮缘,轮缘支在托滚上,滚筒借轮缘在托滚上转动。

　　滚筒筛的传动装置由电动机、减速器和伞齿轮构成。在个别情况下,滚筒筛由电动机
经减速器和传动托滚带动回转。

　　物料在滚筒筛中的运动示意图见图 8 - 18。由于摩擦力的作用,物料在滚筒内表面上升
到一定的高度(这个高度相应于物料本身的休止角),然后开始向下滚动。由于滚筒中心轴是
倾斜的,物料的滚落方向与回转面成一个角度,因此,物料就沿滚筒轴线方向逐渐向下移动。
这样反复循环,物料的运动轨迹就可以组成"之"字形曲线。

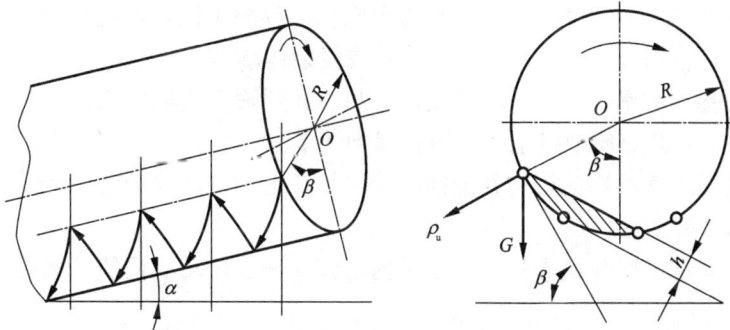

图 8 - 18　物料在滚筒筛中的运动示意图

P_u—离心力;G—颗粒重量

　　滚筒的回转速度限制在一定范围内。如回转速度大,产生的离心力会使物料附在筒壁上
与滚筒一同旋转,以致筛分过程不能进行。

最近，滚筒筛的使用大大减少了，在许多场合，它已被振动筛代替。

滚筒筛的主要缺点是：单位面积生产率低，筛分效率也低，特别是在筛分细粒物料时。这是因为滚筒筛有以下特点：在筛分的每一瞬间内，能够利用的筛面总面积只有 1/6 ~ 1/8；由于筛子的工作很平稳，筛面没有振动，所以筛孔很容易被物料堵塞；筛分时，物料中的大粒接近筛面，因而妨碍细粒物料透过筛孔；滚筒转动时，筛孔的水平投影很快减小，这就使物料透筛困难；脆性物料在筛分中容易粉碎。除此以外，滚筒筛的筛面是圆弧形，在制造上有困难，而且制造和修理费用均较高；滚筒筛的体积特别大，重量也较大。

滚筒筛的主要优点是工作平稳。它是低速转动的设备，工作比较均衡，所以可以配置在厂房的上层，也可以装设在移动的装置上。

含黏土的砂矿也使用滚筒筛进行洗矿、粉碎和湿法筛分。洗矿用的滚筒筛称为洗矿筒。洗矿筒是重型设备，可以处理粒度达 200 mm 的物料。为了加强冲洗作用，在洗矿筒中加入压力为 2 ~ 5 atm 的喷水。在滚筒内装设提升物料的挡板，并且悬挂着链条。洗矿筒的回转速度可提高到 $n = \dfrac{20}{\sqrt{R}}$ r/min。在淘金船上淘洗含金、铂、锡的砂矿时，洗矿筒的长度可达15 m，直径可达 2.75 m。

洗矿用水的消耗量因矿石的性质而定，约为 2 ~ 5 m³/t。进行湿筛时，每吨矿石的洗水消耗量为 1 ~ 1.5 m³/t。

在石墨选矿厂，使用小筛孔的多角形滚筒筛进行浮选精矿的分级。在石棉选矿厂，这种筛子用于石棉纤维的分级。

直径 300 ~ 900 mm、长度 500 ~ 1000 mm、筛孔 2 ~ 10 mm 的小型滚筒筛，经常连接在球磨机的排料轴颈上，用以检出木屑、小球及其他杂物。

4. 平面摇动筛

平面摇动筛是在选矿厂、选煤厂以及矽酸盐和建筑工业中广泛应用的一种筛子，在煤矿工业中，这种筛子用来做煤块的筛分和细粒煤块及煤泥的脱水工作。在选矿厂及其他工业部门，这种筛子主要用作物料的筛分。

平面摇动筛有一个或两个带筛面的长方形筛框。筛框可以安在支杆上，也可悬挂在筛架或支架结构上。筛框可作往复运动、圆形运动或复杂运动(摆动)。

由于摇动或摇动与筛子倾斜综合作用的结果，加到筛框前端的物料，在沿筛面向卸料端运动中进行筛分，由此而使细级别透过筛孔漏到筛下。

图 8 - 19 是使用偏心传动机构并悬挂在铰接吊杆上的倾斜摇动筛。传动机构使筛框的摇动轨迹与筛面成一定角度。

图 8 - 20 是安在倾斜弹簧支杆上的水平摇动筛。偏心传动机构使筛框沿着与支杆垂直的方向摆动。

图 8 - 21 是筛框在垂直面内作圆形摆动的双曲柄(双轴)倾斜摇动筛。

图 8 - 22 是筛框作复杂运动的单曲柄倾斜摇动筛。筛子由偏心传动机构带动。筛框下部由于悬挂在铰接吊杆上，所以作直线运动。

图 8 - 23 是筛框安在倾斜铰接支杆上的摇动筛。这种筛子作复杂的运动。

以上介绍的几种摇动筛，它们的缺点是运动不平衡。因为摇动筛的筛框的质量很大，当筛框摇动时，会产生惯性力，这种惯性力经传动部件传到支承机构上。

为了平衡惯性力,经常使用两个筛子同时工作(即双筛框)的摇动筛。这种筛子的结构见图 8 - 24。

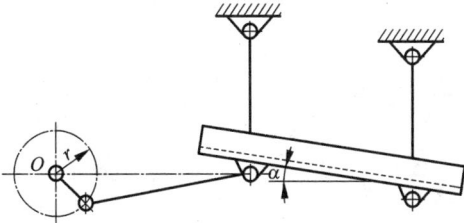

图 8 - 19 悬挂在铰接吊杆上的倾斜摇动筛示意图

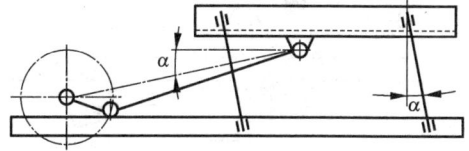

图 8 - 20 安在弹簧支杆上的水平摇动筛示意图

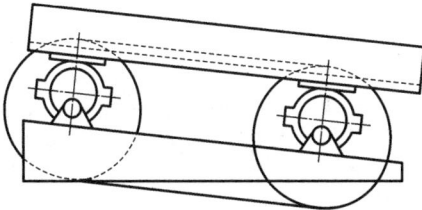

图 8 - 21 双曲柄倾斜摇动筛示意图

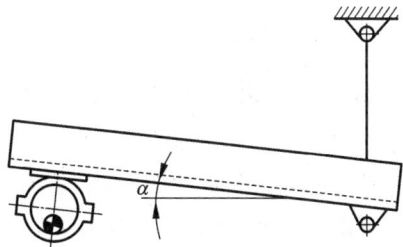

图 8 - 22 单曲柄倾斜摇动筛示意图

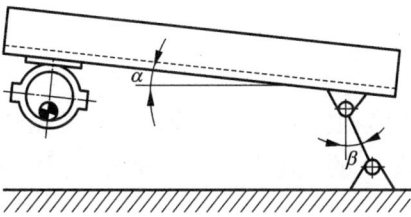

图 8 - 23 筛框安在倾斜铰接支杆上的摇动筛示意图

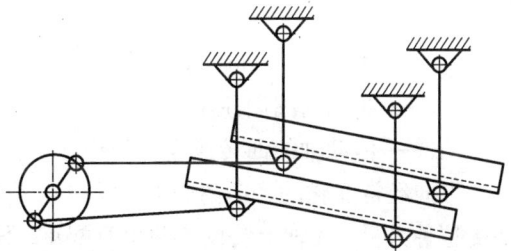

图 8 - 24 双筛框的摇动筛示意图

摇动筛的运动机构(偏心轮)与筛框是刚性联接,因此,筛框的运动是强制性的运动。筛框上各点的行程和运动轨迹是完全固定的,与运动速度和筛子的负荷无关。

5. 半振动筛(偏心振动筛)

半振动筛有一个筛框,筛框上装一层或两层筛面。半振动筛的工作原理见图 8 - 25。轴 3 水平地安在固定筛架 1 的滚动轴承 2 上。轴上有两个偏心轴颈 4,轴颈上安有轴承 5。轴承的外套固定在筛框面 6 上。带筛网 7 的筛框倾斜安放,与水平成 10° ~ 30°倾角。把筛框绕轴线转动,就可以调整倾角的大小。利用弹性支承——减震器 11,可使筛框保持在一定的位置上。

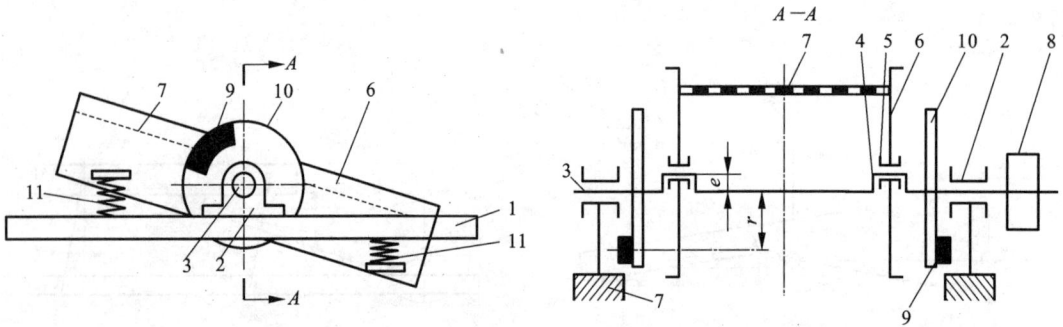

图 8-25 半振动筛的工作原理示意图

1—固定筛架；2—滚动轴承；3—轴；4—轴颈；5—轴承；6—筛框面；

7—筛网；8—传动轮；9—配重；10—飞轮；11—减震器

电动机通过挠性传动装置带动传动轮 8，使偏心轴回转。因此，筛框的中部作圆运动，圆运动的半径等于偏心轴的偏心距 e。筛框的给料端和排料端，作闭合的椭圆运动（见图 8-26）。椭圆运动轨迹的形状取决于减震器 11 的强度和位置。

筛框作圆运动时，会产生离心力。离心力计算公式为

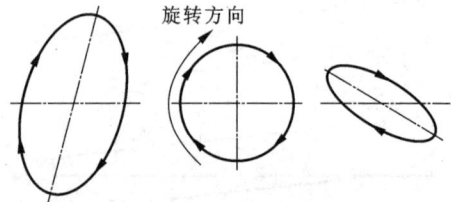

图 8-26 半振动筛筛框振动示意图

$$\frac{Mv^2}{e} = \frac{M\pi en^2}{30^2}$$

式中：M——回转筛框和筛分物料的质量，kg；

v——曲柄的圆周速度，m/s；

e——传动轴的回转速度，r/min。

方向经常变化的径向离心力，经轴承 2 传到固定筛架上，从而引起支承机构的振动。为平衡这种力量，在轴上装设了两个有配重（不平衡重块）9 的飞轮 10。重块重心的回转半径 r 及其质量 m 应符合下式的要求：

$$\frac{M\pi^2 en^2}{30^2} = \frac{2m\pi^2 rn^2}{30^2}$$

$$Me = 2mr$$

若用配重的重量代替质量，则

$$Pe = 2Gr$$

式中：P——筛框和筛分物料的重量；

G——配重的重量。

移动飞轮上配重的位置，可使筛子平衡。因此，在每个飞轮上有两个圆弧形的条孔，条孔的位置与键槽的中心线对称，并与轴颈的最大偏心距方向相反（见图 8-27）。要使筛子保持平衡，必须将重块对称地放在飞轮上中心线的恰当位置上。两重块接近时，重块回转所产

生的总惯性离心力增加；两重块相距较远时，则总惯性离心力减小。

半振动筛有几种不同的结构和规格，可分为轻型和重型两种。筛子传动轴的偏心距一般是 $1.5 \sim 6$ mm，轴的回转速度为 750 至 1 000 r/min。

6. 振动筛

振动筛有直线振动的振动筛（如共振筛、电磁振动筛等）和圆形振动的振动筛（如惯性振动筛和自定中心振动筛等）。

振动筛的运动机构与筛框不是刚性联接，因此，筛框作自由振动。自由振动的振幅（行程的一半），取决于各种动力因素——惯性力、弹簧强度和运动机体的大小及其他因素。

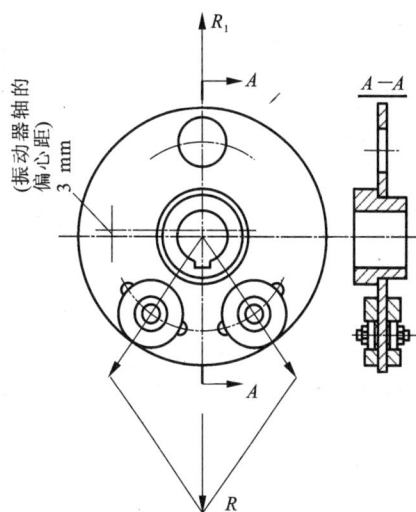

图 8 - 27　半振动筛飞轮上配重移动位置示意图

振动筛已经在许多工业部门中得到广泛应用。它具有以下许多优点：

(1)由于机体强烈振动，几乎完全消除了物料堵塞筛孔现象，筛子有很高的筛分效率与生产率。

(2)振动筛构造比较简单，制造所需的金属量较少。

(3)振动筛的应用范围较广，不仅可用来中筛、细筛或极细筛分，而且还可用于粗筛及脱水与除泥的工作中。

(4)振动筛的操作与调整比较方便，筛网的更换也简单。

(5)振动筛筛分每吨物料所消耗的电能较少。

7. 概率筛

概率筛（见图 8 - 28）是由一个箱形框架、一组多层（通常为五层的）互相重叠的、坡度自上而下递增、筛孔大小递减的筛面和激振电动机组成。筛箱悬挂在一组弹簧上，通过安装在筛箱上部的激振电动机使筛箱产生高频线性振动。通常，筛孔的尺寸要比筛析粒度大 $1 \sim 2$ 倍，就是最底层筛面的筛孔尺寸也为筛析粒度的两倍。物料进入筛子后，迅速解体透筛。若有 n 个筛面，则分

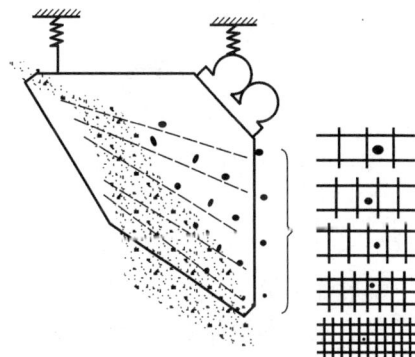

图 8 - 28　概率筛

成 $n+1$ 种产品排出，从而避免了通常筛分设备容易产生堵孔现象的物料层，消除了临界颗粒的影响，减少了筛面的磨损，提高了单位面积的处理能力。

8. 弧形筛

弧形筛是一种湿式细粒筛分设备，结构很简单，整个筛子没有运动部件，筛面为一个圆弧形的格筛，由等距离、相互平行的固定筛条组成，筛条的排列不像平面筛那样与物料运动同向，而是与物料运动方向相垂直。筛条多为梯形或矩形断面，用不锈钢制成，也可用尼龙

材料制造,耐磨性能良好。

弧形筛的工作原理如图 8 – 29 所示,物料(矿浆)以一定的速度呈切线方向喷入筛子内表面,垂直地流过筛条,由于离心力的作用,使得物料层紧贴着筛面运动。当物料层由一根筛条流到另一根筛条的过程中,由于每根筛条的边棱对物料层产生切割作用,被切的这一部分物料,在离心力作用下,经过筛缝排出,即为筛下产品;未被切割的那一部分,越过筛面,成为筛上产品。弧形筛的筛孔尺寸与分离粒度的关系,大致是分离粒度等于筛孔宽的一半。由于弧形筛的筛下产品,主要是借筛条边棱对矿浆流的切割所得,因此,筛条边棱的锋利程度对筛下量有直接关系,随着边棱的磨损,筛下量及分离粒度均显著变小,因此经过一定时间磨损以后,须将筛面反复掉头使用。

弧形筛的给矿方式有两种,一种为无压力给矿,称自流弧形筛,另一种为压力给矿,称压力弧形筛。

自流弧形筛原理如图 8 – 30 所示,需筛分的物料自流给入受料箱 1,受料箱里面装有一块倾斜的溢流板 2,形成一个上宽下窄逐渐收缩的隔槽;矿浆由隔槽的出口均匀地沿切线方向均匀分布在弧形筛面 3 上,物料被筛分为筛上和筛下产品。

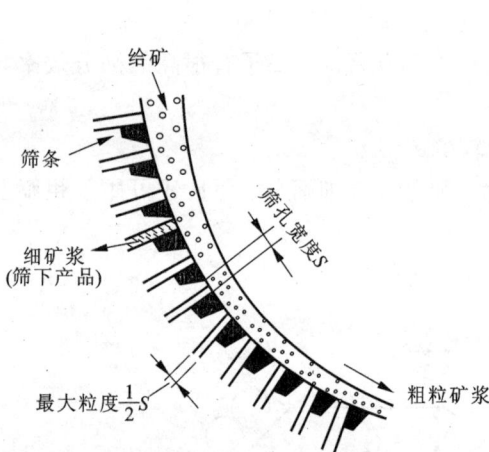

图 8 – 29 弧形筛分级原理图

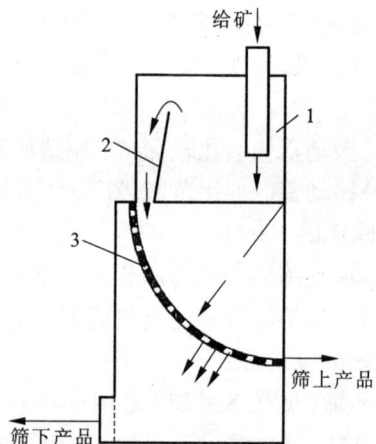

图 8 – 30 自流弧形筛原理示意图

1—受料箱;2—溢流板;3—筛面

压力弧形筛和给矿(矿浆)是用泵送入给矿箱,给矿箱的出口处装有喷嘴,物料经过喷嘴以切线方向给入弧形筛面上。喷嘴应使物料成扁平状喷入筛面上,形成一种均匀薄层的稳流;喷嘴的截面尺寸主要是控制物料喷入筛子的速度,截面尺寸大,速度就小,筛分效率低。

弧形筛的规格是以筛面的曲率半径(R)、筛面宽度(B)和弧度(a)表示,即 $R \times B \times a$,例如 $R500 \times 700 \times 180°$。自流给矿弧形筛的弧度有 $45°$、$60°$ 和 $90°$ 等,一般用于金属选矿厂的给矿分级以及煤炭的脱水,其中最常用的是 $60°$ 和 $45°$ 弧形筛。压力给矿弧形筛的弧度有 $180°$ 和 $270°$ 等,其中 $270°$ 筛主要用于水泥工业。

弧形筛与振动筛相比具有如下特点:结构简单,没有任何运动部件,制造容易,生产能力高,占地面积小,如一台生产能力为 50 t/h 的弧形筛,占地面积不超过 3 m^2;但是,弧形筛的效率是比较低的,当自流给矿时,效率不超过 40%,压力给矿时效率稍高一些,但仍不如振动筛;压力给矿时,砂泵所用的功率大约比振动筛的功率大7倍;要求给矿的变化范围不能过大,而且给矿的浓度不能低于30%,筛上产品的湿度较大。

弧形筛用于细粒筛分比振动筛有效和便宜,它可以用于跳汰、摇床等选别作业的预筛;水力旋流器沉砂或溢流的脱水;与磨矿机成闭路作为分级设备用,以及重介质选矿的脱介等。目前国内选煤、水泥工业中应用比较多,在金属选矿厂未普遍推广,其原因是细粒物筛分近年来已出现其他形式的细筛,效率比弧形筛高。

第二节　惯性振动筛和共振筛的构造

一、惯性振动筛的构造

惯性振动筛(见图8-31)是靠固定在其中部的带偏心块的惯性振动器驱动而使筛箱产生振动的。

惯性振动筛按振动器的型式可分为单轴振动筛[见图8-31(a)和(b)]和双轴振动筛[见图8-31(c)]。

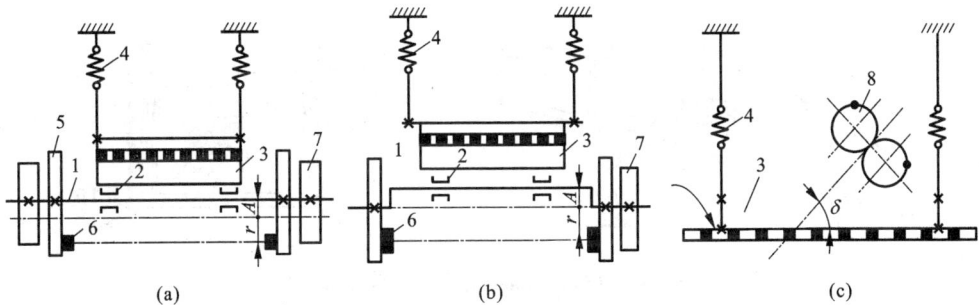

图 8-31　惯性振动筛
(a)纯振动筛;(b)自定中心振动筛;(c)双轴振动筛
1—主轴;2—轴承;3—筛箱;4—吊杆弹簧;5—圆盘;6—偏心块;7—皮带轮;8—双轴振动器

单轴振动筛可分为纯振动筛和自定中心振动筛。这两种振动筛只是振动器的结构略有不同。纯振动筛[见图8-31(a)]的轴承中心与皮带轮中心位于同一直线上。当筛子工作时,皮带轮就随筛箱一起振动。这样,就必然引起三角皮带的反复伸缩,因而皮带很易损坏。因此,纯振动筛的振幅较小,一般均不大于3 mm。自定中心振动筛[见图8-31(b)]的皮带轮中心位于轴承中心与偏心块的重心之间,并使皮带轮的中心线位于偏心块与振动机体合成的质心上,即使其保持下列关系:

$$MA = mr$$

式中:M——振动机体的质量;
　　　A——筛箱的振幅;
　　　m——偏心块的质量;
　　　r——偏心块的重心至回转中心的距离。

　　这样，当这种筛子工作时，皮带轮的中心线就不随筛箱一起振动，而只作回转运动，即皮带轮的中心在空间位置，几乎保持不变。由于自定中心振动筛能克服皮带轮的振动现象，因而可以增大筛子的振幅。近年来，自定中心振动筛获得了广泛的应用。

　　图 8-32 为 1500 mm×4000 mm 吊式自定中心振动筛的结构图。筛框 1 用四根带弹簧的吊杆 4 悬挂在筛框上方的支架上。筛框与水平线所成的倾角为 15°~20°。筛框上装有筛网 2 和振动器 3。振动器与筛框的联接是在筛框的侧面用螺栓与振动器主轴的滚柱轴承座 5（图 8-33）固定在一起。主轴 7 的两端有带偏心块 1 的皮带轮 2 和圆盘 8。偏心重除布置在皮带轮圆盘上外，尚在主轴上配置有偏心重。筛箱的振幅是通过增减皮带轮和圆盘上的偏心块来进行调整。这种振动筛的主轴中心与轴承中心在同一直线上，由于皮带轮与圆盘的轴孔中心相对于它们的外缘有一偏心距，其值等于机体的振幅，这样，皮带轮的中心仍是位于轴承中心与偏心块的重心之间。这种结构与轴承偏心式［见图 8-31(b)］相比，它的优点是机器结构简化，制造容易。

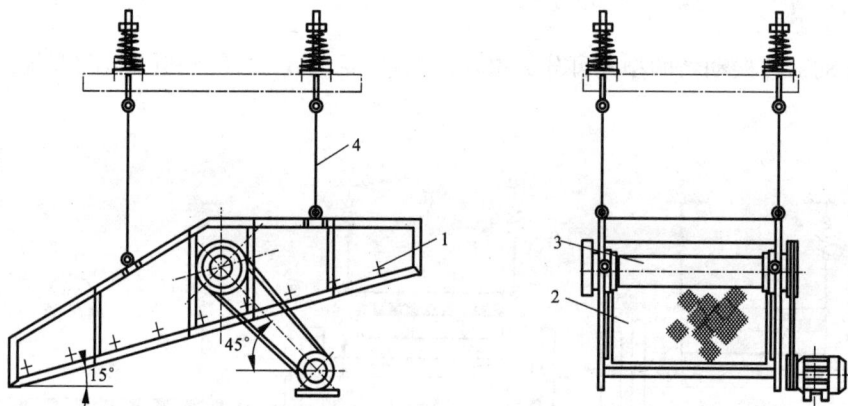

图 8-32　1500×4000 吊式自定中心振动筛

1—筛框；2—筛网；3—振动器；4—弹簧吊杆

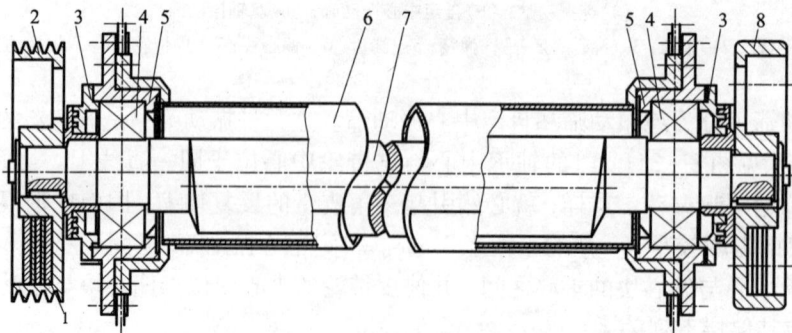

图 8-33　自定中心振动筛的振动器

1—偏心块；2—皮带轮；3—轴承端盖；4—滚动轴承；5—轴承座；6—圆筒；7—主轴；8—圆盘

　　这种筛子的筛面有单层或双层，根据用途不同，其筛面可采用不同的型式。当筛分矿石时，通常采用钢条焊接的条形筛面；当筛分煤时，可采用筛网。

在选矿中，为了筛分粗粒度、大比重的物料，通常是采用自定中心座式重型振动筛（见图 8 - 34）。座式重型振动筛的振动器也是采用皮带轮偏心式。振动器（见图 8 - 35）采用自移式偏心重的消振装置，因此防止了启动和停止时经过共振区振幅急剧增大的现象。筛箱是由钢板与型钢焊成的箱形结构，筛面采用铸钢篦条，因而结构坚固。

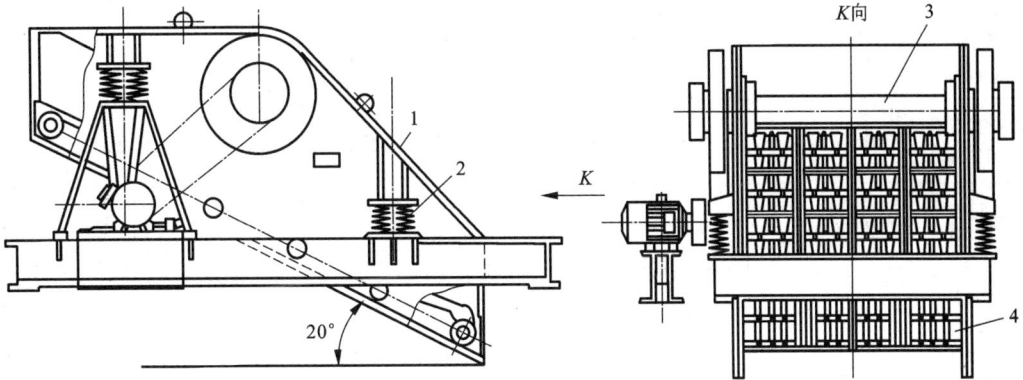

图 8 - 34　1750 × 3500 重型振动筛
1—筛框；2—弹簧；3—振动器；4—篦条筛面

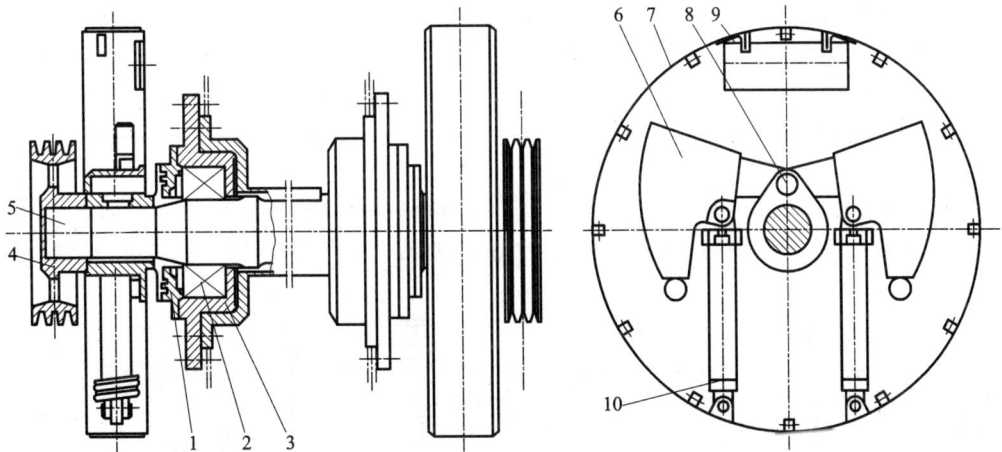

图 8 - 35　重型振动筛的振动器
1—轴承端盖；2—滚柱轴承；3—轴承座；4—皮带轮；5—主轴；
6—偏心块；7—振动器外壳；8—销轴；9—挡块；10—弹簧

双轴振动筛［见图 8 - 31(c)］是一种直线振动筛。筛箱的振动是由双轴振动器来实现的。振动器有两根主轴，两轴上都装有相同偏心距的相等的偏心重。两轴之间用一对速比为 1 的齿轮联接。因两轴的回转方向相反，速度相等，所以两偏心重所产生的离心惯性力在一个方向上互相抵消，而在与此相垂直方向的离心惯性力的合力使筛箱沿直线方向振动。由于振动方向线与水平面有一定的倾角，因而筛箱一般是安装成水平或缓倾斜的。双轴振动筛在选煤厂中常用于分级、脱水、脱介、脱泥等作业，在金属选矿厂中应用较少。

矿用单轴振动筛基本参数见表8－1。

表 8 － 1   矿用单轴振动筛基本参数

型　号	筛面尺寸 （宽×长）/mm	面积/m²	层数	安装型式	入料粒度 /mm	筛孔尺寸/mm
DD918 3DD918	900×1800	1.6	$\frac{1}{2}$	吊式	≤60	1、2、3、6、8、10、13、16、20、25
ZD1224 2ZD1224	1200×2400	2.9	$\frac{1}{2}$	座式	≤100	6、8、10、13、16、20、25、30、40
ZD1530 2ZD1530	1500×3000	4.5	$\frac{1}{2}$	座式	≤100	6、8、10、13、16、20、25、30、40、50
ZD1540 2ZD1540	1500×4000	6	$\frac{1}{6}$			
ZD1836 2ZD1836	1800×3600	6.5	$\frac{1}{2}$	座式	≤150	6、8、10、13、16、20、25、30、40、50
ZD1845 2ZD1845	1800×4500	8.1	$\frac{1}{2}$			
ZD2150 2ZD2150	2100×5000	10.5	$\frac{1}{2}$	座式	≤150	10、13、16、20、25、30、40、50
ZD2160 2ZD2160	2100×600	12.6	$\frac{1}{2}$			

双轴振动筛有吊式和座式两种。图8－36为吊式双轴振动筛的结构图。振动器采用箱式振动器(见图8－37)。这种箱式振动器的四个偏心块成对地布置在箱体外,故结构紧凑。

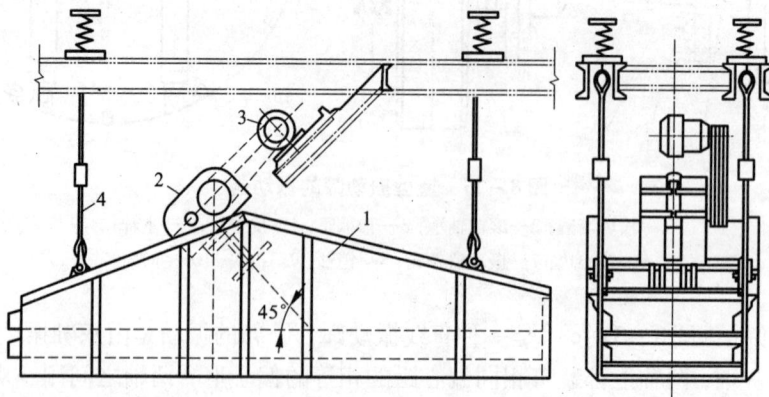

图 8 － 36   吊式双轴振动筛

1—筛箱；2—箱式振动器；3—电动机；4—吊杆装置

图 8 - 38 为座式双轴振动筛的结构图。振动器是采用筒式振动器(见图8 - 39)。

惯性振动筛一般由振动器、筛箱、隔振装置、传动装置等部分组成。

1. 振动器

单轴振动筛的振动器有纯振式振动器、轴承偏心式自定中心振动器和皮带轮偏心式自定中心振动器。三者的结构特点及优缺点见以上所述,目前多采用皮带轮偏心式自定中心振动器。振动器偏心重的配置方式及优缺点见表8 - 2。

根据表 8 - 2 的分析比较,偏心重的配置方式以第三种方案较好,可在大型筛子中采用。

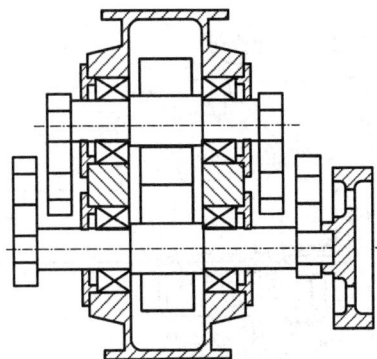

图 8 - 37　箱式振动器结构图

双轴振动筛的振动器有箱式振动器(见图8 - 37)和筒式振动器(见图8 - 39)两种。箱式振动器的结构紧凑,便于吊式安装,缺点是要有较大断面的支承横梁,制造也较复杂。筒式振动器的优点是高度小,重心低,便于座式安装,缺点是宽度较大。

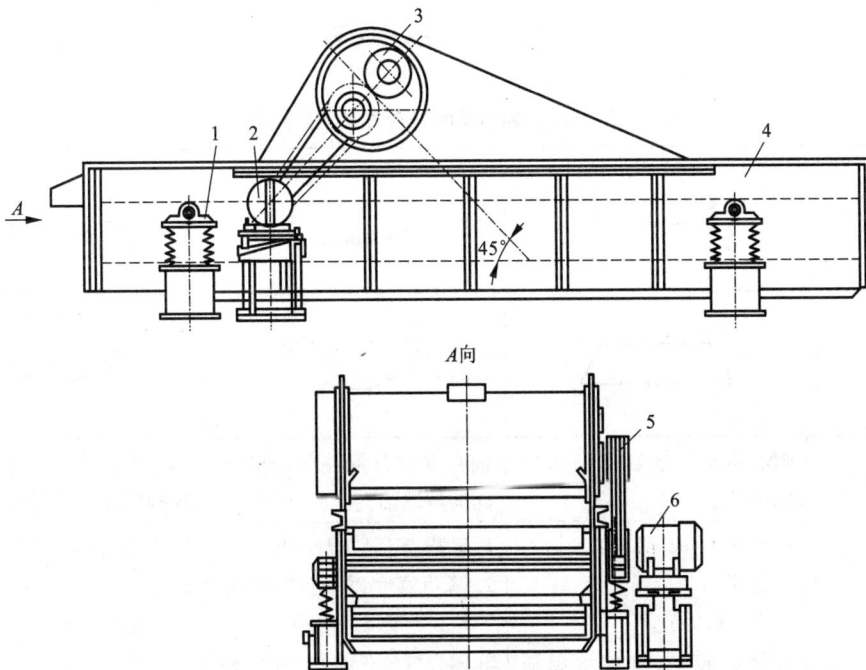

图 8 - 38　座式双轴振动筛

1—支承装置；2—电动机座；3—筒式振动器；4—筛箱；5—三角皮带；6—电动机

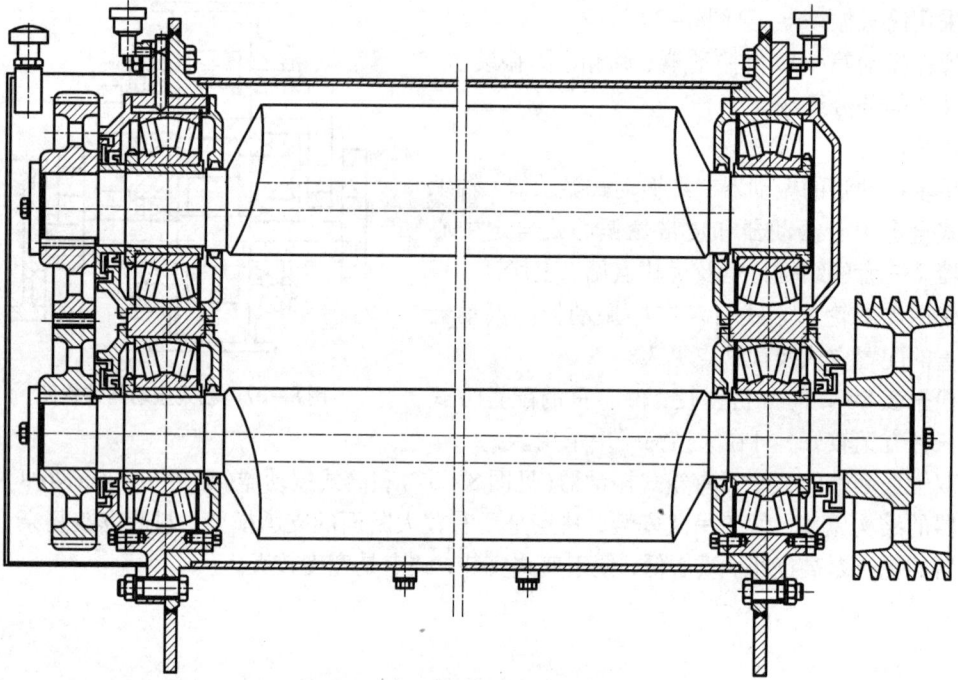

图 8-39　筒式振动器

表 8-2　偏心重的配置方式及优缺点

偏心重量的配置方式			
弯矩图			
结构特点	偏心重全布置在侧壁以外的圆盘上	偏心重全布置在两侧壁之间的传动轴上	偏心重分别布置在传动轴和侧壁以外的圆盘上
优点	1. 传动轴各部无偏心，加工简便 2. 中点弯矩较小 3. 偏心重可调，筛子振幅可调	1. 无圆盘，结构最简单 2. 筛箱宽度以外仅有皮带轮，宽度尺寸最小 3. 偏心重全在轴上，充分利用空间，结构紧凑	1. 传动轴中心弯矩最小 2. 偏心重可调，振幅可调 3. 圆盘直径较小 4. 结构较紧凑
缺点	1. 宽度尺寸大 2. 圆盘直径较大，结构不紧凑 3. 零件多，结构较复杂	1. 传动轴中点弯矩较大 2. 偏心重不可变，振幅不可调	1. 轴和皮带轮都有偏心重，制造较复杂 2. 宽度尺寸大 3. 结构复杂

箱式和筒式振动器都有一对高速回转的齿轮，这必然使振动器的结构复杂，同时，由于采用稀油润滑，容易造成漏油，轴承也易发热，因而维护工作量增大。为了消除这些缺点，近年来发展了一种自同步双轴振动器（见图 8 - 40）。这种振动器的双轴没有齿轮联接，两根轴分别由两台电动机驱动，双轴的严格反向同步旋转是依靠力学关系自动保持的。

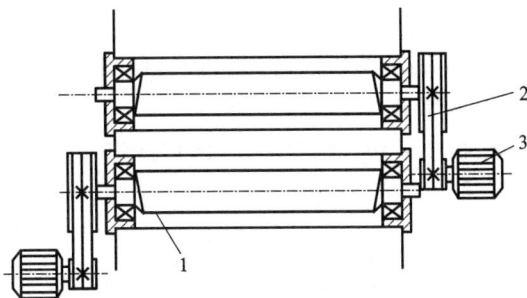

8 - 40 自同步双轴振动器
1—偏心轴；2—皮带轮；3—电动机

振动器除了上述结构型式外，还有一种简单的振动器，振动电机，即电机上安装偏心块，振动电机直接安装在筛箱上，没有传动装置，这种振动适合于小型筛子。

2. 筛箱

筛箱由筛框、筛面及其压紧装置组成。筛框由侧板和横梁构成。侧板采用厚度为 6～16 mm 的 A5 或 20 号钢板制成。横梁常用圆形钢管、槽钢、方形钢管或工字钢制造。筛框必须要有足够的刚性。筛框各部件的联接方式有铆接、焊接和高强度螺栓联接三种。铆接结构制造工艺复杂，但对振动负荷有较好的适应能力。焊接结构施工方便，但焊缝复杂，内应力较大，在强烈的振动负荷作用下，往往发生焊缝开裂，甚至造成构件断裂。为了消除焊接结构的内应力，可采用回火处理。焊接结构适用于中小型振动筛。高强度联接螺栓联接可靠，可以使筛框在现场装配，特别适用于大型振动筛。

筛面的结构型式及其压紧装置见本章第一节。

3. 支承方式与隔振装置

振动筛的支承方式有吊式（见图 8 - 32）和座式（见图 8 - 34）两种。

振动筛的隔振装置常用的有螺旋弹簧、板弹簧和橡胶弹簧，其优缺点见表 8 - 3。

表 8 - 3 各种隔振装置优缺点比较

种类	螺旋弹簧	板弹簧	橡胶弹簧
优点	1. 刚度可以设计很小，消振性能好 2. 结构紧凑，外形尺寸较小 3. 不需要紧固件 4. 工作可靠	横向刚度大，可消除横振	1. 外形尺寸最小 2. 钢度较大，隔振性能好
缺点	横向刚度小，筛子易发生横振	1. 外形尺寸大 2. 安装较困难 3. 折断事故较多	1. 不适合于大振幅 2. 动负荷大

根据振动筛振幅较大的特点，隔振装置宜采用圆柱螺旋弹簧。

4. 传动装置

振动筛通常采用三角皮带传动装置，它的结构简单，可以任意选择振动器的转数，但运转时皮带容易打滑，可能导致筛孔堵塞。近年来。振动筛也有采用联轴节直接驱动的。联轴节可以保持振动器的稳定转数，而且使用寿命很长，但振动器的转数是不可调的。

5. 消振装置

单轴振动筛和双轴振动筛启动与停车时，由于通过共振区，机体的振幅将会急剧增大，从而引起弹簧的严重过载，使其寿命降低，皮带也易损坏，同时还危及厂房建筑物。因此，必须设法消除筛子在启动和停车时产生的共振现象。目前采用的消振方法主要有以下三种：

(1) 自移式偏心重(见图 8 - 35)：当振动筛启动或停车时，振动器主轴的转速较低，这时两块偏心重的重心在弹簧拉力的作用下，靠近回转中心，因此，振动器产生的激振力小，振动筛就能平稳地通过共振区。当转速不断增加，超过振动筛自振频率达到一定值以后，偏心重产生离心惯性力(或惯性力矩)超过弹簧的拉力(或拉力矩)时，偏心重自动移到工作位置，这时振动器产生激振力急剧增加，从而使筛箱产生振动。偏心重弹出和拉回时的主轴转速一般取振动筛自振频率的两倍，这也是选择偏心重弹簧刚度的根据。

(2) 电机反接制动：电机反接制动的原理是振动筛停车时，待转数降低到接近共振转数时将电源两相换接。由于电机定子的磁场方向改变，迫使转子突然降速到零，这时振动筛快速越过共振区，使共振跳动成为不可能。这种消振方法效果很好。

(3) 弹性限位：这是通过固定在刚性支架上的橡胶缓冲件，将振动筛在各个方向限位，使之不能有大的跳动。

二、共振筛

共振筛是在接近共振状态下进行工作的一种振动筛。共振筛依其传动机构的型式，可分为弹性连杆式和惯性式；按主振弹簧的类型，又分为线性和非线性。目前广泛采用双质量系统的共振筛。

弹性连杆式共振筛的结构如图 8 - 41 所示。它是由两个接近相等的振动质量所组成的振动系统，这样可以使振动机体作用在基础上的动负荷得到平衡。弹性连杆式共振筛是由偏心轴套带动头部装有弹簧的连杆驱动，迫使上筛箱和下筛箱在 45°振动方向上作相对运动，此时，筛箱在接近共振的低临界状态(即强迫频率低于自振频率)下工作。

筛箱的结构与惯性振动筛基本相同，仅在筛箱侧板上增设固定橡胶弹簧及板弹簧支座。

主振弹簧采用带有安装间隙的橡胶弹簧，因而弹性具有非线性特征。

为了使两个筛箱实现定向振动，在两个筛箱之间安设了板弹簧，板弹簧通常用厚度为 10 ~ 12 mm 的电木板制造。

两组隔振弹簧的上端分别与两个筛箱相联，下端则支承在固定机架上，其作用除了支承筛箱之外，还起隔振作用。

惯性式共振筛的结构如图 8 - 42 所示。它是由一个筛箱和与振动器轴装在一起的平衡重组成的振动系统。平衡重用板弹簧支承在筛箱上。惯性式共振筛的振动器与单轴振动筛的振动器基本相同。

共振筛具有耗电量少、传给基础负荷小、生产率和筛分效率高等优点，但共振筛的筛箱构件要承受较大的冲击载荷，容易损坏，而且调整工作也较复杂。

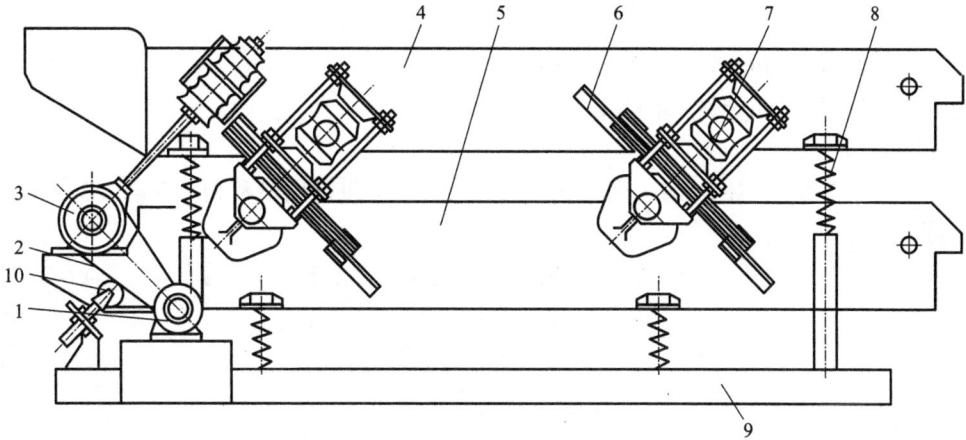

图 8-41　弹性连杆式共振筛

1—电动机；2—三角皮带；3—传动机构；4—上筛箱；5—下筛箱；
6—板弹簧；7—橡胶弹簧；8—隔振弹簧；9—固定机架；10—张紧轮

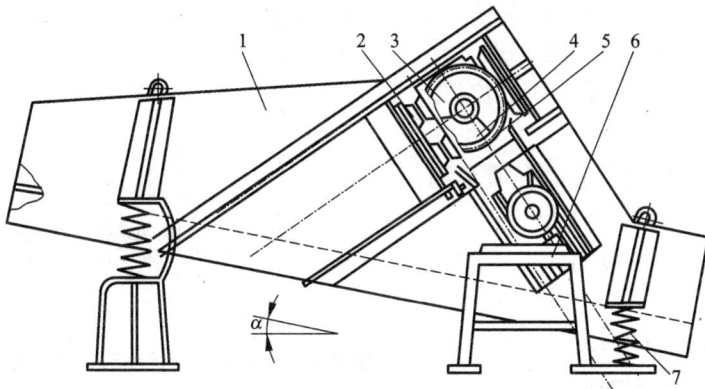

图 8-42　惯性式共振筛

1—筛箱；2—主振弹簧；3—皮带轮；4—偏心块；5—平衡质量；6—板弹簧；7—隔振弹簧

第三节　振动筛筛上物料的运动分析

振动筛的运动学参数(振幅、振动次数、筛面倾角和振动方向角)通常是根据所选定的物料运动状态选取的。筛上物料的运动状态直接影响振动筛的筛分效率和生产率，所以，要合理选择筛子的运动学参数，必须分析筛上物料的运动特性。下面分别讨论物料在筛面作圆运动和直线运动的特性。

一、筛面作圆运动或近似于圆运动的振动筛

筛面的位移可用下式表示(参见图 8-43)：

$$x = A\cos(180° - \varphi) = -A\cos\varphi = -A\cos\omega t$$

$$y = A\sin(180° - \varphi) = A\sin\varphi = A\sin\omega t \tag{8-1}$$

式中：A——振幅，mm；

φ——轴之回转相角，$\varphi = \omega t$；

ω——轴的回转角速度，rad/s；

t——时间，s。

求上式中 x 和 y 对时间 t 的一次导数与二次导数，即得筛面沿 x 和 y 方向上的速度 v_x、v_y 和加速度 a_x、a_y：

$$v_x = A\omega\sin\omega t$$
$$v_y = A\omega\cos\omega t \tag{8-2}$$
$$a_x = A\omega^2\cos\omega t$$
$$a_y = -A\omega^2\sin\omega t \tag{8-3}$$

根据筛子的运动特性(位移、速度、加速度)即可研究筛上物料的运动学。

物料的在筛面上可能出现三种运动状态：正向滑动(沿排料方向——即沿 x 方向滑动)、反向滑动(逆排料方向滑动)和跳动。这些运动状态只有在一定条件下(如一定的振动次数和振幅)才能出现。下面分析出现正向滑动、反向滑动和跳动的条件。

1. 物料颗粒出现正向滑动的条件

当物料颗粒与筛面一起运动时，其位移、速度和加速度即等于筛面的位移、速度和加速度。

现在先研究一下位于筛面上质量为 m 的物料颗粒的动力平衡条件。

作用于质量为 m 的物料颗粒上的力有(见图 8-43)：

(1)物料颗粒的重力 G：

$G = mg$，g 为重力的加速度。

(2)筛面对物料颗粒的反作用力 N：

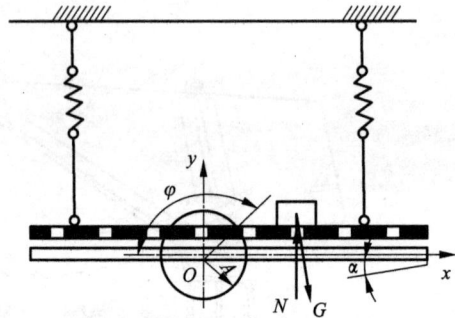

图 8-43 筛面作圆运动时，筛上物料的运动分析

$$N - mg\cos\alpha = ma_y = -mA\omega^2\sin\omega t$$

或

$$N = mg\cos\alpha - mA\omega^2\sin\omega t \tag{8-4}$$

式中，α 为筛面倾角。

(3)筛面对物料颗粒的极限摩擦力 F：

$$F = fN = f(mg\cos\alpha - mA\omega^2\sin\omega t) \tag{8-5}$$

式中，f 为物料颗粒对筛面的静摩擦系数。

物料颗粒沿筛面开始正向滑动时的临界条件：

$$mg\sin\alpha - F = ma_x$$

或

$$mg\sin\alpha - f(mg\cos\alpha - mA\omega^2\sin\omega t) = mA\omega^2\cos\omega t$$
$$-mA\omega^2\cos\varphi_k + mg\sin\alpha = f(mg\cos\alpha - mA\omega^2\sin\varphi_k) \tag{8-6}$$

因为 $f = \tan\mu$，μ 为静滑动摩擦角。将上式化简后得

$$\cos(\varphi_k + \mu) = \frac{g}{A\omega^2}\sin(\mu - \alpha) \tag{8-7}$$

式中，φ_k 为正向滑始角。

令 $$b_k = \cos(\varphi_k + \mu)$$

则 $$n = \frac{30}{\sqrt{b_k}}\sqrt{\frac{g\sin(\mu - \alpha)}{\pi^2 A}} \qquad (8-8)$$

式中，b_k 称为正向滑动系数。由公式(8-8)可知，物料颗粒出现正向滑动的条件是 $b_k < 1$。当 $b_k = 1$ 时，则可求得使物料颗粒沿筛面产生正向滑动的最小转数为

$$n_{+min} = 30\sqrt{\frac{g\sin(\mu - \alpha)}{\pi^2 A}} \qquad (8-9)$$

故物料颗粒沿筛面产生正向滑动的条件是，筛子的转数 $n > n_{+min}$。

2. 物料颗粒出现反向滑动的条件

物料颗粒沿筛面开始反向滑动时的临界条件：

$$mg\sin\alpha + F = ma$$

即 $$mA\omega^2\cos\varphi_q = mg\sin\alpha + f(mg\cos\alpha - mA\omega^2\sin\varphi_q) \qquad (8-10)$$

将上式化简后得

$$\cos(\varphi_q - \mu) = \frac{g}{A\omega^2}\sin(\mu + \alpha) = b_q \qquad (8-11)$$

式中：φ_q——反向滑始角；

b_q——反向滑动系数。

则 $$n = \frac{30}{\sqrt{b_q}}\sqrt{\frac{g\sin(\mu + \alpha)}{\pi^2 A}} \qquad (8-12)$$

由公式(8-12)可知，物料颗粒出现反向滑动的条件是 $b_q < 1$。当 $b_q = 1$ 时，则可求得使物料颗粒产生反向滑动的最小转数为

$$n_{-min} = 30\sqrt{\frac{g\sin(\mu + \alpha)}{\pi^2 A}} \qquad (8-13)$$

为了使物料颗粒产生反向滑动，必须取筛子的转数 $n > n_{-min}$。

3. 物料颗粒出现跳动的条件

物料颗粒出现跳动的条件是颗粒对筛面的法向压力 $N = 0$，即

$$mg\cos\alpha = ma_y$$

或 $$g\cos\alpha = A\omega^2\sin\varphi_d \qquad (8-14)$$

由此得 $$b_d = \sin\varphi_d = \frac{g\cos\alpha}{A\omega^2} = \frac{\cos\alpha}{K} = \frac{1}{K_V} \qquad (8-15)$$

式中：b_d——物料跳动系数；

φ_d——跳动起始角；

K——振动强度，$K = \dfrac{A\omega^2}{g}$；

K_V——抛射强度，它表示物料在筛面上跳动的急剧程度。

公式(8-15)可写成下列形式：

$$n_0 = \frac{30}{\sqrt{\sin\varphi_d}}\sqrt{\frac{g\cos\alpha}{\pi^2 A}} = \frac{30}{\sqrt{b_d}}\sqrt{\frac{g\cos\alpha}{\pi^2 A}} \qquad (8-16)$$

当 $b_d < 1$ 或 $K_V > 1$ 时,则物料颗粒出现跳动。当 $b_d = 1$ 或 $K_V = 1$ 时,则可求得物料颗粒开始跳动时的最小转数:

$$n_{0\min} = 30 \sqrt{\frac{g\cos\alpha}{\pi^2 A}} \qquad (8-17)$$

为了使物料颗粒产生跳动,必须取筛子的转数 $n > n_{0\min}$。

以上分析了物料颗粒出现正向滑动、反向滑动及跳动的条件,导出了出现这些运动状态的最小转数。关于物料颗粒的滑止角、滑动角及运动速度也可以导出其计算公式。由于目前使用的振动筛中多数采用跳动状态,因此,下面仅讨论跳动状态时的跳动终止角、跳动角及运动速度。

4. 跳动终止角及跳动角

物料颗粒离开筛面以后,颗粒沿筛面法线方向的运动方程式为

$$m \frac{\mathrm{d}u}{\mathrm{d}t} = -mg\cos\alpha \qquad (8-18)$$

将式(8-18)积分,得物料颗粒从开始跳动的时间 t_d 到时间 t 的速度:

$$u = u_d - g\cos\alpha(t - t_d) \qquad (8-19)$$

上式中的 u_d 为物料颗粒跳动开始时的初速度。若忽略物料颗粒对筛面冲击的影响,则可认为 u_d 等于筛面的速度,即

$$u_d \approx v_y = A\omega\cos\varphi_d$$

因此,式(8-19)则变为

$$u = A\omega\cos\varphi_d - \frac{g\cos\alpha}{\omega}(\varphi - \varphi_d) \qquad (8-20)$$

物料颗粒跳动后,按抛物线轨迹下落与筛面相遇时的法向位移(见图8-44):

$$y_b = y_d + \int_d^b u\mathrm{d}t \qquad (8-21)$$

式中,y_d 为物料颗粒开始跳动时的纵坐标,即 $y_d = A\sin\varphi_d$,将式(8-20)代入式(8-21)中,并积分后得

$$y_b = A\sin\varphi_d + A\cos\varphi_d(\varphi_b - \varphi_d) - \frac{g\cos\alpha}{\omega^2} \times \frac{(\varphi_b - \varphi_d)^2}{2} \qquad (8-22)$$

y_b 为跳动一次后,物料颗粒落到筛面上的纵坐标,即 $y_b = A\sin\varphi_b$。φ_b 为物料颗粒跳动一次后又落到筛面时的轴之相位角(跳动终止角),$\varphi_b = \delta + \varphi_d$,$\delta$ 为跳动角。将以上关系式代入式(8-22)中,化简后则得

$$\tan\varphi_d = \frac{\delta - \sin\delta}{\frac{\delta^2}{2} - (1 - \cos\delta)} \qquad (8-23)$$

式(8-23)所示的物料颗粒跳动起始角 φ_d 与跳动角 δ 之间的关系可以用曲线表示(见图8-45)。

根据式(8-15)知:

$$K_V = \frac{1}{\sin\varphi_d} = \csc\varphi_d = \sqrt{\csc^2\varphi_d} = \sqrt{\cot^2\varphi_d + 1} \qquad (8-24)$$

当 $\delta = 360° = 2\pi$,则由式(8-23)和式(8-24),可得

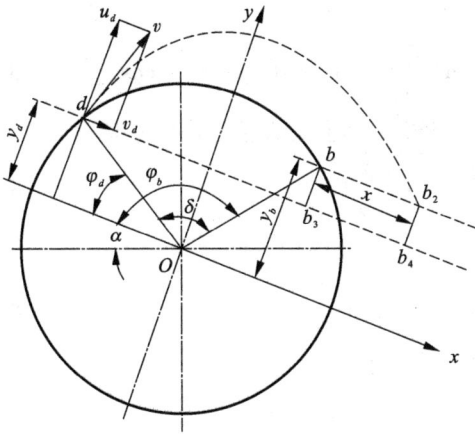

图 8 - 44   物料的跳动状态

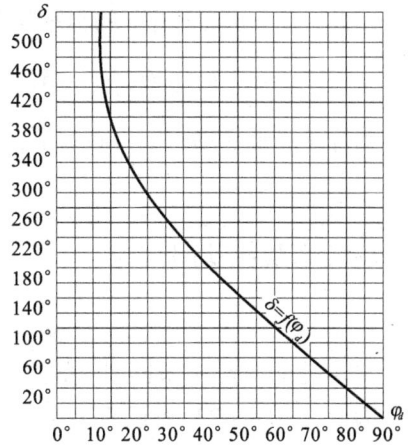

图 8 - 45   跳动起始角与跳动角的关系曲线

$$\tan\varphi_d = \frac{1}{\pi}, \ \text{即} \ \varphi_d = 17°40'$$

$$K_V = \sqrt{\pi^2 + 1} = 3.3$$

将 $\varphi_d = 17°40''$ 代入式(8 - 16)中,得物料颗粒跳动的第一临界转数:

$$n_{01} \approx 54 \sqrt{\frac{g\cos\alpha}{\pi^2 A}} \tag{8-25}$$

当 $\delta = 720° = 4\pi$ 时,则由式(8 - 23)和式(8 - 24)可得

$$\tan\varphi_d = \frac{1}{2}, \ \text{即} \ \varphi_d = 9°2'$$

$$K_V = \sqrt{4\pi^2 + 1} = 6.36$$

将 $\varphi_d = 9°2'$ 代入式(8 - 16)中,得物料颗粒跳动的第二临界转数:

$$n_{02} \approx 74 \sqrt{\frac{g\cos\alpha}{\pi^2 A}} \tag{8-26}$$

5. 物料颗粒跳动的平均速度

当筛子的转数 $n \approx n_{01}$ 时,即物料颗粒的跳动角 $\delta \sim 360°$,在这种情况下,虽然在一次循环中应出现物料颗粒的滑动状态,但由于前一循环中颗粒对筛面的多次冲击,使滑动状态不能形成,故滑动角接近于零。

物料颗粒从 d 点起跳,到 b 点跳动终止时沿 x 方向的位移(如图 8 - 44 中的线段 db_4)为

$$s_\delta = v_d t + \frac{1}{2} g\sin\alpha t^2 = v_d \frac{\delta}{\omega} + \frac{1}{2} g\sin\alpha \left(\frac{\delta}{\omega}\right)^2 \tag{8-27}$$

式中,v_d 为物料颗粒起跳时沿 x 方向的运动速度,$v_d = A\omega\sin\varphi_d$。

由此,则

$$s_\delta = A\sin\varphi_d\delta + \frac{1}{2} g\sin\alpha \left(\frac{\delta}{\omega}\right)^2 \tag{8-28}$$

在同一时间 t 内,筛面的位移为(见图 8 - 44):

$$s_c = db_3 = A\cos\varphi_b - A\cos\varphi_d = A\left[\cos(\varphi_d + \delta) - \cos\varphi_d\right] \quad (8-29)$$

因此，在一次循环中，物料颗粒对筛面的位移为

$$s = x = b_3 b_4 = s_\delta - s_c = A\sin\varphi_d \delta + \frac{1}{2}g\sin\alpha\left(\frac{\delta}{\omega}\right)^2 - A\left[\cos(\varphi_d + \delta) - \cos\varphi_d\right] \quad (8-30)$$

当筛子在近于第一临界转数下工作时，即 $\delta \approx 360°$，则上式方括号内的数值接近于零，故

$$s = A\sin\varphi_d \delta + \frac{1}{2}g\sin\alpha\left(\frac{\delta}{\omega}\right)^2 \quad (8-31)$$

物料跳动的平均速度为

$$v = \frac{sn}{60} = \frac{n}{60}\left[A\sin\varphi_d \delta + \frac{1}{2}g\sin\alpha\left(\frac{\delta}{\omega}\right)^2\right] \quad (8-32)$$

当 $\delta \approx 360°$ 时，则 $\tan\varphi_d \approx \sin\varphi_d$，$\sin\delta \approx 0$，$1 - \cos\delta \approx 0$。

因此，式(8-23)可以简化为

$$\sin\varphi_d \approx \tan\varphi_d \approx \frac{2}{\delta} \text{ 或 } \delta \approx \frac{2}{\sin\varphi_d} \quad (8-33)$$

根据 $\delta \approx \dfrac{2}{\sin\varphi_d}$ 和式(8-15)，则可将式(8-32)简化为下列形式：

$$v = \frac{An}{30}(1 + K_v\tan\alpha) \quad (8-34)$$

按上式计算所得的结果与实际情况相比，计算值较大，这是由于未考虑到物料的特性、摩擦、冲击等因素的影响。为此，上式须乘以修正系数 K_0。初步计算时可取 $K_0 \approx 0.13 \sim 0.15$。

$$v = K_0\frac{An}{30}(1 + K_v\tan\alpha) \quad (8-35)$$

二、筛面作直线运动的振动筛

直线振动筛的筛面，沿振动方向线作简谐振动，筛面的位移方程式可用下式表示(见图8-46)：

$$s = A\sin\varphi = A\sin\omega t \quad (8-36)$$

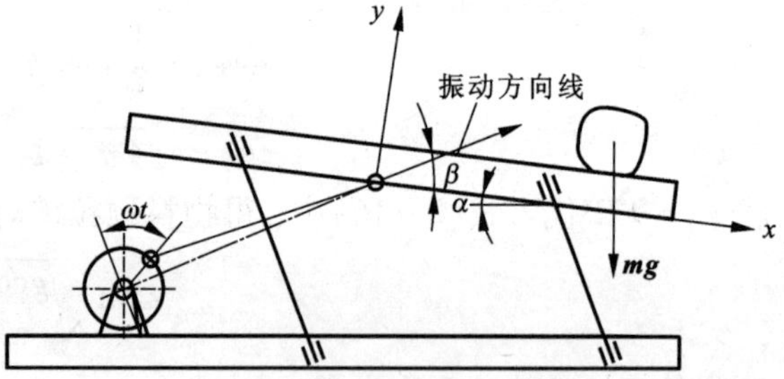

筛面的位移、速度、加速度在 x 方向(平行于筛面)和 y 方向(垂直于筛面)的分量为

图8-46 筛面作直线运动时筛上物料的运动分析

$$s_x = A\cos\beta\sin\omega t; \quad s_y = A\sin\beta\sin\omega t$$
$$v_z = A\omega\cos\beta\cos\omega t; \quad v_y = A\omega\sin\beta\cos\omega t$$
$$\alpha_x = -A\omega^2\cos\beta\sin\omega t; \quad \alpha_y = -A\omega^2\sin\beta\sin\omega t \quad (8-37)$$

式中，β 为振动方向角，即振动方向线与筛面的夹角；A 为振幅，mm。其他符号意义同前。

当振动筛的筛面以不同的振次与振幅作连续振动时，筛面上的物料可能出现相对静止、正向滑动、反向滑动和跳动。由于在直线振动筛中，目前多数采用跳动状态，因此，下面仅讨论物料跳动时的条件、跳动终止角、跳动角及跳动时的平均运动速度。

1. 物料颗粒出现跳动的临界条件

物料颗粒出现跳动的临界条件是颗粒对筛面的法向压力 $N = 0$，即

$$mg\cos\alpha = mA\omega^2\sin\beta\sin\varphi \tag{8-38}$$

由此可得

$$b_d = \sin\varphi_d = \frac{g\cos\alpha}{A\omega^2\sin\beta} = \frac{\cos\alpha}{K\sin\beta} = \frac{1}{K_V} \tag{8-39}$$

式(8-39)可写成下列形式:

$$n_0 = \frac{30}{\sqrt{\sin\varphi_d}}\sqrt{\frac{g\cos\alpha}{\pi^2 A\sin\beta}} = \frac{30}{\sqrt{b_d}}\sqrt{\frac{g\cos\alpha}{\pi^2 A\sin\beta}} \tag{8-40}$$

当 $b_d < 1$ 或 $K_V > 1$ 时,则物料出现跳动,若 $b_d > 1$ 或 $K_V < 1$ 时,则 φ_d 无解,物料不能出现跳动。

当 $b_d = 1$ 或 $K_V = 1$ 时,则可求得物料开始跳动时的最小转数:

$$n_{0min} = 30\sqrt{\frac{g\cos\alpha}{\pi^2 A\sin\beta}} \tag{8-41}$$

为了使物料产生跳动,必须取筛子的转数 $n > n_{0min}$。

2. 跳动终止角及跳动角

物料颗粒离开筛面以后沿筛面法线方向的运动方程式为

$$m\frac{du}{dt} = -mg\cos\alpha \tag{8-42}$$

将式(8-42)积分,得物料颗粒从开始跳动的时间 t_d 到时间 t 的速度为

$$u = u_d - g\cos\alpha(t - t_d) \tag{8-43}$$

若忽略物料颗粒对筛面冲击的影响,则可取物料颗粒开始跳动的初速度 v_d 等于筛面的速度,即

$$u_d \approx v_y = A\omega\sin\beta\cos\varphi_d$$

将上式代入式(8-43)中,则

$$u = A\omega\sin\beta\cos\varphi_d - \frac{g\cos\alpha}{\omega}(\varphi - \varphi_d) \tag{8-44}$$

物料颗粒跳动后,按抛物线轨迹下落与筛面相遇时的法向位移为

$$y_b = y_d + \int_d^b u\,dt \tag{8-45}$$

式中,$y_b = A\sin\beta\sin\varphi_b$,$y_d = A\sin\beta\sin\varphi_d$,并将式(8-44)代入式(8-45)中,积分后化简可得

$$\sin(\varphi_d + \delta) = \sin\varphi_d + \delta\cos\varphi_d - \frac{\delta^2}{2}\sin\varphi_d \tag{8-46}$$

将上式化简,可得

$$\tan\varphi_d = \frac{\delta - \sin\delta}{\frac{\delta^2}{2} - (1 - \cos\delta)} \tag{8-47}$$

当已知跳动起始角 φ_d 时,则可由图8-45查出跳动角 δ,从而可以算出跳动终止角 φ_b:

$$\varphi_b = \varphi_d + \delta。$$

3. 物料跳动时的平均运动速度

物料颗粒从振动相角 φ_d 起跳,到振动相角 φ_b 跳动终止时,沿 x 方向的位移为

$$s_\delta = v_d t + \frac{1}{2}g\sin\alpha\,t^2$$

$$= A\cos\beta\cos\varphi_d\delta + \frac{g\sin\alpha}{2\omega^2}\delta^2 \qquad (8-48)$$

式中，v_d 为物料颗粒起跳时沿 x 方向的运动速度，$v_d = v_x = A\omega\cos\beta\cos\varphi_d$。

在同一时间 t 内，筛面的位移 S_c 为

$$s_c = A\cos\beta\sin\varphi_b - A\cos\beta\sin\varphi_d \qquad (8-49)$$

因此，物料在每个运动周期中对筛面的位移为

$$s = s_\delta - s_c = A\cos\beta\cos\varphi_d\delta + \frac{g\sin\alpha}{2\omega^2}\delta^2 - A\cos\beta(\sin\varphi_b - \sin\varphi_d)$$

$$= A\cos\beta\left(\delta\cos\varphi_d + \frac{g\sin\alpha}{2A\omega^2\cos\beta}\delta^2 - \sin\varphi_b + \sin\varphi_d\right) \qquad (8-50)$$

根据式(8-39)和式(8-46)，上式可化简为

$$s = \frac{\delta^2}{2}A\cos\beta\sin\varphi_d\left(1 + \frac{\sin\alpha\sin\beta}{\cos\alpha\cos\beta}\right)$$

$$= \frac{\delta^2}{2} \cdot \frac{g}{\omega^2} \cdot \frac{\cos(\beta-\alpha)}{\sin\beta}$$

若令 n_p 表示物料跳动一次的时间与振动一个周期时间之比，即 $n_p = \dfrac{\delta}{2\pi}$，则上式可写为

$$s = \frac{1800gn_p^2}{n^2} \times \frac{\cos(\beta-\alpha)}{\sin\beta} \qquad (8-51)$$

物料跳动的平均运动速度为

$$v = \frac{n}{60}s = \frac{30gn_p^2}{n} \times \frac{\cos(\beta-\alpha)}{\sin\beta}$$

直线振动筛一般接近水平安装，即 $\alpha \approx 0$。考虑物料性质及其他因素的影响，理论计算公式应乘以速度修正系数 η。一般 $\eta = 0.6 \sim 0.8$。因此，物料的实际运动速度可按下式确定：

$$v = \eta\frac{30gn_p^2}{n}\cot\beta \quad (\text{m/min}) \qquad (8-52)$$

式中，n_p 值根据 K_V 的大小按图 8-47 选取。

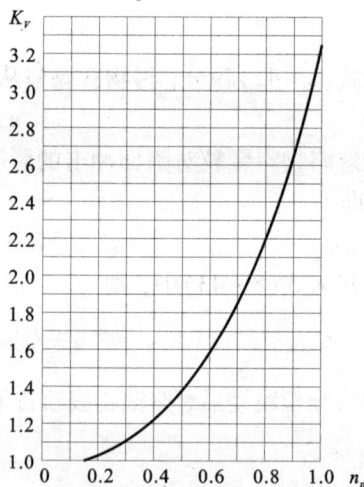

图 8-47　n_p 与 K_V 的关系曲线

第四节　振动筛和共振筛运动学参数的选择和工艺参数的计算

一、振动筛和共振筛运动学参数的选择

振动筛和共振筛的运动学参数有筛面倾角、振动方向角(对于直线振动筛)、振幅、振动次数及筛上物料的运动速度等。要合理选择这些运动学参数，必须先确定物料的运动状态。

为防止筛孔堵塞，并能获得较高的筛分效率和生产率，目前，在振动筛中多采用物料的跳动状态。

图 8 - 48 表示筛面振动运动和物料抛掷运动之间的关系。从图中可以看出，当 $K_V = 3.3$ 时，筛面的一个振动周期正好等于物料的一个跳动周期，这时物料与筛面接触的时间最短，故对减少筛面的磨损是有利的。

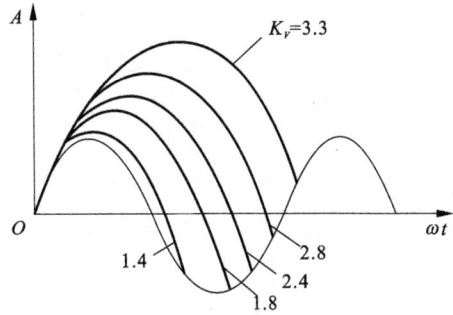

8 - 48 筛上物料的跳动状态

为了获得较高的筛分效率，最好使物料颗粒在筛子的每一个振动周期能接触筛孔，故在一般情况下取 $K_V < 3.3$。目前，单轴振动筛取 $K_V = 3 \sim 3.5$；双轴振动筛取 $K_V = 2.2 \sim 3$；共振筛通常取 $K_V = 2 \sim 3.3$。

1. 筛面倾角 α

筛面倾角的大小决定于要求的生产率和筛分效率。当筛子的其他参数确定后，筛面倾角大，则生产率高而筛分效率低；筛面倾角小，则生产率低而筛分效率高。所以当产品质量要求一定时，应有一个合理的倾角，根据实验，筛面倾角推荐使用下述数据：

单轴振动筛用于预先分级：$\alpha = 15° \sim 25°$；

单轴振动筛或共振筛用于分级：$\alpha = 12.5° \sim 20°$；

双轴振动筛或共振筛用于分级：$\alpha = 0 \sim 10°$；

双轴振动筛或共振筛用于脱水、脱介：$\alpha = -5° \sim 0°$。

2. 振动方向角 β

双轴振动筛和共振筛一般接近水平安装，为了保证物料的移动，必须有振动方向角。振动方向角 β 一般在 $30° \sim 65°$ 范围内选取。β 值大，物料抛掷高，筛分效率高，适用于难筛物料。β 值小，物料运动速度快，生产率高，适用于易筛物料。为了适应各种筛分的需要，目前，双轴振动筛和共振筛多采用 $45°$ 的振动方向角。

3. 振幅 A

振动筛的振幅通常按下列数据选取：

单轴振动筛用作预先筛分：$A = 2.5 \sim 3.5$ mm；

单轴振动筛用作最终筛分：$A = 3 \sim 4$ mm；双轴振动筛：$A = 3.5 \sim 5.5$ mm；

共振筛：$A = 6 \sim 15$ mm。

4. 振动次数 n

振动次数可在选定抛射强度 K_V 和振幅 A 后按下式计算。

对于单轴振动筛：根据式(8 - 16)可得

$$n \approx \sqrt{\frac{900000 K_V \cos\alpha}{A}} \quad （次/min） \qquad (8 - 53)$$

对于双轴振动筛和共振筛：根据式(8 - 40)可得

$$n \approx \sqrt{\frac{900000 K_V \cos\alpha}{A \sin\beta}} \quad （次/min） \qquad (8 - 54)$$

式中，振幅 A 的单位为毫米。

目前，单轴振动筛的振动次数一般为 $800 \sim 1200$（次/min）；双轴振动一般为 $700 \sim 900$

（次/min）；共振筛为 400 ~ 800（次/min）。

    5. 物料的运动速度

    单轴振动筛的物料运动速度可按下列经验公式计算：

$$v = \frac{K_Q N n^2 A}{1000 \; g}\left(1 + 22 \; \sqrt{\tan^3 \alpha}\right)\left(\frac{\alpha}{18}\right) \quad (\text{m/min}) \tag{8-55}$$

式中：K_Q——修正系数，其值按表 8-4 选取；

        N——常数，$N = 0.18$ mm/min；

        n——振动次数，（次/min）；

        A——振幅，m；

        g——重力加速度，$g = 9.81$ mm/s^2；

        α——筛面倾角，（°）

表 8-4   修正系数

每小时单位筛宽的容积生产率 Q_1 /[m^3·(m·h^{-1})]	25	30	35	40	50	45	55	60	70	80	100	120	180
修正系数 K_Q	1.7	1.4	1.25	1.15	1.05	1.0	0.95	0.92	0.89	0.85	0.8	0.78	0.75

直线振动筛的物料运动速度按式(8-55)计算。

二、振动筛和共振筛工艺参数计算

振动筛和共振筛的工艺参数包括筛面的长度和宽度、筛子的生产率和筛分效率。

    1. 筛面的长度和宽度

    根据给定的生产率、要求的筛分效率和物料的筛分特性，按式(8-57)或式(8-58)计算出需要的筛面面积。对于双层筛，应按单层筛逐层进行计算，算出每层相应的生产能力所需的筛面面积，然后取其中最大值。

    计算出筛面面积后，可按公式(8-55)计算筛面的宽度。通常，式中物料层的厚度(h)：取 $h \leqslant 4a$，a 为筛孔尺寸。

    一般说来，当给料端物料层厚度给定之后，筛面的宽度直接影响筛子的生产率，而筛面的长度，直接影响筛分效率。通常，矿用振动筛的筛面长度一般为 4 m 左右，长宽比约为 2。用于最终分级、脱水和脱介的煤用振动筛筛面长度一般为 6 m 左右，长宽比约为 1.5 ~ 2.5。筛面宽度受结构限制，不宜太宽。筛面宽度以 1.25 m 为最小。矿用振动筛按 0.3 m 的间隔增加成筛面宽度系列，煤用振动筛按 0.25 m 间隔增加成宽度系列。

    2. 生产率的计算

    振动筛的生产率一般均按入筛原料量来计算。生产率 Q 的计算方法通常有流量法和平均法两种：

    (1)流量法

$$Q = 3600 B h v \gamma \quad (\text{t/h}) \tag{8-56}$$

式中：B——筛面的宽度，m；

h——筛面上物料层的厚度，m；

v——物料运动的平均速度，m/min；

γ——物料的松散比重，t/m³。

（2）平均法

煤用振动筛的生产率计算公式：

$$Q = Fq \qquad (\text{t/h}) \tag{8-57}$$

式中：F——筛子的工作面积，m²；

　　　q——单位筛面面积生产率，m³/(m²·h)，其值见表8-5；

表 8-5　煤用振动筛单位筛面积生产率

作业名称	分级					脱水		脱介	
筛孔尺寸/mm)	100	80	50	25	13	末煤	煤泥	块煤	末煤
q/[m³·(m²·h)⁻¹]	110	90	60	30	12~17	7	2	7~9	3.5~4.5

矿用振动筛的生产率计算公式：

$$Q = Fq\gamma KLMNOP \qquad (\text{t/h}) \tag{8-58}$$

式中：F——筛子的工作面积，m²；

　　　q——单位筛面面积生产率，m³/(m²·h)；其值见表8-6；

　　　γ——物料的松散容重，t/m³；

　　　K、L、M、N、O、P——校正系数，见表8-7。

表 8-6　矿用振动筛单位筛面面积生产率

筛孔尺寸/mm	0.16	0.2	0.3	0.4	0.6	0.8	1.17	2.0	3.15	5
q 值/[m³·(m²·h)⁻¹]	1.8	2.2	2.5	2.8	3.2	3.7	4.4	5.5	7.0	11
筛孔尺寸/mm	8	10	16	20	25	31.5	40	50	80	100
q 值/[m³·(m²·h)⁻¹]	17	19	25.5	28	31	34	38	42	56	63

三、筛分效率

在筛分作业中，筛分效率是衡量筛分过程的质量指标。筛分效率是指筛下产物重量与原料中筛下级别（筛下级别是指原料中所含粒度小于筛孔尺寸的物料）重量的比值。筛分效率一般以百分数表示。筛分效率可按下式计算：

$$E = \frac{100(\alpha - \vartheta)}{\alpha(100 - \vartheta)} 100\% \tag{8-59}$$

式中：α——原料中筛下产物含量的百分数；

　　　ϑ——筛上产物中筛下级别含量的百分数。

将原料和筛上产物进行精确的筛分，根据筛分结果可算出筛下级别含量 α 及 ϑ。筛分所用筛面的筛孔尺寸和形状,应与测定筛分效率所用的筛子相同。

筛分机械的筛分效率与物料的粒度特性、物料的温度、筛孔形状、筛面倾角、筛面长度、筛面的运动特性及生产率等因素有关。不同用途的筛分机械对筛分效率有不同的要求。

表 8 – 7 系数 K、L、M、N、O、P 值

系数	考虑的因素	筛分条件及各系数值									
K	细粒影响	给料中粒度小于筛孔之半的颗粒的含量(%)	0	10	20	30	40	50	60	70	80	90
		K 值	0.2	0.4	0.6	0.8	1.0	1.2	1.4	1.6	1.8	2.0
L	粗粒影响	给料中过大颗粒(大于筛孔)的含量(%)	10	20	25	30	40	50	60	70	80	90
		L 值	0.94	0.97	1.0	1.03	1.09	1.18	1.32	1.55	2.0	3.36
M	筛分效率	筛分效率(%)	40	50	60	70	80	90	92	94	96	98
		M 值	2.3	2.1	1.9	1.6	1.3	1.0	0.9	0.8	0.6	0.4
N	颗粒形状	颗粒形状	各种破碎后的物料(除煤外)			圆形颗粒(例如海砾石)			煤			
		N 值	1.0			1.25			1.5			
O	温度影响	物料的湿度	筛孔小于 25 mm			筛孔大于 25 mm						
			干的	湿的	成团	视湿度而定						
		O 值	1.0	0.75 ~ 0.85	0.2 ~ 0.6	0.9 ~ 1.0						
P	筛分方法	筛分方法	筛孔小于 25 mm			筛孔大于 25 mm						
			干的	湿的(附有喷水)		任何的						
		P 值	1.0	1.25 ~ 1.4		1.0						

第五节 惯性振动筛的动力学分析及动力学参数的计算

一、惯性振动筛的动力学分析

惯性振动筛的振动系统是由振动质量(筛箱和振动器的质量)、弹簧和激振力(由回转的偏心重块产生的)构成。为保证筛子稳定地工作,必须对惯性振动筛的振动系统进行计算,以便找出振动质量、弹簧刚性、偏心重块的质量矩与振幅的关系,合理地选择弹簧的刚性和

确定偏心重块的质量矩。

图 8-49 表示单轴振动筛的振动系统。为了简化计算，假定振动器转子的回转中心和机体(筛箱)的重心重合，激振力和弹性力通过机体重心。此时，筛子只作平面平移运动。今取机体静止平衡时(即机体的重量为弹簧的弹性反作用力所平衡时的位置)的重心所在点 o 作为固定坐标系统(xoy)的原点，而以振动器转子的旋转中心 o_1 作为动坐标系统($x_1o_1y_1$)的原点。

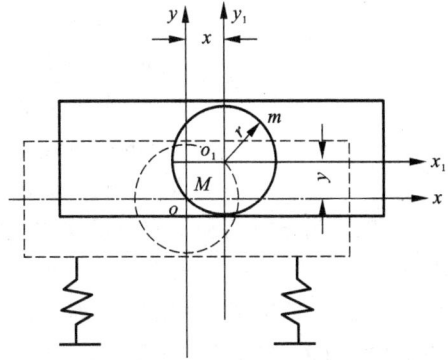

图 8-49 单轴振动筛的振动系统

偏心重块质量 m 的重心不仅随机体一起作平移运动(牵连运动)，而且还绕振动器的回转中心线作回转运动(相对运动)，则其重心的绝对位移为

$$x_m = x + x_1 = x + r\cos\varphi = x + r\cos\omega t$$
$$y_m = y + y_1 = y + r\sin\varphi = y + r\sin\omega t$$

式中：r——偏心重的重心至回转轴线的距离；

φ——轴之回转角度，$\varphi = \omega t$，ω 为轴回转之角速度，t 为时间

偏心重 m 运动时产生的离心力为

$$F_x = -m\frac{\mathrm{d}^2 x_m}{\mathrm{d}t^2} = -m(\ddot{x} - r\omega^2\cos\omega t)$$

$$F_y = -m\frac{\mathrm{d}^2 y_m}{\mathrm{d}t^2} = -m(\ddot{y} - r\omega^2\sin\omega t)$$

式中，$mr\omega^2\cos\omega t$ 和 $mr\omega^2\sin\omega t$ 为偏心重 m 在 x 与 y 方向之相对运动离心力或称激振力。

在单轴振动筛的振动系统中，作用在机体质量 M 上的力除了 F_x 和 F_y 外，还有机体惯性力 $-M\ddot{x}$ 和 $-M\ddot{y}$(其方向与机体加速度方向相反)、弹簧作用力 $-K_x x$ 和 $-F_y y$，K_x 和 K_y 表示弹簧在 x 和 y 方向的刚度，弹簧作用力的方向永远是和机体重心的位移方向相反)及阻尼力 $-c\dot{x}$ 和 $-c\dot{y}$(c 称为粘滞阻力系数，阻尼力方向与机体运动速度方向相反)。

当振动器作等速圆周运动时，将作用在振动机体 M 上的各力，按理论力学中的动静法建立的运动微分方程式为

$$(M + m)\ddot{x} + c\dot{x} + K_x x = mr\omega^2\cos\omega t$$
$$(M + m)\ddot{y} + c\dot{y} + K_y y = mr\omega^2\sin\omega t \tag{8-60}$$

式中，M 为振动机体的计算质量，其值可按下式确定：

$$M = m_j + K_w m_w$$

式中：m_j——振动机体质量，kg；

m_w——筛子上的物料质量，kg；

K_w——物料结合系数，一般 $K_w = 0.15 \sim 0.3$。

根据单轴振动筛运动微分方程式(8-60)的全解可知，机体在 x 和 y 轴方向的运动是由自由振动和强迫振动两个谐振动相加而成。事实上，由于有阻尼力存在缘故，自由振动在机器工作开始后会逐渐消失，因此，机体运动只剩下强迫振动这部分。所以，只须讨论公式(8

-60)的特解，其特解为

$$x = A_x\cos(\omega t - a_x)\,;\quad y = A_y\sin(\omega t - \alpha_y) \tag{8-61}$$

式中

$$A_x = \frac{mr\omega^2\cos\alpha_x}{K_x - (M+m)\omega^2}\,;\quad \alpha_x = \tan^{-1}\frac{c\omega}{K_x - (M+m)\omega^2}$$

$$A_y = \frac{mr\omega^2\cos\alpha_y}{K_y - (M+m)\omega^2}\,;\quad \alpha_y = \tan^{-1}\frac{c\omega}{K_y - (M+m)\omega^2}$$

式中，A_x 和 A_y 为 x 方向和 y 方向机体的振幅；α_x 和 α_y 为 x 方向和 y 方向的激振力对位移之相位差角。

由于在惯性振动筛中，阻尼力不大，α_x 和 α_y 通常为 $170° \sim 180°$，所以 $\cos\alpha_x \approx \cos\alpha_y \approx -1$，这时将式($8-61$)的二式平方后相加得

$$\frac{x^2}{A_x^2} + \frac{y^2}{A_y^2} = 1 \tag{8-62}$$

式($8-62$)为标准椭圆方程式，即机体的运动轨迹为椭圆形。

当 $K_x \ll (M+m)\omega^2$ 时，$A_x \approx A_y = A$，即当弹簧刚性很小时，机体作圆周运动，其运动方程式为

$$x^2 + y^2 = A^2 \tag{8-63}$$

从振幅的计算式可知，当 $K = (M+m)\omega^2$ 时，即自振频率 $\left(\sqrt{\dfrac{K}{M+m}}\right)$ 与强迫振动频率(ω)相等时，则机体出现共振(见图 $8-50$)，这时弹簧就有因过载而被破坏的危险。共振时的转数可由下式求得。

$$n_p = \frac{30}{\pi}\sqrt{\frac{K}{M+m}} \tag{8-64}$$

下面根据图 $8-50$ 分析单轴振动筛的几种工作状态。

1. 低共振状态

低共振状态：$n < n_p$，即 $K > (M+m)\cdot\omega^2$。若取 $K = (M+2m)\omega^2$，则机体的振幅 $A = r$。在这种情况下，可以避免筛子启动和停车时通过共振区，从而能提高弹簧的工作耐久性，同时能减小轴承压力，延长轴承寿命，并能减少筛子的能量消耗，但是在这种状态下工作的筛子，弹簧的刚度要很大，因此，必然会在地基及机架上出现很大的动力，以致引起建筑物的振动。所以，必须设法消振，但目前尚无妥善的和简单的消振方法。

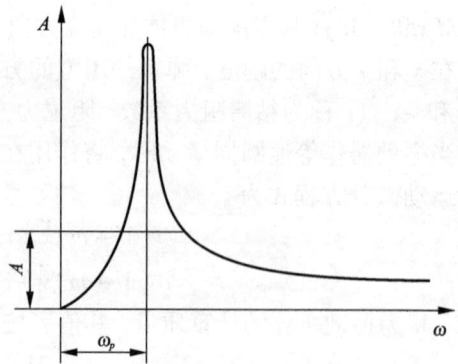

图 8-50　振幅和转子角速度的关系曲线

2. 共振状态

共振状态：$n = n_p$，即 $K = (M+m)\cdot\omega^2$，振幅 A 将变为无限大。但由于阻力的存在，振幅是一个有限的数值。当阻力及给料量改变时，将会引起振幅较大的变化。由于振幅不稳定，这种状态没有得到应用。

3. 超共振状态

超共振状态：$n > n_p$，这种状态又分为两种情况：

（1）n 稍大于 n_p，即 K 稍小于 $(M + m)\omega^2$。若取 $K = M\omega^2$，则得 $A = r$。因为 $n > n_p$，所以筛子启动与停车时要通过共振区。这种状态的其他优缺点与低共振状态相同。

（2）$n \gg n_p$，即为远离共振区的超共振状态。此时，$K \ll (M + m)\omega^2$。从图 8 - 50 可以很明显地看出：转速 ω 愈高，机体的振幅 A 愈平稳，即振动筛的工作稳定。这种工作状态的优点是：弹簧的刚度较小，传给地基及机架的动力也就较小，因而不会引起建筑物的振动。同时，因为不需要很多弹簧，筛子的构造也较简单。目前设计和应用的振动筛，通常都是采用这种工作状态。为了减少振动筛对地基的动负荷，根据振动隔离理论，只要使强迫振动频率 ω_p 大于自振频率的五倍即可得到良好的效果。采用这种工作状态的筛子，必须设法消除筛子在启动和停车时，由于通过共振区而产生的共振现象。目前采用的消振方法见本章第二节。

以上分析了激振力和弹性力通过机体重心的机体振动特性。若由于结构的限制，振动器旋转轴的中心在 y 轴上。在这种情形下，激振力和弹性力并不通过机体重心，这时，振动机体将绕其重心作不同程度的摇摆振动。

单轴振动筛的惯性振动器装于筛箱重心的上部或下部时，筛箱前后端的运动轨迹如图 8 - 51 所示。当振动器布置在机体重心上部时，两端椭圆形长轴延长线在筛面以上相交。由于给料端长轴向前，有利于给入筛子的物料迅速散开。排料端长轴向后，起减低物料运动速度的作用，有利于难筛颗粒的透筛。振动器在机体重心下部时，两端椭圆长轴在筛面以下相交。由于给料端长轴向后，阻碍给入筛子的物料散开。排料端长轴向前，使物料加速通过筛面，不利于难筛颗粒透筛。这种振动器的布置方式国内外很少采用。

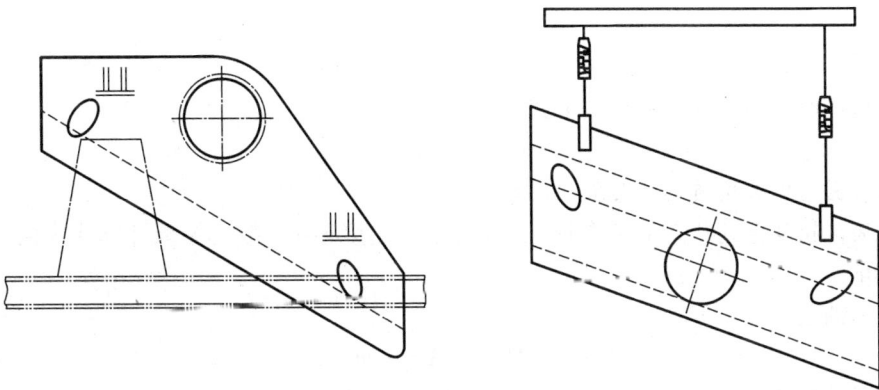

8 - 51　筛箱的运动轨迹

双轴振动筛的振动系统如图 8 - 52 所示。按单轴振动筛动力学的分析方法，振动系统的运动微分方程式为

$$(M + 2m)\ddot{x} + c\dot{x} + Kx = 2mr\omega^2\sin\omega t \qquad (8 - 65)$$

解上述方程式，得机体振幅 A 和相位差角 α：

$$A = \frac{2mr\omega^2 \cos\alpha}{K-(M+2m)\omega^2}$$

$$\alpha = \tan^{-1}\frac{c\omega}{K-(M+2m)\omega^2} \qquad (8-66)$$

系统的自振频率 ω_p 为

$$\omega_p = \sqrt{\frac{K}{M+2m}} \qquad (8-67)$$

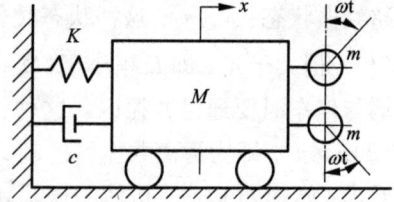

8-52 双轴振动筛的振动系统

二、惯性振动筛动力学参数的计算

1. 隔振弹簧刚度的确定

选取弹簧刚度时，不仅要考虑使弹簧传给基础的动负荷不使建筑物产生有害的振动，而且还须考虑弹簧应有足够的支承力。弹簧的刚度一般是通过强迫振动频率 ω 与自振频率 ω_p 的比值来控制。通常对吊式振动筛取频率比 $z = \dfrac{\omega}{\omega_p} = 5 \sim 6$；对座式振动筛取频率比 $z = \dfrac{\omega}{\omega_p} = 4 \sim 5$。因此，弹簧刚度的计算公式为，

对于单轴振动筛：

$$K = (M+m)\omega_p^2 = (M+m)\left(\frac{\omega}{z}\right)^2 \qquad (8-68)$$

对于双轴筛动筛：

$$K = (M+2m)\omega_p^2 = (M+2m)\left(\frac{\omega}{z}\right)^2 \qquad (8-69)$$

若一台筛子由 i 个弹簧支承，则每个弹簧刚度 $k = \dfrac{K}{i}$。

振动筛传给地基的动负荷可按下式计算：

$$T = AK \qquad (8-70)$$

2. 振动器的偏心块质量及其偏心距的确定

振动筛在超共振动状态下工作时，由于弹簧的刚度很小，故在振幅计算式中的 K 值可以忽略，则可得：

对于单轴振动筛，

$$(M+m)A = -mr \qquad (8-71)$$

对于双轴振动轴，

$$(M+2m)A = -2mr \qquad (8-72)$$

式中，负号表示机体振动质量 M 和偏心块质量 m 的重心在振动中心的两个不同方向上，计算时取绝对值。

M 和 A 为已知，但 m 和 r 均为未知数，因此可以根据振动器的结构和轴的强度要求选定 r 值，则 m 可按公式(8-71)或公式(8-72)求出。

3. 电动机的选择

惯性振动筛的功率消耗主要由振动器为克服筛子运动阻力而消耗的功率 N_1 和克服轴在

轴承中的摩擦力而消耗的功率 N_2 来确定。

单轴振动筛的振动器为克服筛子运动的阻 力而消耗的功率可按作用在筛子上的激振力所作的功来计算。

作用在筛子上的激振力为

$$F_{ox} = mr\omega^2\cos\omega t$$

$$F_{oy} = mr\omega^2\sin\omega t \qquad (8-73)$$

振动器激振力所作之单元功按下式计算：

$$dW_x = F_{ox}dx = F_{ox}\frac{dx}{dt}dt = F_{ox}\dot{x}dt$$

$$dW_y = F_{oy}dy = F_{oy}\frac{dy}{dt}dt = F_{oy}\dot{y}dt \qquad (8-74)$$

根据式(8-61)可以求得筛子的运动速度：

$$\dot{x} = -A_x\omega\sin(\omega t - \alpha_x)$$

$$\dot{y} = A_y\omega\cos(\omega t - \alpha_y) \qquad (8-75)$$

若取机体振幅 $A_x = A_y = A$，振动周期 $T = \dfrac{2\pi}{\omega}$，则振动器一次所作之功为

$$
\begin{aligned}
W_1 &= W_x + W_y \\
&= \int_0^{2\pi/\omega} mr\omega^2\cos\omega t\left[-A\omega\sin(\omega t - \alpha)\right]dt + \int_0^{2\pi/\omega} mr\omega^2\sin\omega t\left[A\omega\cos(\omega t - \alpha)\right]dt \\
&= 2mr\omega^2 A\pi\sin\alpha
\end{aligned}
\qquad (8-76)
$$

振动器为克服运动阻力的功率消耗为

$$N_1 = \frac{W_1 n}{60 \times 102} = \frac{2mr\omega^3 A\sin\alpha}{204} \qquad (8-77)$$

式中，$A = \dfrac{mr\omega^2\cos\alpha}{K - (M + m)\omega^2}$。当筛子在 $K \ll (M + m)\omega^2$ 状态下工作时，则式中 K 值可忽略不计。

将 $A = \dfrac{mr\omega^2\cos\alpha}{(M + m)\omega^2}$ 代入式(8-77)中，则得

$$N_1 = \frac{m^2 r^2\omega^3}{204(M + m)}\sin2\alpha = \frac{cm^2 r^2\omega^3}{204(M + m)} \quad (kW) \qquad (8-78)$$

式中，$c = \sin2\alpha$，计算时可取 $c = 0.2 \sim 0.3$。

轴承上的压力将决定于质量 m 在绝对运动时产生的离心惯性力。它既可能大于相对运动的离心惯性力($F_0 = mr\omega^2$)，也可能比这个力小。因此，在轴承上的压力不是固定不变的。通常在计算时，总把它看作是不变的。取 $F_0 = mr\omega^2 = $ 常数。因此，消耗于轴承中的摩擦功率为

$$N_2 = \frac{W_2 n}{60 \times 102} = \frac{fF_9\pi dn}{60} = \frac{fmr\omega^3 d}{204} \quad (kW) \qquad (8-79)$$

式中：d——轴颈的直径；

　　　f——滚动轴承的摩擦系数，$f = 0.001 \sim 0.01$。当润滑油黏度小时取较小值，反之取较大值。

单轴振动筛的电动机率为

$$N = \frac{1}{\eta}(N_1 + N_2)$$

$$= \frac{1}{\eta}\left[\frac{cm^2 r^2 \omega^3}{204(M+m)} + \frac{fmr\omega^3 d}{204}\right]$$

$$= \frac{(M+m)An^3(cA+fd)}{177500\eta} \quad (\text{kW}) \qquad (8-80)$$

式中：η——传动效率，$\eta = 0.95$。

式中其他符号意义同前。长度单位取米，质量单位取千克。

同理，双轴振动筛的电动机功率 N 为

$$N = \frac{(M+2m)An^3(cA+fd)}{177500\eta} \quad (\text{kW}) \qquad (8-81)$$

惯性振动筛启动时，电动机需克服偏心块的静力矩和摩擦力矩，启动后由于惯性作用，功率消耗较少，因而需选用高启动转矩的电动机。因此按公式(8-80)和公式(8-81)计算的功率，必须按启动条件校核：

$$\frac{M_r}{M_H} \geqslant \frac{M_o}{M_H} \qquad (8-82)$$

式中：M_r——电机的启动转矩；

　　　　M_H——电动机的额定转矩；

　　　　M_o——振动筛偏心重量的静力矩与轴承的摩擦静力矩之和。

三、惯性振动筛的设计步骤

设计振动筛时，首先须知道下述资料：物料的处理量，物料的物理性质和粒度组成，筛分的方式(脱水、脱介、分级)和分级的粒度，其他特殊要求(准许占地面积、准许安装高度、准许动负荷等)。然后按以下步骤设计：

(1)根据机器的用途选定要采用单轴振动筛或双轴振动筛。分级一般用单轴振动筛，脱水、脱介一般用双轴振动筛。

(2)根据给定的生产率，要求的筛分效率和物料的筛分特性，按式(8-57)或式(8-58)计算出需要的筛面面积，分配筛面的长度和宽度。

(3)按物料的跳动状态选定抛射强度 K_v 值，然后选择计算振幅 A、振动次数 n、筛面倾角 α、振动方向角 β 和物料运动速度等工艺参数，并按式(8-56)验算生产率。

(4)估计振动筛的重量：

中小型单轴振动筛：0.5 t/m^2 筛面；

中小型双轴振动筛：0.6 t/m^2 筛面；

大型单轴振动筛：0.6 t/m^2 筛面；

大型双轴振动筛：0.7 t/m^2 筛面；

然后按式(8-71)或式(8-72)计算振动器的偏心块质量并分配之。

(5)根据技术先进性、经济合理性和使用可靠性的要求，选择筛框、筛面、振动器、传动装置的结构。初算轴承、轴及传动装置的零件强度和电动机功率，画出部件装配图和零件图。

(6)精确计算筛箱、振动器的重量和重心。精确校核振动器的偏心块质量。精确计算轴

承、轴及传动装置的零件强度和电动机功率。

（7）按公式（8-68）或公式（8-69）计算隔振弹簧的刚度，然后按最恶劣的工作条件选择弹簧的许用应力来计算弹簧的技术参数。

（8）布置筛箱、振动器和隔振弹簧的相互位置。单轴振动筛振动器旋转轴的中心一般是通过筛箱重心，这样可使激振力的作用线通过筛箱重心，从而使筛箱各点的运动轨迹接近相同。若由于结构限制，单轴振动筛的振动器可布置在筛箱重心的上方。

双轴振动筛振动器的安装位置应使激振力的作用线通过筛箱和振动器的总重心。

隔振弹簧应等距离布置在总重心两边，但不可太靠近两端，以减小侧板压力。

（9）画出总图。

第六节　共振筛的动力学分析及动力学参数的计算

为了确定共振筛的动力学参数（如弹簧刚性、激振力功率等），必须分析共振筛的动力学特性。

根据对共振筛的模型试验，观察到共振筛有两个振区，即低频共振区和高频共振区（见图8-53）。低频共振区内，通常是隔振弹簧对机体的振动起着主导作用，此时，两个振动机体几乎连成一体向同一方向产生振动，其振幅显著增大，在高频共振区内，主振弹簧起着主导作用，两个振动机体作方向相反、振幅较大的振动。共振筛通常在高频共振区附近工作。

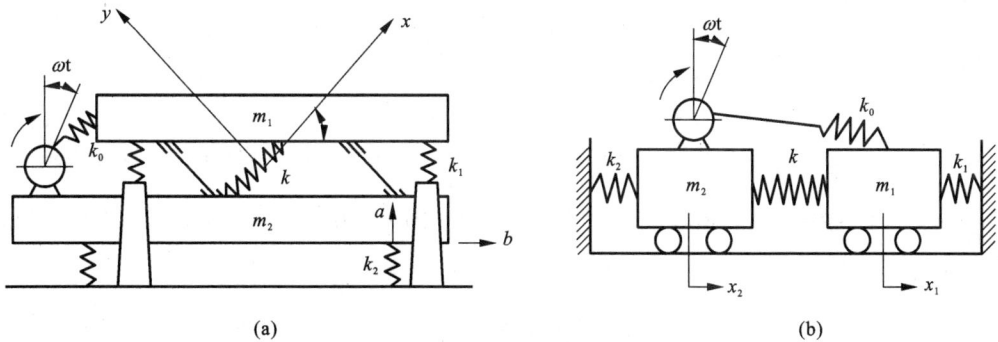

图 8-53　共振筛的力学模型

由于共振筛采用的主振弹簧的类型不同，共振筛分线性和非线性主振系统。下面仅以弹性连杆共振筛为例，分析线性和非线性主振系统的动力学特性及动力学参数的计算。

一、弹性连杆式线性共振筛的动力学分析

弹性连杆式共振筛的主振系统是指由主振弹簧与振动质量组成的振动系统。带有线性主振弹簧（即弹性力与位移成正比关系，弹簧刚性为常数）的振动系统称为线性主振系统。

当共振筛正常工作时，两振动机体在 x 方向彼此作反向运动，其振动方向垂直于板弹簧的中心线，机体沿板弹簧中心线方向（y 方向）的振动是不大的，而机体绕其重心的摇摆振动也很小，因此，为了简化共振筛的计算过程，仅研究机体沿 x 方向的振动，而机体沿 y 方向的

振动和机体摇摆振动则略去不计。

为了简化共振筛的主振系统，先确定机体 1 和机体 2 的隔振弹簧沿振动方向的刚性。

设机体 1 和机体 2 沿振动方向的位移为 x_1 和 x_2，振动方向角为 β，则机体 1 和机体 2 沿 a 向和 b 向的位移为

$$S_{1a} = x_1\sin\beta ; \quad S_{1b} = x_1\cos\beta$$
$$S_{2a} = x_2\sin\beta ; \quad S_{2b} = x_2\cos\beta$$

隔振弹簧在 a 向和 b 向的弹性力为

$$P_{1a} = k_{1a}x_1\sin\beta ; \quad P_{1b} = k_{1b}x_1\cos\beta$$
$$P_{2a} = k_{2a}x_2\sin\beta ; \quad P_{2b} = k_{2b}x_2\cos\beta$$

上述各弹性力在振动方向上的弹性力合力为

$$P_1 = k_1x_1 = P_{1a}\sin\beta + P_{1b}\cos\beta = k_{1a}x_1\sin^2\beta + k_{1b}x_1\cos^2\beta$$
$$P_2 = k_2x_2 = P_{2a}\sin\beta + P_{2b}\cos\beta = k_{2a}x_2\sin^2\beta + k_{2b}x_2\cos^2\beta$$

所以，机体 1 和机体 2 的隔振弹簧沿振动方向的刚性为

$$k_1 = k_{1a}\sin^2\beta + k_{1b}\cos^2\beta$$
$$k_2 = k_{2a}\sin^2\beta + k_{2b}\cos^2\beta \tag{8-83}$$

式中，k_{1a}、k_{2a} k_{1b}、k_{2b} 表示机体 1 和机体 2 的隔振弹簧中心线方向 a 与垂直于弹簧中心线方向 b 的刚性。

因此，共振筛的主振系统[图 8-53(a)]可以简化为[图 8-53(b)]所示的二自由度振动系统的力学模型。

由[图 8-53(b)]可以写出机体质量 m_1 和 m_2 的振动方程：

$$-m_1\ddot{x}_1 - k_1x_1 - f(\dot{x}_1 - \dot{x}_2) - k(x_1 - x_2) - k_0(x_1 - x_2 - r\sin\omega t) = 0$$
$$-m_2\ddot{x}_2 - k_2x_2 - f(\dot{x}_1 - \dot{x}_2) - k(x_1 - x_2) - k_0(x_1 - x_2 - r\sin\omega t) = 0 \tag{8-84}$$

为了尽量避免动力传到基础，隔振弹簧的刚性（k_1 和 k_2）应尽可能小，通常为主振弹簧刚性的 $\frac{1}{5} \sim \frac{1}{10}$，对主振系统的影响不大，可略去不计，即 $k_1 \approx 0$，$k_2 \approx 0$。故式(8-84)可以简化为下列形式：

$$-m_1\ddot{x}_1 - f(\dot{x}_1 - \dot{x}_2) - k(x_1 - x_2) - k_0(x_1 - x_2 - r\sin\omega t) = 0$$
$$-m_2\ddot{x}_2 + f(\dot{x}_1 - \dot{x}_2) + k(x_1 - x_2) + k_0(x_1 - x_2 - r\sin\omega t) = 0 \tag{8-85}$$

将式(8-85)之第一式乘以 $\frac{m_2}{m_1 + m_2}$，第二式乘以 $\frac{m_1}{m_1 + m_2}$，然后两式相减，则可求得与二自由度振动系统等效的单自由度振动系统的运动方程：

$$m\ddot{x} + f\dot{x} + k'x = k_1r\sin\omega t \tag{8-86}$$

式中：m——振动质量的诱导质量，$m = \dfrac{m_1m_2}{m_1 + m_2}$；

x、$\dot{x}$、$\ddot{x}$——振动 m_1 对 m_2 的相对位移、相对速度和相对加速度，$x = x_1 - x_2$，$\dot{x} = \dot{x}_1 - \dot{x}_2$，$\ddot{x} = \ddot{x}_1 - \ddot{x}_2$；

f——相对阻力系数；

k'——主振弹簧的计算刚性，$k' = k + k_0$，k 为主振弹簧刚性，k_0 为连杆弹簧的刚性；

r——偏心轴的偏心距，mm；

ω——回转角速度，rad/s；

t——时间，s。

由于阻尼力的存在，自由振动在机器正常运转时将会消失，因此下面仅研究强迫振动。设方程(8-86)的特解，其解为

$$x = A\sin(\omega t - \alpha) \tag{8-87}$$

式中：A——机体 1 对机体 2 的相对振幅；

α——激振力超前于相对位移 x 的相位差角。

根据式(8-87)求得相对速度 $\dot{x}$ 和相对加速度 $\ddot{x}$，然后，代入式(8-86)中，化简后，则可求得相对振幅 A 及相位差角 α：

$$A = \frac{k_0 r \cos\alpha}{k' - m\omega^2} = \frac{k_0 r \cos\alpha}{m\omega_0^2 - m\omega^2} = \frac{k_0 r \cos\alpha}{m\omega_0^2\left(1 - \dfrac{\omega^2}{\omega_0^2}\right)} = \frac{k_0 r \cos\alpha}{(k + k_0)(1 - z_0^2)}$$

$$\alpha = \tan^{-1}\frac{f\omega}{k' - m\omega^2} = \tan^{-1}\frac{2bz_0}{1 - z_0^2} \tag{8-88}$$

式中：z_0——频率比，$z_0 = \dfrac{\omega}{\omega_0}$，即强迫频率 ω 与主振系统的自振频率 ω_0 之比；

b——相对阻尼因数，$b = \dfrac{f}{2m\omega_0}$。

根据式(8-87)可以确定机体的相对位移 x。下面求机体 1 和机体 2 的绝对位移 x_1 和 x_2。

将式(8-85)的一式与二式相加，即得

$$m_1\ddot{x}_1 = -m_2\ddot{x}_2 \tag{8-89}$$

因为机体 1 和机体 2 的加速度 $\ddot{x}_1$ 和 $\ddot{x}_2$ 之比通常等于位移 x_1 和 x_2 之比，所以

$$m_1 x_1 = -m_2 x_2$$

即

$$\frac{m_1}{m_2} = \frac{-x_2}{x_1}$$

或

$$\frac{m_1 + m_2}{m_2} = \frac{x_1 - x_2}{x_1} = \frac{x}{x_1} \tag{8-90}$$

由此可得

$$x_1 = \frac{m_2}{m_1 + m_2}x$$

同理可得

$$x_2 = -\frac{m_1}{m_1 + m_2}x \tag{8-91}$$

将式(8-87)代入式(8-91)中，则可求得

$$x_1 = \frac{m_2}{m_1 + m_2}A\sin(\omega t - \alpha) = \frac{m_2}{m_1 + m_2} \cdot \frac{k_0 r \cos\alpha}{(k + k_0)(1 - z_0^2)} \cdot \sin(\omega t - \alpha)$$

$$x_2 = -\frac{m_1}{m_1 + m_2}A\sin(\omega t - \alpha) = -\frac{m_1}{m_1 + m_2} \cdot \frac{k_0 r \cos\alpha}{(k + k_0)(1 - z_0^2)} \cdot \sin(\omega t - \alpha) \tag{8-92}$$

由此，则知机体 1 和机体 2 的振幅为

$$A_1 = \frac{m_2}{m_1 + m_2} \cdot \frac{k_0 r \cos\alpha}{(k + k_0)(1 - z_0^2)}$$

$$A_2 = \frac{m_1}{m_1 + m_2} \cdot \frac{k_0 r \cos\alpha}{(k + k_0)(1 - z_0^2)} \qquad (8 - 93)$$

根据式(8-93)，可以作出振幅 A_1、A_2 与强迫频率 ω 的关系曲线，如图8-54所示。

由隔振弹簧中心线方向的刚性起主导作用的低频自振率可近似按下式计算：

$$\omega_{01} = \sqrt{\frac{k_{1a} + k_{2a}}{m_1 + m_2}}$$

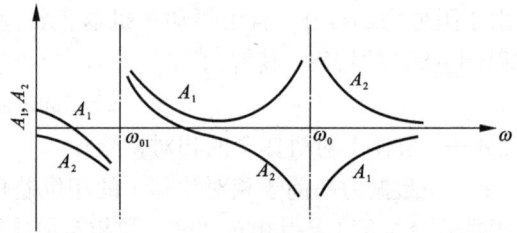

图 8 – 54 强迫频率与振幅的关系曲线

或
$$n_{01} = \frac{30}{\pi} \sqrt{\frac{k_{1a} + k_{2a}}{m_1 + m_2}} \qquad (8 - 94)$$

低频自振频率 ω_{01} 通常较工作频率 ω 小很多，一般 n_{01} 为 150～300 次/min。

由主振弹簧主导作用的高频自振频率 ω_0 可由式(8-88)求得，其计算公式为：

$$\omega_0 = \sqrt{\frac{(k + k_0)(m_1 + m_2)}{m_1 m_2}}$$

$$n_0 = \frac{30}{\pi} \sqrt{\frac{(k + k_0)(m_1 + m_2)}{m_1 m_2}} \qquad (8 - 95)$$

目前绝大多数共振筛的工作频率 ω 稍低于高频自振频率 ω_0。

当共振筛在高频共振区附近工作时，由式(8-93)看出，两振动质量的运动方向相反。若强迫频率 ω 与自振频率 ω_0 相接近时，振幅将显著增大。根据 ω 与 ω_0 的关系，可以将共振筛的工作状态分为以下三种：

(1)共振状态：即 $\omega = \omega_0$。这种状态所需的激振力小，但当阻尼力变化时，容易引起振幅的变化。一般不选用这种状态。

(2)略超过共振状态：即 $\omega > \omega_0$。这种状态当阻尼力及给料量变化时，振幅也有较大的波动，目前应用较少。

(3)略低于共振状态：即 $\omega < \omega_0$。这种状态的振幅稳定性较好，所需的激振力较小，传动机构受力也较小，目前在共振筛中广泛采用这种工作状态。通常取 $\omega = 0.8 \sim 0.95\omega_0$，即频率比 $z_0 = 0.8 \sim 0.95$。

二、弹性连杆式非线性共振筛的动力学分析

所谓非线性，主要是指弹性力与位移的关系是非线性的，即并非是直线关系，如图8-55所示。

非线性共振筛由于采用了橡胶弹簧，并且留有安装间隙，所以主振弹簧的弹性力不与位移成正比，因而它是非线性的。由于弹性力是非线性的，故阻尼力也是非线性的。

非线性共振筛与线性共振筛相比，有以下一些优点：

(1)振幅较稳定；

(2)所需的激振力较小；

(3)橡胶弹簧的尺寸可以减小；

(4)能促进排料及减少筛孔堵塞，并提高筛分效率和生产率。但其缺点是外载荷较线性

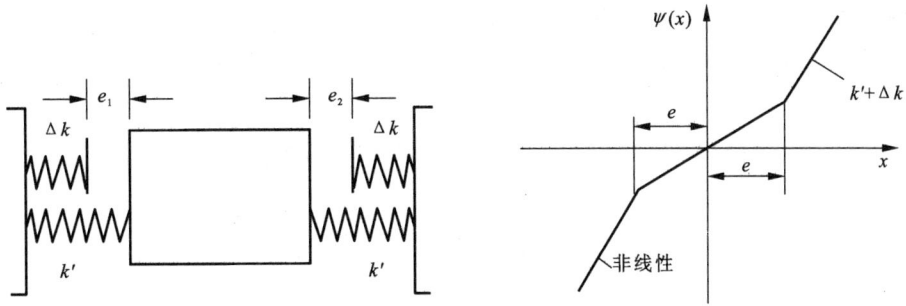

图 8-55　弹簧特性曲线

共振筛大得多，因而容易使横梁及其他机件发生损坏。所以非线性共振筛的机体必须有足够大的刚度与强度。

非线性共振筛近似计算的特点就是求出主振非线性弹簧的等效刚性(即与线性弹簧相当的刚性，也就是实际机器的自振频率与用等效弹簧刚性来代替非线性弹簧时机器的自振频率是相等的)。求得等效弹簧刚性与等效阻力系数之后，代入线性共振筛的计算公式中，即可求出非线性共振筛的动力学参数。

非线性共振筛在正常工作时，其非线性弹性力是对称的或近似于对称的。即使是不完全对称的，但按对称的进行计算，其误差也不大。

图 8-55 表示出带有上下安装间隙 e_1 和 e_2 的非线性主振弹簧。工作时 e_1 和 e_2 接近相等 $e \approx e_1 \approx e_2$。$e$ 为非线性主振弹簧的平均工作间隙，其值可按下式计算：

$$e \approx \frac{e_1 + e_2}{2} \tag{8-96}$$

由于主振弹簧是非线性的，所以，阻尼力也是非线性的。按照线性振动系统建立振动方程式的方法，可以写出非线性共振筛的振动方程式：

$$m\ddot{x} + F(\dot{x}) + \psi(x) = k_0 r \sin\omega t \tag{8-97}$$

式中，$F(\dot{x})$ 与 $\psi(x)$ 表示与相对速度及相对位移有关的非线性阻尼力与非线性弹性力，其他符号同前。

根据式(8-97)，用等效线性化方法可以求出非线性主振弹簧的等效刚性 k_{dx}。

$$k_{dx} = k' + \Delta k \left\{ 1 - \frac{4}{\pi} \cdot \frac{e}{A} \left[1 - \frac{1}{6} \left(\frac{e}{A} \right)^2 - \frac{1}{40} \left(\frac{e}{A} \right)^4 \right] \right\} \tag{8-98}$$

式中，Δk 为非线性主振弹簧的刚性，$\dfrac{e}{A}$ 为隙幅比。其他符号同前。

同理，可以求出等效阻力系数：

$$f_{dx} = f + \Delta f \left\{ 1 - \frac{4}{\pi} \cdot \frac{e}{A} \left[1 - \frac{1}{6} \left(\frac{e}{A} \right)^2 - \frac{1}{40} \left(\frac{e}{A} \right)^4 \right] \right\} \tag{8-99}$$

式中，Δf 为非线性阻力系数。

将式(8-88)第一式中的 k' 用 k_{dx} 公式(8-98)代入，即可得

$$A = \frac{k_0 r \cos\alpha}{k' + \Delta k \left\{ 1 - \dfrac{4}{\pi} \cdot \dfrac{e}{A} \left[1 - \dfrac{1}{6} \left(\dfrac{e}{A} \right)^2 - \dfrac{1}{40} \left(\dfrac{e}{A} \right)^4 \right] \right\} - m\omega^2} \tag{8-100}$$

根据上式可作出 A 与 ω 的关系曲线，如图 8-56 所示。从图中可以看出，非线性共振筛的 $A-\omega$ 曲线的头部向右偏斜。

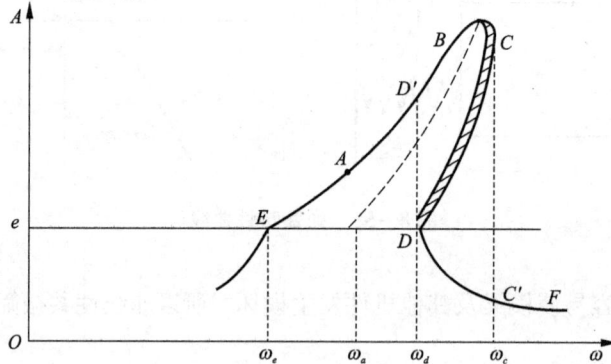

图 8-56 相对振幅 A 与强迫频率 ω 的关系曲线

设

$$\beta = \frac{k'}{k' + \Delta k} \tag{8-101}$$

若 $\Delta k = 0$，则 $\beta = 1$，此时，$A-\omega$ 曲线的头部不偏斜，实际上就是线性振动。若 $\Delta k \gg k'$，即 β 值越小，则 $A-\omega$ 曲线的头部愈向右偏斜，曲线越平缓。所以，为了获得稳定的振幅，可以减小线性主振弹簧的刚性，或增加非线性主振弹簧的刚性。

在非线性共振筛中，其自振频率 ω_0 为

$$\omega_0 = \sqrt{\frac{k_{dx}}{m}} = \sqrt{\frac{1}{m}\left\{k' + \Delta k\left[1 - \frac{4}{\pi} \cdot \frac{e}{A}\left(1 - \frac{1}{6}\left(\frac{e}{A}\right)^2 - \frac{1}{40}\left(\frac{e}{A}\right)^4\right)\right]\right\}} \tag{8-102}$$

因为主振弹簧的等效刚性 k_{dx} 为振幅 A 的函数，所以自振频率 ω_0 也是振幅 A 的函数，它随 A 的变化而变化。

当 $\frac{e}{A}$ 很小，或 $A \rightarrow \infty$ 时，则其自振频率称为固有频率 ω_a：

$$\omega_a = \sqrt{\frac{k' + \Delta k}{m}} \tag{8-103}$$

当 $A < e$ 时，则非线性弹簧不参加工作，此时，其自振频率用 ω_b 来表示，并称为线性自振频率：

$$\omega_b = \sqrt{\frac{k'}{m}} \tag{8-104}$$

在 $A-\omega$ 曲线中，不是所有工作点都是稳定的，在工作频率 ω_e 到 ω_c 的区间内，振幅稳定区为曲线 $EABC$ 和 $DC'F$，而曲线 CD 为振幅不稳定区。当工作频率 ω 逐渐增大到 ω_e，振幅通过 C 点时，在 C 点上的振幅产生破坏，振幅下落到 C' 点，即出现降幅跳跃，如 ω 从 C' 点逐渐减小，当达到 D 点时，则振幅出现增幅跳跃，由 D 点升到 D' 点。因此，为了保证筛子的工作可靠性，工作频率 ω 应当小于 ω_e。共振筛的工作频率通常为

$$\omega = (0.85 \sim 0.95)\omega_0$$

或

$$\omega = (0.6 \sim 0.85)\omega_a \tag{8-105}$$

三、共振筛的动力学参数计算

共振筛的动力学参数有：隔振弹簧的刚性、所需的激振力、频率比、主振弹簧的等效刚性、隙幅比、非线性弹簧的刚性及功率等。

1. 隔振弹簧的刚性

根据式(8-94)，隔振弹簧沿其中心线方向的刚性可由下式确定：

$$k_{1a} + k_{2a} = (m_1 + m_2)\frac{\pi^2 n_{01}^2}{900} \quad (\text{kg/cm}) \qquad (8-106)$$

隔振弹簧的刚性不得过大，若刚性过大，则传给地基的动载荷大，同时机体与隔振弹簧会产生冲击。当刚性较小时，则可避免上述两种情况的发生。但隔振弹簧的刚性不宜过小，必须保证它有一定的支承能力。隔振弹簧的刚性与低频自振频率有关，目前，通常选取 $n_{01} = 150 \sim 300$ 次/min，且取 $k_{1a} = k_{1b}$。

隔振弹簧垂直于弹簧中心线方向的刚性应通过测定来确定，一般取 $k_b = 0.3k_a$。

2. 诱导质量

根据式(8-86)知诱导质量 m 为

$$m = \frac{m_1 m_2}{m_1 + m_2} \qquad (8-107)$$

式中：$m_1 = m_{j1} + K_{w1}m_{w1} + K_{g1}m_{g1}$；

$m_2 = m_{j2} + K_{w2}m_{w2} + K_{g2}m_{g2}$

m_{j1} 和 m_{j2} 代表机体 1 和机体 2 的质量；

m_{w1} 和 m_{w2} 代表机体 1 和机体 2 上物料的质量；

m_{g1} 和 m_{g2} 代表机体 1 和机 2 相联的隔振弹簧的质量；

K_{w1}、K_{w2} 和 K_{g1}、K_{g2} 代表机体 1 和机体 2 上物料的结合系数及隔振弹簧的结合系数。通常 $K_w = 0.1 \sim 0.3$，$K_g = 0.15 \sim 0.33$。

3. 频率比及主振弹簧的等效刚性

为了获得较稳定的振幅，通常取频率比 $z_0 = \dfrac{\omega}{\omega_0} = 0.85 \sim 0.95$，固有频率比 $z_a = \dfrac{\omega}{\omega_a} = 0.6 \sim 0.85$。线性共振筛可取得低些，而非线性共振筛则应取高些。

主振弹簧的等效刚性可由下式确定：

$$k_{dx} = \frac{1}{z_0^2}m\omega^2 \qquad (8-108)$$

4. 相对振幅及所需的激振力

根据式(8-88)和式(8-93)可得相对振幅 A 的计算式：

$$A = \frac{m_1}{m}A_1 = -\frac{m_2}{m}A_2 \qquad (8-109)$$

当确定机体 1 或机体 2 的振幅后，即可按式(8-109)计算相对振幅。

相位差角 α 按式(8-88)计算。

根据式(8-88)可得所需激振力 P 的计算式：

$$P = k_0 r = \frac{A}{\cos\alpha}(k_{dx} - m\omega^2) = \frac{m\omega^2 A}{\cos\alpha}\left(\frac{1}{z_0^2} - 1\right) \qquad (8-110)$$

为了使传动机构的受力较小,连杆弹簧的刚性 k_0 应按下式选取:

$$k_0 = k_{dx} - m\omega^2 \tag{8-111}$$

偏心轴的偏心距 r 应按下式选取:

$$r = \frac{A}{\cos\alpha} \tag{8-112}$$

5. 非线性弹簧的刚性及隙幅比 $\dfrac{e}{A}$

根据式(8-98),非线性弹簧的刚性按下式计算:

$$\Delta k = \frac{k_{dx} - k'}{1 - \dfrac{A}{\pi} \cdot \dfrac{e}{A} \left[1 - \dfrac{1}{6}\left(\dfrac{e}{A}\right)^2 - \dfrac{1}{40}\left(\dfrac{e}{A}\right)^4 \right]} \tag{8-113}$$

对共振筛来说,增大 Δk 可以提高振幅的稳定性,但会显著增大筛箱横梁与侧板上的动应力。对于大型共振筛,应适当减小 Δk 值,而对小型共振筛,可以适当增大 Δk 值。

共振筛的隙幅比 $\dfrac{e}{A}$ 愈小,则所需的 Δk 愈小;$\dfrac{e}{A}$ 愈大,则 Δk 愈大。当 $\dfrac{e}{A}$ 小于 0.5 时,$\dfrac{e}{A}$ 的二次方与四次方很小,略去后,误差不超过 5%,由此,$\dfrac{e}{A}$ 可按下式近似计算:

$$\frac{e}{A} = \frac{\pi}{4} \left[1 - \left(\frac{\omega}{\omega_a} \cdot \frac{1}{z_0} \right)^2 \right] \left(1 + \frac{k'}{\Delta k} \right) \tag{8-114}$$

若取 $k' \ll \Delta k$,$z_0 = 0.9 \sim 0.95$,$z_0 = \dfrac{\omega}{\omega_a} = 0.6 \sim 0.85$,则可求得 $\dfrac{e}{A} = 0.2 \sim 0.5$。对于小型共振筛,可取 $\dfrac{e}{A} = 0.3 \sim 0.5$;大型共振筛,可取 $\dfrac{e}{A} = 0.2 \sim 0.4$。

6. 电动机功率

当共振筛在 $z_0 = 0.85 \sim 0.95$ 的状态下工作时,不仅振幅较为稳定,而且传动机构的力矩和摩擦功率也可以显著减小,这时,共振筛的功率主要用于克服外部阻力。因此,共振筛的电动机功率可按下式计算:

$$N = \frac{1}{102\eta T} \int_0^{\frac{2\pi}{\omega}} f\dot{x}\,\dot{x}\,\mathrm{d}t = \frac{1}{102\eta T} \int_0^{\frac{2\pi}{\omega}} fA^2\omega^2\cos^2(\omega t - a)\,\mathrm{d}t$$

$$= \frac{1}{102\eta \dfrac{2\pi}{\omega}} \times fA^2\omega^2 \frac{\pi}{\omega} = \frac{fA^2\omega^2}{204\eta} = \frac{k_0^2 r^2 \omega \sin^2\alpha}{408\eta(k' - m\omega^2)} \quad (\mathrm{kW}) \tag{8-115}$$

式中:η——传动效率,$\eta = 0.9 \sim 0.95$;

　　　T——周期,$T = \dfrac{2\pi}{\omega}$。

其他符号意义同前。上式是由式(8-87)和式(8-88)导出的。

当 $\alpha = 45°$ 时,则功率最大值为

$$N_{\max} = \frac{k_0^2 r^2 \omega}{408\eta(k' - m\omega^2)} \quad (\mathrm{kW}) \tag{8-116}$$

选择电动机的功率还应进行启动力矩校核,即

$$M > \frac{M\varphi}{\eta} \tag{8-117}$$

式中：M——电动机的启动力矩，N·m；

M_φ——最大阻力矩，N·m。

最大阻力矩可按下式计算：

$$M_\varphi = \frac{k_0(k+\Delta k)r^2}{k'+\Delta k}\left(\frac{1}{2}\sin 2\varphi_m - \frac{\Delta k}{k+\Delta k}\cdot\frac{e}{r}\cos\varphi_m\right) \tag{8-118}$$

式中，φ_m 为最大阻力矩 M_φ 时的相位角，其计算公式为

$$\varphi_m = \sin^{-1}\left[\frac{1}{4}\cdot\frac{\Delta k}{k'}\cdot\frac{e}{r} + \sqrt{\left(\frac{1}{4}\cdot\frac{\Delta k}{k}\cdot\frac{e}{r}\right)^2 + 0.5}\right] \tag{8-119}$$

当 $\Delta k = 0$ 时，

$$M_\varphi = \frac{1}{2}\cdot\frac{k_0 k}{k'}r^2 \tag{8-120}$$

第九章 磨矿机

第一节 概 述

磨矿机在很多工业部门中是用来磨碎细粒物料的，可以获得粒度 $d < 0.1$ mm 的产品。它的破碎比能达 $200 \sim 300$。

在选矿工业中，当有用矿物在矿石中呈细粒嵌布时，为了能把矿石中的脉石分出，并把各种有用的矿物相互分开，必须将矿石磨细至 $0.3 \sim 0.1$ mm，有时须磨至 $0.05 \sim 0.07$ mm 以下。磨矿细度与选矿指标有着密切的关系，在一定程度上，金属回收率随磨矿细度的减小而增加。因而适当减小矿石的磨细度能提高金属的回收率和产量。

在热电站中，磨矿机是用来制备煤粉和油页岩粉。在水泥厂中，原料及熟料的磨碎也都是在磨矿机中进行的。

磨矿机(见图 9-1)有一个空心圆筒 1，圆筒两端是带有端盖 2 和 3 的空心轴颈 4 和 5。轴颈支承在轴承上。圆筒内装有各种直径的破碎介质(钢球、钢棒和砾石等)。当圆筒绕水平轴线按规定的转数回转时，装在筒内的破碎介质和矿石在离心力和摩擦力的作用下，随着筒壁上升到一定高度，然后脱离筒壁自由落

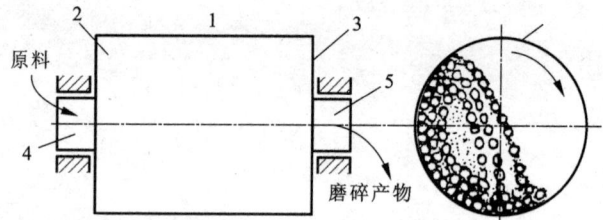

图 9-1 磨矿机的工作原理
1—空心圆筒；2、3—端盖；4、5—空心轴颈

下或滚下。矿石的磨碎主要是靠破碎介质落下时的冲击力和运动时的磨剥作用。矿石从圆筒一端的空心轴颈不断地给入，而磨碎以后的产品经圆筒另一端的空心轴颈不断地排出，筒内矿石的移动是利用不断给入矿石的压力来实现。湿磨时，矿石被水流带走，干磨时，矿石由向筒外抽出的气流带出。

按照筒体的形状，磨矿机可分为圆锥型和圆筒型两种(见图 9-2)。圆筒型磨矿机又可分为短筒型和管型磨矿机。短筒型磨矿机的筒体长度 $L \leqslant 2D$(D 表示筒体的直径)。管型磨矿机的长度则不小于筒体直径的 3 倍。

按照破碎介质的不同，磨矿机可以分为球磨机、棒磨机、砾磨机和自磨机。球磨机的介质是钢球或铸铁球，棒磨机的介质是钢棒，砾磨机是用磨圆了的硅质卵石，自磨磨矿机则是用被粉碎物料本身作为介质。

磨矿机的排矿方法通常有中心排矿和格子排矿两种。中心排矿，即磨碎产品经排矿端空心轴颈自由溢出。因此，筒内矿浆的水平必须高于排矿轴颈最低母线的水平。中心排矿的磨

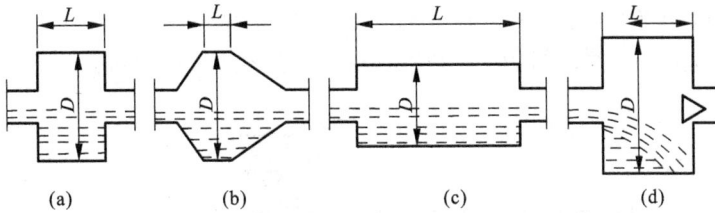

图 9 - 2 磨矿机的类型

(a)短筒型磨矿机(溢流型);(b)圆锥型磨矿机(溢流型);(c)管型磨矿机(溢流型);(d)短筒型磨矿机(格子型)

矿机称为溢流型磨矿机。格子排矿则是在筒体排矿端安装有排矿格子,磨矿产品经格子外边缘处的孔而排出。格子排矿的磨矿机称为格子型磨矿机。磨矿机的排矿方法除了上述两种方法以外,还有周边排矿式。它是通过筒体周边排矿的,目前很少采用。

在选矿工业中广泛使用球磨机和棒磨机。

球磨机可以破碎各种硬度的矿石,其破碎比很大,通常为 200～300。球磨机可用于粗磨也可用于细磨,但以细磨效率最好。球磨机的给矿粒度不得大于 65 mm,最适宜的给矿料度是 6 mm 以下。它的产品粒度在 1.5～0.075 mm 之间。

棒磨机多在球磨机之前用来进行粗磨。给矿粒度一般不应超过 20～25 mm,产品粒度多在 3 mm 以下。

上述各种磨矿机可用于干磨,也可用于湿磨。由于湿磨有很多优点,例如生产率大约比干磨大 30%,产品过粉碎现象少等,所以在我国各选矿厂中几乎完全采用湿磨。但对于某些忌水矿物,或因气候条件不宜用水的场合和某些缺水地区,则采用干磨作业较合适。

磨矿机的规格以圆筒内径 D(除去衬板)及其工作长度 L 表示。

第二节 磨矿机的构造

各种类型的球磨机、棒磨机和砾磨机的结构基本上相同,它们之间仅是某些部件不同而已。

图 9 - 3 为 ϕ2700 mm × 3600 mm 格子型球磨机的总图。球磨机由以下六个部分组成:筒体部、给矿部、排矿部、轴承部、传动部和润滑系统。

球磨机的圆形筒体 6 是由几块钢板焊接而成,同时在它的两端焊有法兰盘,利用它和铸钢的端盖 5 和 13 联接。为了便于更换磨损了的衬板 7 和检查磨矿机的内部状况,在筒体内壁之间敷有胶合板。

为了保护筒体内表面不受磨损和控制钢球在筒体内的运动轨迹,筒体内铺有由高锰钢制成的衬板 7。衬板的构造应该便于安装和更换。衬板的厚度一般为 50～130 mm。衬板的厚度不宜过大,采用厚的衬板虽可延长衬板的使用寿命,但使磨矿机的有效容积减小,因而降低球磨机的生产能力。

为了提高衬板的使用寿命,国外均在发展和使用橡胶衬板。橡胶衬板具有寿命长(比钢衬板的寿命长 3～4 倍)、重量轻、安装时间短、更换时工作安全、工作噪音小等优点。我国对橡胶衬板正在进行工业性试验。

衬板的表面形状应使球体与衬板表面的相对滑动量最小，这不仅可以增加衬板的使用寿命，而且可以降低功率消耗。所以，衬板的表面形状对磨矿效率的影响很大。通常，细磨矿时，采用细棱边或完全光滑的衬板，而在粗磨矿时，则采用带棱的衬板。

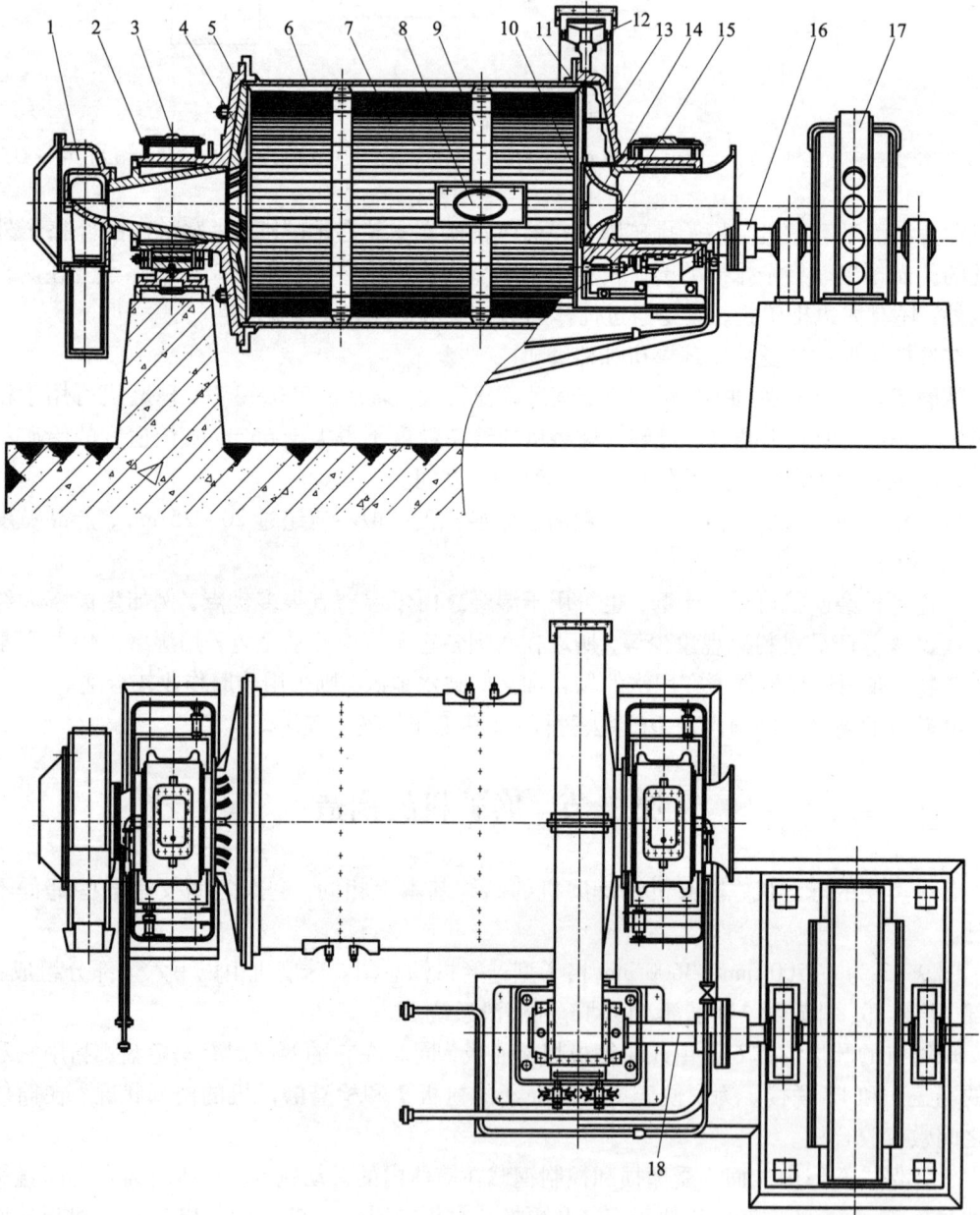

图 9 - 3 　 φ2700 × 3600 格子型球磨机

1—联合给矿器；2—轴颈内套；3—主轴承；4—扇形衬板；5—端盖；6—筒体；7—衬板；
8—人孔；9—楔形压条；10—中心衬板；11—格子衬板；12—齿圈；13—端盖；
14—轴颈内套；15—楔铁；16—弹性联轴节；17—电动机；18—传动轴

　　衬板具有很多不同的断面形状,如图9-4所示。图9-4(a),图9-4(b)和图9-4(c)是直接用螺栓固定在筒体上的单块衬板。这种衬板更换容易,但要求螺钉密封,不然会在工作时漏出矿浆。为了防止矿浆沿螺钉孔流出,在螺帽下面垫有橡皮圈和金属垫圈(图9-5)。图9-4(e)和图9-4(d)是条形衬板。这种衬板是用楔形压条9固定,并用端盖衬板压紧(见图9-5)。这种衬板制造简单,由于螺钉孔数目少(条形衬板也可不用螺钉固定完全用端盖衬板压紧的结构型式),因而增强了筒体的强度和刚性。目前,我国生产的磨矿机很多采用这种结构型式。

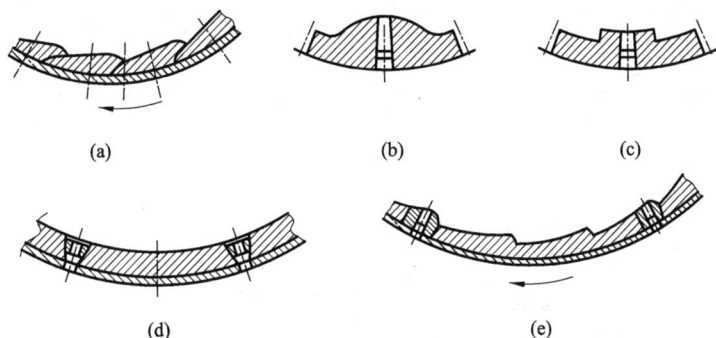

图9-4　衬板的表面形状

(a)搭接的;(b)波浪形;(c)凸形;(d)平滑形;(e)阶梯形

　　给矿部是由带有中空轴颈的端盖5(见图9-3),联合给矿器1,扇形衬板4和轴颈内套2等零件组成。为了防止给入的矿石对中空轴颈内表面的磨损,在中空轴颈内镶有一个内表面带螺旋的铸造内套,螺旋有助于给矿。给矿器1用螺钉固定在内套的端部。联合给矿器可同时给入原矿和分级机的返矿。

　　排矿部也是由带有中空轴颈的端盖13、格子衬板11、楔铁15、中心衬板10和轴颈内套14等零件所组成。在端盖的内壁铸有放射形的筋条8根,相当于隔板。每两根筋条之间有格子衬板,并用楔铁挤压住。楔铁则用螺钉穿过壁上的筋条固紧在端盖上。中心部分是利用中心衬板的止口托住所有的格子衬板。在中空轴颈内镶有内套。内套在排矿格子的一端制成喇叭形叶片,以引导由隔板掏起的矿浆顺着叶片流出。

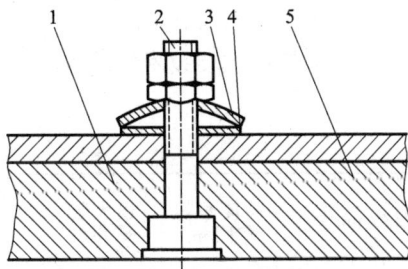

图9-5　衬板的固定装置

1—筒体;2—螺栓;3—金属垫圈;4—橡皮圈;5—衬板

　　球磨机的中空轴颈支承在自位调心式滑动轴承3上。轴承(见图9-6)基本上是由下轴承座1、轴承盖2、表面铸有巴氏合金4的下轴瓦3及圆柱销钉5等零件所组成。轴承座和下轴瓦制成球面接触,其目的是为了补偿安装误差。为了防止轴瓦从轴承座上滑出,在底座和轴瓦的球面中央放有圆柱销钉。

　　这种轴承是采用稀油集中循环润滑。在南方工作的大型球磨机,由于散热条件差,通常在主轴承上设有专门的冷却装置。

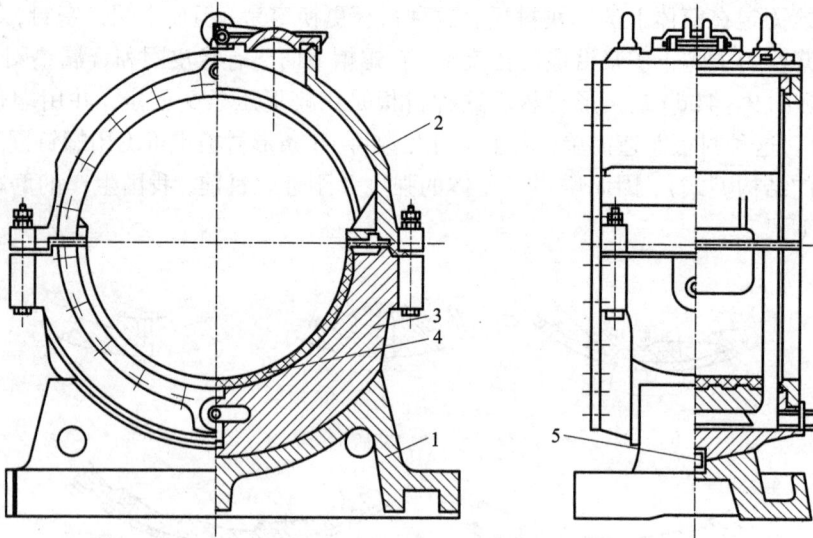

图 9 - 6 球磨机的主轴承

1—下轴承座；2—轴承座；3—下轴瓦；4—巴氏合金；5—圆柱销钉

在磨矿作业中，钢耗和能耗占有显著的地位。为了减少筒式磨矿机的启动负荷，降低电动机的安装功率，目前趋于采用离合器实现分段启动。为了节约能源，在磨矿机上采用了静－动压轴承，改善了磨矿机的启动条件，降低了机械损耗。

球磨机的筒体是通过齿轮传动装置由电动机 17 经联轴节 16（参见图 9 -3）带动回转。齿轮传动装置由装在筒体排矿端的齿圈 12 和传动齿轮所构成。传动齿轮装在传动轴 18 上，传动轴支承在轴承座中的两个双列调心滚柱轴承上。为了防止灰尘落入齿轮副中，用防尘罩将其全部密封。

传动齿轮用干油润滑，而传动轴两端的滚柱轴承则用稀油循环润滑。

格子型球磨机的主要技术特征列于表 9 -1 中。

表 9 -1 格子型球磨机基本参数

规格/mm	筒体有效容积/m³	最大装球量/t	适宜工作转数/(r·min⁻¹)	需用电动机 功率/kW	转数/(r·min⁻¹)	返矿勺头半径/mm	机器重量/t
湿式 - φ900×900	0.45	1	35~40	7	750	900	4.4
湿式 - φ900×900	0.45	0.8	35~40	6	750		4.4
湿式 - φ900×1800	0.9	2	35~40	13	750	900	5.4
干式 - φ900×1800	0.9	1.6	35~40	11	750		5.4
湿式 - φ1200×1200	1.1	2.5	30~34	19	750	1200	11.4
干式 - φ1200×1200	1.1	2	30~35	15	750		11
湿式 - φ1200×2400	2.2	5	30~35	38	750	1200	13.4

续表 9 -1

规格/mm	筒体有效容积/m³	最大装球量/t	适宜工作转数/(r·min⁻¹)	需用电动机		返矿勺头半径/mm	机器重量/t
				功率/kW	转数/(r·min⁻¹)		
干式 - φ1200×2400	2.2	4	30 ~ 35	30	750		12.5
湿式 - φ1500×1500	2.2	5	27 ~ 30	40	750	1400	13.7
干式 - φ1500×1500	2.2	4	27 ~ 30	32	750		13
湿式 - φ1500×3000	4.4	10	27 ~ 30	80	750	1400	17
干式 - φ1500×3000	4.4	8	27 ~ 30	64	750		16.5
湿式 - φ2100×2200	6.6	15	23 ~ 26	132	750	1500	47
湿式 - φ2100×3000	9	20	23 ~ 26	180	750	1500	50.6
湿式 - φ2700×2100	10.4	23	20 ~ 23	250	750	1800	69
湿式 - φ2700×3600	18	40	20 ~ 23	430	187.5	1800	77
湿式 - φ3200×3500	24	54	18 ~ 21	615	167	2000	100
湿式 - φ3200×4500	31	72	18 ~ 21	790	167	2000	138
湿式 - φ3600×4000	35	80	17 ~ 20	980	167	2400	144
湿式 - φ3600×5500	49	105	17 ~ 20	1300	150	2400	151

溢流型球磨机与格子型球磨机的构造基本相同，其区别仅在于筒体内无排矿格子。

格子型球磨机与溢流型球磨机比较，具有下列优点：排矿口矿浆面低，矿浆通过的速度快，能减少矿石过粉碎，装球多，不仅可装大球，同时还可以使用小球，由于排矿端装有格子，小球会被矿浆带出筒体，并能够形成良好的工作条件。格子型球磨机比同规格的溢流型球磨机的产量高 20% ~ 30%，并节省电力 10% ~ 30%。它的缺点是构造较溢流型球磨机稍复杂。

棒磨机不同于球磨机的是不采用圆球作为破碎介质，而是采用圆棒。棒的直径通常为 40 ~ 100 mm，棒的长度一般比筒体长度短 25 ~ 50 mm。棒磨机的锥形端盖敷上衬板后，内表面是平的，这是为防止圆棒在筒体旋转时发生歪斜。棒磨机主要是利用棒滚动时借磨碎与压碎的作用将矿石粉碎。当棒磨机转动时，棒只是在筒体内互相转移位置。棒磨机不只是用棒的某一点来打碎矿石，而是以棒的全长来压碎矿石，因此在大块矿石没有破碎前，细粒矿石很少受到棒的冲压，这样就减少了矿石的过粉碎，而且所得产品的粒度比较均匀。

棒磨机工作时，由于物料沿筒体轴向"偏析"，粗粒物料位于装料端，细粒物料位于卸料端，因而使圆棒向卸载方向倾斜[见图 9 -7(a)]，增加了对卸料端筒体衬板的压力，加剧了衬板的磨损。因此装料端与卸料端筒体衬板的磨损量是不同的，这就会引起圆棒的弯曲、扭曲和折断，从而使磨矿效果恶化。为了避免上述现象的产生，可使筒体衬板的厚度从装料端到卸料端逐渐增加，使两端衬板的使用寿命相同[见图 9 -7(b)]。

图 9 -8 表示的单波形衬板比较适于棒磨机的工作。

根据棒磨机的工作特性，通常取其转数比球磨机的转数低一些，约为临界转数的 60% ~ 70%。

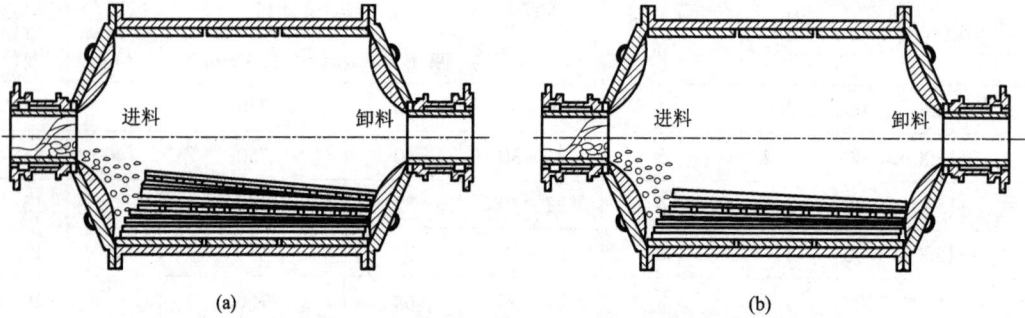

图 9 - 7　圆棒在棒磨机中的分布状态

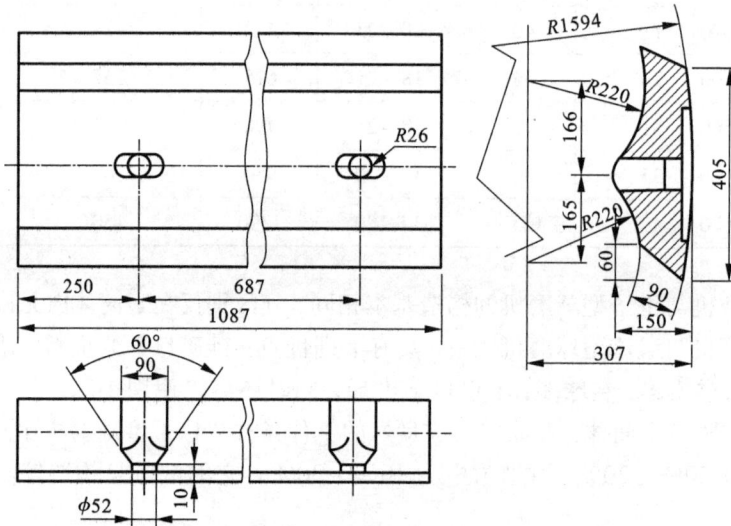

图 9 - 8　单波形衬板(ϕ3200 × 4500 棒磨机)

　　棒磨机的给矿粒度不宜大于 25 mm，否则会使棒子歪斜，工作时导致棒子的弯曲和折断，从而使磨矿效果恶化。

　　棒磨机一般在第一段开路磨矿中用于矿石的细碎和粗磨。

　　近年来，球磨机与棒磨机在结构上无显著的重大改变，只是向大型化方向发展，即增大球磨机筒体的直径和长度。根据生产实践证实磨矿机的生产率与筒体直径的 2.5 ~ 2.6 次方成正比，因此增大筒体直径将是磨矿机今后的发展方向。但是，将筒体增大至 4 000 mm 以上时，将在运输和安装方面带来许多困难，直径 4 000 mm 已达到铁路车皮运输的级限轮廓尺寸，所以，增大筒体容积唯一可行的方法是增加其长度。目前，国外生产的格子型球磨机的最大规格有 ϕ5000 mm × 700 mm 和 ϕ4570 mm × 7620 mm。

二、自磨机的构造

　　自磨机的工作原理与球磨机、砾磨机的工作原理基本相同。不同的仅是它不另外采用破碎介质(有时为了提高其处理能力,也加入少量的钢球,通常只占自磨机有效容积的2%~3%左右),而是利用矿石本身在筒体内相互连续不断的冲击和磨剥作用来达到粉碎矿石的目的。在破碎和磨碎的同时,空气流以一定的速度通入自磨机中,将粉碎了的矿物从自磨机内吹出,并进行分级。这种新的磨矿方法的主要优点是粉碎比非常大,能使直径 1 m 以上的矿块,在一次磨碎过程中达到排矿粒度小于 0.075 mm(200 网目)。因此可以简化破碎流程,并降低选矿厂基本建设的设备投资及其日常维护和管理费用。由于自磨机的过磨现象少,处理后矿物表面干净,因而能提高精矿性质、精矿品位和回收率。

自磨机的磨矿过程如图 9 - 9 所示。物料由给矿端给入,小粒沿 A 面均匀地落于筒体底部中心,然后向两侧扩散;给矿中的大块具有较大的动能,总是趋向较远的一侧,但其中一部分必然要和 A、B 面相碰,然后向另一侧返回,因此也使大块得到均匀分布。波峰衬板的 A - A 和 B - B 面在这里的作用是防止给入物料产生有害的偏析。自排矿端沿下面返回的颗粒也均匀地落于筒体底部的中心,然后向两边扩散。大块和细粒在筒体底部沿轴向运动,方向正好相反,于是就产生磨碎作用。

提升板 C - C 和波峰衬板 B - B 有楔住矿石的作用。均匀分布在筒体底部的矿石,在"真趾区"集中(图 9 - 10)。由于筒体的回转和筒体长度很短,矿石首先在 C - C 处楔住,而且沿轴向挤成"拱形",并逐渐向上发展,在 B - B 之间也形成"拱形",于是在"真趾区"的所有矿石均处于受压状态。

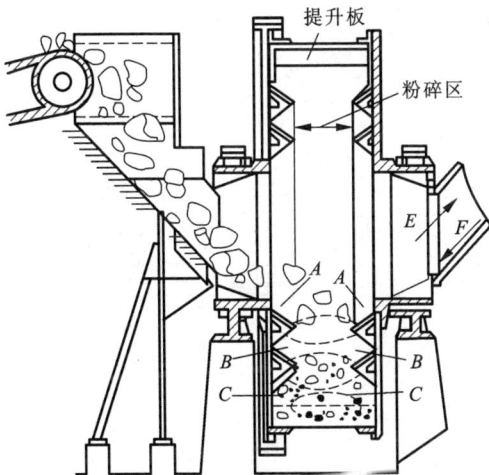

图 9 - 9　干式自磨机的磨矿过程

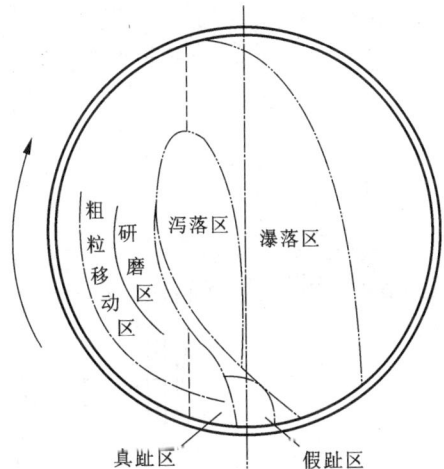

图 9 - 10　筒体内的物料运动图

矿石随筒体转动,位置迅速提高,矿石很快由压力状态转入张力状态。当矿石的重力克服离心力时,矿石就脱离筒体而在筒体内作循环运动。矿石各粒级的循环路径是不同的。粗粒级按滑落状态运动,细粒级按抛落状态运动。在磨碎区内,粗粒在很短的时间内回至破碎区,处于内层;大于 25 mm 的颗粒向磨矿机中心移动,借重力滑落于"真趾区"前,而成外层。在这种情况下,个别粗粒还有自转运动。由给矿端进入的原矿落在"真趾区"的上部,部分原矿落在"假趾区"的后面。

"真趾区"内的矿石,在拱的横压力作用下,向筒体中心移动,对小颗粒产生磨碎作用。

滑落到"假趾区"后面的矿石，和转动着的提升板 $C-C$ 碰击后，反弹到滑落区矿石的表层，此时，不仅矿石自身遭到破碎，而且也破碎了在滑落区相碰的矿石。

小于 25 mm 的矿石按抛落式状态工作。当矿粒沿着抛物轨迹自由落下时，由于冲击作用而把矿石砸碎成很细的颗粒。

筒体内的矿石在冲击、磨碎和压碎作用下逐渐地遭到粉碎。合乎产品粒度要求的颗粒被通入自磨机内的循环空气流排出。

自磨机的规格以筒体内直径 D 和筒体内长度 L 表示。

自磨机主要有干式自磨机和湿式自磨机两种。

$\phi 4000 \times 1400$ 干式自磨机的构造如图 9-11 所示。自磨机的构造基本上与球磨机相似，它也是由筒体部、给料部、排料部、轴承部、传动部和润滑系统等几个部分组成。但是，各部分的结构根据自磨机的工作要求有所不同。

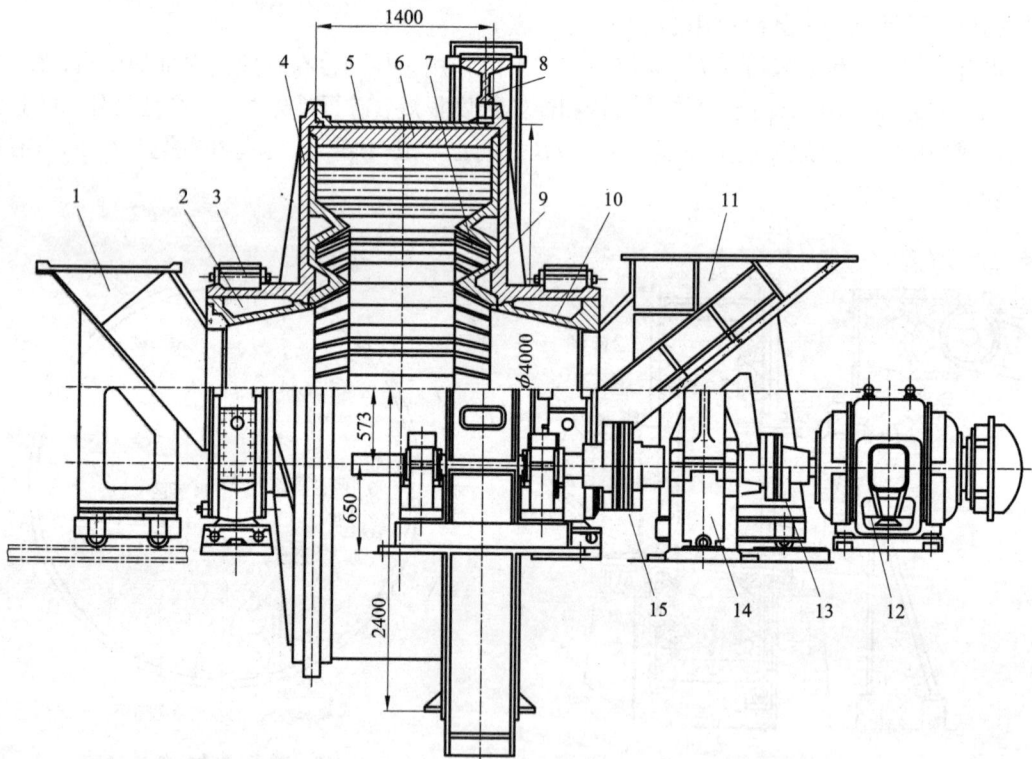

图 9-11　$\phi 4000 \times 1400$ 干式自磨机

1—出料漏斗；2—轴颈内套；3—主轴承；4—端盖；5—筒体；6—提升衬板；7—波形衬板；8—齿轮传动装置；9—端盖；10—轴颈内套；11—给料漏斗；12—电动机；13—弹性联轴节；14—减速器；15—弹性联轴节

自磨机的筒体直径较大而筒体长度较小，这是为了防止自磨机工作时，发生物料偏析现象。一般 $\frac{D}{L} \approx 3 \sim 3.5$。筒体上的衬板，除了保护筒体避免损坏外，其主要的作用是提升物料，因此，在圆周上每隔一定距离固定有提升衬板。衬板的高度及间距对物料的运动轨迹有很大影响。衬板的高度和高度与间距的比值都必须适宜，才能获得最高的生产能力和最低的能量消耗。

　　给料和排料端盖是采用与筒体中心线垂直的平面结构，其上装有波峰衬板。波峰衬板具有破碎和侧向反击作用，并可防止物料"偏析"现象的产生。

　　自磨机主轴承的长度比球磨机的轴承短而直径大。

　　自磨机的工作特点是满载启动，所以要求电动机应有较大的启动转矩。由于自磨机的传数较低（一般为临界转数的70%~80%），为了简化传动系统，一般选用低速电动机。

　　自磨机采用稀油集中循环润滑系统。

　　为了保证干式自磨机内已达到产品要求的物料颗粒及时排出并进行分级、收集及气体净化，自磨机还配置了主风机、粗粉分级设备、细粉分级设备、锁气器、除尘设备、阀门、风管和辅风机等辅助设备。干式自磨机的自磨系统如图9-12所示。

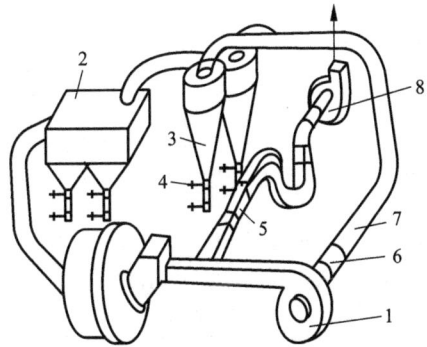

图9-12 干式自磨系统图
1—主风机；2—粗粉分级设备；3—细粉分级设备；
4—锁气器；5—除尘设备；6—阀门；
7—风管；8—辅风机

　　湿式自磨机是在不断地往磨机中给水的情况下，借助于矿石相互之间碰撞和磨剥而完成全部或部分破碎和粉磨过程，产品粒度达到-200目或更细。湿式自磨机的构造如图9-13所示。它在结构上的特点有：

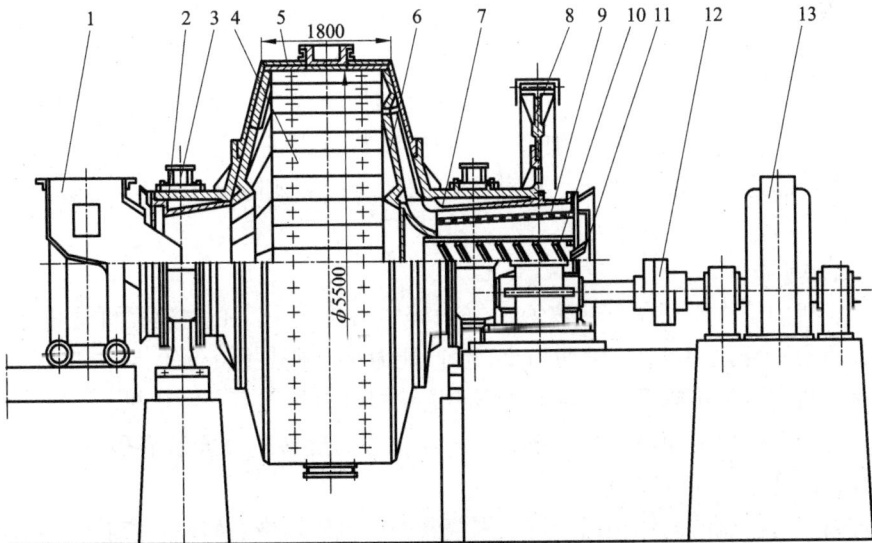

图9-13 φ5500×1800湿式自磨机
1—给矿漏斗；2—轴颈内套；3—主轴承；4—提升衬板；5—筒体；6—格子板；7—轴颈内套；
8—齿轮传动装置；9—锥形筒筛；10—螺旋自返装置；11—排矿口；12—弹性联轴节；13—电动机

　　（1）采用移动式带有积料衬垫（减少矿石对料斗的直接冲击和磨损）的给矿漏斗。

（2）采用排矿"自返装置"自行闭路磨矿。从格子板排出的物料通过锥形筒筛，筛下物料由排矿口排出，筛上物料（大块）则经螺旋自返装置返回自磨机内再磨。

（3）自磨机的大齿轮固定在排矿端的中空轴颈上。

我国设计和制造的自磨机规格和基本参数列于表 9 - 2 中。

表 9 - 2　自磨机的规格和基本参数

规格及名称	筒体尺寸 /mm		给矿粒度 /mm	排矿粒度 /mm	转速 /(r·min⁻¹)	产量 /(t·h⁻¹)	主电机		机器总重（不计电机） /t
	直径	长度					功率/kW	转数 /(r·min⁻¹)	
φ3000×1000 干式自磨机	3000	1000			19.5		95	730	
φ4000×1400 干式自磨机	4000	1400			18	30~35	240	735	81.5
φ6000×2000 干式自磨机	6000	2000			14.4	100~150	800	125	197.5
φ4000×1400 湿式自磨机	4000	1400	<350		17		245	735	63.94
φ5500×1800 湿式自磨机	5500	1800	<350		15		900	167	155

目前，美国已制造出直径为 13.2 m、功率为 7 000~8 000 马力的自磨机。自磨机的给矿口若能容许直接给入原矿时，则可不用粗碎设备，直接处理由矿山运来的原矿石，这样就可以节约基建投资和维护管理费用，所以应用大型自磨机是今后发展的趋势。

筒形磨矿机由于磨矿负载是不对称的，而是依靠钢球下落时的冲击作用和滑动时的磨剥作用来粉碎矿石，因而是造成磨矿效率低、衬板和介质消耗大、振动大、噪声高的重要原因之一。为了降低能耗和钢耗，经过不断地研究，从而出现了几种筒形磨矿机的机型。

（1）多筒球磨机

这种磨矿机由一个大直径圆筒和几个小直径圆筒组成。在大直径圆筒中构成一个粗磨室，几个小直径圆筒分别构成数级细磨室。被磨物料首先进入粗磨室，然后逐级进入细磨室，直到磨矿产品达到要求后排出。这种磨矿机的结构形式降低了磨矿机运动的不对称程度，启动比较容易，由于以研磨为主，噪音减小。

（2）离心磨矿机

离心磨矿机的工作原理是利用离心力来粉碎物料。因为离心加速度可达重力加速度的 15 倍，因而具有粉碎效率高，占地面积小，生产能力高，基建投资低等优点。

离心磨矿机有两种结构型式：转子式离心磨矿机和行星式离心磨矿机。

转子式离心磨矿机的筒体是固定的，在筒体中心的旋转轴上安装着破碎介质——锤环，借助高速回转的锤环来粉碎物料。

行星式离心磨矿机的筒体相当于行星围绕着磨矿机回转中心转动，依靠介质的离心力来粉碎物料。

（3）振动磨机

振动磨机是随着粉末冶金、化工染料、高级耐火材料和特殊金属制品对粉料细度上的特殊要求而得到了较快的发展。它作为高性能的微粉碎机在各个领域得到了广泛应用。

振动磨机主要由圆筒、弹性支承装置和激振器组成。圆筒支承在弹性装置上，激振器使筒体作高频振动。通常，振动频率为 1 000 ~ 2 000 次/min，振动强度为 6 ~ 14 g。筒内的粉碎介质依靠冲击、磨剥作用将物料粉碎到需要的粒径。入磨粒度为 - 10 ~ - 20 mm，产品粒度为 - 10 μm ~ + 1 μm。美国 A - C 公司已生产 ϕ1030 × 1175 振动磨机。美国 Sweco 公司研制的低振幅振动磨机也是一种新设备，它的振动频率为 17 ~ 24.33 Hz，振幅 1 ~ 2 mm。

第三节　磨矿机的结构参数

一、筒体内径 D 和长度 L

磨矿机的生产能力(小时产量)和功率消耗，近似地与磨矿机的筒体内径 $D^{2.5}$ 和筒体长度 L 成正比，因此，磨矿机向大型化方向，特别是大直径方向发展。

根据实践，磨矿机的筒体内径 D 与筒体长度 L 有如下关系：

格子型球磨机：$L = (0.7 ~ 2)D$，对于磨碎比大、物料的可磨性差、产品粒度要求细时，取大值，反之，取小值；

溢流型球磨机：$L = (1.3 ~ 2)D$；

棒磨机：$L = (1.5 ~ 2)D$；

管磨机：$L = (2.5 ~ 6)D$，对于开路磨矿系统，取 $L = (3.5 ~ 6)D$，对于闭路磨矿系统，取 $L = (2.5 ~ 3.5)D$。

对于自磨机，为了防止自磨机工作时发生物料偏析现象，所以筒体内径较大，筒体长度较小，两者的比值不是常数，它随筒体内径的变化而变化。对于干式自磨机，推荐采用 $\frac{D}{L} = 2 ~ 4$；对于湿式自磨机，$\frac{D}{L} \approx 3$。

管磨机在水泥工业中占有很重要的地位。为了使磨机取得最佳的运动状态及尽可能大的冲击功，除了合理地确定电机的安装功率以外，还应正确地选择管磨机的尺寸。现在，对磨机筒体长径比的选取，除了根据经验数据选取外，尚试图采用确定目标函数建立优化模型来正确选择筒体的长径比。

根据给定功率以尽可能小的筒体质量作为优化目标函数，从而求得合适的筒体长径比。

一仓、二仓和三仓管磨机简图如图 9 - 14 所示。

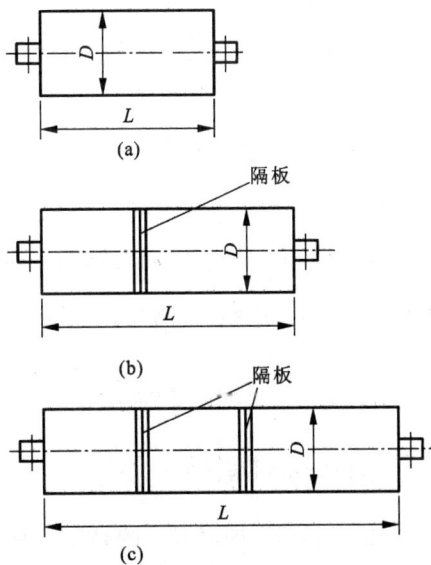

图 9 - 14　管磨机示意图
(a)一仓磨机；(b)二仓磨机；(c)三仓磨机

筒体最小质量的处理量实际上与筒体最小的表面积的处理量是相等的。

设 Z 为磨机内嵌入的挡板数，则磨机的内表面面积 A 为

$$A = \pi DL + \frac{\pi D^2}{4} \times 2(1 + Z) \tag{9-1}$$

磨机的给定功率 N 为

$$N = 9.7LD^{2.5} \tag{9-2}$$

将式(9-2)代入式(9-1)，可得

$$A = \frac{\pi N}{9.7D^{1.5}} + \frac{\pi D^2}{2}(1 + Z) \tag{9-3}$$

令 $\frac{dA}{dD} = 0$，则可导出筒体表面面积最小值的表达式为

$$\frac{L}{D} = 1.5(1 + Z) \tag{9-4}$$

由此得出的筒体长径比也就是表示筒体的质量是最小的。

当 $Z = 0$，表示一仓式磨机，其筒体长径比为

$$\frac{L}{D} = 1.5$$

当 $Z = 1$，表示二仓磨机，其筒体长径比为

$$\frac{L}{D} = 3.0$$

当 $Z = 2$，表示三仓式磨机，其筒体长径为

$$\frac{L}{D} = 4.5$$

对于各种型式的磨机，筒体最佳长径比是可以导出的。其值与根据磨矿工艺条件的尺寸设计是符合的。

二、主轴承的直径和宽度

主轴承的直径 d 和宽度 B 等结构尺寸，取决于中空轴颈的结构尺寸，中空轴颈的结构尺寸是由进料和出料的需要而确定的。通常，$d = (0.35 \sim 0.40)D$，$B = (0.45 \sim 0.60)d$。

对于干式自磨机，给矿端和排矿端的中空轴外径 $d = \frac{D}{2.6} \sim \frac{D}{2.7}$，中空轴长度 $L_1 = \frac{D}{5.2} \sim \frac{D}{5.3}$。对于湿式自磨机，$d = \frac{D}{2.7} \sim \frac{D}{2.8}$。

三、自磨机衬板的几何尺寸

1)提升衬板：提升衬板的高度 h 和间距 l 对物料的运动轨迹有很大的影响。通常，$\frac{l}{h} = 3 \sim 4.5$。提升衬板的间距应大于最大给矿粒度。

2)干式自磨机的波峰衬板：为了保证矿石在磨机内产生侧向反击作用，筒体两侧波峰衬板的间距 m_2 不应大于 $0.8L$(见图9-15)。波峰衬板几

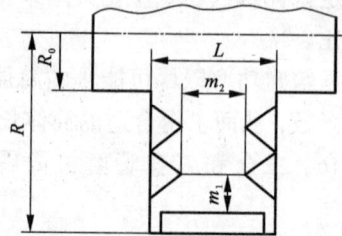

图9-15 干式自磨机衬板的相对尺寸

何尺寸的选择见表9－3。

表9－3　波峰衬板几何尺寸的选择

筒体直径/mm	筒体长度/mm	m_1/mm	m_1/m_2
1800	900	250	0.47
2250	1050	350	0.54
2700	1200	450	0.70
3600	1200	490	0.73
5100	1500	800	1.06

四、传动装置

基本上分为四种主要型式：齿轮周边传动、齿轮中心传动、摩擦传动和无齿轮传动。

1. 齿轮周边传动（图9－16）

齿轮周边传动是磨矿机最常用的一种传动方式。这种传动方式有单流传动[图9－16(a)、图9－16(c)、图9－16(d)]和双流传动[图9－16(b)]。采用这种传动方式的筒体最大外径视目前齿轮制造厂齿轮加工能力而定。对于大型湿式自磨机，为了解决大齿轮制造上的困难，可以把大齿轮装在排料端的中空轴颈上[图9－16(d)]。功率在3728.5 kW(5000马力)或4474.2 kW(6000马力)以内的磨矿机可以使用单电机传动（单流传动）。超过这个数值时，就需要采用双电机传动（双流汇流传动）。采用双电机传动时，必须将负荷平均分配到两台电机上。

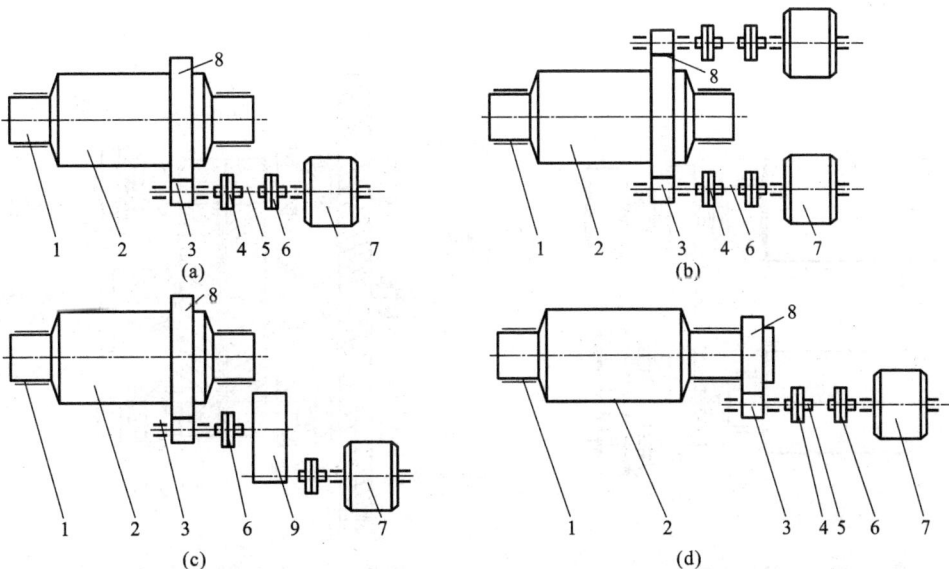

图9－16　齿轮周边传动

1—主轴承；2—磨矿机；3—轴齿轮；4—胶板弹性联轴器；5—中间轴；
6—齿式联轴器；7—电动机；8—大齿轮；9—减速器

根据实践经验，齿轮周边传动的方式以直接传动为好，因为磨矿机运转时，由于冲击作用的影响，功率波动大，因而在减速器中产生很大的冲击和声响，破坏了齿轮传动，降低滚动轴承的配合精度，使寿命降低。

在采用齿轮周边传动时，小齿轮与大齿轮的啮合位置必须合理地选定。

当筒体回转时，如图9－17所示，在齿轮副中的圆周力 P，方向向上，作用在大齿轮的压力 T 的方向与圆周力成一个 α 角，在标准啮合的情况下 α 角等于20°。α 角是齿轮的压力角。若计入传动摩擦角 ρ，则压力 T 与圆周力 P 之间的夹角 $\alpha' = \alpha + \rho$，通常取 $\alpha' = 20° \sim 30°$，使作用在齿面上的压力 T 的方向在传动轴承座的地脚螺栓所围成的面积内，而不是在它的外面（图9－17）。在这种情况下，轴承座紧贴在基础上，而不承受翻转力矩的作用。小齿轮与大齿轮的啮合位置就是根据这个理由来选择的。

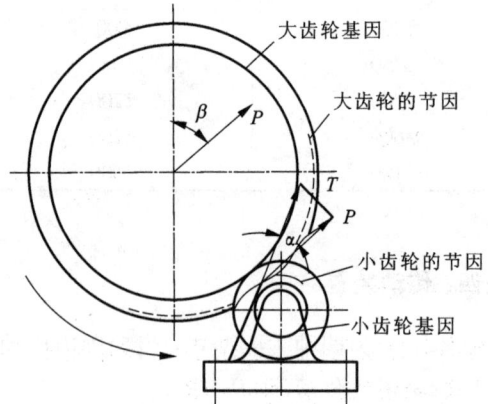

图9－17 作用在传动轴承上的力

2. 齿轮中心传动（图9－18）

齿轮中心传动分单流传动［见图9－18（a）］和双流汇流传动［见图9－18（b）］。这种传动装置对齿轮或电动机大小都没有功率限制。齿轮传动装置的密封性好。齿轮减速器传动系统如图9－19所示。

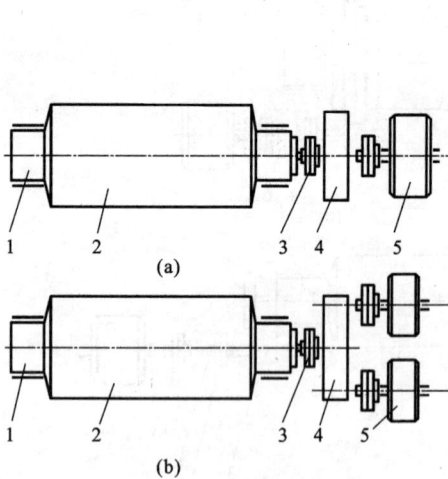

图9－18 齿轮中心传动

1—主轴承；2—磨矿机；3—联轴器；
4—齿轮减速器；5—电动机

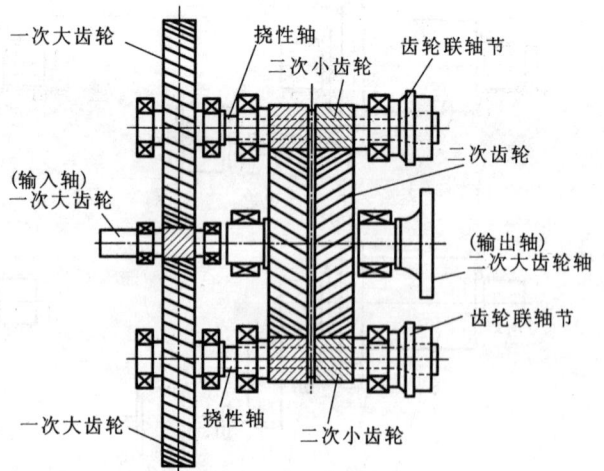

图9－19 齿轮减速器的传动系统

齿轮中心传动与齿轮周边传动相比，具有传递功率大、传动效率高和维修工作量小的优点。但是，要使用齿轮中心传动装置，在很大程度上，还得依赖于有适当的给料和排料方法。齿轮中心传动多用于水泥工业中的管磨机。

3. 摩擦传动（图9-20）

摩擦传动主要是靠托滚与筒体滚圈之间的摩擦力来驱动磨矿机回转。这种传动方式的优点是构造简单、运转平稳、噪声小、有过载保护作用；缺点是传递的功率不大，回转时筒体容易产生滑动，不能保证筒体的回转速度稳定不变。摩擦传动有单主动托滚传动和双主动托滚传动。双主动托滚各由一台电动机驱动。在这种传动方式中，磨矿机的筒体是支承在托滚上，因此，便于实行部件修理。

在摩擦传动中，托滚位置的确定必须保证磨矿机支承的稳定性。为此，选取托滚中心和筒体中心的连线与筒体中垂线之间的夹角 α 时（见图9-20），须使作用在托滚上的反力不超出地脚螺栓所围成的面积，使托滚的轴承座紧贴在基础上，通常取 $\alpha=35°$。

4. 无齿轮传动（图9-21）

无齿轮传动有环式和直联式两种传动方式。环式无齿轮传动的电动机转子直接装在磨矿机的筒体或中空轴颈上。实际上，磨矿机的筒体或中空轴颈成为电动机转子的轴，转子的周围是装在一个大外壳中的定子。直联式无齿轮传动是电动机安装在底座上，直接与磨矿机的中空轴相联。无齿轮传动的主要优点在于取消了齿轮传动装置，因而减小了维修工作量；由于磁场的作用，减轻了主轴承的负荷；降低了磨矿机的总重，无齿轮传动装置能满足任何尺寸和功率的磨矿机的传动要求。可是，无齿轮磨矿机传动，要求电动机在极低的转速下运行，若采用60 Hz的电源，则电动机要求许多磁极数和很大的直径。因此，无齿轮传动需要采用低频电源（约5 Hz），以便降低电动机的磁极数直径。这样就需要一套变频装置。所以，无齿轮传动装置的成本比其他任何一种传动装置都高。对于大型磨矿机来说，采用无齿轮传动，虽然它的一次投资比任何其他传动方式都高，但由于无需使用齿轮传动装置，从长远看，无齿轮传动还是合适的。

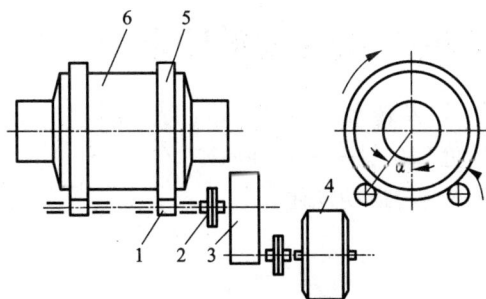

图9-20　摩擦传动
1—托滚；2—联轴器；3—减速器；
4—电动机；5—滚圈；6—磨矿机

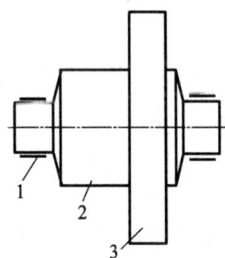

图9-21　环式无齿轮传动
1—主轴承；2—磨矿机；3—电动机

为了满足大型磨矿机发展的需要，近来来出现了一种新型的磨矿机传动装置——多电机汇流轴装齿轮传动。由于采用了多电机驱动，使每台电动机及其传动线路中的传动元件所传递的功率减少，从而可使其尺寸和重量都大为缩减。这不仅有利于加工制造和降低造价，而且还可能使磨矿机向更大功率发展。为了保证各流线的同步和均载而采用了液粘离合器和弹性扭转杆。美国费城(Philadelphia)齿轮公司设计的双电机柔性传动装置(见图9－22)即属这种型式的传动装置，它可以满足功率(5 220～37 285 kW(7 000～5 000 马力)的传动要求。

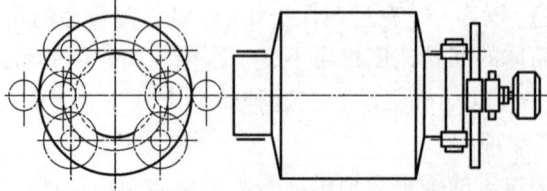

图9－22 双电机柔性传动装置的齿轮传动系统

确定磨矿机的传动型式时，必须同时考虑电动机的选择。自磨机的工作特点是满载启动。所以要求电动机应有较大的启动转矩。由于自磨机的转数较低，为了简化传动系统，一般选用低速电动机。磨矿机采用的电动机有：①高启动转矩的感应同步电动机；②同步电动机；③绕线型异步电动机；④笼型异步电动机。笼型异步电动机只适用于极小功率的传动。大、中型磨矿机宜选用绕线型或同步型电动机；对特大型磨矿机(>5000 kW)，则应考虑选用具有绕线型和同步型两种电动机优点的感应同步型电动机。

为了便于大型磨矿机的启动以及维修，特别是为了更换衬板而使磨矿机作理想的定位，可以配置一套慢速传动系统。国外生产的直径为9.8 m(32 英尺)的自磨机有慢速启动装置。慢速启动可使磨机在0.1 r/min 的速度在40%的容积负荷条件下按规定的方向转动。它是为维修工作，特别是为更换衬板使磨机作理想的定位而设计的，在磨机有负荷的情况下，尽管安装了制动器，大量的反转是会出现的，它可以把负荷提到不稳定的位置，必须强调，除非负荷回到稳定的位置，否则不能在磨机上工作。

第四节 磨矿机的工作理论和主要参数的计算

为了合理而经济地选择磨矿机的工作参数(临界转数、工作转数、装球重量和所需功率)，提高磨矿机的磨矿效率[每小时单位功耗的处理矿量——处理原矿 $t/(kW \cdot h)$]和生产率，首先，必须研究磨矿机工作时破碎介质在筒体内的运动规律。

一、磨矿机中破碎介质的运动分析

在磨矿机中，破碎介质的运动状态与筒体的转速和破碎介质与筒体衬板的摩擦系数有关。破碎介质在筒体中的运动状态基本上有三种：

(1)泻落式运动状态[见图9－23(a)]：磨矿机在低速运转时，全部介质顺筒体旋转方向转一定的角度，自然形成的各层介质基本上按同心圆分布，并沿同心圆的轨迹升高，当介质超过自然休止角后，则像雪崩似地泻落下来，这样不断地反复循环。在泻落式工作状态下，物料主要因破碎介质互相滑动时产生压碎和研磨作用而粉碎。

棒磨机和管磨机一般采用这种状态工作。

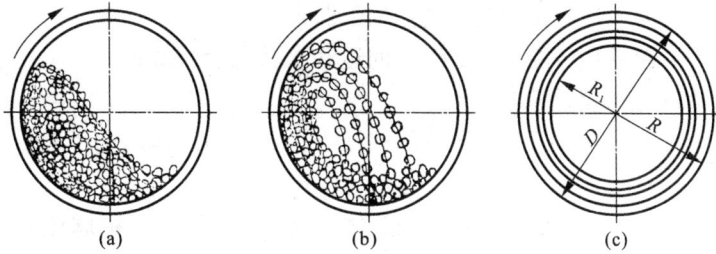

图 9 – 23 破碎介质的运动状态

(a)泻落式运动状态；(b)抛落式运动状态；(c)离心式运动状态

(2)抛落式运动状态[见图 9 – 23(b)]：当破碎介质在高速旋转的筒体中运动时，任何一层介质的运动轨迹都可以分为两段(见图 9 – 24)，上升时，介质从落回点 A_1 到脱离点 A_5 是绕圆形轨迹 A_1A_5 运动，但从脱离点 A_5 到落回点 A_1，则按抛物线轨迹 A_5A_1 下落，以后又沿圆形轨迹运动，反复循环。在筒体内壁(衬板)与最外层介质之间的摩擦力作用下，外层介质沿圆形轨迹运动。在相邻各层介质之间也有摩擦力，因此，内部各层介质也沿同心圆的圆形轨迹运动，它们好像是一个整体，一起随筒体回转。摩擦力取决于摩擦系数及作用在筒体内壁(或相邻介质层)上的正压力。正压力是由重力的径向分力 N 和离心力 C 产生。重力的切向分力 T 对筒体中心的力矩使介质产生与筒体旋转方向相反的转动趋势，如果摩擦力对筒体中心的力矩大于切向分力 T 对筒体中心的力矩，那么介质与筒壁或介质层之间便不产生相对滑动，反之则存在相对滑动。

摩擦系数决定于矿石的性质、筒体内表面(衬板)的特点和矿浆浓度。当摩擦系数一定时，若筒体内破碎介质不多而筒体转速也低时，由于正压力小而使摩擦力很小时，则将出现介质沿筒壁相对滑动，而介质层之间也有相对滑动。这时介质(球)同时也绕其本身的几何轴线转动。

在任何一层介质中，每个介质之所以沿圆形轨迹运动，并不是单纯靠这个介质受到的摩擦力而孤立地运动，而是依靠全部介质的摩擦力，这个介质只作为所有回转介质群中的一个组成部分而被带动,并被后面同一层的介质"托住"。

抛落式工作时，物料主要靠介质群落下时产生的冲击力而粉碎，同时也靠部分研磨作用。球磨机就是采用这种工作状态。

(3)离心式运动状态、[见图 9 – 23(c)]：磨矿机的转速越高，介质也就随着筒壁上升得越高。超过一定速度时，介质就在离心力的作用下而不脱离筒壁。在实际操作中，如遇到这种情形时，即不发生磨矿作用。

下面以球磨机为例，分析球磨机在抛落式工作状态时球的运动规律。

当球磨机开始工作时，由于离心力和摩擦力的作用，球与筒体一起转动。任何一层球的运动轨迹均以筒体中心为中心，以 R 为半径(球所在回转层的半径)的圆周。当球与筒体一起转动而被提升到一定高度以后，因球的离心力小于球重的向心分力，此时，球就以初速度 v (筒体的圆周速度)离开筒壁作抛物线运动，下落后，又重回到圆的轨迹上。在运转过程中，球在球磨机内即按圆与抛物线的轨迹周而复始地运动着。

　　研究球在球磨机内的运动规律时,我们是分析筒体内最外层的一个球的运动来说明筒体内全部钢球的运动。为了使讨论简化,现作如下假定:

　　①在轴向各个不同的垂直断面上,钢球的运动状况完全相似;

　　②球与筒壁及球与球间无相对滑动;

　　③略去钢球的直径不计,因此外层球的回转半径可以用筒体的内径表示。

　　1. 球的脱离点的轨迹

　　任取一垂直断面,如图9 – 25所示。当筒体回转时,筒体内的钢球在离心力 C 和摩擦力的作用下,随着筒体作圆周运动,其运动方程式为

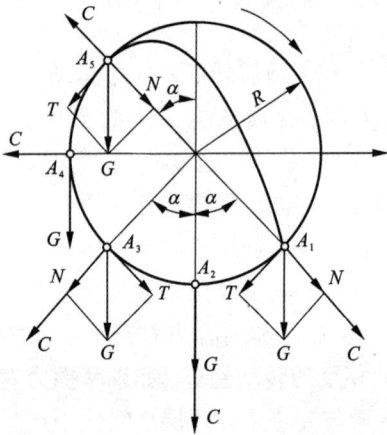

图9 – 24　在球磨机抛落式工作状态下球的
运动轨迹及作用于球上的力

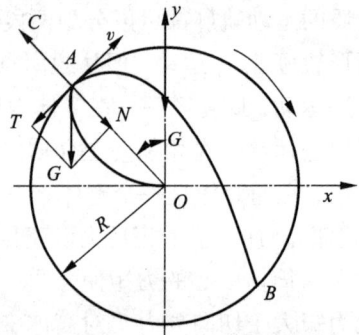

图9 – 25　球的运动轨迹

$$x^2 + y^2 = R^2 \tag{9 – 5}$$

式中: R——筒体内半径,m。

　　当球随筒体沿圆形轨迹运行到 A 点时,作用在球上的离心力 C 等于球重 G 的径向分力 N,而且其切向分力 T 被后面的一排球的推力作用所抵消。如球越过 A 点,则球就以切线方向的速度 v 离开筒壁沿抛物线轨迹下落。

　　若以 α 表示球脱离圆轨迹的角度(脱离角),则在 A 点(脱离点)上保持下列关系:

$$C = G\cos\alpha$$

式中: $C = mR\omega^2 = m\dfrac{v^2}{R}$,将 C 值代入上式得

$$\frac{v^2}{R} = g\cos\alpha \tag{9 – 6}$$

式中: m——球的质量;

　　　　v——球的运动速度, $v = \dfrac{\pi Rn}{30}$ m/min;

　　　　n——筒体的转数,r/min

　　　　g——重力加速度,m/s^2。

将 $v = \dfrac{\pi Rn}{30}$ 代入式(9-6)中，化简后得

$$R = \frac{900}{n^2}\cos\alpha \qquad\qquad (9-7)$$

式(9-7)表示以原点 o 为极点，oy 轴为极轴的圆的极坐标方程式。式中，R 表示从极点 o 到圆周上任何一点的向量半径；α 表示向量半径与极轴的夹角；$\dfrac{900}{n^2}$ 表示圆的直径。若将极坐标方程式变换为以 o 为原点的直角坐标方程式时，则在 xoy 直角坐标系中，$\cos\alpha = \dfrac{y}{R}$，并将此值和式(9-5)代入式(9-7)中，即得

$$x^2 + \left(y - \frac{900}{2n^2}\right)^2 = \left(\frac{900}{2n^2}\right)^2 \qquad\qquad [9-7(a)]$$

式[9-7(a)]表示筒体内各层球由圆运动转入抛物线运动时，脱离点的轨迹以 $o_1\left(o, \dfrac{900}{2n^2}\right)$ 为圆心，半径为 $\dfrac{900}{2n^2}$ 的圆的直角坐标方程式。由此可知，各球层脱离点的位置随筒体转数的不同而变化。当筒体转数不变，已知某球层的半径时，则该球层的脱离角为一定值。式(9-7)或式[9-7(a)]为球的脱离点的轨迹方程式。

2. 球的落点轨迹

球从 A 点离开筒壁，以初速度 v 与水平成一角度抛出而沿抛物线轨迹运动，最后落到筒壁上的 B 点(见图9-26)。B 点称为落点，β 称为落角。

取 A 点为 XAY 坐标的原点，则对该坐标球沿抛物线运动的轨迹方程式为

$$Y = X\tan\alpha - \frac{gX^2}{2v^2\cos^2\alpha}$$

或以式(9-6)中 $v^2 = Rg\cos\alpha$ 代入上式，则

$$Y = X\tan\alpha - \frac{X^2}{2R\cos^3\alpha} \qquad (9-8)$$

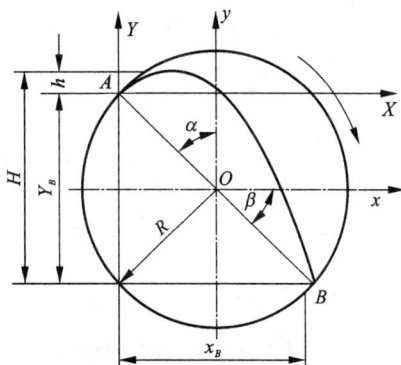

图9-26 球的落点轨迹

对 XAY 坐标，球沿圆周运动的轨迹方程式为

$$(X - R\sin\alpha)^2 + (Y + R\cos\alpha)^2 = R^2 \qquad\qquad (9-9)$$

落点 B 的位置就是两运动轨迹的交点。将式(9-8)和式(9-9)联立解之，可得 B 点的坐标：

$$X_B = 4R\sin\alpha\cos^2\alpha \qquad\qquad (9-10)$$

$$Y_B = -4R\sin^2\alpha\cos\alpha \qquad\qquad (9-11)$$

由图9-26知，落角 β 为

$$\sin\beta = \frac{Y_B - R\cos\alpha}{R} = \frac{4R\sin^2\alpha\cos\alpha - R\cos\alpha}{R} = 3\cos\alpha - 4\cos^3\alpha$$

式中，Y_B 取绝对值。

由几何三角学可知：

$$\cos3\alpha = 4\cos^3\alpha - 3\cos\alpha$$

则　　　　　　　　　　　　$$\sin\beta = -\cos3\alpha = -\sin(90° - 3\alpha)$$

故　　　　　　　　　　　　$$\beta = 3\alpha - 90°　　　　　　　　　　　　　(9-12)$$

由此，从图 9-26 中可以明显看出：从球的脱离点到它的落点的圆弧长度，以及与它相适应的圆心角等于 4α。从式(9-12)可知，球的脱离角 α 越大，其落角 β 也越大。此 β 角决定了落点 B 的位置。

3. 最内层球的最小半径

当筒体的转数为一定值时，根据公式(9-7)和公式(9-12)可以绘出包括不同回转半径的每一层球的断离点和落点的曲线。图 9-27 中的 AA_1o 曲线即为脱离点曲线，而 BB_1o 为落点曲线。A_1 和 B_1 点分别为最内层球的断离点和落点，R_1 为最内层球回转半径，又称它为最小半径。

最小半径应保证该层球断离后仍按抛物线轨迹降落而不与他层球发生干涉作用。当最内层球的回转半径小于最小半径时，即会产生球的干涉作用，破坏了球的正常循环。

最小半径 R_1 的值，可以利用落点 B 的横坐标对角 α 的一次导数等于零来求得。

若取筒体中心 o 为 xoy 坐标的原点，则由图 9-27 可知，B 点的横坐标为

$$x_B = 4R\sin\alpha\cos^2\alpha - R\sin\alpha$$

式中：$R = \dfrac{900}{n^2}\cos\alpha$，代入上式并化简，得

$$x_B = \frac{900}{n^2}(4\cos^2\alpha\sin\alpha - \sin\alpha\cos\alpha)$$

令 $\dfrac{\mathrm{d}x_B}{\mathrm{d}\alpha} = 0$，经化简整理后得

$$16\cos^4\alpha - 14\cos^2\alpha + 1 = 0$$

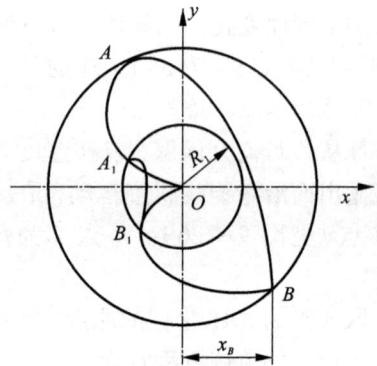

图 9-27　最内层球的最小半径

因此可解得 x_B 为最小值时的脱离角 $\alpha_1 = 73°50'$，将 α_1 值代入式(9-7)中，则最小半径为

$$R_1 = \frac{250}{n^2}　　　　　　　　　　　　　(9-13)$$

由上式可知，当 n 一定时，要保证球载层的正常循环，球载层的最内层半径不得小于 $\dfrac{250}{n^2}$。

4. 球的循环次数

球在球磨机中运动一周的时间并不等于筒体旋转一周的时间。球在圆的轨迹上运动的时间是：

$$t_1 = \frac{60}{n} \cdot \frac{360 - 4\alpha}{360} = \frac{90 - \alpha}{1.5n}　　(\mathrm{s})　　　　　(9-14)$$

球在抛物线轨迹上运动的时间是：

$$t_2 = \frac{X_B}{v\cos\alpha} = \frac{4R\cos2\alpha\sin\alpha}{\dfrac{\pi Rn}{30}\cos\alpha} = 19.1\frac{\sin2\alpha}{n}　　(\mathrm{s})　　　(9-15)$$

球运动一周的全部时间是：

$$t_0 = t_1 + t_2 = \frac{90 - \alpha + 28.6\sin2\alpha}{1.5n} \quad (s) \qquad (9-16)$$

当球磨机旋转一周时，球的循环次数是：

$$j = \frac{t}{t_0} = \frac{90}{90 - \alpha + 28.6\sin2\alpha} \quad (次/r) \qquad (9-17)$$

式中：t——筒体回转一周的时间，$t = \frac{60}{n}$，s。

由此可见，球的循环次数取决于脱离角 α。球磨机筒体转速不变时，球的循环次数是随球所在回转层的位置而异。同一层球的循环次数，随转速的改变而变化，转速愈高，α 角愈小，因此，在筒体转一周的时间内，循环的次数也愈少。达到临界转速时，$\alpha = 0$，因此，在筒体转一周的时间内，球也回转一次。

以上是利用数学分析的方法来讨论钢球在筒体内的运动情况，因而导出一些用试验方法进行观察时所不易得到的结论和参数关系。实验证明，理论值与实际值相近。其实际运动情形与理论间存在的差异主要是钢球在筒体内的运动并不像我们在推导数学公式时所假定的那样，事实上，各层钢球之间并非互相静止，而是有滑动现象存在。

二、磨矿机的临界转数和工作转数

当筒体的转数达到某一数值，使外层球的 $\alpha = 0$，$c = G$ 时，如图 9-28 所示，即外层球在筒体内沿圆轨迹上升到最高点 A，并开始和筒体一起回转，而不离开筒壁。在这种情况下，球磨机的转数叫做临界转数。

由图 9-28 可知，球在 A 点时的脱离角 α 等于零。将 $\alpha = 0$ 代入式（9-7）中，即可得出球磨机的临界转数 n_0：

$$n_0 = \frac{30}{\sqrt{R}} = \frac{42.4}{\sqrt{D}} \quad (r/min) \qquad (9-18)$$

式中：D——球磨机筒体直径，m。

由于公式（9-18）是在上述三个假定的基础上推导出来的，因此，理论上求得的临界转数并非实际的临界转数。

磨矿机的临界转数主要取决于破碎介质的装入量和衬板的表面形状，实质上也就是决定于介质与衬板、介质层与介质层之间的相对滑动量的大小。所以，磨矿机的理论临界转数只是标定磨矿机工作转数的一个相对标准。

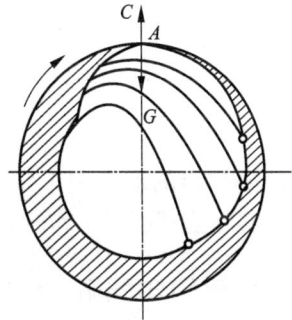

图 9-28　球磨机的临界转数

为使球磨机正常进行磨矿工作，球磨机的转数必须小于临界转数。这一转数，就是通常所谓的工作转数。球磨机一般是按"抛落"状态工作。实现这种工作状态的工作转数有很多，但其中一定有最有利工作转数。球磨机的最有利工作转数应该保证球沿抛物线下落时的高度最大，从而使球在垂直方向获得最大的动能来粉碎矿石。为此，必须求出球产生最大落下高度时的脱离角 α，由此即可确定球磨机的最有利工作转数。

由图 9-26 可知，球的落下高度为

$$H = h + Y_n \qquad (9-19)$$

球由脱离点 A 上升的高度 h，根据抛物体的运动学，可由下式确定：

$$h = \frac{v^2\sin^2\alpha}{2g} \tag{9-20}$$

根据式(9-6)，将 $v^2 = Rg\cos\alpha$ 代入上式，则得

$$h = 0.5R\sin^2\alpha\cos\alpha$$

从式(9-11)知，落点 B 的纵坐标(对 XAY 坐标)为

$$|Y_B| = 4R\sin^2\alpha\cos\alpha \tag{9-21}$$

所以球落下高度为

$$H = 0.5R\sin^2\alpha\cos\alpha + 4R\sin^2\alpha\cos\alpha = 4.5R\sin^2\alpha\cos\alpha \tag{9-22}$$

由上式可知，落下高度 H 是球的脱离角 α 的函数，欲求 H 的最大值，必须使 H 对 α 的一次导数 $\dfrac{\mathrm{d}H}{\mathrm{d}\alpha} = 0$，即

$$\frac{\mathrm{d}H}{\mathrm{d}\alpha} = \frac{\mathrm{d}(4.5R\sin^2\alpha\cos\alpha)}{\mathrm{d}\alpha} = 0 \tag{9-23}$$

上式经整理后得

$$\alpha = 54°40' \tag{9-24}$$

这个脱离角 α 能保证球获得最大的落下高度，而使球具有最大的冲击力。将此角代入式(9-7)中，则可得到球磨机最有利的工作转数：

$$n_1 = \frac{30\sqrt{\cos\alpha}}{\sqrt{R}} = \frac{30\sqrt{\cos54°40'}}{\sqrt{R}} \approx \frac{22.8}{\sqrt{R}} \approx \frac{32}{\sqrt{D}} \tag{9-25}$$

最有利的转速率为

$$\psi_1 = \frac{n_1}{n_0} = \frac{\dfrac{32}{\sqrt{D}}}{\dfrac{42.4}{\sqrt{D}}} \times 100\% = 76\% \tag{9-26}$$

上面导出的最有利工作转数是指筒体内最外一层球而言。实际上球磨机工作时，筒体内装有许多层球。根据式(9-7)知 $\cos\alpha = \dfrac{n^2R}{900}$，当 n 值一定时，α 角随球的回转半径 R 的不同而不同。显然，最外层球处于最有利的工作条件(即 $\alpha = 54°40'$)时，其余各层球都将处于不利的工作条件。所以，为了使更多的球处于有利的工作条件，该层称为"缩聚层"。如果该层处于最有利的工作条件($\alpha = 54°40'$)，则意味着所有各层球都处于最有利的工作条件。

由图9-29所示，用 A_0 和 B_0 表示"缩聚层"的脱离点和落点，R_0 表示该层的回转半径，其值可根据圆环对于

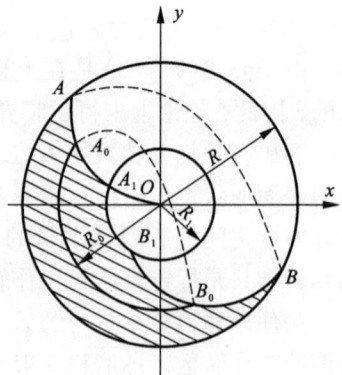

图9-29 缩聚层的回转半径

其中心 O 的转动惯量等于有质量的圆周(极细的均质线环)对于它中心 O 的转动惯量的计算方法由下式确定：

$$\frac{\pi}{2}(R^4 - R_1^4) = \pi(R^2 - R_1^2)R_0^2$$

即
$$R_0 = \sqrt{\frac{R^2 + R_1^2}{2}} \qquad (9-27)$$

当"缩聚层"球处于最有利的工作条件时，即$\alpha = 54°40'$，则由式(9-7)得

$$R_0 = \frac{900\cos\alpha}{n^2} = \frac{900\cos 54°40'}{n^2} = \frac{520}{n^2} \qquad (9-28)$$

最内层球的回转半径由式(9-13)知$R_1 = \frac{250}{n^2}$。将$R_0 = \frac{520}{n^2}$和$R_1 = \frac{250}{n^2}$代入式(9-27)中，经化简后，即得"缩聚层"最有利的工作转数：

$$n_2 = \frac{26.3}{\sqrt{R}} = \frac{37.2}{\sqrt{D}} \qquad (\text{r/min}) \qquad (9-29)$$

此时，球磨机最有利的转速率则为

$$\psi_2 = \frac{n_2}{n_0} = \frac{\dfrac{37.2}{\sqrt{D}}}{\dfrac{42.4}{\sqrt{D}}} \times 100\% = 88\% \qquad (9-30)$$

因此，在理论上，球磨机最有利的工作转数为

$$n = (76\% \sim 88\%)n_0 \qquad (9-31)$$

上述结论都是在介质与衬板及介质与介质之间没有相对滑动的情况下得出的，但是在磨矿机中，这种相对滑动量或多或少都是存在的，所以根据式(9-31)求得的工作转数，并不一定是最有利的，因此，磨矿机的工作转数要根据实际情况选取。例如：

(1)衬板的表面形状：带有凸棱的衬板表面，能减少破碎介质的相对滑动量，增加其提升高度，故其工作转数应比采用平滑形衬板时低些。

(2)矿石硬度和磨矿细度：对于大块坚硬矿石粗磨时，应采用较大的破碎介质和较高的工作转数，以利于增加对物料的冲击作用。反之，应采用较小的破碎介质和较低的工作转数，从而能强化研磨作用和减少动力消耗。

(3)磨矿方式：湿式磨矿，由于水的润滑作用，破碎介质与衬板之间产生较大的相对滑动，因此，在相同条件下，湿式磨矿机的工作转数应比干式磨矿机高5%左右。

(4)破碎介质的充填率：充填率越低，则其相对滑动量越大，故工作转数应取高些。

目前，世界各国对最有利工作转数都进行了大量的研究和实验工作，积累了很多资料，认为从提高生产率的观点出发，增加球磨机的工作转数是有利的。国内的实验资料证明，转数增加，生产率可以得到较大的提高，可是衬板的寿命则急剧降低，而且功率消耗增加，所以目前生产中应用的球磨机，其工作转数多在$(76\% \sim 88\%)n_0$之间。

对于棒磨机，为了防止钢棒互相干扰，取$n = (0.65 \sim 0.70)n_0$。对于管磨机，由于磨矿细度的要求，取$n = (0.68 \sim 0.76)n_0$。对于自磨机取$n = (0.83 \sim 0.85)n_0$。

三、破碎介质的装载量

装载量的多少及各种介质直径的配比对磨矿效率有一定的影响。装载量过少，会使磨矿效率降低；装载量过多，内层球运动时则会产生干涉作用，破坏了球的正常抛落运动，使球载下落时的冲击力减小，故磨矿效率也要降低。

破碎介质的装载量 G 可按下式计算:

$$G = \frac{\pi}{4} D^2 L \gamma \varphi \qquad (9-32)$$

式中: D、L——筒体的内径和长度,m;

γ——破碎介质的松散比重。锻制钢球取 $\gamma = 4.5 \sim 4.8$ t/m³;铸造铁球取 $\gamma = 4.3 \sim 4.6$ t/m³;轧制钢棒取 $\gamma = 6 \sim 6.5$ t/m³;钢锻取 $\gamma = 4.5 \sim 4.8$ t/m³;

φ——破碎介质的充填率。

破碎介质充填率 φ 即是破碎介质的装载面积 s 与筒体横断面内截面积的比值,即

$$\varphi = \frac{s}{\pi R^2} = \frac{s_1 + s_2}{\pi R^2} \qquad (9-33)$$

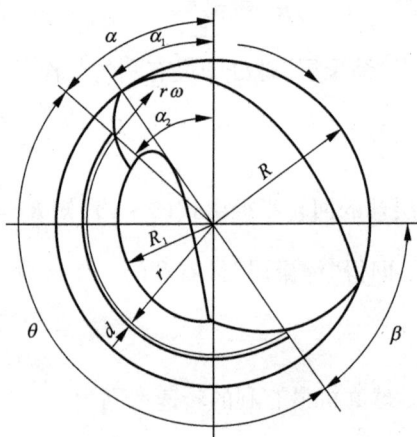

图 9 - 30　球磨机的装载面积

式中,s_1 和 s_2 为筒体内作圆周运动和作抛物线运动的球载面积,如图 9 - 30 所示。

根据图 9 - 30,知

$$\theta = 270° - (\alpha + \beta) = 270° - (\alpha + 3\alpha - 90°)$$
$$= 360° - 4\alpha = 2\pi - 4\alpha \qquad (9-34)$$

取微分弧形面积:

$$ds_1 = r\theta dr \qquad (9-35)$$

根据式(9-7)知 $r = \frac{900}{n^2}\cos\alpha$,则 $dr = -\frac{900}{n^2}\sin\alpha d\alpha$。因此,式(9-35)可写为

$$ds_1 = -\left(\frac{900}{n^2}\right)^2 (2\pi - 4\alpha)(\sin\alpha\cos\alpha)d\alpha = -\left(\frac{900}{n^2}\right)^2 (\pi - 2\alpha)\sin2\alpha d\alpha \qquad (9-36)$$

球载层作抛物线运动的微分球载面积为

$$ds_2 = \omega r dr t_2 \qquad (9-37)$$

式中: ω——筒体的角速度;

t_2——球在抛物线轨迹上运动的时间,

$$t_2 = \frac{X_B}{v\cos\alpha} = \frac{4r\cos^2\alpha\sin\alpha}{\omega r\cos\alpha} = \frac{4\cos\alpha\sin\alpha}{\omega}$$

因此,公式(9-37)则变为

$$ds_2 = -\omega\left(\frac{900}{n^2}\right)^2 (\sin\alpha\cos\alpha)\frac{4\cos\alpha\sin\alpha}{\omega}d\alpha$$
$$= -\left(\frac{900}{n^2}\right)^2 \sin\alpha2\alpha d\alpha \qquad (9-38)$$

球载面积 s 可由下式求出:

$$s = s_1 + s_2 = \int ds_1 + \int ds_2 \qquad (9-39)$$
$$= \int_{\alpha_2}^{\alpha_1} -\left(\frac{900}{n^2}\right)^2 (\pi - 2\alpha)\sin2\alpha d\alpha + \int_{\alpha_2}^{\alpha_1} -\left(\frac{900}{n}\right)^2 \sin2\alpha d\alpha$$

$$= \frac{1}{2}\left(\frac{900}{n^2}\right)^2 \left| (\pi - 2\alpha)\cos2\alpha + \sin2\alpha - \alpha + \frac{1}{4}\sin4\alpha \right|_{\alpha_2}^{\alpha_1}$$

根据式(9-18)和式(9-25)知 $\psi = \sqrt{\cos\alpha}$，故

$$\pi R^2 = \pi\left(\frac{900}{n^2}\right)^2 \cos^2\alpha = \pi\left(\frac{900}{n^2}\right)^2 \psi^4 \qquad (9-40)$$

将式(9-39)和式(9-40)代入式(9-33)中，得

$$\varphi = \frac{1}{2\pi\psi^4} \left| (\pi - 2\alpha)\cos2\alpha + \sin2\alpha - \alpha + \frac{1}{4}\sin4\alpha \right|_{\alpha_2}^{\alpha_1} \qquad (9-41)$$

当 $\psi = 0.76$，$\alpha = \cos^{-1}\psi^2 = 54°40'$，$\alpha_2 = \cos^{-1}\frac{R_1}{R}\cos\alpha_1 = \cos^{-1}k\psi^2 = 73°50'$时，根据式(9-41)则可算出 $\varphi_{max} = 0.42$。

当 $\psi = 0.88$，$\alpha_1 = \cos^{-1}\psi^2 = 39°15'$，$\alpha_2 = \cos^{-1}k\psi^2 = 73°50'$时，则 $\varphi_{max} = 0.58$。

通常，湿式格子型球磨机取 $\varphi = 0.4 \sim 0.45$；溢流型球磨机、棒磨机取 $\varphi = 0.35 \sim 0.4$；干式格子型球磨机、管磨机取 $\varphi = 0.25 \sim 0.35$。

从上面的分析可以看出，最有利的转数决定了最适当的破碎介质的装载量。因此，当其他条件一定时，对于既定转数的磨矿机，其装载量过多或过少都会降低磨矿机的处理能力及磨矿效率。

当转速率不同时，磨矿效率与充填率的关系如图9-31所示。转速率不同时，其最佳充填率也不同。若 $\psi = 65\% \sim 75\%$时，防滑耐磨衬板的最佳充填率可在 $0.40 \sim 0.45$ 范围内选取。

装入球磨机中的钢球直径主要决定于给矿粒度、被破碎矿石的物理机械性质以及磨矿细度等因素。给矿和磨矿细度愈大，矿石愈坚硬，要求钢球的直径愈大；相反，给矿和磨矿细度愈小，矿石松脆，则要求钢球的直径愈小。

实际上，球磨机工作时，装入的钢球直径是不相等的。球载中不但应有足够数量的磨碎粗粒物料的大球，同时也应有研磨细

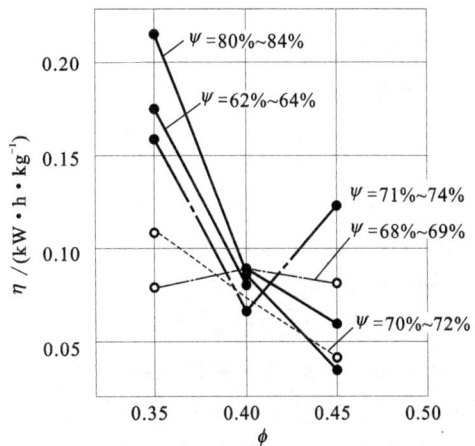

图9-31　磨矿效率与充填率的关系

粒物料的中球和小球。为了提高球磨机的磨矿效率，通常以某种适当的比例装入各种直径的钢球，该比例需根据具体生产条件确定。

在球磨机的运转过程中，钢球必然会磨损。运转一定时间以后，钢球的充填率就会下降。为了保证最佳的充填率，必须定期补加钢球。钢球的补加量可按下式计算：

$$\Delta G = \frac{\phi - \phi_0}{\phi} \qquad (9-42)$$

式中：ϕ——理论充填率，%；

　　　G——理论装球量，t；

ϕ_0——实际充填率，%，其值可用下列方法求出。

如图 9 – 32 所示，h 表示介质充填表面距磨机顶部高度，D_i 表示磨机有效内径，其比值为

$$x = \frac{h}{D_i}$$

根据比值 x 的大小可由图 9 – 32 查出实际充填率 ϕ_0。由此，按式（9 – 42）则可计算出应补加的钢球量。

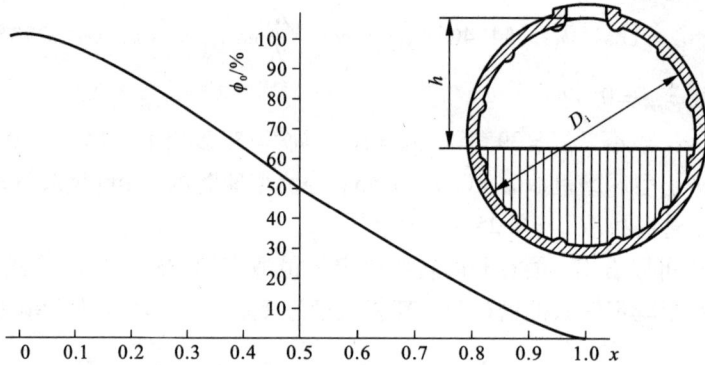

图 9 – 32　比值 x 与 ϕ_0 的关系

四、磨矿机的功率

磨矿机的功率主要消耗于破碎介质在圆轨迹上运动时，从落回点提升到脱离点，并使其具有一定的运动速度，即获得抛出的动能，而沿抛物线轨迹下落。这种功率消耗称为有用功率。此外，尚有一小部分功率消耗于克服空心轴颈与轴承之间的摩擦和传动装置的阻力。目前，确定磨矿机所需功率的方法有：按每吨产量的单位功耗计算；按原理经验公式计算；按理论公式计算；按类比法计算。下面仅介绍后两种方法。磨矿机功率的理论计算公式主要是分析磨矿机有用功率的计算方法。有用功率的计算方法依磨矿机的工作状态而定。对于泻落式工作状态，破碎介质和矿石位于偏斜位置时（图 9 – 33（a）），有用功率是根据其重量所产生的力矩来计算的。对于抛落式工作状态，有用功率是根据破碎介质和矿石落下时的动能等于使它作抛落运动所耗的功来计算的。

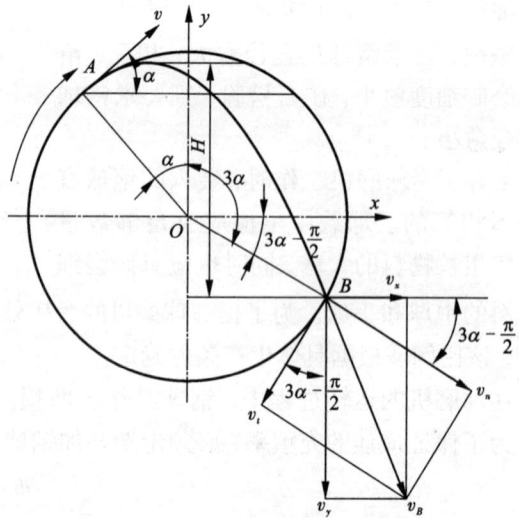

图 9 – 33　球在落点的速度

下面就以球磨机处于抛落式运动状态时，分析它的有用功率的计算方法。

球磨机处于抛落工作状态时，物料在磨矿机中的磨碎作用主要依靠落下来的冲击功能。所以，磨矿机所消耗的有用功率，应该等于抛落下来的球在单位时间内所作的功。

在磨矿机筒体回转一周的时间内，单元球层质量 dm 的冲击能为

$$dE = \frac{1}{2}dmv_B^2 \qquad (9-43)$$

式中，$dm = \dfrac{dG}{g} = \dfrac{1}{g}2000\pi rL\gamma dr$，$\quad kg \cdot s^2/m$。 $\qquad (9-44)$

式（9-44）中，γ 为球载的松散比重，t/m^3，其他符号同前。

v_B 为球在落点 B 的速度。任一层在脱离点 A 的水平速度为 $v_x = v\cos\alpha$（见图9-33），球沿抛物线运动到落点 B 时，其水平速度仍为 $v_x = v\cos\alpha$，落点的垂直速度为

$$v_y = \sqrt{2gH}$$

由式（9-22）知 $H = 4.5r\sin^2\alpha\cos\alpha$，代入上式中，则

$$v_y = \sqrt{2gH} = \sqrt{2g4.5r\sin^2\alpha\cos\alpha} = 3v\sin\alpha$$

由此，则得

$$v_B = \sqrt{v_x^2 + v_y^2} = \sqrt{v^2\cos^2\alpha + 9v^2\sin^2\alpha} = v\sqrt{9 - 8\cos^2\alpha} \qquad (9-45)$$

将式（9-44）和式（9-45）代入式（9-43）中，则得

$$dE = \frac{dmv_B^2}{2} = \frac{2000\pi rL\gamma dr}{g} \times \frac{v^2(9 - 8\cos^2\alpha)}{2} \qquad (kg \cdot m)$$

根据式（9-6）和式（9-7），$v^2 = rg\cos\alpha$，$\cos\alpha = \dfrac{r}{\alpha}$，$\alpha = \dfrac{900}{n^2}$。将上述各值代入上式，即转化为单一变数的函数：

$$dE = \frac{1000\pi\gamma L}{\alpha}\left(9r^3 - \frac{8}{\alpha^2}r^5\right)dr \qquad (9-46)$$

对式（9-46）进行积分，积分上下限为 R 到 R_1 并令 $k = \dfrac{R_1}{R}$，则可确定在磨矿机筒体转一周时整个落下球载所作的功 A：

$$A = \frac{1000\pi\gamma L}{\alpha}\left[9\int_{R_1}^{R}r^3dr - \frac{8}{\alpha^2}\int_{R_1}^{R}r^5dr\right]$$

$$= \frac{1000\pi\gamma LR^4}{4\alpha}\left[9(1 - k^4) - \frac{16R^2}{3\alpha^2}(1 - k^6)\right]$$

$$= \frac{1000\pi\gamma LR^3\psi^3}{4}\left[9(1 - k^4) - \frac{16}{3}\psi^4(1 - k^6)\right] \qquad (kg \cdot m) \qquad (9-47)$$

磨矿机所消耗的有用功率 N，应该等于抛落下来的球载在单位时间内所作的功，即

$$N = \frac{An}{60 \times 102} = \frac{1000\pi\gamma LR^3\psi^3 n}{4 \times 60 \times 102}\left[9(1 - k^4) - \frac{16}{3}\psi^4(1 - k^6)\right] \qquad (kW)$$

以 $n = \psi\dfrac{30}{\sqrt{R}}$，$R = \dfrac{D}{2}$ 代入上式，得

$$N = 0.678D^{2.5}L\gamma\psi^3\left[9(1 - k^4) - \frac{16}{3}\psi^4(1 - K^6)\right] \qquad (kW) \qquad (9-48)$$

或再以 $\dfrac{G}{\varphi} = \dfrac{\pi D^2}{4} L\gamma$ [式(9-32)]代入式(9-48)则得

$$N = 0.864 \frac{G}{\varphi}\sqrt{D}\psi^3\left[9(1-k^4) - \frac{16}{3}\psi^4(1-k^6)\right] \quad (\text{kW}) \qquad (9-49)$$

在式(9-48)中,如球磨机充填率 φ 和筒体转速率 ψ 保持一定的条件下,系数 k 是常数。所以,磨矿机在抛落式运动状态下工作时,若其他条件相同,它消耗的有用功率与 $D^{2.5}L$ 成比例。

按式(9-49)算出的磨矿机有用功率是偏高的,因为在球载落下时产生的冲击功能,只有一部分动能消耗在击碎物料上,还有一部分能量传给磨矿机筒体的回转运动。

在冲击的瞬间,球在落点 B 的速度为 v_B,其方向与打击线(筒体中心与打击接触点的联线 OB)成一角度,将速度 v_B 分解为径向速度 v_n 和切向速度 v_t。

从图 9-33 可知,v_B 的径向分速度 v_n 为

$$\begin{aligned} v_n &= v_x\cos\left(3\alpha - \frac{\pi}{2}\right) + v_y\cos\left[\frac{\pi}{2} - \left(3\alpha - \frac{\pi}{2}\right)\right] \\ &= v_x\cos\left(3\alpha - \frac{\pi}{2}\right) + v_y\sin\left(3\alpha - \frac{\pi}{2}\right) \\ &= v\cos\alpha\sin 3\alpha - 3v\sin\alpha\cos 3\alpha \end{aligned}$$

因

$$\sin 3\alpha = 3\sin\alpha - 4\sin^3\alpha$$
$$\cos 3\alpha = 4\cos^2\alpha - 3\cos\alpha$$

故

$$v_n = 8v\sin^3\alpha\cos\alpha \qquad (9-50)$$

v_B 的切线速度 v_t 为

$$\begin{aligned} v_t &= -v_x\sin\left(3\alpha - \frac{\pi}{2}\right) + v_y\cos\left(3\alpha - \frac{\pi}{2}\right) = v_x\cos 3\alpha + v_y\sin 3\alpha \\ &= v + 4v\sin^2\alpha\cos 2\alpha \end{aligned} \qquad (9-51)$$

利用球的冲击作用使物料磨碎,仅仅依靠径向分速度 v_n 所产生的垂直冲击力。切线分速度 v_t 不会产生冲击作用,它只能使球沿圆形轨迹移动,即切线分速度 v_t 产生的动能转化成协助筒体旋转的主动力矩。所以,按式(9-49)计算的有用功率应该减去由 v_t 产生的这部分能量。

单元球层质量 $\mathrm{d}m$ 下落冲击时,其切线分速度 v_t 产生的动能为

$$\begin{aligned} \mathrm{d}E_t &= \frac{\mathrm{d}m v_t^2}{2} = \frac{1}{2}\cdot\frac{2000\pi r L\gamma\mathrm{d}r}{g}\cdot v^2(1+4\sin^2\alpha\cos 2\alpha)^2 \\ &= 1000\pi L\gamma\frac{r^3}{\alpha}\mathrm{d}r\left(12\frac{r^2}{\alpha^2} - 8\frac{r^4}{\alpha^4} - 3\right)^2 \\ &= 1000\pi L\gamma\mathrm{d}r\left(9\frac{r^3}{\alpha} - 72\frac{r^2}{\alpha^3} + 192\frac{r^7}{\alpha^5} - 192\frac{r^9}{\alpha^7} + 64\frac{r^{11}}{\alpha^9}\right) \end{aligned} \qquad (9-52)$$

根据上述方法,可以得到

$$\begin{aligned} A_1 &= 1000\pi L\gamma\int_{R_1}^{R}\left[9\frac{r^3}{\alpha} - 72\frac{r^5}{\alpha^3} + 192\frac{r^7}{\alpha^5} - 192\frac{r^9}{\alpha^7} + 64\frac{r^{11}}{\alpha^9}\right]\mathrm{d}r \\ &= 1000\pi L\gamma R^3\psi^2\left[\frac{9}{4}(1-k^4) - 12\psi^4(1-k^6) + 24\psi^8(1-k^8) - \right. \end{aligned}$$

$$19.2\psi^{12}(1-k^{10})+\frac{16}{3}\psi^{16}(1-k^{12})\Big] \tag{9-53}$$

$$N_t=\frac{A_t n}{60\times102}=2.72LD^{2.5}\psi^3\gamma\left[\frac{9}{4}(1-k^4)-12\psi^4(1-k^6)+24\psi^8\times(1-k^8)-\right.$$

$$\left.19.2\psi^{12}(1-k^{10})+\frac{16}{3}\psi^{16}(1-k^{12})\right] \tag{9-54}$$

或

$$N_t=3.47\frac{G}{\varphi}\sqrt{D}\psi^3\left[\frac{9}{4}(1-k^4)-12\psi^4(1-k^6)+24\psi^8\times(1-k^8)-19.2\psi^{12}(1-k^{10})+\right.$$

$$\left.\frac{16}{3}\psi^{16}(1-k^{12})\right] \tag{9-54}$$

因此，磨矿机的有用功率 N_0 应该等于：

$$N_0=N-N_t$$

$$=LD^{2.5}\gamma\psi^7\left[29.03(1-k^6)-65.2\psi^4(1-k^8)+52.2\psi^8(1-k^{10})-14.5\psi^{12}(1-k^{12})\right]$$

(kW) $\tag{9-55}$

式(9-55)中的 k 值是随不同的 φ 值和 ψ 值而变化的，其值可根据表7-4选取，或按下式计算：

$$k=\sqrt[3]{1-\frac{\pi\varphi}{2.52\psi^2}} \tag{9-56}$$

表9-4 k 值

$\varphi/\%$	$\psi/\%$						
	70	75	80	85	90	95	100
30	0.635	0.700	0.746	0.777	0.802	0.819	0.831
35		0.618	0.683	0.726	0.759	0.781	0.797
40		0.508	0.606	0.669	0.711	0.740	0.760
45			0.506	0.600	0.656	0.694	0.721
50				0.508	0.592	0.644	0.676

磨矿机由于克服机械摩擦而消耗的功率，可以用机械传动效率 η 来考虑。对中心传动的磨矿机，$\eta=0.92\sim0.94$；对周边传动的磨矿机，$\eta=0.86\sim0.9$。中间有减速装置时，应选低值，直接传动则选用高值。

根据实际资料，磨矿机的启动功率一般超过其电动机功率约3.5倍，但在正常情况下工作时，则不超过其80%，因此，在选择电动机时应考虑这个因素。

根据上述理论分析，磨矿机所需的有用功率与其筒体直径的2.5次方和长度成正比。因此，只要知道在类似条件下工作的其他尺寸磨矿机的功率以后，就可确定任一磨矿机的功率。通常，磨矿机的功率都是根据试验的小型磨矿机在各个具体磨矿条件下，得到的试验数据进行推算的。这种方法就称为类比法，磨矿机功率的推算公式为

$$N=\frac{D^y L}{D_c^y L_e}N_e \quad (kW) \tag{9-57}$$

式中：N_e——试验的磨矿机功率，kW；

D_e、L_e——试验磨矿机的筒体内径与长度，m；

D、L——计算磨矿机的筒体内经与长度;

y——对于一般磨矿机,$y = 2.5$;对于自磨机,$y = 2.5 \sim 2.6$。

由于影响球磨机有用功耗的因素很多,所以利用理论公式很难精确计算球磨机的有用功耗。根据实验测定,采用理论和实验相结合的计算方法是适宜的。

在稳定运转的情况下,球荷在球磨机中呈固定的不对称的分布,球荷重心偏离球磨机轴线。重心至轴线的距离 a 值是未知数。它与被磨物料的性质、筒体直径、钢球与衬板及球层间的摩擦、球径 d、充填率 φ 和转速率 ψ 有关。此外,衬板的表面形状 S_f 对 a 值也有影响。因此可写成下列函数形式:

$$a/D = f(\phi, \psi, d/D, S_f) \qquad (9-58)$$

由此,则可求得球磨机有用功率 N 的计算式:

$$N = Dm_k n[1.15f(\phi, \psi, d/D, S_f)] = Dm_K nc \qquad (\text{kW}) \qquad (9-59)$$

式中:D——筒体有效直径,m;

m_k——球荷质量,t;

n——筒体转速,r/min;

c——功率系数,一般取 $c = 0.14 \sim 0.26$。

根据实验测得的功耗可知,无用功耗约为全部功耗的 10% ~ 15%,而有用功耗约为 90% ~ 85%。若其他磨矿因素不变,当充填率为定值时,功率系数与转速率的关系如图 9 – 34 所示。由图 9 – 34 可知,功率系数随转速率的增加而减小。当转速率不变时,功率系数随着充填率的增加而减小。

根据国产格子型球磨机的基本参数,按照图 9 – 34 选取功率系数,用式(9 – 59)计算球磨机的有用功耗,其结果与标准规定的电动机功率基本相同。因此,式(9 – 59)和图 9 – 34 可以用来初步计算球磨机的电动机功率。

五、磨矿机生产能力的计算

在生产中影响磨矿机生产能力的因素很多,变化也较大,因此,目前还很难用理论公式来计算它的生产能力。现在一般都根据"模拟方法"来计算磨矿机的生产能力,即根据实际生产的磨矿机在接近最优越的工作条件下工作时的资料,再结合磨矿机的型式和尺寸、矿石的可磨性、给矿及产品粒度等因素加以校正。

磨矿机生产能力的计算一般按新形成级别的方法进行。此方法一般采用 – 0.074 mm(– 200 目)作计算级别。

设计的磨矿机的生产能力 Q 按下列公式计算:

$$Q = \frac{Vq}{\beta_2 - \beta_1} \qquad (\text{t/h}) \qquad (9-60)$$

式中:V——设计的磨矿机有效容积,m^3;

β_2——产品中小于 0.074 mm 级别含量;

β_1——给矿中小于 0.074 mm 级别含量;

q——按新形成级别(– 0.074 mm)计算的实际单位生产能力,$t/(m^3 \cdot h)$。

q 值由试验确定,或采用矿石性质类似,设备及工作条件相同的生产指标。当无试验与生产指标时,可按下列公式计算:

$$q = q_0 K_1 K_2 K_3 K_4 \qquad (9-61)$$

式中：q_0——生产厂磨矿机按新形成级别(-0.074 mm)计算的实际单位生产能力，$t/m^3 \cdot h$；

K_1——矿石磨矿难易度系数。系数可用实验方法确定。磨矿机研磨设计规定处理的矿石与研磨供比较用的矿石(即现厂目前处理的矿石)时，按新形成级别计算的生产率之比，就是系数 K_1。系数 K_1 亦可按表9-5选取；

K_2——磨矿机类型校正系数(见表9-6)；

K_3——磨矿机直径校正系数，$K_3 = \left(\dfrac{D_1 - b_1}{D_2 - b_2} \right)^{0.5}$。式中 D_1 和 D_2 为设计的和目前工作的磨矿机的直径，m；b_1 和 b_2 为磨矿机衬板的厚度，m；

K_4——磨矿机给矿粒度和产品粒度系数；$K_4 = \dfrac{m_1}{m_2}$；m_1、m_2 系计算与生产的给矿和产品粒度按新形成级别(-0.074 mm)计算的相对生产能力。m_1，m_2 值见表9-7。

表9-5　矿石磨矿难易度系数 K_1

矿石硬度		可磨度系数
普氏系数	硬度系数等级	
<2	很软	1.4~2.0
2~4	软的	1.25~1.5
4~8	中等硬度	1.0
8~10	硬的	0.75~0.85
>10	很硬	0.5~0.7

表9-6　磨矿机类型校正系数 K_2

磨矿机型式	格子型球磨机	溢流型球磨机	棒磨机
K_2	1.0	0.9	1.0~0.85

注：棒磨机 K_2 值当磨矿细度大于0.3 mm时取大值，反之取小值。

表9-7　给矿粒度及产品粒度相对生产能力 m 值

给矿粒度/mm	产品粒度/mm					
	0.4	0.3	0.2	0.15	0.10	0.074
	-0.074　毫米级别含量/%					
	40	48	60	72	85	95
0~40	0.77	0.81	0.83	0.81	0.80	0.78
0~20	0.89	0.92	0.92	0.88	0.86	0.82
0~10	1.02	1.03	1.00	0.93	0.90	0.85
0~5	1.15	1.13	1.05	0.95	0.91	0.85
0~3	1.19	1.16	1.06	0.95	0.91	0.85

注：1. 本表为处理一般矿石在不同给矿粒度和排矿粒度时，按新形成-0.074 mm级别计算的磨矿机相对生产能力(标准磨矿条件为：给矿粒度0~10 mm，产品粒度0.2 mm)；

2. 磨矿产品的粒度以95%的矿量通过的筛孔尺寸来表示。

　　β_1 和 β_2 在计算中应按实际资料选取，若无实际资料时，一般可按表 9 - 8 和表 9 - 9 选取。

表 9 - 8　给矿粒度与 - 0.074 mm 级别含量 β_1

给矿粒度/mm		40 ~ 0	20 ~ 0	10 ~ 0	5 ~ 0	3 ~ 0
β_1/%	难碎性矿石	2	5	8	10	15
	中等可碎性矿石	3	6	10	15	23
	易碎性矿石	5	8	15	20	25

表 9 - 9　产品粒度中 - 0.074 mm 级别含量 β_2

产品粒度/mm	0.4	0.3	0.2	0.15	0.1	0.074
β_2/%	40	48	60	72	85	95

　　根据戴维斯理论，只有当球磨机内部球荷作抛落式运动状态时，才能建立以上筒形球磨机介质力学的数学模型。当内部球荷处于混合式和滑落式运动状态时，就不能建立数学模型。必须指出，球荷的滑落式、混合式和抛落式运动状态，彼此间是有联系的，这些运动状态的改变取决于磨矿条件的变化：筒体的转速率、矿石 - 球荷的充填率、衬板的磨损、磨矿介质的状况、被磨物料的物理和机械性质、物料的水力或风力运输条件等。

　　在戴维斯理论中，不仅未考虑球荷中的内摩擦力的影响，而且还忽视了蠕动肾形区（微动核心）的存在。靠近球磨机中心的部分，球荷的运动并不很明显，仅作蠕动，磨矿作用较弱。蠕动肾形区的大小在很大的范围内变动，它取决于磨矿机的工作条件，如充填率 φ、转速率 ψ、衬板和磨矿介质的状况、被磨物料的物理 - 机械性质。在某种情况下，蠕动肾形区的质量相当于沿圆形的、倾斜的或抛物线的轨迹运动着的球荷质量（见图 9 - 34）。

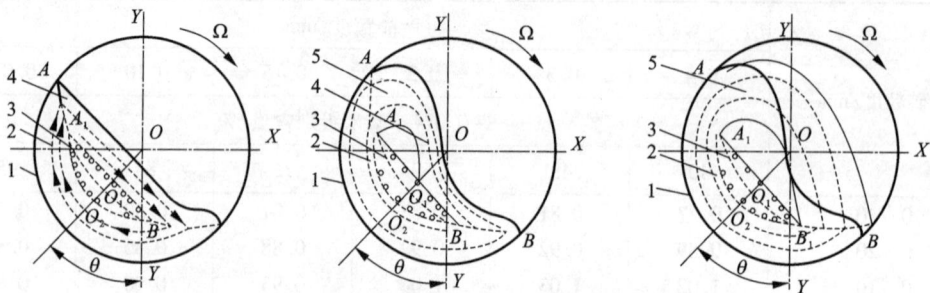

图 9 - 34　在球磨机的不同工作状态下蠕动肾形区的变化
(a)滑落式；(b)混合式；(c)抛落式
1—球磨机筒体；2—沿圆形轨迹运动着的球荷层；3—蠕动肾形区；4—滑落的球荷层；5—抛落的球荷

第五节　磨矿机主要零件的计算

一、磨矿机工作时筒体的受力分析

磨矿机在抛落工作状态下工作时，筒体内的载荷（破碎介质和物料）分布如图 9 - 35 所示。

作用在筒体上的力由主轴承承受。因此，为了计算主轴承和筒体的强度，首先必须确定作用在筒体上的力。

作用在磨矿机筒体上的力有：筒体（包括衬板和齿轮）的重量 G_d，它是通过筒体中心垂直向下作用；与筒体一起作圆周运动的破碎介质和物料的重量及离心力；作抛物线运动的破碎介质和物料落下后对筒体的冲击力；此外还有齿轮传动的圆周力，一般计算时可以不考虑。

下面就根据磨矿机在抛落状态下工作来分析筒体的受力情况。

作圆周运动的破碎介质和物料的重量可以根据载荷分布图确定（见图 9 - 35）。在筒体长度上取单元介质层的重量 dG_1 为

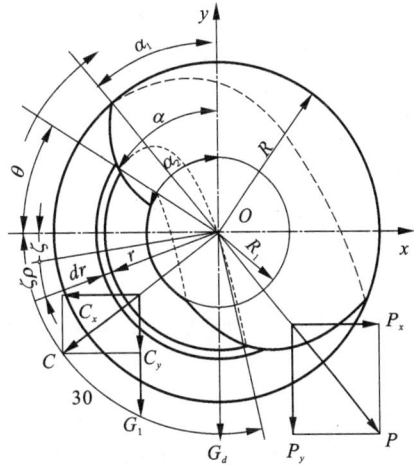

图 9 - 35　作用在筒体上的力

$$dG_1 = -\gamma r d\xi dr L \tag{9-62}$$

所以

$$G_1 = -\gamma L r dr \int_{-\theta}^{3\theta} d\xi = -\gamma L r dr 4\theta \tag{9-63}$$

式中，负号表示重力方向向下。

磨矿机回转时，G_1 产生的离心力的水平分力为

$$G_x = -\int dm_1 r\omega^3 \cos\xi = -\frac{\gamma L}{g}\omega^2 r^2 dr \int_{-\theta}^{3\theta} \cos\xi d\xi$$

$$= -\frac{\gamma L}{g}\omega^2 r^2 dr(\sin 3\theta + \sin\theta) \tag{9-64}$$

离心力的垂直分力为

$$C_y = -\int dm_1 r\omega^2 \sin\xi = -\frac{\gamma L}{g}\omega^2 r^2 dr \int_{-1}^{3\theta} \cos\xi d\xi$$

$$= -\frac{\gamma L}{g}\omega^2 r^2 dr(-\cos 3\theta + \cos\theta) \tag{9-65}$$

作抛物线运动的载荷，在单位时间内抛出的载荷质量为

$$dm_2 = \frac{\gamma L}{g} r\omega dr$$

若载荷作抛物线运动的时间 $t_2 = \dfrac{4r\omega\cos\theta}{g}$ [将 $\alpha = \dfrac{\pi}{2} - \theta$ 及 $\sin\theta = \dfrac{r\omega^2}{g}$ 代入式（9 - 15）中即

得〕，则载荷重量为

$$G_2 = \mathrm{d}m_2 g t_2 = -4\frac{\gamma L}{g}r^2\omega^2 \mathrm{d}r\cos\theta \tag{9-66}$$

作抛物线运动的载荷，下落时对筒壁的冲击力可以根据动量定理确定。

冲击力的水平分力 P_x 为

$$P_x = \mathrm{d}m_2(v_x - v_{dx})$$

式中：v_x——载荷在落点的水平速度，$v_x = r\omega\sin\theta$；

v_{dx}——筒体在载荷落点的水平速度；

$$v_{dx} = -r\omega\sin\beta = -r\omega\sin(3\alpha - 90°) = -r\omega\sin[3(90° - \theta) - 90°] = -r\omega\sin3\theta$$

将 $\mathrm{d}m_2$、v_x、d_{dx} 代入上式，则得

$$P_x = \frac{\gamma L}{g}\omega^2 r^2 \mathrm{d}r(\sin\theta + \sin3\theta) \tag{9-67}$$

冲击力的垂直分力

$$P_y = -\mathrm{d}m_2[-(r\omega\cos\theta - gt_2) - r\omega\sin\beta]$$

$$= -\frac{\gamma L}{g}r^2\omega^2 \mathrm{d}r(3\cos\theta + \cos3\theta) \tag{9-68}$$

根据以上分析的结果可以看出

$$P_x + C_x = 0$$
$$P_y + C_y = G_2$$

由此，则知磨矿机在抛落状态下工作时，载荷作用在筒体上的力等于破碎介质和物料的重量和，即

$$G_m = G_1 + G_2 = G + 0.14G = 1.14G \tag{9-69}$$

式中，G 为筒体内破碎介质的重量，$0.14G$ 为筒体内物料的重量。

载荷 G_m 的作用线偏离筒体中心线的垂距 l：

$$l = \frac{M}{1.14G} = \frac{102N}{1.14G\omega} \tag{9-70}$$

式中：N——磨矿机的有用功率，kW；

ω——筒体的角速度，rad/s。

作用在筒体上的总载荷为

$$G_z = G_d + G_m \tag{9-71}$$

G_z 力的方向可近似地认为通过筒体中心且垂直向下，并沿筒体全长均匀分布。

对于湿式磨矿机，由于筒体内有矿浆，球载抛落时的冲击载荷被矿浆和球载所吸收，传到筒体上已很小，因此也可以不考虑。所以，湿式磨矿机的筒体上只作用有筒体自重 G_d、作圆周运动的破碎介质和物料的重量 G_1 及离心力 C。

根据式 9-63，式中 $r = \frac{g}{\omega^2}\sin\theta$，$\mathrm{d}r = \frac{g}{\omega^2}\cos\theta\mathrm{d}\theta$，利用积分法求得 G_1，其计算式为

$$G_1 = -4\gamma L\theta r\mathrm{d}r = -4\gamma L\int_{\theta_1}^{\theta_0}\theta\frac{g}{\omega^2}\sin\theta\frac{g}{\omega^2}\cos\theta\mathrm{d}\theta$$

$$= -\frac{4\gamma Lg^2}{\omega^4}\int_{\theta_1}^{\theta_0}\theta\sin\theta\cos\theta\mathrm{d}\theta$$

$$= - \frac{4\gamma Lg^2}{\omega^4} \cdot \frac{1}{4} \left| \sin\theta(\cos\theta + 2\theta\sin\theta) - \theta \right|_{\theta_1}^{\theta_0}$$

$$= - \frac{\gamma Lg^2}{2\omega^4} \left| \sin2\theta - 2\theta\cos2\theta \right|_{\theta_1}^{\theta_0} \tag{9 - 72}$$

由 G_1 产生的离心惯性力为

$$C = - \int_{R_1}^{R} \int_{-\theta}^{3\theta} \frac{\mathrm{d}G_1}{g} r\omega^2 = - \frac{\gamma L\omega^2}{g} \int_{R_1}^{R} r^2 \mathrm{d}r \int_{-\theta}^{3\theta} \mathrm{d}\xi$$

$$= - \frac{4\gamma L\omega^2}{g} \int_{\theta_1}^{\theta_0} \theta \frac{g^2}{\omega^4} \sin^2\theta \frac{g}{\omega^2} \cos\theta \mathrm{d}\theta$$

$$= - \frac{4\gamma Lg^2}{\omega^4} \int_{\theta_1}^{\theta_0} \theta\sin\theta\cos\theta \mathrm{d}\theta$$

$$= - \frac{4\gamma Lg^2}{9\omega^4} \left| 3\cos\theta - \cos^3\theta + 3\theta\sin^3\theta \right|_{\theta_1}^{\theta_0} \tag{9 - 73}$$

G_1 与 C 力的作用点位于与筒体一起作圆周运动的载荷横断面面积的重心上。该重心可按下式确定：

$$x_c = \frac{\int_m \mathrm{d}m_1 r\cos\xi}{\int_m \mathrm{d}m_1} = \frac{2g}{\omega^2} \cdot \frac{\left| \sin^4\theta - \frac{2}{3}\sin^6\theta \right|_{\theta_1}^{\theta_0}}{\left| \sin2\theta - 2\theta\cos2\theta \right|_{\theta_1}^{\theta_0}}$$

$$y_c = \frac{\int_m \mathrm{d}m_1 r\sin\xi}{\int_m \mathrm{d}m_1}$$

$$= \frac{2g}{\omega^2} \cdot \frac{\left| -\frac{2}{3}(\cos^2\theta\sin^3\theta) - \frac{1}{16}\sin4\theta + \frac{1}{4}\theta \right|_{\theta_1}^{\theta_0}}{\left| \sin2\theta - 2\theta\cos2\theta \right|_{\theta_1}^{\theta_0}} \tag{9 - 74}$$

当磨矿机筒体的转数确定以后，可按式(9 - 7)和式(9 - 13)求出脱离角 α_1 和最小半径 R_1 或其脱离角 α_2，由此，则可确定 $\theta_0 = \frac{\pi}{2} - \alpha_1$，和 $\theta_1 = \frac{\pi}{2} - \alpha_2$。然后，根据式(9 - 72)、式(9 - 74)计算 G_1、C 力及其作用点位置，利用图解法可求得作用在筒体上的总载荷：

$$\overline{G}_z = \overline{G}_1 + G + \overline{G}_d \tag{9 - 75}$$

二、筒体的强度计算

磨矿机的筒体在外力作用下产生弯曲力矩、扭转力矩和切力，其中由扭转力矩和切力产生的应力和变形很小，根据实践经验，只需计算最大弯曲应力和校核径向刚度。

最大弯曲应力为

$$\sigma = \frac{M_{w\max}}{W} \leqslant [\sigma] \tag{9 - 76}$$

式中：$M_{w\max}$——最大弯曲力矩，N·m；

W——筒体弯曲断面模数。

当载荷分布如图 9 - 37 所示时,其最大弯曲力矩为

$$M_{w\max} = \frac{G_z}{8}(L_k + 2l_i) \qquad (9-77)$$

式中: L_k——两轴承支点间的距离,m;

l_i——支点到端盖的距离,m。

若筒体上无入孔时,弯曲断面模数为

$$W = \frac{1}{4}\pi D^2 \delta C_1 \qquad (9-78)$$

若筒体上有入孔时,弯曲断面模数为

$$W = \left[\frac{1}{4}D^2\delta\left(\pi - \frac{\theta}{2} - \sin\frac{\theta}{2}\right) + \frac{1}{2}D(B-b)\delta\right]C_1$$
$$(9-79)$$

式中,C_1 表示螺栓孔的削弱系数,取 $C_1 = 0.9$。其他符号见图 9 - 38。

计算筒壁的弯曲应力时,考虑到它的反复循环变化的特性,许用应力 $[\sigma]$ 应按疲劳限 σ_{-1} 选取。由于入孔及螺栓孔等处有应力集中,取安全系数为 3.5 ~ 4.0。许用应力按下式计算:

$$[\sigma] = \frac{\sigma_{-1}}{3.5} \sim \frac{\sigma_{-1}}{4.0} \qquad (\text{kg/cm}^2) \qquad (9-80)$$

式中,$\sigma_{-1} = -\frac{1}{3}\sigma_B$,$\sigma_B$ 为抗拉强度限。

短筒型磨矿机的筒体通常用 A3F 钢板制造,长筒型磨矿机用 A3、20、20g 钢板制造。筒体壁厚一般为 18 ~ 30 mm。

筒体是大直径的薄壁圆筒,容易产生径向变形,故筒体的径向刚度按下式校核:

$$\frac{D}{\delta} \leqslant 150 \qquad (9-81)$$

三、主轴承的验算

主轴承的直径和宽度等结构尺寸根据要求确定以后,可按作用在轴瓦上的单位压力来进行计算:

$$p = \frac{R_{\max}}{F} \leqslant [p] \qquad (9-82)$$

式中: p——轴承单位面积上的压力,kg/cm²;

$R_{\max}$——轴承上的最大载荷,$R_{\max} = \frac{G_z}{2}$,kg;

$[p]$——许用压力,$[p] = 15 \sim 20$,kg/cm²。

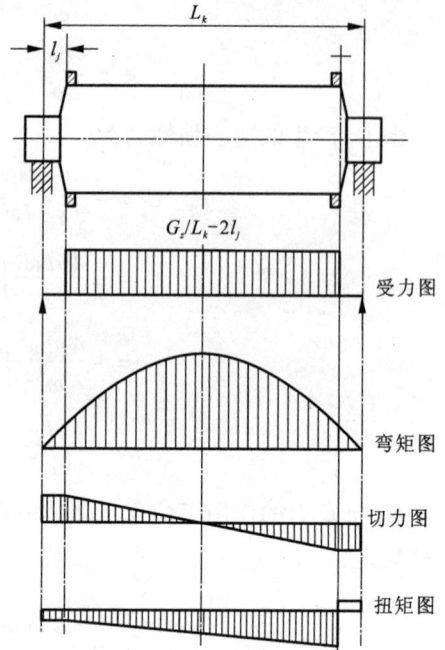

图 9 - 37　筒体受力分析

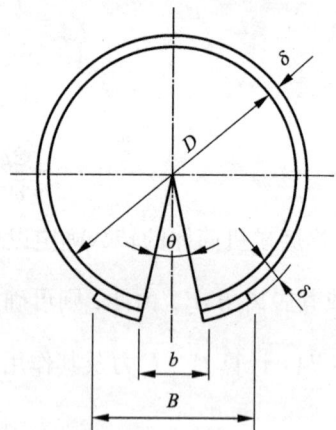

图 9 - 38　筒体断面

轴承在水平面的投影面积按下式计算:

$$F = ld\sin\theta$$

式中: l——轴承宽度, cm;

$\quad\quad d$——轴承直径, cm;

$\quad\quad \theta$——轴颈与轴瓦接触包角之半, 根据要求规定 $2\theta \approx 75° \sim 90°$。

计算出单位压力 p 以后, 再按 pv 特性校核:

$$pv \leqslant 20 \sim 25, \, (\text{kg/cm}^2) \cdot (\text{m/s}) \tag{9-83}$$

式中: v——轴承的线速度, m/s。

四、筒体法兰盘与端盖连接螺栓的计算

球磨机的筒体是通过筒体法兰盘和端盖用连接螺栓联接起来, 并借空心轴颈支承在主轴承上。因为筒体要承受很大的力, 所以筒体法兰盘与端盖的接合是球磨机的一个重要部分。连接螺栓不仅要根据强度来选择, 而且还要注意筒体法兰盘与端盖接触的紧密性。为此, 螺栓之间的距离不应超过螺栓直径的 10 倍。

连接螺栓要受到作用在筒体上的合力 G_z 的作用, 另外还受到螺栓处在圆周切线方向上的圆周力的作用。此外接合处还受到弯曲力矩的作用。如图 9-39 所示, 作用在端盖上的反力 A 产生一个以 a 为力臂的弯矩。在弯矩 Aa 作用下端盖发生弯曲, 并且在中性线的下部产生拉应力, 而在上部产生压应力。用中性线来确定拉伸和压缩的分界线, 中性线的位置可按端盖受压部分和受拉部分的螺栓的静力矩平衡方程式来确定。图9-40表示端盖上连接螺栓的应力分布简图。因此, 处在端盖下部的螺栓同时受到弯曲和剪切作用。为简化螺栓的计算, 只把剪切作为作用力来考虑, 把弯曲力矩的作用考虑在减低许用剪应力以内。

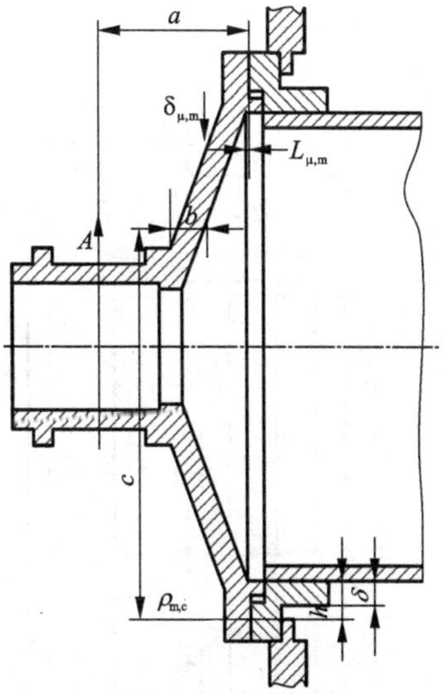

图 9-39 端盖的计算略图

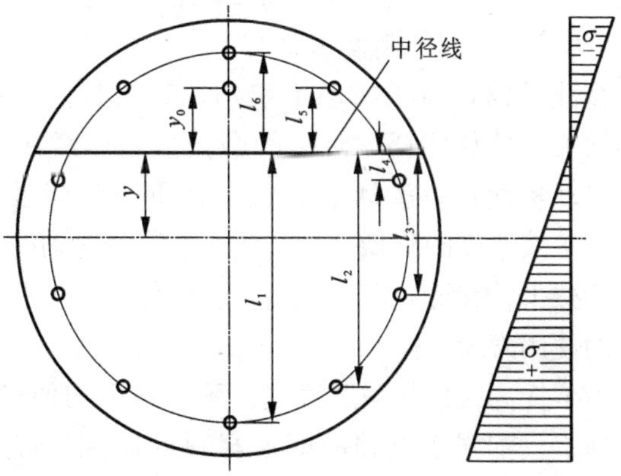

图 9-40 端盖上连接螺栓的应力分布简图

合力 G_z 沿筒体长度均匀分布，则每边端盖的连接螺栓受力是 $\dfrac{G_z}{2}$。

在螺栓配置圆周半径 R_0（厘米）切线方向上的圆周力为

$$P_0 = \frac{97\,500N_0}{nR_0} \qquad （\text{kg}）$$

式中：N_0——传递到大齿轮上的功率，kW；

　　　n——筒体转数，r/min。

一边端盖的连接螺栓受到的剪切合力为

$$Q = \sqrt{\left(\frac{G_z}{2}\right)^2 + P_0^2} \qquad （\text{kg}） \tag{9-84}$$

每个螺栓的剪切应力

$$\tau = \frac{4Q}{km\pi d^2} \leqslant [\tau] \qquad （\text{kg/cm}^2） \tag{9-85}$$

式中：k——螺栓锁紧不均匀系数，$k = 0.5$；

　　　m——每边端盖的连接螺栓的个数；

　　　d——螺栓的直径，cm；

　　　$[\tau]$——螺栓的许用剪应力，$[\tau] = (0.2 \sim 0.3)\sigma_T$，$\sigma_T$ 为材料的屈服限。

第六节　磨矿机筒体衬板的断面形状及设计

一、筒体衬板的断面形状

磨矿机的筒体衬板不仅保护筒体内表面不受磨损，而且还传递能量和控制磨矿介质在筒体内的运动状态。磨矿机的工作直径、磨矿介质和被磨物料（简称荷载）的运动特征（即荷载的提升高度和沿衬板滑动的可能性）都与筒体衬板的断面形状有关。

荷载沿筒体衬板滑动不仅加速对衬板的磨损，而且还增加了单位能耗。衬板的磨损量由荷载在筒体衬板上滑动量而定。滑动量随磨矿介质的负荷量、筒体转速和矿浆浓度的降低而相应增大。荷载滑动时，传递的能量减少，因而，不仅降低了生产率，而且还缩短了衬板的使用寿命。

为了提高衬板的耐磨性能。延长衬板的使用寿命，国内外不仅加强了高强度耐磨材料的研究，而且还对筒体衬板的断面形状作了许多理论和试验研究。

图 9-41 是用于 $\phi3600$ mm × 4000 mm 球磨机的衬板断面形状。这种衬板的特点是磨损均匀，能阻止荷载的滑动，但由于衬板的厚度较小，不适用于粗磨矿。

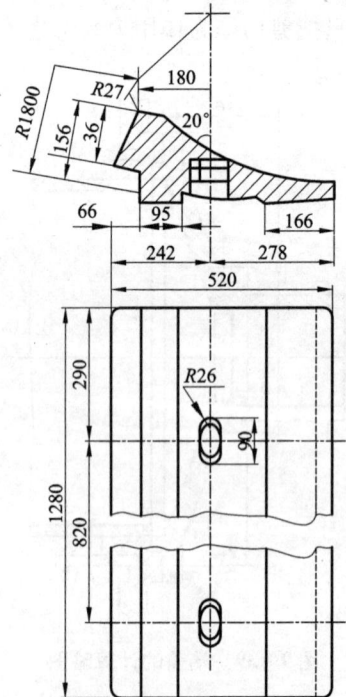

图 9-41　对数螺线形衬板断面

图9-42、图9-43、图9-44是Climax Mloybenun公司在$\phi 3.96m \times 3.65m$溢流型球磨机中粗磨矿时使用的波形衬板断面形状（图中与波形线对应的虚线表示磨损后的形状），并在相同的条件下（转速率为66.3%）进行了对比试验。试验结果见表9-10。

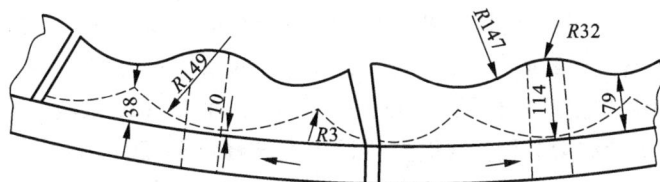

图9-42　S-100单波形衬板断面

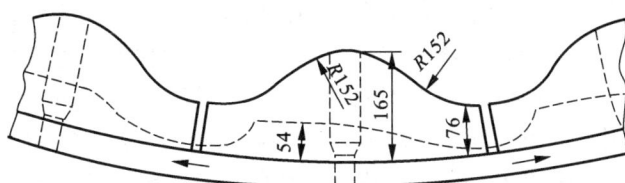

图9-43　S-100单波形衬板断面

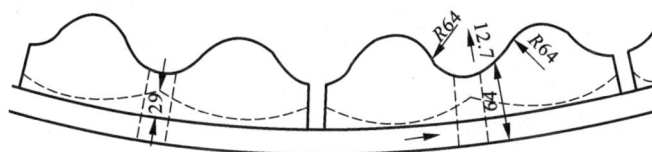

图9-44　S-201双波形衬板断面

表9-10　三种波形衬板的对比试验结果

衬板形状	Climax 双波形	S-100 单波形	S-201 双波形
衬板重量/kg	30.3	38.6	32.8
衬板材料	6-1（含锰6%钼1%）	US 合金钢	US 合金钢
产量/(t·h^{-1})	137.2	140.8	141.1
产品粒度(+100目的百分比)	35.1	34.8	33.4
衬板寿命/h	8018	12004	14141
衬板磨损速度/(kg·t^{-1})	0.0276	0.023	0.016

注：计算衬板的磨损速度时，包括整个衬板的重量在内。

　　S-201双波形衬板是在Climax双波形衬板磨损后形成的断面形状的启发下而设计的。S-201双波形衬板的特点是提高了衬板的金属利用率。由于将衬板的螺钉孔置于波谷中心，因而降低了衬板螺钉的损耗。从表9-10中可以看出，S-201双波形衬板与Climax双波形衬板比较，虽然重量大12%，磨损速度仅低9%，但是衬板的使用寿命却为Climax双波形衬板的1.8倍。S-201双波形衬板的使用寿命增加和磨损速度降低主要是由于采用了较陡峭的波形断面，减少了荷载的滑动和提高了衬板材料的耐磨性能。

S-100 单波形衬板的使用寿命和磨损速度虽然比 Climax 双波形衬板优越，但是，这种优越性并不是由于衬板的断面形状而引起的，而是由于衬板厚度较大和衬板材料的耐磨性能较好之故.S-100 单波形衬板的波峰磨损后，就形成了类似于搭接式衬板断面形状，因而提升能力降低，磨矿能力下降。

根据上述三种波形衬板的试验结果可知，波谷半径的选 取是设计波形衬板断面形状的关键。波谷半径小（略大于磨矿介质的半径），则衬板的摩擦阻力增大，提升能力提高，磨损速度降低。如 S-201 双波形衬板波谷半径为 64 mm，而 Climax 双波形衬板的波谷半径为 147 mm。波谷半径小的波形衬板，磨损主要发生在波峰。S-201 双波形衬板磨损后的波峰和波谷顺筒体旋转方向向前移动了半个波长（见图 9-44），由于衬板螺钉孔设置在波谷中心，这不仅防止了衬板螺钉的损耗，而且提高了衬板金属利用率。

有用矿物呈细粒嵌布时，为了提高了金属的回收率，必须采用细磨，使有用矿物与脉石充分达到单体分离，以利于有用矿物的回收。但是，细磨消耗的能量较多，因而生产费用增加。为了在能量消耗较少的情况下，提高细磨时的生产能力，Waagner-Biro 设计了一种角状螺旋衬板。在磨矿机中，平面衬板沿筒体长度按螺旋状排列。筒体断面由圆形变成了类似于正方形（见图 9-45）。磨矿机在运转时，由于荷载脱离点不同而产生附加的相对运动，荷 载形成了紊流运动状态。荷载互相掺混、互相碰撞，有助于使产品的细度趋向均匀，强化了磨矿作用。产品粒度可达 15 μm 以下。由于衬板按螺旋状排列，有助于矿浆流动，从而提高了磨矿机的生产能力。通过长期的运转试验，这种衬板具有以下优点：

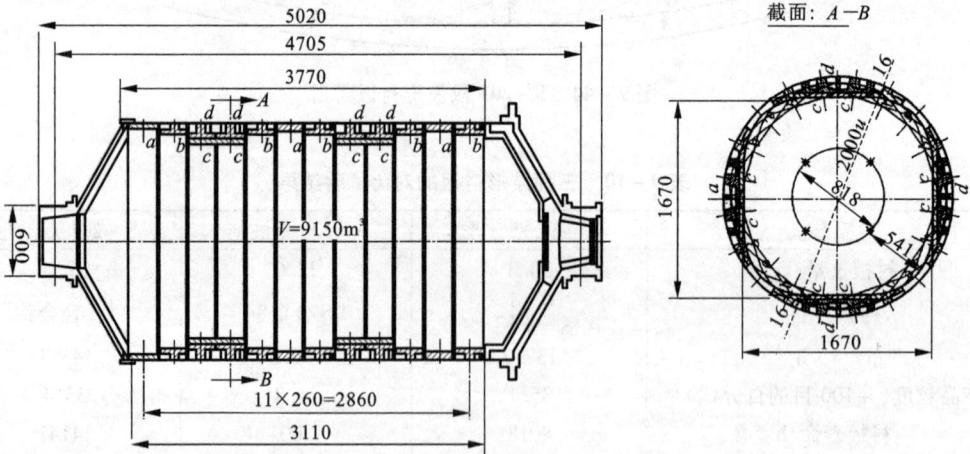

图 9-45   角状螺旋衬板

（1）磨矿机的生产能力提高 15% ~25%；
（2）单位能量消耗降低 15% ~30%；
（3）充填率低，磨矿介质的单位消耗量降低 10% ~20%；
（4）磨矿产品粒度可达 15 μm 以下，且粒度均匀；
（5）衬板磨损少；
（6）噪音小。

假如欲使磨矿机的生产能力提高 15%，则采用一般衬板的投资约为采用角状螺旋衬板投资的 2.0～2.5 倍。磨矿机越大，使用角状螺旋衬板就越经济。节约的费用随磨矿机直径的 3.5 次方而增加。由于采用角状螺旋衬板，使有用矿物和脉石充分单体分离，浮选时可以减少浮选药剂的消耗。因此，采用角状螺旋衬板是以较少的投资而获得较高产量的一种有效途径。

二、筒体衬板设计

为了减少或消除荷载沿衬板的滑动和保证荷载的提升高度，在摩擦系数小的情况下，只有增加荷载作用在筒体衬板上的正压力，即使

$$\frac{\sum T}{\sum H} \le 0.2 \tag{9-86}$$

式中：$\sum T$—— 荷载重力和离心力的合力的切向分力；

$\sum H$—— 荷载重力和离心力的合力的径向分力。

$\sum T$ 和 $\sum H$ 之值可根据其合力 $\sum F$ 之值用图解法确定（见图 9-46）。F 力是作圆周运动的荷载重力与其离心力的合力，也就是该荷载绕 M 点（矢量 ΔF 与过筒体中心的垂线的交点）以角速度 ω（当荷载无滑动时）旋转时，荷载产生的离心力。作用在 1 m 筒长上的 F 力可根据图 9-47 按下式计算：

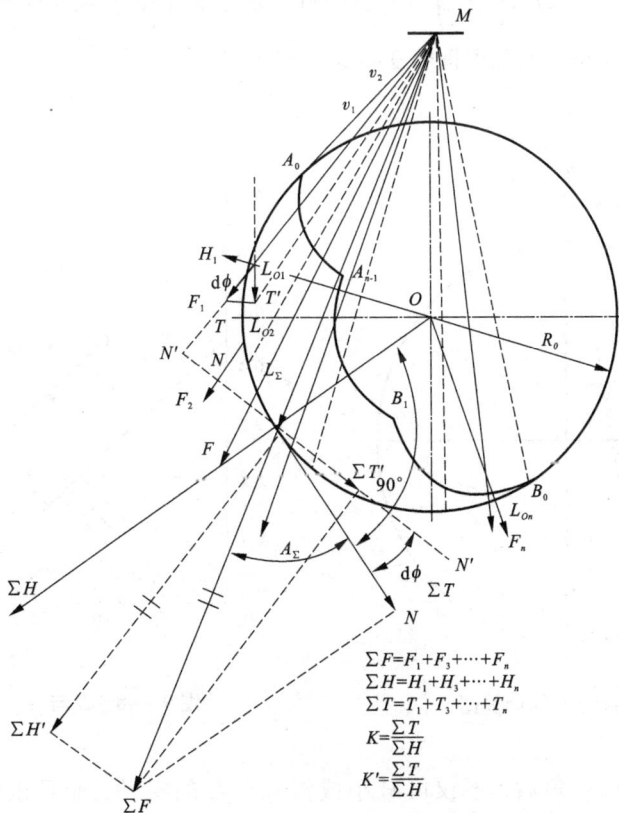

$$\sum F = F_1 + F_3 + \cdots + F_n$$
$$\sum H = H_1 + H_3 + \cdots + H_n$$
$$\sum T = T_1 + T_3 + \cdots + T_n$$
$$K = \frac{\sum T}{\sum H}$$
$$K' = \frac{\sum T}{\sum H}$$

图 9-46　$\sum T$ 和 $\sum H$ 的图解法

$$F = \int \mathrm{d}F = \int \mathrm{d}m \rho \omega^2 = \int \rho \mathrm{d}v \mathrm{d}\rho \frac{(\gamma + \mu\delta)}{g} \rho \omega^2$$

$$= \frac{(\gamma + \mu\delta)}{g} \omega^2 \int_0^v \mathrm{d}v \int_{\rho_1}^{\rho_0} \rho^2 \mathrm{d}\rho$$

$$= \frac{6.5 n^2}{10^6} \Delta v (\gamma + \mu\delta)(\rho_0^3 - \rho_1^3) \qquad (\text{kg}) \qquad (9-87)$$

式中：n—— 筒体的转数，r/min；

v—— 荷载的中心角，(°)；

γ—— 磨矿介质的容重，kg/m^3；

μ—— 矿浆容积占磨矿介质容积的百分数，对于球磨机，$\mu = 38\%$；对于棒磨机，$\mu = 16.5\%$。

δ—— 矿浆的容重，kg/m^3；

ρ_0、ρ_1—— 等分角线的长度，m。

为了满足式(9-86)的要求，必须改变筒体衬板的平面位置，使 $\sum T$ 减小，$\sum H$ 增大。合力 $\sum F$ 相对于不同的平面，可以得到不同的 $\sum T / \sum H$ 比值。如图9-46所示，筒体衬板平面 $N-N$(垂直于筒体半径)偏斜 α_φ 角后为 $N'-N'$ 平面。将 $\sum F$ 力沿 $N'-N'$ 平面分解为 $\sum H'$ 和 $\sum T'$，当 $\sum T'$ 力 $< \sum T$ 时，则 $f' < f_0$，合理地选定平面偏斜角 α_φ，即可满足式(9-86)的要求。

图9-48表示附着系数 $K\left(\frac{\sum T}{\sum H}\right)$ 与平面偏斜角 α_φ、充填率 φ 和转速率 ψ 的关系。如果给定了需要的 K、φ 和 ψ 值，则可根据图9-48选定 α_φ 值。

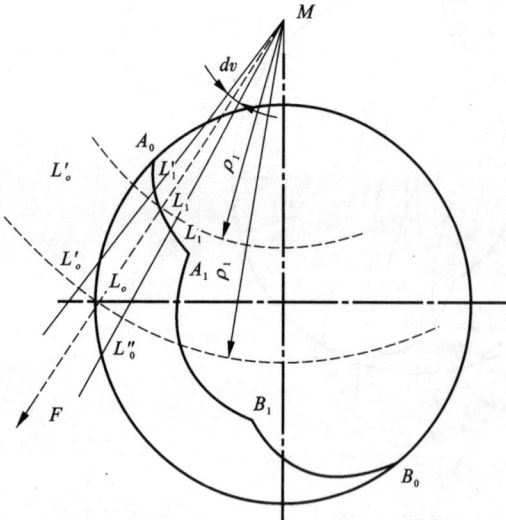

图9-47 合力 F 的计算图

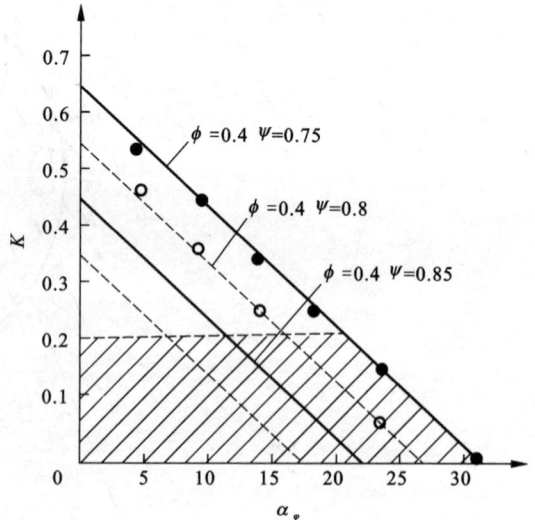

图9-48 K 与 α_φ、φ、ψ 的关系

衬板内表面偏斜 α_φ 角后，不仅可减小或消除荷载的滑动，而且也增加了荷载的抛落高度。

当磨矿机的筒体衬板为光滑衬板时，荷载脱离点的轨迹为

$$R = \frac{900}{n^2}\cos\alpha \tag{9-88}$$

式中：R——从极点 O（筒体中心）到圆周上任一点的向量半径，m；

　　　n——筒体的转数；

　　　α——向量半径 R 与极轴 OY 的夹角，即荷载的脱离角，(°)。

若衬板内表面偏斜 α_φ 时（见图 9-49），则

$$R = \frac{900}{n^2\cos\alpha_\varphi}\cos(\alpha + \alpha_\varphi) \tag{9-89}$$

式中，符号表示意义同前。但极轴从 OY 轴顺时针方向偏转 α_φ 角。由图 9-49 可以看出，荷载的脱离点从 A 点升高到 A_0 点。因此，荷载的提升高度，在一定范围内，随着 α_φ 的增大而提高。

根据以上分析，在设计筒体衬板的断面形状时，选择的偏斜角 α_φ 必须使 $\sum T / \sum H$ 比值不大于磨矿介质与衬板的滑动摩擦系数。只有满足这个条件，才能把荷载的滑动减小到最低限度，使衬板的使用寿命提高和磨矿功率的消耗减少。

设计筒体衬板时，首先给定筒体的转速率 ψ、充填率 ϕ 和磨矿介质（如钢球、圆棒等）的尺寸。然后再求出荷载与衬板必须的附着系数 K。消除荷载滑动的条件是使

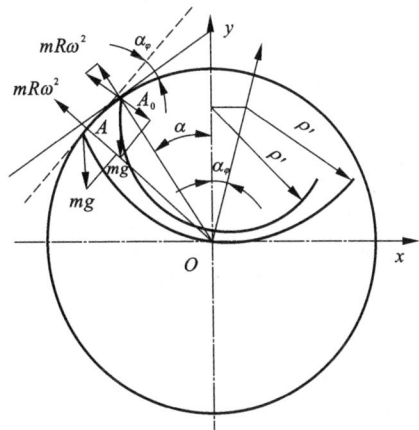

图 9-49　荷载的脱离点

$$K \leqslant f_0 \tag{9-90}$$

式中，f_0 表示钢球在磨碎物料中与衬板的实际摩擦系数。

当用钢球磨碎铁矿石时，选用的附着系数为 $K \leqslant 0.2$。

附着系数 K 确定以后，再根据 ψ、ϕ 和 K 的数值，按照图 9-50 所示的关系来选择衬板断面工作表面的偏斜角 α_φ。α_φ 角选定以后，就可以绘衬板的断面曲线。绘制衬板的断面曲线时，可按以下步骤进行。

(1)仕取一点 O 为圆心，按照一定的比例尺寸，以已知筒体内半径为半径划出圆弧（见图 9-50）。

(2)从圆弧中心 O 点作一系列等分角的半径 Oa'，Ob'，Oc'，…。相邻半径之间的夹角愈小，绘制的衬板断面曲线愈精确。

(3)过 a' 点作直线垂直于半径 Oa'，再过同一点 a' 作与垂直于半径 Oa' 的直线成 α_φ 角的线段 $a'b$，且与半径 Ob' 交于 b 点。

(4)过 b 点作直线垂直于半径 Ob'，再过 b 点作与直线成 α_φ 角的线段 bc，并与半径 Oc' 交于 c 点。

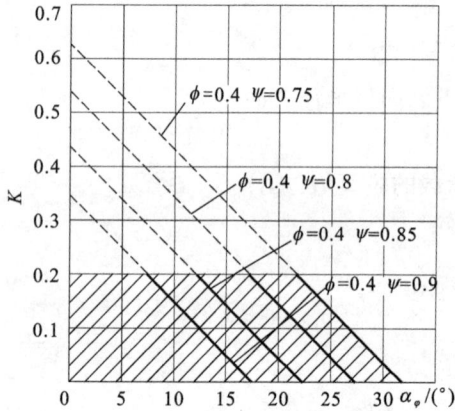

图9-50　衬板表面曲线的绘制方法

（未考虑 α_φ 角的变化）

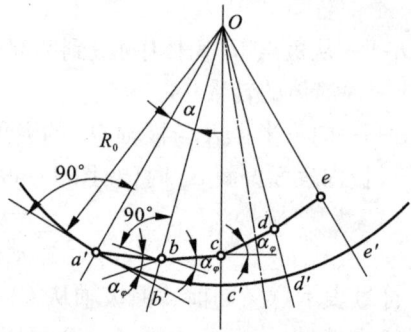

按照上述方法，可依次求得点 a'、b、c、d、e，将这些点顺序连接成折线（圆整为曲线），即为所示的衬板断面工作表面曲线。

根据以上作图步骤绘制的衬板断面曲线是近似的，因为这种作图方法，没有考虑由于衬板厚度变化而引起筒体有效半径的改变。而筒体有效半径 R 的改变支配着磨矿机转速率 ψ 的变化，即

$$\psi = \frac{n}{n_0} = \frac{n\sqrt{R}}{30} \qquad (9-91)$$

式中：n——磨矿机的工作转速，r/min；

　　　n_0——磨矿机的临界转速，r/min。

由图9-50可知，附着系数 K 和偏斜角 α_φ 是依转速率 ψ 而定，所以，随着筒体衬板厚度的变化，必然会引起转速率的改变。因此，衬板断面曲线上的每个不同

图9-51　衬板表面曲线的绘制方法

点的附着系数 K 和偏斜角 α_φ 是不同的。这样，就不能完全满足 $K\leqslant0.2$ 的条件，因而使衬板发生不均匀性的磨损。为了保证衬板的均匀磨损，即衬板的工作表面必须具有相等的附着系数，也就是衬板工作表面的偏斜角 α_φ，必须适应衬板厚度的变化。考虑偏斜角 α_φ 的修正时，衬板断面的工作表面曲线应按以下方法绘制。

（1）选取一定的比例尺，以筒体内半径 R_0 为半径，绘出中心为 O 的圆弧 $a'a$（见图9-51）。

（2）取衬板的厚度为 H，以 O 为圆心，$R_0^{IV}=R_0-H$ 为半径，划出第二个圆弧 $e'-e'$。

（3）将线段 H 分为 n 等分，并通过各等分点绘出同心圆弧 $b'-b'$、$c'-c'$、$d'-d'$ 等。

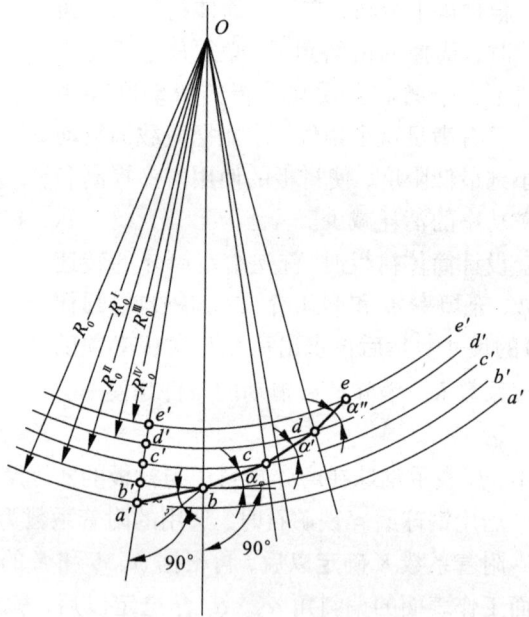

（4）根据取定的圆弧半径 R_0^{I}、R_0^{II}、R_0^{III}，按式（9-91）计算相应的转速率 ψ、ψ^{I}、ψ^{II}、ψ^{III}等。

（5）按照图9-50所示，采用插入法，选定相应于 ψ、ψ^{I}、ψ^{II}、ψ^{III} 的偏斜角 α_φ、$\alpha_\varphi^{\mathrm{I}}$、$\alpha_\varphi^{\mathrm{II}}$、$\alpha_\varphi^{\mathrm{III}}$ 等。

（6）通过 a 点，作直线 ab 与垂直于半径 R_0 的直线成 α_φ 角，并与圆弧 bb' 交于 b 点。

（7）采用以上同样的作图方法，可以得到 a、b、c、d、e 等交点，将各点连成折线（圆整为曲线）就是考虑了衬板厚度的工作表面曲线。

线段 H 的等分数愈多，则绘出的表面曲线愈精确。

衬板的断面形状确定以后，就可选定筒体衬板的主要尺寸。

筒体衬板的主要尺寸是宽度 T_φ、厚度 H、h 和长度 L_ϕ。

为了消除内层球载之间的相互滑动，促使全部球载处于抛落式运动状态中工作，衬板断面曲线的步距 t_m（沿筒体圆周的方向）不应小于最大球径的3倍。在这种情况下，通常取衬板的宽度 T_ϕ 等于衬板断面曲线的步距 t_{wn}［见图9-52(a)］。当衬板断面曲线的步距 S 很小时［见图9-52(b)］，应取衬板的宽度 $T_\varphi=(2\sim3)t_{wn}$。因为使用小宽度的衬板，就会增加筒体上螺孔数，因而降低了筒体的钢度。当衬板不采用螺栓紧固的方法时，才可使用小宽度的衬板。

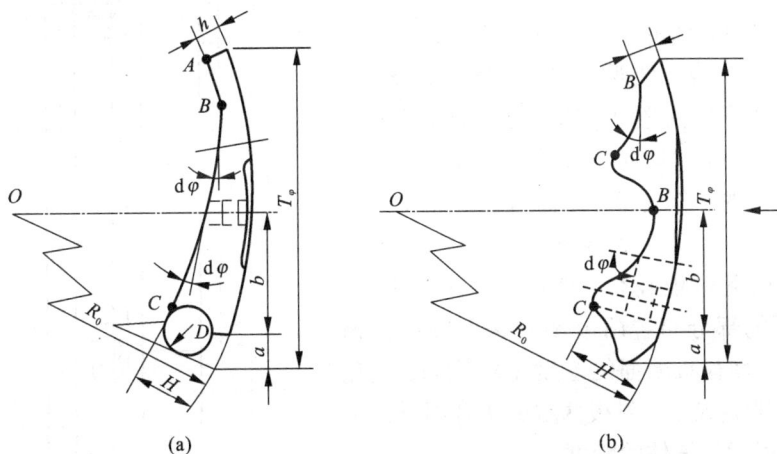

图9-52　衬板尺寸的确定

衬板的宽度若大于最大球径的4倍时，由于必须满足衬板断面曲线上的各点具有相同的附着系数而对偏斜角 α_φ 的要求，这就必然会引起衬板厚度 H 的急剧增加。过多地增加衬板厚度，会使筒体的有效工作容积减小，生产率降低，并增加主轴承和传动机构的磨损。

衬板的宽度 T_ϕ 初步选定以后，按筒体内表面的展开长度进行排列布置（见图9-53），如果得到的衬板数量不是整数，那就必须修正衬板的宽度，以便求得衬板数量的整数。

衬板的宽度确定以后，就开始选定衬板的厚度。最小厚度 h（见图9-52）的选择主要从零件的机械强度来考虑。通常，最小厚度 h 在25~30 mm 的范围内选取。弧长 AB 取最大球径的一半。从 B 点到 C 点的断面曲线则用上述的作图方法绘制。衬板的最大厚度 H 一般在50~150 mm。衬板的末端 CD 采用圆弧面。当衬板断面曲线的步距很小时，末端就不必采用

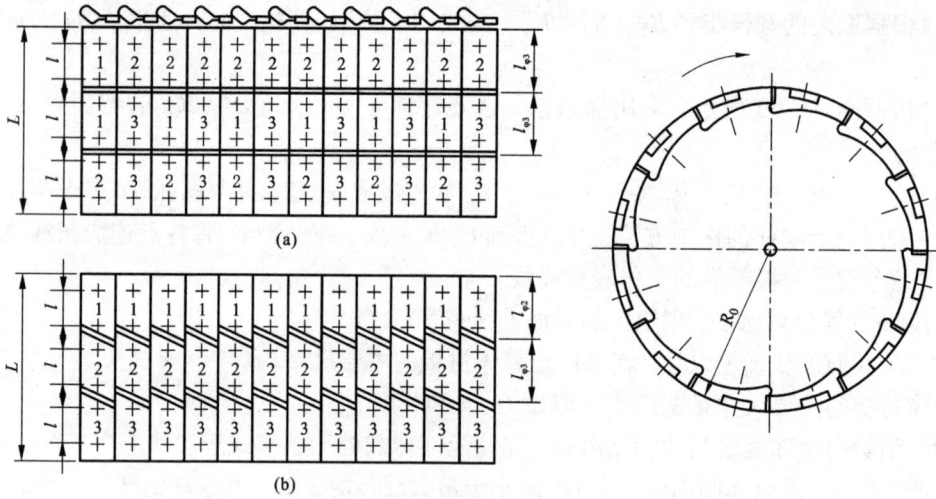

图9-53　衬板沿筒体内表面的布置

圆弧半径 r_ϕ，其形状见图9-52(b)。

　　衬板的长度根据重量轻、安装方便和沿筒体内表面的布置形式而定。为了防止矿浆对筒体的磨损，衬板沿筒体内表面的布置方式可参考图9-53所示的方案。从安装方便观点出发，图9-53(b)的衬板布置方式则是较好的。选定衬板的布置方案时，必须尽量减少不同尺寸的衬板的数量。

　　根据磨矿机的工作要求，筒体衬板的厚度是不均匀的。淬火时，由于冷却速度不均而产生内应力，因而可能引起衬板破裂。所以，设计衬板时，可在衬板较厚的部分布置两个不同深度的小沟槽（见图9-54），使衬板断面的厚度比较均匀，避免衬板淬火时的破裂现象。衬板两端的接合面设计成斜面，这样可以增加筒体的刚度。

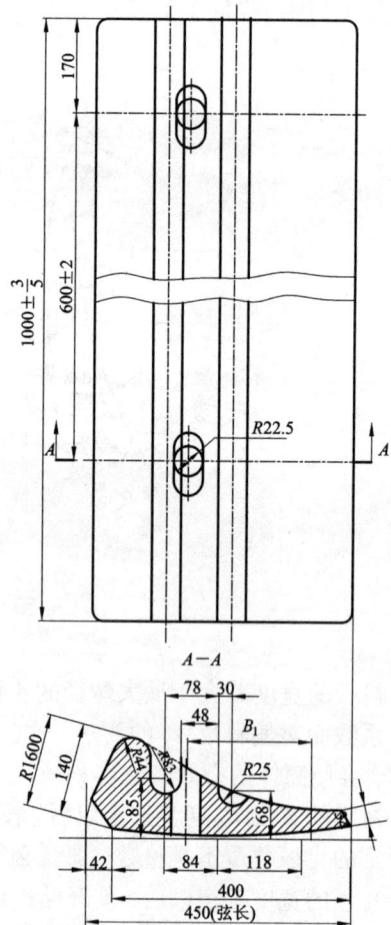

图9-54　沟槽型单角度衬板

第十章　辊磨机

第一节　概　述

辊磨机在水泥工业、化学工业、陶瓷工业中多用来磨碎中等硬度以下，湿度小于6%的物料，如石灰石、方解石、铝土矿等。

通常可获得细度达0.044 mm以下的产品。

辊磨机是利用磨辊与磨环(或磨盘)的相对运动，并由磨辊对物料施加外力而粉碎。磨辊施加的外力是由离心力、液压力或弹性力提供的。

辊磨机有以下几种结构类型(见图10－1)：

(1)悬辊式辊磨机(离心力式辊磨机)，如图10－1(a)所示。

(2)压力式辊磨机，如图10－1(b)(c)(d)所示。

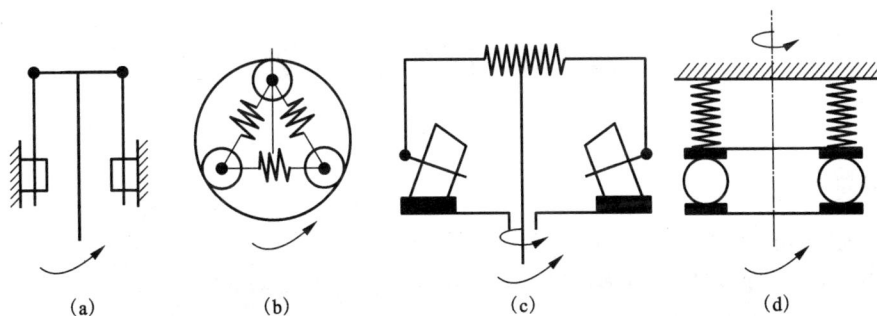

(a)　　　　　　(b)　　　　　　(c)　　　　　　(d)

图 10－1　辊磨机的类型及结构简图

(a)悬辊式辊磨机(离心力式辊磨机)；(b)、(c)、(d)压力式辊磨机

图10－2是辊磨机在粉磨工艺流程中常用的一种系统布置图。原料用颚式破碎机破碎成小于20 mm的碎块，经斗式提升机送至储料斗，再由电磁振动给料器均匀定量地送入辊磨机内进行研磨。鼓风机从辊磨机底部输入空气。磨碎后的细粉随上升空气流带向机器上部的分级机进行分级，细粉中的粗粒仍落入机内重磨，细度合乎规格要求者随气流进入旋风收尘器或袋式收尘器，收集后经出粉管排出即为成品。

净化后的气流经收尘器上端的管道流入鼓风机。风路是循环的。

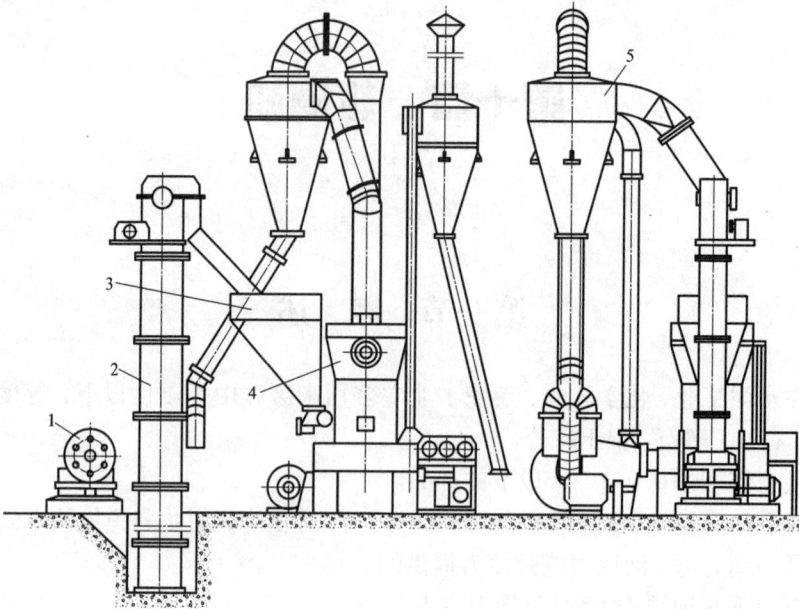

图 10 – 2　辊磨机系统装置流程

1—颚式破碎机；2—提升机；3—贮料斗；4—环辊磨；5—收尘器

第二节　辊磨机的构造

一、悬辊式辊磨机

悬辊式辊磨机的构造如图 10 – 3 所示，它是由贮料斗、给料器、环辊粉磨装置，分级机和传动装置等组成。

贮料斗用以贮存达到进料尺寸要求的物料，再由给料器（电磁振动给料机或采用棘轮机构）向环辊粉磨装置定量均匀地给料，给料器给料应是可调的，且具有一定的密封性，使辊磨机在最佳的给料速度下工作。

辊磨机的粉磨装置（见图 10 – 4）是由磨辊 4、磨环 11、梅花架 3、中心轴 1、铲刀 7、机座 8 等组成。磨环固定在机座上。梅花架与主轴上端相连。磨辊装置均等地分布在梅花架的周边，并通过芯轴悬挂在梅花架的支承上，可绕芯轴摆

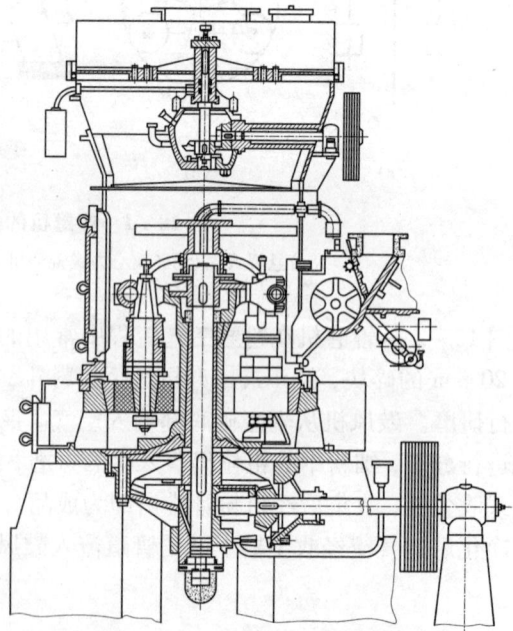

图 10 – 3　悬辊式辊磨机结构原理图

动。梅花架随中心轴转动时，磨辊在离心力的作用下绕芯轴向外摆动而靠贴着磨环内壁公转。在摩擦力的作用下又绕磨辊轴中心自转，铲刀均布于铲刀架的下座上，并随梅花架转动，其作用是将给入的物料铲入磨环、磨轴之间受到研磨作用而粉碎。

在磨机的底座上设有环形风箱，风箱内侧开有若干方形孔洞，风机送入的气流由这些风洞吹入机内，将已被粉碎的物料扬起。

分级是由径向辐射状的叶片轮和传动装置组成。叶轮以一定的转速转动，将气流中的粗粒物料挡落回去再磨，细粉随气流送往收尘器收集，经出粉管排出即为成品

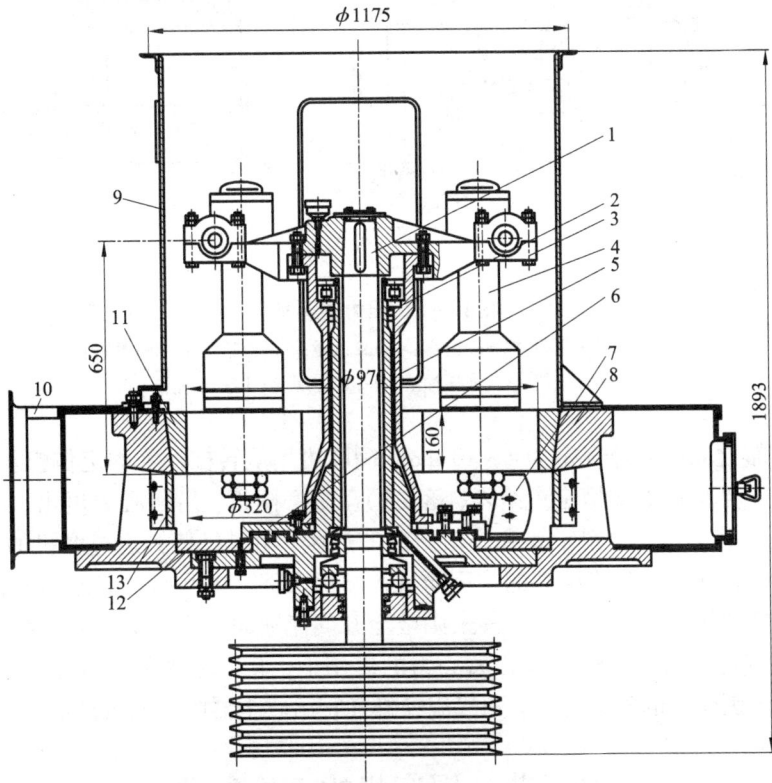

图 10 - 4　辊磨机的粉磨装置

1—中心轴；2—中心轴架；3—梅花架；4—磨辊装置；5—铲刀架；6—铲刀架下座；
7—铲刀装置；8　机座；9—机罩；10—回气箱；11—磨环；12—风道护板；13—衬板

二、压力式辊磨机

压力式辊磨机的构造如图 10-5 所示。它是由机座 1、上部机体 2、磨盘 3、减速器 4 以及在磨盘两侧安置的旋臂杠杆 5 上装设的磨辊 6 组成。分级机 7 装设在机体的上部。启动主电机，经减速机传动装置使磨盘绕中心轴旋转。在两个磨辊的下部装有四个油缸 8，油缸压力由液压系统控制，通过旋臂杠杆 5 使磨辊对磨盘施加压力，从而将位于两者之间的物料粉碎。随着磨辊的上下运动，油缸内的油量增减由液压系统中的蓄能器 10 自动调控。

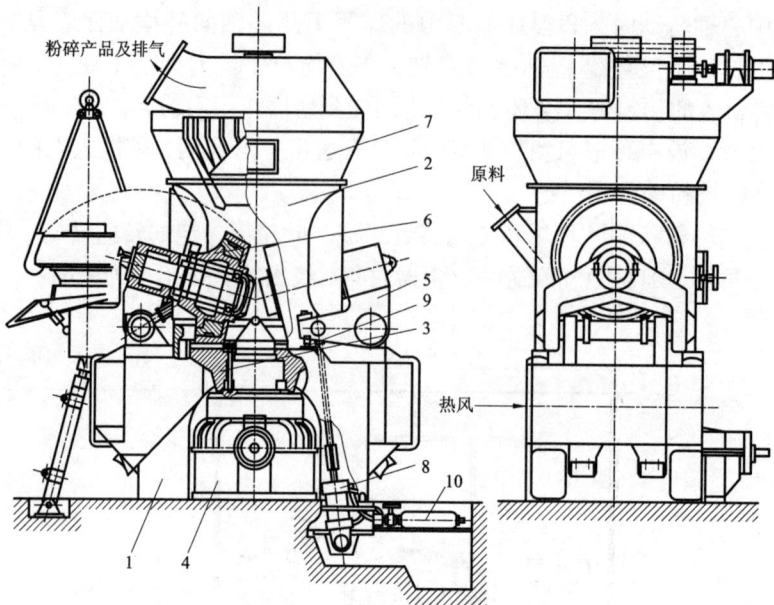

图 10 – 5 压力辊磨机

1—机座；2—上机体；3—磨盘；4—减速器；5—悬臂杠杆；6—磨辊；

7—分级机；8—液压油缸；9—定位螺丝；10—蓄能器

磨盘与磨辊之间的间隙规定为 4 ~ 10 mm，间隙可用旋转杠杆上的定位螺丝 9 进行调整。原料从安装在上部机体的溜槽定量给入，落在磨盘中心附近，借离心力甩出，进入到磨盘与磨辊之间而被压碎。用于原料干燥和排出产品的热风，由风机使其通过磨机的下部，进入磨盘周围的外环，在此处受到旋回力的作用而进入磨机内部。由磨盘外周流出的粉碎产品的一部分，被吹出的热风吹回到磨盘上，其余则被上升气流输向上方并进入到分级机。旋转的叶轮产生的旋回气流使粉碎后的产品在离心力的作用下，其中粗颗粒落在磨盘上再次受到粉碎，而成品细粉因受到的离心力小，随气流经排气管由收尘器收集而成产品排出。

第三节 辊磨机的工作参数

一、最大给料尺寸

1. 悬辊式磨机

如图 10 – 6 所示，在 $\triangle abc$ 中，

$$\overline{ac}^2 = \overline{ab}^2 + \overline{bc}^2 - 2\,\overline{ab} \cdot \overline{bc} \cdot \cos\alpha$$

即

$$(R - h - r)^2 = (R - \frac{x}{2})^2 + (\frac{x}{2} + r)^2 - 2(R - \frac{x}{2})(\frac{x}{2} + r)\cos\alpha$$

化简后可得以下方程式：

$$(1 + \cos\alpha)\frac{x^2}{2} - Rx(1 + \cos\alpha) + rx(1 + \cos\alpha) - 2Rr\cos\alpha - h^2 + 2hR + 2Rr - 2hr = 0$$

若令 $x^2 \approx 0$，并取 $\frac{r}{R} = \frac{1}{3}$，则由上式整理后得

$$x = \frac{h^2 - 4rh - 6r^2(1 - \cos\alpha)}{-2r(1 + \cos\alpha)}$$

若磨辊与磨环之间无料层时，即 $h = 0$，则

$$x = 3r\frac{1 - \cos\alpha}{1 + \cos\alpha}$$

或

$$x = \frac{3}{2}d\frac{1 - \cos\alpha}{1 + \cos\alpha}$$

式中：x——最大给料直径，m；

R——磨盘半径，m；

d、r——磨辊直径及半径，m；

h——磨盘周边的料层厚度，m；

α——啮角，(°)。

为了保证磨辊正常地挤压物料，应使 $\alpha \leqslant 2\varphi$，$\varphi$ 为摩擦角。为了保证机器稳定运转，啮角不应大于 $22° \sim 24°$。

2. 压力式辊磨机

辊磨机工作时，压力辊作用在物料上的力如图 10-7 所示。在等腰 $\triangle abc$ 中，可知：

$$y = x\cos\frac{\alpha}{2}, \quad h_m = y\cos\frac{\alpha}{2} = h + r(1 - \cos\alpha)$$

故

$$x = h + \frac{r(1 - \cos\alpha)}{\cos^2(\frac{\alpha}{2})}$$

式中，符号意义同前，$\alpha \leqslant 22° \sim 24°$。

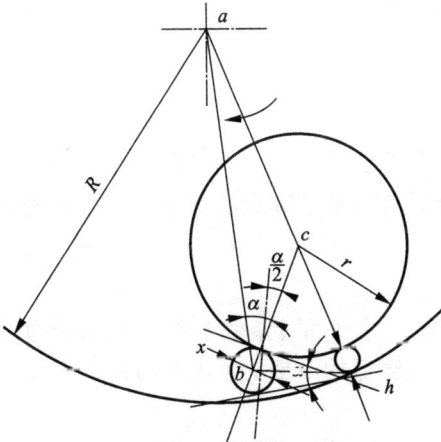

图 10-6　悬辊式辊磨机给料
尺寸与磨辊直径的关系

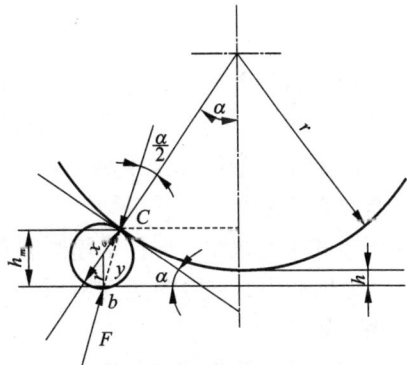

图 10-7　压力式辊磨机给料尺寸
与磨辊直径的关系

二、转数

1. 悬辊式辊磨机

当梅花架带动磨辊系统运动时，作用在系统上的力有：离心力 $mR\omega^2$，m 表示悬轴部分

（柄部）质量；离心力 $MR\omega^2$，M 表示磨辊的质量；磨辊对物料产生的粉碎压力 F，即磨环对磨辊的反作用力 F。

中心轴的角速度 $\omega = \dfrac{\pi n}{30}$，$n$ 表示中心轴的转数。如图 10-8 所示，取铰链中心 O_1 为力矩中心，则可求得粉碎压力 F：

$$Fl - mga - Mga - mR\omega^2 \frac{l}{2} - MR\omega^2 l = 0$$

即

$$F = \frac{ag}{l}(M+m) + \frac{\pi^2 n^2 R}{900}\left(\frac{m}{2} + M\right)$$

由此，可以求得中心轴的转数 n 为

$$n = 30\sqrt{\frac{F - \dfrac{ag}{l}(m+M)}{\pi^2 R\left(\dfrac{m}{2} + M\right)}} \quad (\text{r/min})$$

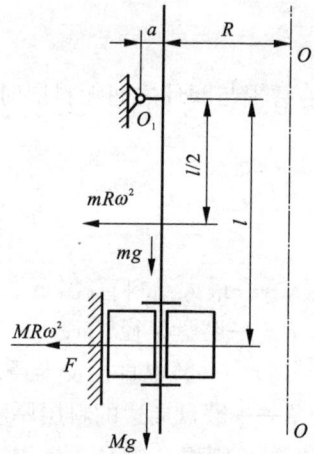

图 10-8 磨辊系统运动时的作用力

式中，长度单位取 m，质量单位取 kg，力的单位取 N，重力加速度 g 的单位取 m/s^2。

在离心式辊磨机中，破碎物料所需的压力是依靠磨辊的离心力而产生的。该压力的大小与物料的物理力学性质、破碎比、给料的特征有关。计算时可以采用经验数据。

$$F = b\sigma$$

式中：b——磨辊的轴向长度，m；

σ——磨辊轴向单位长度上所受的单位压力，kN/m。对于直径小于 500 mm 的磨辊，破碎中硬矿石时，取 $\sigma = (60 \sim 100)\,\text{kN/m}$。

悬挂于梅花架四周的磨辊装置绕中心轴旋转，同时磨辊还绕磨轴自转。自转很重要，可使磨辊均匀磨损。磨辊的自转数可用下式计算：

$$n_0 = \left(\frac{D-d}{d}\right)n \quad (\text{r/min})$$

在离心力式辊磨机中，为了使刮板能可靠地把物料刮到磨辊与磨环之间进行粉碎，中心轴的转速不能太高。同时，由于磨辊质量较大，如果转速过高，则离心力很大，这对构件受力和操作的安全性来说都是不利的。

2. 压力式辊磨机

在压力式辊磨机中，物料是随同磨盘一起旋转的，在水平面上，物料要受到两个力的作用：一个是离心力，它力图把物料甩到周边；另一个是磨盘的摩擦力，这个力使物料保持其位于原来位置。

压力式辊磨机要把物料粉碎，物料就不应自动地集中于磨盘的周边。因此，作用在物料上的离心力应小于摩擦力，在极限情况下也只能等于摩擦力。作用在物料上的离心力等于摩擦力时磨盘的转速称为临界转速 n_c。

设位于磨盘与磨辊之间的物料质量为 m，距磨盘中心的距离为 $\overline{R}$（如图 10-9 所示），该点的线速度 $v = \dfrac{\pi n_c}{30}\overline{R}$，物料与磨盘之间的摩擦系数为 f。在临界转速下可以列出下列等式：

$$fmg \geq m\overline{R}w^2 = m\,\overline{R}\left(\frac{\pi n_c}{30}\right)^2$$

即
$$n_c \leqslant 30 \sqrt{\frac{f}{R}}$$

若取 $f = 0.3$，则

$$n_c \leqslant 16.4 \sqrt{\frac{1}{R}} \quad (\text{r/min})$$

式中，R 的单位为 m。

压力辊的自转数为

$$n_c = \frac{\overline{R}}{r} \quad (\text{r/min})$$

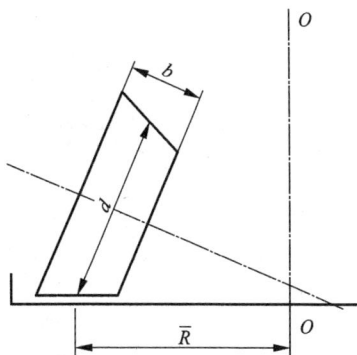

图 10-9　压力式辊磨机的磨盘与磨辊的几何尺寸

三、功率

1. 离心力式辊磨机

功率包括克服磨辊与磨环之间的滚动摩擦力和刮板阻力，以及克服机构间摩擦阻力需要的功率。

磨辊紧贴于磨环上旋转且绕自身轴线转动，即有相对滚动。由此，作用于辊子中心的所需的运动力 P 为

$$P = \frac{Ff_k}{\frac{d}{2}}$$

式中：F——作用在辊子上的压力，即粉碎力，kN；

f_k——滚动摩擦系数，计量单位为 m。一般取 $f_k = 0.01 \sim 0.03$ m。待破碎物料越大 f_k 值也越大。

因此，克服磨辊与磨环之间的滚动摩擦力所需的功率 N 为

$$N_1 = \frac{Pv_0}{1000} \times z = \frac{1.05 Ff_k(D-d)nz}{d} \times 10^{-4} \quad (\text{kW})$$

式中，z 为磨辊数。

若刮板阻力系数 $k = 1.2 \sim 1.5$ 计入，机械效率 $\eta = 0.6 \sim 0.8$，则电动机功率 N 由下式确定：

$$N = k \frac{1.05 Ff_h(D-d)nz}{d\eta} \times 10^{-4} \quad (\text{kW})$$

2. 压力式辊磨机

电动机功率 N 可由下式确定：

$$N = \frac{1.05 Ff_k Dnz}{d\eta} \times 10^{-4} \quad (\text{kW})$$

四、生产能力

辊磨机的生产能力取决于物料的性质、要求的产品粒度、操作工艺等因素，目前很难作出准确的计算，一般都是参照实际生产数据进行估算。

第十一章 分级机械

第一节 概 述

矿石经磨矿作业以后,基本上有用矿物与脉石已呈单体分离状态。为了控制磨矿产品的粒度和防止矿粒的过粉碎或泥化,通常采用分级作业与磨矿作业联合进行。

分级作业可分为干式分级作业和湿式分级作业。

各种不同大小、形状和比重的混合颗粒,在空气中按粒度进行分级的作业称为干式分级;在水中按沉降速度不同,分成若干级别的作业称为湿式分级。

湿式分级与筛分不同之处,在于筛分是将物料按体积(粒度)分成级别,而湿式分级则是将物料按等降速度分成级别,即通过湿式分级而获得的每一级别,都包含有轻而粗的和重而细的、但在水中沉降速度相等的矿粒。筛分一般只用于粒度大于 2 mm 矿石的分级,而粒度为 0.1 mm 以下的细矿粒的分级,通常采用湿式分级作业。用于湿式分级作业的设备有水力分级机和机械分级机。

一、水力分级机

水力分级机是重力选矿的主要分级设备。在水力分级机中,向矿浆中给入一定压力的补充上升水流,水流的方向与矿粒沉降的方向相反,被分级的矿粒群在水中由于沉降条件(如上升水流的速度大小,沉降面积的大小)的不同而分成若干级别。

根据分级过程的不同,水力分级机分为自由沉降水力分级机和干涉沉降水力分级机。

1. 自由沉降水力分级机

自由沉降水力分级机(见图 11 - 1)具有一个逐渐扩大的长方形木质槽 1,槽底有数个锥形分级室 2。在各室底下装有分级管 3。依靠流速的变化,使矿浆在分级室内预先进行分级,较精确的分级在管内进行。分级室的尺寸由头至尾逐渐增大。分级管的高度约为其直径的三倍。每个垂直管的下端都有与阀门相连的侧管 5,以供给压力水并调整水量和压力。压力水由阀门进入涡流箱 4,涡流箱(见图 11 - 2)的作用是使水经过螺旋水道产生旋转运动,造成上升水流。这样可以促使沉淀到分级室表面的颗粒再次受到冲洗而分级,沉降速度大于上升流速的粗粒物料由底部排矿套管 7 排出,而细粒物料随溢流从上面流入下一个分级室中。在分级室上面安装有闸板 6,借助于螺杆调节其升降,从而控制了溢流面的高低。

矿浆进入接收箱内,沿槽依次通过分级室而往下流动,槽底倾斜角为 3 度。

在每一个管内均利用上升水流进行分级,第一管的上升水流最大,以后各管逐次递减。具有最大沉降速度的颗粒沉在第一管内,而在以后各管内沉降速度较小的颗粒。也就是说,分级是按由粗到细的分离顺序来进行的。

目前,自由沉降水力分级机已为干涉沉降分级机所代替,因为干涉沉降分级机具有处理

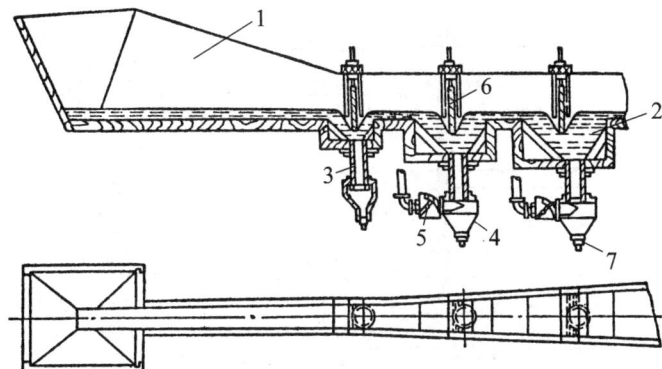

图 11 - 1　自由沉降水力分级机
1—槽；2—分级室；3—分级管；4—涡流箱；5—侧管；6—闸板；7—排矿套管

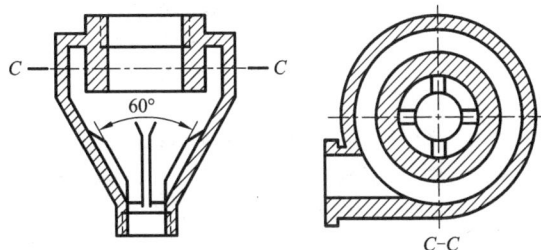

图 11 - 2　涡流箱

量大、耗水量少等许多优点。

2. 干涉沉降水力分级机

干涉沉降水力分级机(见图 11 - 3)由几个角锥形的分级室组成，分级室尺寸沿给矿端到溢流挡板方向增大，并安装成阶梯形。每一室的底部有圆筒 1，在圆筒的下面接一倒置圆锥体；在圆锥体下面是用以观察矿砂状态的玻璃圆槽 2，给水管 3 内部呈螺旋形，水沿切线方向进入。管的下部有一接收沉降矿粒的受料器 9。沉落下来的矿粒用球阀 4 通过定期开关的孔排出，球形活瓣固定在杆 5 上，该杆穿过垂直的中空轴 6。中空轴上端有一凸轮 7，凸轮安装在由齿轮 8 带动的圆盘上。圆盘上可以有 1～4 个凸轮(较粗的矿粒一般用四个凸轮，对于细矿粒只要一个即可)。受料器呈圆柱形，其底部是一带有盖板的圆锥体，矿粒从受料器通过管塞 10 的孔口排出，排矿量的大小由旋塞 13 调整。

在每个室内垂直中空轴下端装有钢片制成的搅拌器 11，呈辐射状。当传动轴 12 带动齿轮旋转时，中空轴 6 便以 1.5 r/min 的转速带动搅拌器回转。

搅拌器能防止矿砂在搅拌室内沉积，并防止可能发生的漩涡现象。进入每个分级室的水量可由阀门调节。室内的上升水流速由给矿端向尾矿端逐渐减小。

本机的优点是能机械地自动定期排矿。能排出较浓的产品，降低了水的消耗，同时能防止分级室圆筒部分的堵塞。另外，在排矿时矿粒集中到受料器内，可防止在排出粗矿时矿浆向下急速流动，从而避免了当球阀打开时分级过程被破坏的可能。

这种分级机在我国一些钨矿选矿厂中采用时，通常为 3～5 室，其入料粒度一般为 2～3

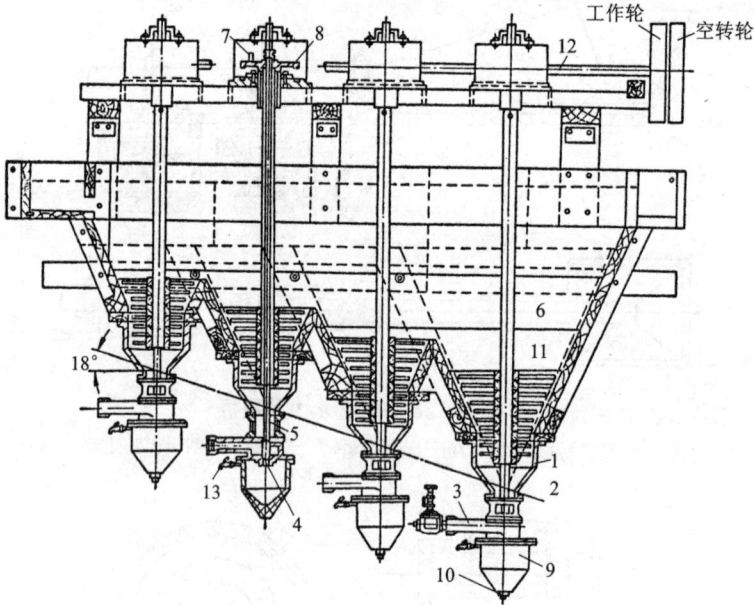

图 11 – 3 干涉沉降水力分级机

1—圆筒；2—槽；3—给水管；4—球阀；5—杆；6—轴；7—凸轮；
8—齿轮；9—受料器；10—管塞；11—搅拌器；12—传动轴；13—旋塞

mm，最大不超过 6 mm。溢流粒度为 0.25 ~ 0.10 mm，入料浓度在 25% 左右，溢流浓度为 10% ~ 15%，沉砂浓度为 50%。

二、机械分级机

机械分级机主要用在湿式磨矿闭路循环中。在磨矿流程中加入分级作业，可以避免磨矿产品的过粉碎，控制送入选别作业去的矿石粒度。分级机可从粗砂中分出成品（分级机溢流），并把粗砂返回磨矿机再磨。在磨矿闭路循环中，也有用水力旋流器作为分级设备的。

在机械分级机中，矿粒的分离过程基本上是在矿浆从给矿处流至溢流处的路程中进行的。沉落在槽底的较粗颗粒称为粗砂，悬浮的微细颗粒称为溢流。粗砂由分级机中的机械排矿装置排出，同时机械排矿装置还促使溢流加速排出，并对矿浆有着一定的搅拌作用，从而防止溢流中细粒的沉降，提高分级效果。因此，机械排矿装置的动作对于分级机的分级效果及其生产能力都有影响。机械排矿装置的动作应尽可能使矿浆不产生旋涡或局部性的搅动，并应使各部分都显得很均匀。

根据排矿机构的不同，机械分级机可分为：耙式分级机、浮槽式分级机和螺旋分级机。

1. 耙式分级机

耙式分级机按其耙动机构又可分为凸轮机构耙式分级机和曲柄连杆机构耙式分级机两种。前者利用凸轮装置来实现耙架作平行于倾斜槽底的往复运动，后者则利用曲柄连杆机构来完成耙架在槽中的往复运动。

近几年来凸轮机构的耙式分级机已被淘汰，曲柄连杆机构的耙式分级机在中小型选矿厂还有使用,但目前已逐步被螺旋分级机所取代。

耙式分级机根据槽中操作耙架的数目不同,分为单耙、双耙、三耙和四耙数种。

耙式分级机的结构如图11-4所示,其主要组成部分是水槽部分、耙架机构、传动装置、曲柄以及连杆机构等。

耙式分级机工作时,耙架在垂直平面内作类似椭圆形运动。当矿浆给入槽中,耙架不仅起搅拌作用,同时还将沉下的粗粒(返砂)用耙齿耙起,沿水槽底向上方作一定距离的移动,然后耙架再提起(与槽底保持一定距离)作返回运动。如此循环,使返砂由排料口排出,细粒溢流由溢流口流出。

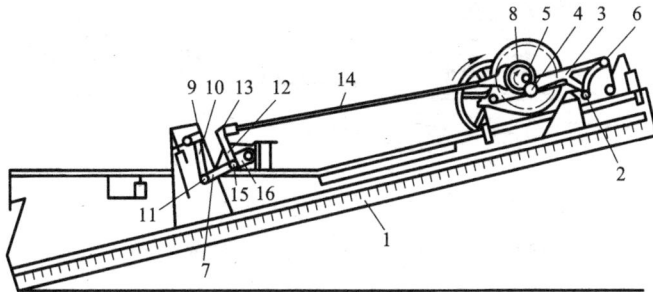

图11-4 曲柄连杆耙式分级机

1—耙架;2、9—支承轴;3、6—连杆;4—转轴;5—曲柄;7、10、12、14、16—拉杆;8—偏心轴;11、13、15—支点

当槽中有两个耙架时,则两耙架传动装置的偏心互成180°配置。这样,当一个耙架向上提起(即空转)时,另一个耙架则处于工作状态。

从上述可知,耙式分级机的搅拌是间歇性的,因此分级区不够稳定。同时返砂也是间歇性的,并且返砂中含水量较高。

耙式分级机与螺旋分级机的使用范围是一样的,其分级效率实际上也是相似的。但是,由于耙式分级机结构较螺旋分级机复杂,并且是间断性运动,不能与大型磨矿机配套,所以目前耙式分级机已很少使用。

二、浮槽分级机

浮槽分级机(见图11-5)由一个装有能旋转的耙动装置的圆筒浮槽和耙式分级机两大部分组成。

浮槽1内的耙动装置是由蜗杆传动装置、垂直轴和耙齿等组成,并由电动机2带动。耙齿3能把沉在槽底的粗砂耙到中央排矿口。

分级机工作时,矿浆给入圆筒形给矿器中然后通过分配板4流入浮槽四周,较粗粒的矿物沉于槽底,细小矿粒则进入环形溢流槽5,并从溢流管排出。沉降的粗砂由旋转的耙架上的耙齿刮到中央排矿口,进入耙式分级机的槽中,按照在耙式分级机内通常的方法进行分级,粗砂由返砂排出口排出。

浮槽内的耙动装置除将粗砂刮到槽中心之外,还起着搅拌作用,有利于矿浆中的细粒被溢流带走。

浮槽内的耙架转速为0.5~12 r/min,分级机内的耙架每分钟耙动12~30次。浮槽直径

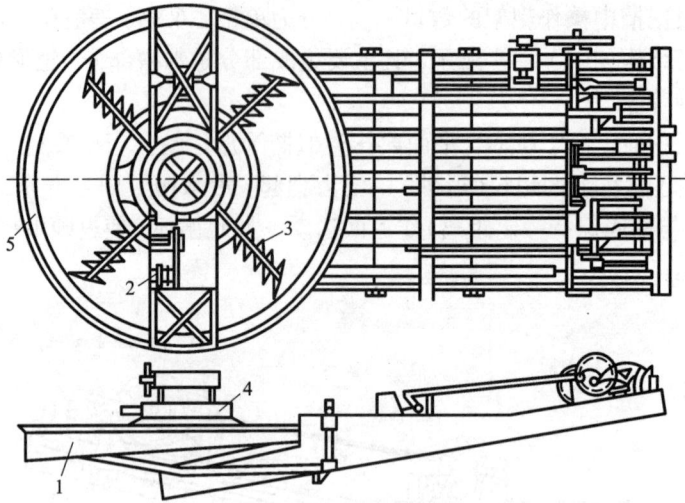

图 11 – 5　浮槽分级机

1—浮槽；2—电动机；3—耙齿；4—分配板；5—溢流槽

可以根据溢流粒度、矿浆浓度、溢流中固体含量以及固体比重确定。

　　浮槽分级机的规格用浮槽直径、耙式分级机槽的宽度和长度来表示。

　　浮槽分级机主要用于要求分离溢流粒度为 $150 \sim 74\ \mu m$，甚至能得到粒度为 $74 \sim 30\ \mu m$ 的溢流和含泥量较少的较纯的返砂。

　　浮槽分级机的特点：一是能获得较细的溢流，这是因为浮槽的溢流沉降面积大，同时在浮槽内有缓慢旋转的耙子，使矿浆处于较平稳的状态。第二，由于矿浆不仅在浮槽内受到搅动，而且在分级机内再次被搅动，经过多次的分级，溢流较纯净，粗砂也较纯净。第三，因浮槽分级机沉降面积较大，故按溢流计算的产量较高。但因构造上的原因，其返砂生产量很低，因而影响着浮槽分级机的广泛应用。

　　浮槽分级机除在建筑材料工业部门还常使用之外，目前选矿厂已很少采用。

　　耙式分级机和浮槽式分级机由于存在很多缺点，已被螺旋分级机所代替。螺旋分级机具有如下优点：构造简单；与磨矿机的配置和操作方便；槽底坡度较大，因而返砂提升高度大，便于与磨矿机成自流联接；分级带较稳定，可以得到较细的溢流。螺旋分级机也可用于物料的脱泥和脱水。

第二节　螺旋分级机

一、螺旋分级机的工作原理与分类

　　螺旋分级机(见图 11 – 6)通常是由以下几部分组成：半圆形的水槽；作为排矿机构的螺旋装置；支承螺旋轴的上、下轴承部；螺旋轴的传动装置和螺旋轴的升降机构。

　　经过细磨的矿浆从进料口给入水槽，倾斜安装的水槽下端为矿浆分级沉降区，螺旋低速回转，搅拌矿浆，使大部分轻细颗粒悬浮于上面，流到溢流边堰处溢出，成为溢流，进入下一道选矿工序，粗重颗粒沉降于槽底，成为矿砂（粗砂），由螺旋输送到排矿口排出。如分级机与磨矿机组成闭路，则粗砂经溜槽进入磨矿机再磨。

螺旋分级机按其螺旋轴的数目可分为单螺旋和双螺旋分级机；按其溢流堰的高度又可分为高堰式、沉没式和低堰式三种。

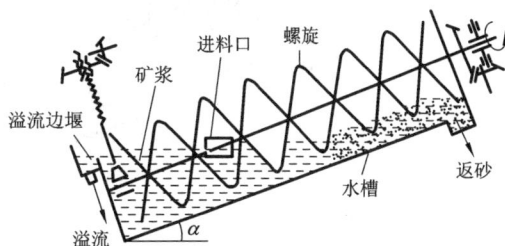

图 11-6　螺旋分级机的工作原理

高堰式螺旋分级机溢流堰的位置高于螺旋轴下端的轴承中心，但低于溢流端螺旋的上缘。这种分级机具有一定的沉降区域，适用于粗粒度的分级，可以获得大于 100 网目的溢流粒度。

沉没式螺旋分级机溢流端的整个螺旋都浸没在沉降区的液面下，其沉降区具有较大的面积和深度，适用于细粒度的分级，可以获得小于 100 网目的溢流粒度。

低堰式螺旋分级机溢流堰低于溢流端轴承的中心。因此，沉降区面积小，溢流生产能力低。这种分级机一般不用于分级处理，而是用来冲洗矿砂进行脱泥。

螺旋分级机的规格用螺旋直径来表示。

二、螺旋分级机的构造

图 11-7 为高堰式双螺旋分级机的结构图。半圆形水槽通常用钢板和型钢焊成，其侧壁设有进料口。返砂口在槽体上端的下部。为了在必要时能排出矿浆，水槽下部设有放水阀，正常工作时关闭。

水槽内装有带左右螺旋叶片的纵向空心轴。空心轴上以卡箍方式装有与螺旋导角相适应的支架板，用来连接螺旋叶片，螺旋多数采用双头等螺距螺旋。在叶片边缘上装有耐磨衬铁（一般用中锰球墨铸铁）。螺旋的作用是搅拌矿浆并把沉降于槽底的粗砂运向上端排出，溢流从溢流堰溢出。

空心轴一般采用无缝钢管或用长钢板卷成螺线形焊接。空心轴的两端焊有轴颈，上端支承在可转动的十字形轴头内，下端支承在下部支座中。

十字形轴头支座的结构如图 11-8 所示。支座两侧的轴头支承在传动架上。这种装置可以满足螺旋轴在作旋转运动时，又可作升降运动。

下部支座长期沉没在矿浆中，因而轴承的密封装置是保证设备正常运转的关键。目前，常用的下部轴承的密封装置有三种，即机械密封滚动轴承支座（见图 11-9）、压力水封树脂瓦滑动轴承支座（见图 11-10）及压力水封橡胶轴衬（一般用皮带机废胶带叠组成）。这些结构型式的密封性均不够理想，最近，在机械密封滚动轴承支座的基础上，用手动干油泵注入高压油，形成高压油多层盘根密封，寿命可达 1 年左右，其结构如图 11-11 所示。

螺旋轴由传动装置带动旋转。传动装置安装在机器的上端，它由电动机、减速器、圆柱齿轮和圆锥齿轮传动副等组成。

为了避免机器在启动时由于沉砂压住而造成机器过载，螺旋分级机设有螺旋轴的升降机构。它的作用是在停车时将螺旋轴提起，在工作时调节螺旋负荷的大小。螺旋轴的升降是由电动机通过减速机和一对圆锥齿轮带动丝杆实现的。

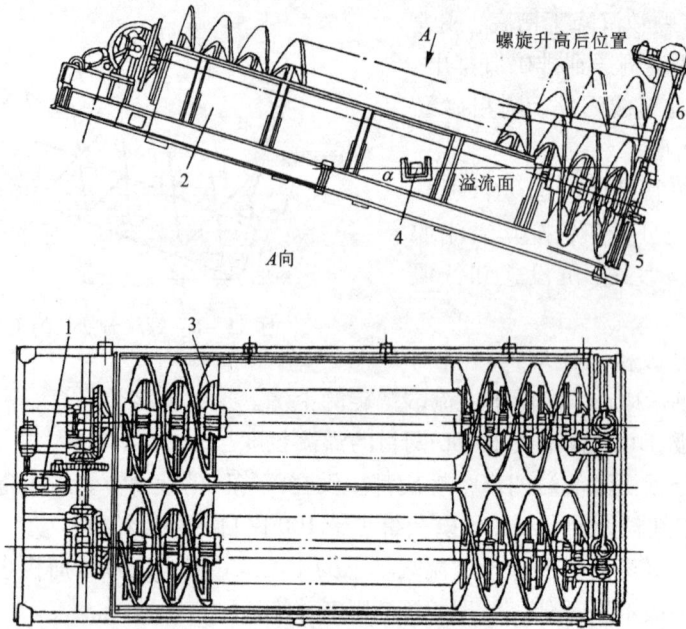

图 11 - 7　高堰式双螺旋分级机

1—传动装置；2—水槽；3—左、右螺旋轴；4—进料口；5—下部支座；6—提升机构

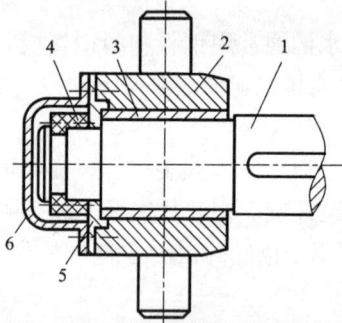

图 11 - 8　十字形轴头支座的结构

1—轴；2—支座；3—轴衬；4—止推轴承；5—压盖；6—端盖

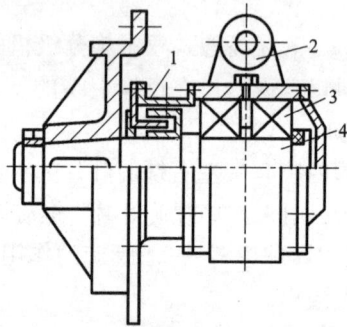

图 11 - 9　机械密封滚动轴承支座

1—密封圈；2—支承座；3—滚动轴承；4—轴

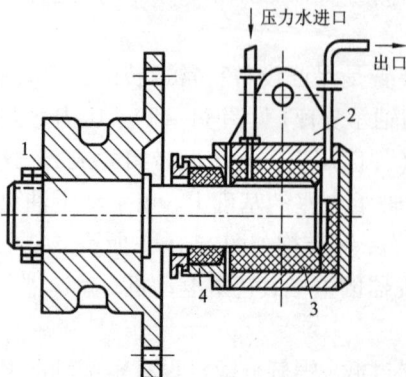

图 11 - 10　压力水封树脂瓦滑动轴承支座

1—轴；2—支承座；3—树脂瓦；4—密封圈

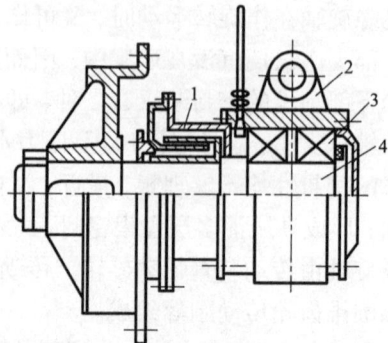

图 11 - 11　高压油多层盘根密封的下部支座

1—多层密封；2—支承座；3—滚动轴承；4—轴

三、螺旋分级机主要参数的选择和计算

1. 水槽倾角的选择

水槽倾角的大小决定于分级沉降区的面积,而沉降区的面积又与溢流粒度有关,所以,水槽倾角通常是根据处理物料的性质及溢流粒度来确定。水槽倾角 α 一般在 $12° \sim 18°30'$ 之间。要求获得较细粒度的溢流时,倾角应取较小值,反之,则应取较大值。

2. 溢流堰高度的选择

溢流堰的高度 h(见图 $11-12$)是根据要求的溢流粒度来确定。当要求溢流粒度较细时,溢流堰高度应取较大值,反之,则取较小值。对于高堰式螺旋分级机,$h = \left(\dfrac{1}{4} \sim \dfrac{3}{8}\right)D$,$D$ 为螺旋直径;对于沉没式螺旋分级机,$h = \left(\dfrac{3}{4} \sim 1\right)D$。

3. 螺旋轴长度的选择

螺旋轴的长度是根据溢流堰高度 h、水槽倾角 α 和返砂脱水区长度 l(见图 $11-12$)来确定。返砂脱水区长度 l 是按配套球磨机所要求的含水量及其尺寸和位置而定。返砂脱水区长度一般为 $1.5 \sim 2$ m 左右。

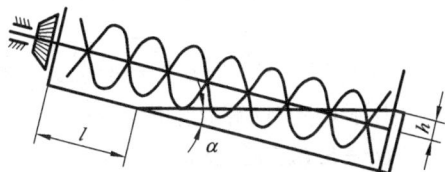

图 11 – 12 螺旋轴长度的确定

4. 螺旋直径的确定

螺旋直径和个数(单或双)是根据溢流生产量按下列经验公式计算:

对于高堰式螺旋分级机:

$$D = 0.103\sqrt{\dfrac{24Q_2}{mK_1K_2}} - 0.08 \quad (\text{m}) \tag{11-1}$$

对于沉没式螺旋分级机:

$$D = 0.115\sqrt{\dfrac{24Q_2}{mK_1K_2}} - 0.07 \quad (\text{m}) \tag{11-2}$$

式中：Q_2——溢流生产量,t/h;

m——分级机的螺旋个数;

K_1——矿石比重修正系数(表 $11-1$);

K_2——溢流粒度修正系数(表 $11-2$)。

表 11 – 1 矿石比重修正系数 K_1

矿石比重	2.70	2.85	3.00	3.20	3.30	3.50	3.80	4.00	4.2	4.5
K_1	1.00	1.08	1.15	1.25	1.30	1.40	1.55	1.65	1.75	1.90

表 11 - 2   溢流粒度修正系数 K_2

溢流粒度/mm		1.17	0.83	0.59	0.42	0.30	0.20	0.15	0.10	0.074	0.061	0.053	0.044
K_2	高堰式	2.50	2.37	2.19	1.96	1.7	1.41	1.00	0.67	0.46			
	沉没式						3.00	2.30	1.61	1.00	0.72	0.55	0.36

5. 螺旋导程的选择

螺旋导程与要求的返砂量、螺旋直径和转速等因素有关。通过实践,螺旋导程 $s \approx (0.5 \sim 0.6)D$。国外有些螺旋分级机的螺旋采用不等螺距,即溢流端的螺旋导程 $s \approx 0.5D$,而返砂端的螺旋导程 $s \approx 0.75D$。这样既增大了返砂量,又保证了溢流端搅拌平稳,从而提高了溢流质量,增加了处理量。

6. 螺旋轴转速的确定

螺旋轴的旋转速度,应能满足及时运送沉砂的要求,但必须避免在分级沉降区内形成剧烈的搅拌作用,保持分级沉降区的平稳状态。螺旋轴的转速除按返砂量选定外,还应考虑要求的溢流粒度。螺旋轴的转速一般为 3 ~ 12 r/min。小型螺旋分级机取较高的转速,大型螺旋分级机取较低的转速。要求溢流粒度较粗时,螺旋轴转速应取高些,反之,则应取低些。

7. 生产能力的计算

螺旋分级机的生产能力取决于许多因素,通常按经验公式计算。

螺旋分级机如按返砂量(指固体重量)计算其生产能力时,则可根据下列经验公式计算:

$$Q_1 = 5.625 m K_1 D^3 n \qquad (t/h) \qquad (11-3)$$

式中 n 为每分钟螺旋转数。其他符号表示意义同前。

螺旋分级机如按溢流量(指固体重量)计算其生产能力时,对于高堰式螺旋分级机:

当 $D < 1$ m 时,

$$Q_2 = \frac{1}{24} m K_1 K_2 (94D^2 + 16D) \qquad (t/h) \qquad (11-4)$$

当 $D > 1$ m 时,

$$Q_2 = \frac{1}{24} m K_1 K_2 (65D^2 + 74D - 27.5) \qquad (t/h) \qquad (11-5)$$

对于沉没式螺旋分级机:

当 $D < 1$ m 时,

$$Q_2 = \frac{1}{24} m K_1 K_2 (75D^2 + 10D) \qquad (t/h) \qquad (11-6)$$

当 $D > 1$ m 时,

$$Q_2 = \frac{1}{24} m K_1 K_2 (50D^2 + 50D - 18) \qquad (t/h) \qquad (11-7)$$

在螺旋分级机工作过程中,必须密切注意螺旋的负荷情况。螺旋的负荷大小可以利用升降机构使螺旋升高或降低来调节。若返砂量增加或随矿浆从球磨机中排出的钢球增多,则螺旋的负荷增大,如未及时进行负荷调节,必然会引起螺旋轴的折断事故。因此,操作中应消除钢球从球磨机中排出的现象并随时注意螺旋负荷的变化情况,及时进行调整。在机器停车前,应先停止给料,并排出槽内物料之后方可停车。机器必须在无负荷的情况下启动。

第三节 水力旋流器

水力旋流器是水力分级机的一种结构型式，它是一种利用离心力的作用来进行分级的设备。水力旋流器用于细粒物料选别前的分级及脱泥，亦可用在磨矿回路中作检查分级及控制分级用。

水力旋流器(见图 11 - 13)的筒体，上部为圆柱形，下部为圆锥形。在圆柱形筒体的周壁上装有与筒壁成切线方向的给矿管，顶部装有溢流管，在圆锥形筒体的下部装有排矿口。为了减少磨损，在给矿口、排矿口和筒体内衬有耐磨材料——辉绿岩铸石或耐磨橡胶。

矿浆以 0.5 ~ 2.5 kg/cm² 的压力、5 ~ 12 m/s 的高速经给矿管沿切线方向进入圆筒部分。进入旋流器中的矿浆以较高的速度旋转，产生很大的离心力。在离心力的作用下，较粗的颗粒被抛向器壁，沿螺旋线轨迹向下运动，并由排矿口排出，较细的颗粒与水一起在锥体中心形成内螺旋矿流向上运动，经溢流管排出。

水力旋流器的规格用圆筒部分的直径表示。

水力旋流器的生产率及溢流粒度随圆筒部分直径的增大而增大。直径大的旋流器，其分级效率差，溢流中粗粒含量多。如需获得粒度较细的溢流，必须采用直径较小的旋流器。选矿厂采用的旋流器，其直径一般为 100 ~ 600 mm。

矿浆的入口压力对旋流器的工作指标影响很大，在其他条件一定时，压力大则进入器内的切线速度增大，因而颗粒所受的离心力增大，使更细的颗粒抛向器壁，溢流浓度减小，沉砂浓度增高。

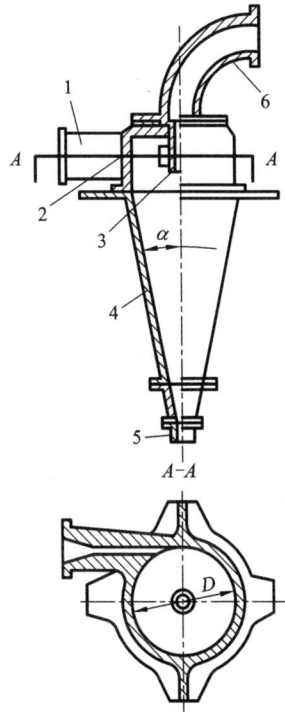

图 11 - 13　水力旋流器
1—给矿管；2—圆柱外壳体；3—溢流管；
4—锥形容器；5—排矿口；6—导管

在其他条件相同时，给矿粒度粗比给矿粒度细时所得沉砂浓度大，但溢流粒度要粗。给矿浓度变化时，沉砂及溢流浓度亦变化。给矿浓度小时，分级效率高。

溢流管的直径与旋流器的直径之比一般为 0.1 ~ 0.3，与给矿口的直径之比为 1 ~ 2。排矿口直径与溢流管直径之比为 0.4 ~ 0.80。旋流器的锥角在分级时一般以 15° ~ 30°为宜。

水力旋流器与其他分级机相比，其优点为：(1)没有运动部件，构造简单；(2)单位容积处理能力大；(3)矿浆在机器中滞留的量和时间少，停工时容易处理；(4)分级效率高，有时可高达 80%，其他分级机的分级效率一般为 60% 左右；(5)设备费低。其缺点为：(1)砂泵的动力消耗大；(2)机件磨损剧烈；(3)给矿浓度及粒度的微小波动对工作指标有很大影响。

水力旋流器的主要性能参数见表 11 - 3。

表 11 –3 水力旋流器主要性能参数

序号	名称规格	给矿口 /mm	处理能力 /(m³·h⁻¹)	溢流粒度 /mm	矿浆浓度 /%	重量 /kg
1	125 水力旋流器	25×10	2.4～15			57
2	150 水力旋流器	40×8 40×10 40×12	4.8～54			110
3	200 水力旋流器	56×24 56×16 56×20	4.8～54			200
4	250 水力旋流器	50×20	6.5～61.2	0.025～0.25	50～60	210
5	300 水力旋流器	φ75	24～60			243
6	350 水力旋流器	80×35	24～90			280
7	500 水力旋流器	φ150	24～108			976
8	φ150 水力旋流器	40×10 40×20	4.8～54			500
9	φ500 水力旋流器	140×20	24～108			1500

第十二章　选别机械

第一节　概　述

　　选矿过程的最终目标,就是提高贵重矿物的品位,除去有害杂质,或是使一种贵重矿物与他种矿物分离,例如,方铅矿与闪锌矿分离,硫化铜矿与黄铁矿分离等。根据矿物物理性质的不同,可以采用各种选矿方法来完成上述任务。在各种选矿方法中使用的机械统称选别机械,如跳汰机、摇床、浮选机和磁选机等。

　　根据矿物比重的不同来进行选矿的方法,称为重力选矿。重力选矿所使用的主要机械有跳汰机、摇床等。

　　利用矿物的表面性质使矿物分离,这种选矿方法称为浮选法。浮选法使用的主要设备为浮选机。

　　矿物磁性的差异,是磁力选矿的基础;而矿物导电率的不同,是静电选矿的基础。它们使用的设备分别为磁选机和电选机。

第二节　重力选矿机

一、重力选矿的基本原理和方法

　　重力选矿是利用各种矿物的比重差异,在介质中造成不同的运动状态(运动的方向、速度、加速度及运动轨迹等)而进行选别的一种方法。作为分选介质的有水、空气、重液(比重大于水)和悬浮液。在空气中进行的重力选矿过程称为风力重力选矿,在液体中进行的称为水力重力选矿。目前,在选矿厂和选煤厂中广泛采用水力重力选矿。

　　在介质中,作用在矿粒上的重力 G_0 为

$$G_0 = mg_0 - V(\delta - \Delta)g$$

即

$$g_0 = \frac{\delta - \Delta}{\delta}g \tag{12-1}$$

式中：m、V、δ——矿粒的质量、体积和比重;

　　　　Δ——介质的比重, g/cm^3;

　　　　g——重力加速度, $981cm/s^2$;

　　　　g_0——矿粒在介质中的重力加速度。

　　g_0 是表示矿粒在介质中在重力作用下运动状态的主要参数。若矿粒比重大于介质比重,则矿粒将下沉,反之将上浮。假设两种矿粒的比重为 δ_1 和 δ_2,其 g_0 的差值为

$$g_{01} - g_{02} = \frac{\delta_1 - \delta_2}{\delta_1 \delta_2} \Delta g \tag{12-2}$$

由式(12－2)可见,两种矿粒的 g_0 值的差别越大,则越易于分离。介质比重越大:矿粒间的比重差越大,则越利于按比重分选。当矿物的比重差值相同时,随着矿粒比重 δ_1 和 δ_2 的增大, g_0 的差值越小,则分选将逐渐趋于困难。

矿粒在介质中的分离除受本身比重和介质性质(密度和黏度)的影响以外,还受矿粒粒度和形状的影响。随着粒度的减小,按比重分层的困难程度增大。为了提高选矿效率,使矿粒尽可能按比重分离,在入选前应脱除泥质部分,或分成粒度范围较窄的若干级别。

对于微细颗粒,因其自重很小,所以在重力场中按比重或粒度分离的速度和精确性大大降低。为了解决这一问题,可以使细颗粒的分离在离心力场内进行。在离心力场中,由于可以获得比重力加速度大得多的离心加速度,所以按比重分选要比在重力场中有效得多。

重力选矿法广泛用于处理煤、稀有金属矿石(钨、锡、钍、钛、锆等)和贵金属矿石(金、铂)。

重力选矿根据作用原理可以分为以下几种方法:跳汰选矿、摇床选矿、重介质选矿、斜槽选矿和离心力选矿等。重力选矿所使用的主要机械有跳汰机、摇床、重介质选矿机、螺旋选矿机和离心选矿机等。

二、跳汰机

跳汰选矿法是重力选矿中最常见的一种方法。它是使不同比重的矿粒群在垂直运动的介质(水)流中按比重分层的一种选法。跳汰法可以用来处理各种不同的金属矿石及非金属矿石,在我国广泛地用它来处理钨矿石及煤,也可用来处理锡矿石。跳汰法主要是用来选别比较粗的颗粒。跳汰选矿的粒度范围一般为 20 ~ 0.1 mm,对煤为 100 ~ 0.5 mm。

跳汰选矿是在垂直运动的介质流(水流)——上下交变水流中进行的。跳汰机按介质鼓动机构的型式有活塞式跳汰机和隔膜式跳汰机。前者主要用于选煤,后者广泛用于钨、锡等有色金属矿石的选别,也可用于选别赤铁矿。下面仅介绍选矿厂常用的隔膜式跳汰机。

1. 隔膜跳汰机的工作原理及分类

隔膜跳汰机(见图 12－1)主要由槽体、筛网、隔膜、传动装置和排矿装置等部分组成。

当处理细粒矿石或未分级的物料时,为了避免过多的矿粒由筛网漏下,造成精矿质量不纯,故在筛网上铺上一层一定厚度的床石。床石的比重应小于重矿物而大于轻矿物,颗粒尺寸约比选矿产品中最大颗粒的直径大两倍。

在跳汰机的槽体中装满水。由于曲柄连杆机构的运动使隔膜作往复鼓动时,槽体中的水便透过筛网产生上下交变的水流。入选矿粒群给到床石层上面。当水流向上冲击时,水流通过筛网把床石层稍稍冲起,使矿层松散悬浮。此时,轻、重、大、小不同的矿粒具有不同的沉降速度,互相移动位置,大比重的粗颗粒沉于下层。当水流下降时,又产生吸入作用。吸入作用促使"钻隙"的产生。即比重大而粒度小的矿粒穿过大比

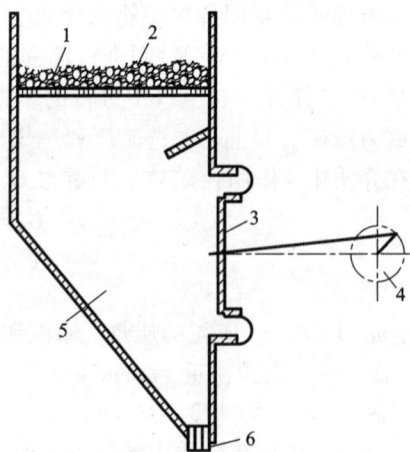

图 12－1　隔膜式跳汰机的结构示意图
1—床石层;2—筛网;3—隔膜;
4—曲柄连杆机构;5—水箱;6—排矿口

重粗矿粒的间隙进入下层。为了减小下降水流对细而轻的矿粒的吸入作用，以便提高精矿质量，通过筛下水管补加筛下上升水。经过这种跳汰的多次循环，矿粒群按比重进行了分层。分层的结果是：大比重的细矿粒位于最下层，其上面是大比重的粗矿粒，再上面是小比重的中等矿粒，最上面是小比重的粗矿粒。小比重的细矿粒，阻留在粗粒及中等矿粒之间，不能进入下层。床石由于比重和粒度较大，不论何时都位于最下层。

位于下层的大比重粗、细矿粒穿过床石层从筛孔漏下来，并聚集在水箱的底部。根据堆积量周期地由精矿排出口排出。筛上的粗粒精矿也可以通过筛上排矿装置排出。位于上层的轻矿粒，则在横向水流和连续给矿的排挤作用下，移动至跳汰机尾部排出。

根据隔膜鼓动方向，隔膜跳汰机分成以下几种型式。

（1）侧动型隔膜跳汰机：隔膜位于水箱侧壁，并与筛网垂直，如（600～1000）×900 梯形跳汰机。

（2）旁动型隔膜跳汰机：水箱被隔板分成鼓动室和跳汰室二部分，隔膜装在鼓动室的上盖板上，如 300×450 双斗隔膜跳汰机。

（3）下动型隔膜跳汰机：隔膜装在水箱锥底上面，鼓动方向正对着筛网，如 1000×1000 双室可动锥底跳汰机。

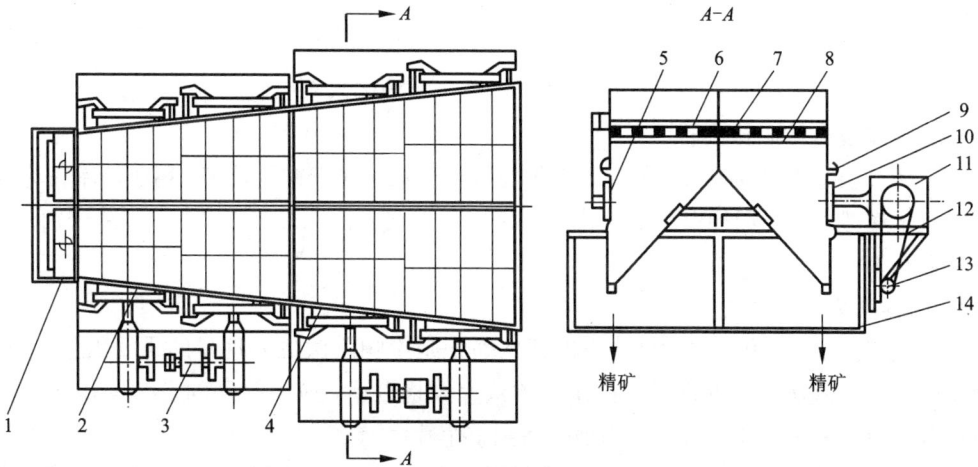

图 12-2　（600～1000）×900 梯形侧动式隔膜跳汰机
1—给矿槽；2—一、二室槽体；3 电动机；4—三、四室槽体；5—后鼓动盘；6—压筛框；
7—筛网；8—承筛框；9—鼓动隔膜；10—前鼓动盘；11—传动箱；12—三角皮带；13—中间轴；14—机架

2. 隔膜跳汰机的构造

隔膜跳汰机的型式很多，但基本结构相似。下面就以梯形跳汰机为例，介绍它的构造。

（600～1000）×900 梯形跳汰机的构造如图 12-2 所示。跳汰室分两列，每列四室。每个跳汰室均为梯形截面，即沿矿浆流动方向由窄变宽，使矿浆流速随着跳汰室的变宽而减慢，有利于细粒级重矿物的回收。

每两个并列跳汰室配置一个传动箱（见图 12-3）。传动箱主要由一组曲柄连杆机构组成。改变内、外偏心套的相对位置，可得隔膜冲程 0～50 mm。改变位于中间轴上的皮带轮直径，可以使冲次在（120～300）次/min 范围内调节。为了适应矿层性质的变化，四个并列跳汰

室的冲程、冲次可分别调节，配成不同的跳汰制度。第一室矿层厚，流速高，配以大冲程低
冲次，便于回收粗粒级重矿物。第四室矿层薄，流速低，配以小冲程高冲次，便于回收细粒
级重矿物。第二、三室的矿层厚度和流速居中，冲程和冲次介于一、四室之间。

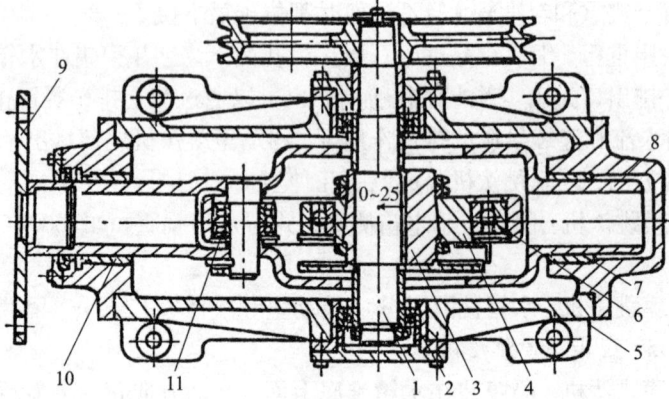

图 12 - 3　梯形跳汰机的传动箱

1—主轴；2—轴承；3、4—内、外偏心套；5—箱体；6—轴承；
7—滑套；8—往复杆；9—联接圆盘；10—滑套；11—轴承

鼓动隔膜位于槽体水箱侧壁。筛下补加水管接在槽体水箱内侧斜壁上，位于筛网中部。
水箱锥端设有精矿排出管。

梯形跳汰机适于选别 0.074 mm 以上细粒级重矿物。对于粒度较细、精矿产率较小的锡、
钨等有色金属矿石，可用梯形跳汰机代替粗砂摇床。在赤铁矿选矿中，可以用来选别 - 6 mm
粒级的矿石。

3. 隔膜跳汰机的主要参数

(1)跳汰室的宽度和长度：跳汰室的筛网面积是影响跳汰机处理量的重要因素，增大筛
网面积可以增大跳汰机的处理量。决定了跳汰室规格以后，应使筛网的有效面积尽量增大，
以减小对水流的阻力，并使水流均匀地分布到整个筛面上。

跳汰室的宽度影响物料的均匀给入和排出，其宽度越大，床层各部位松散度相差越显
著，对跳汰过程不利。根据使用经验，矿用跳汰机最大宽度为 1 m，个别有宽达 1.6 m 的。每
个跳汰室的长度要满足物料分层所需要的停留时间，通常，最大长度不超过 1 m。

(2)冲程系数：冲程系数 β 是鼓动隔膜面积 A_0 与跳汰室筛网面积 A 之比，即

$$\beta = \frac{A_0}{A} \tag{12 - 3}$$

各种跳汰机的冲程系数是不同的。在隔膜跳汰机中，冲程系数 $\beta = 0.4 \sim 0.70$。选别细粒
级物料的跳汰机，采用较小的冲程系数。

(3)冲程和冲次：为了提高金属回收率和精矿品位，必须合理地选择跳汰机的冲程和
冲次。

冲程和冲次决定着水流的速度和加速度。在隔膜跳汰机中，隔膜是由曲柄连杆机构驱动
的，因此，隔膜沿运动方向的位移 s，速度 v 和加速度 a 可以近似地写成下式：

$$s = \frac{l}{2}(1 - \cos\omega t)$$

$$v = \frac{l}{2}\omega\sin\omega t$$

$$a = \frac{l}{2}\omega^2\cos\omega t \qquad\qquad (12-4)$$

隔膜运动速度 v 与介质运动速度 u 的关系应该满足下列条件,即

$$\frac{u}{v} = \frac{A_0}{A} = \beta \qquad\qquad (12-5)$$

因此,介质(水)的位移 s_j、速度 u 和加速度 a_j 为

$$s_j = \beta\frac{l}{2}(1 - \cos\omega t)$$

$$u = \beta\frac{l}{2}\omega\sin\omega t$$

$$a_j = \beta\frac{l}{2}\omega^2\cos\omega t \qquad\qquad (12-6)$$

介质运动的最大速度 $u_{\max}$ 和最大加速度 $a_{j\max}$ 为

$$u_{\max} = \beta\frac{l}{2}\omega = \beta\frac{\pi n l}{60}$$

$$a_{j\max} = \beta\frac{l}{2}\omega^2 = \beta\frac{\pi^2 n^2 l}{1800} \qquad\qquad (12-7)$$

式中　l——隔膜冲程,mm;

　　　n——冲次,次/min。

从式(12-7)可见,冲程与冲次越大,则介质的运动速度和加速度越大。如果跳汰机中的水流加速度超过重力加速度时,则会使床层运动过度松散,影响分选过程的进行。

通常,对于粗粒级和大比重的物料,床层厚而筛下补加水量小时,可采用大冲程和小冲次;对于细粒级的物料,可采用小冲程和大冲次。若跳汰宽级别细粒物料时,为了降低尾矿品位,可以采用大冲程。

跳汰机的冲程与冲次的选择与很多因素有关。所以,合理的冲程与冲次要根据作业要求和实践经验而选定。

隔膜跳汰机的冲程一般为 10~20 mm,冲次一般为(250~350)次/min。

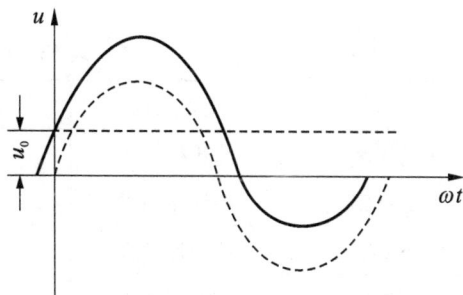

图 12-4　跳汰周期

(4)筛下补加水量:根据式(12-6),可以绘出水流的位移、速度和加速度曲线。图 12-4表示水流的速度曲线。虚线表示正弦跳汰周期,下降水流的速度大,使床层过早地紧密,缩短了矿粒的有效分层时间,同时产生强烈的吸入作用,将小比重细粒物料吸入精矿中而降低精矿品位。因此,生产上一般都不采用这种对称跳汰周期,而是在跳汰机的筛下连续或间断地补加水,改变对称跳汰周期,使之适应矿粒分选的要求。筛下补加水量(筛下水速

为 u_0)后的跳汰周期如图 12 - 4 中的实线所示。

筛下水可以增加床层的松散度。处理宽级别物料时，应减少筛下水，以便降低上升水流的速度，避免将细粒重矿物冲到尾矿中去，并且加强下降水流的速度，使大比重的细粒矿物透过床层。处理窄级别物料时须增加筛下水量。

三、摇床

1. 概述

摇床是用于选别细粒物料的重力选矿设备，它广泛应用于选别钨、锡、钽、铌和其他稀有金属和贵金属矿石，也可用于选别铁、锰矿石和煤。当处理钨、锡矿石时，摇床的有效回收粒度范围为 2 ~ 0.04 mm。

摇床的选矿过程是在具有来复条的倾斜床面上进行的(见图 12 - 5)。矿粒群从床面上角的给矿槽送入，同时由给水槽供给横向冲洗水。于是，矿粒在重力、横向水流冲力、床面作往复不对称运动所产生的惯性力和摩擦力的作用下，按比重和粒度分层，并沿床面作纵向运动和沿倾斜床面作横向运动。因此，比重及粒度不同的矿粒沿着各自的运动方向逐渐由 A 边向 B 边呈扇形流下，分别从精矿端和尾矿侧的不同区间排出，最后被分成精矿、中矿和尾矿。

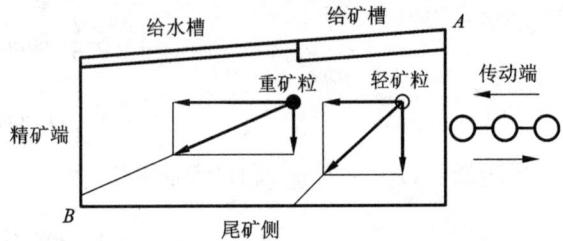

图 12 - 5　摇床工作示意图

摇床的优点是富矿比高，选别效率较高，容易看管，便于调节。它的缺点是单位面积生产率低，占用厂房面积大。

根据摇床的结构特征和床面的运动特性，摇床的分类见表 12 - 1。

表 12 - 1　摇床的类型

摇床名称	传动机构	支承方式	床面运动轨迹	往复运动特性
云锡摇床	凸轮杠杆式	滑动	直线	不对称运动
弹簧摇床	惯性振动式	滚动		
6 - S 摇床	曲柄连杆式	摇动	弧线	
离心摇床	惯性振动式			

根据选别的矿石粒度不同，摇床可分为矿砂(2 ~ 0.2 mm)摇床和矿泥(0.2 ~ 0.037 mm)摇床。两者的区别仅是床面上来复条的型式和选用的冲程、冲次不同，基本结构是相同的，所以，同一结构的摇床，只要更换不同型式的床面，就可以从矿砂摇床变为矿泥摇床。

2. 摇床的构造

6 - S 摇床(见图 12 - 6)主要由床面、传动机构(床头)和调坡机构等组成。

床面形状有梯形和菱形两种。床面一般为木制。木制床面上铺有一层漆灰或橡皮(或采

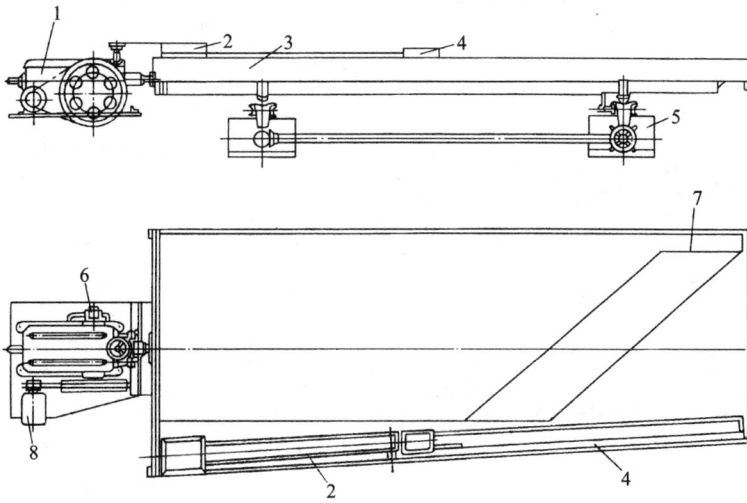

图 12 - 6　6 - S 摇床

1—床头；2—给矿槽；3—床面；4—给水槽；5—调坡机构；6—润滑系统；7—来复条；8—电动机

用聚氯脂耐磨橡胶作为耐磨层）。有的选矿厂采用水泥床面，以节省木材。在水泥床面上涂上生漆，选矿效果也很好。还有使用聚氯乙烯塑料床面的。

　　床面通常钉有木制的来复条或刻有沟槽。来复条的高度由给矿端向精矿端逐渐减小，以使分层后的矿粒逐渐被横向水流冲下。

　　来复条的形状、尺寸和排列方法应适应给矿的要求。当处理粗砂时，希望造成对分选有利的涡流，因此采用高度较大的来复条，当处理细砂和矿泥时，希望矿流平稳，不产生强烈的旋涡，因此采用高度小的来复条或刻槽床面。表 12 - 2 为常用来复条的断面形状和排列方式。

表 12 - 2　常用来复条的断面形状和排列方式

种类	断面形状	排列方式	应用范围
矩形	水流方向 →	42°	用于矿砂摇床
三角形	→	32°	用于矿泥摇床

续表 12 – 2

种类	断面形状	排列方式	应用范围
梯形			用于矿砂摇床
锯齿形			用于矿泥摇床
刻槽			用于矿泥摇床

床面的上端有给矿槽和给水槽。

床面用摇动支撑支承在调坡机构(见图 12 – 7)上。摇动支撑使床面在垂直平面内作弧线起伏的前后往复运动。摇动支撑用槽钢固定在调节座板上。当用手轮通过调节丝杆使调节座板在鞍形座上回转时,即可调节床面倾角。

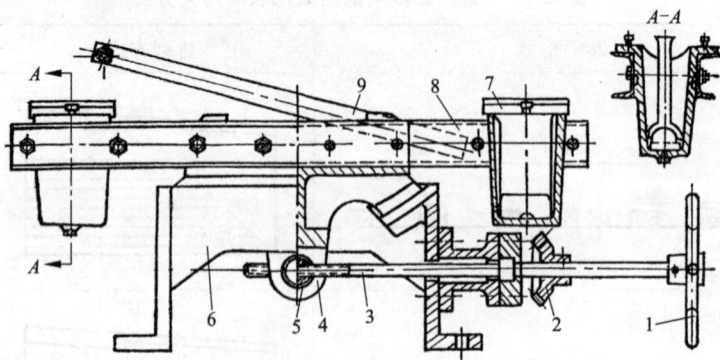

图 12 – 7　6 – S 摇床调坡机构

1—手轮;2—伞齿轮;3—调节丝杆;4—调节座板;5—调节螺母;
6—鞍形座;7—摇动支撑机构;8—槽钢;9—床面拉条

床面的纵向往复运动是通过曲柄连杆式传动机构(见图12-8)来实现的。电动机通过皮带传动,使大皮带轮14带动偏心轴7旋转,连杆5随之作上下运动。连杆向下运动时,肘板6推动后轴11和往复杆2向后移动,弹簧9受到压缩。床面是通过联动座1和往复杆2相连的,因而此时亦使床面作后退运动,当连杆向上运动时,由于弹簧的恢复力使床面向前运动。

床面的冲程大小,可旋转手轮、移动调节滑块4的位置来调节。调节范围为10～30 mm。

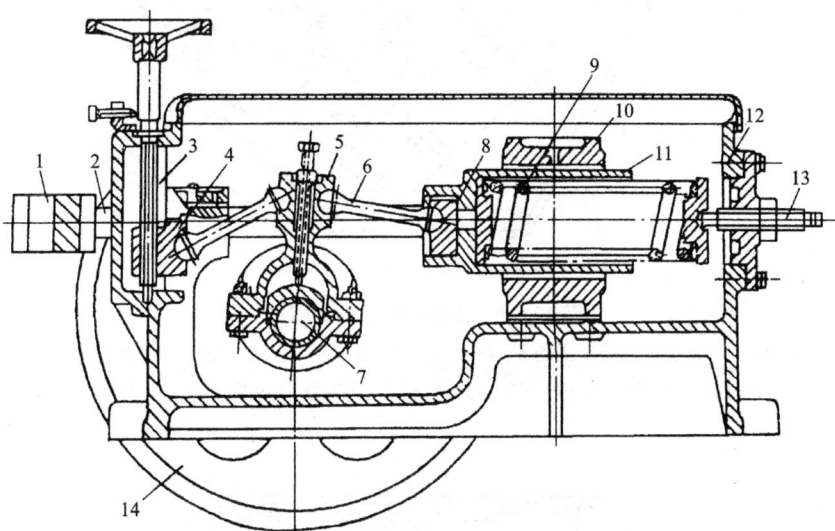

图12-8　曲柄连杆式传动机构

1—联动座;2—往复杆;3—调节丝杆;4—调节滑块;5—连杆;6—肘板;7—偏心轴;
8—肘板座;9—弹簧;10—轴承座;11—后轴;12—箱体;13—调节螺栓;14—大皮带轮

整个传动机构都封闭在铸铁箱内。箱内盛有少量润滑油,用安装在箱体外部偏心轴末端的小齿轮油泵进行集中润滑。

云锡式摇床和6-S摇床的主要区别是传动机构。云锡式摇床是采用凸轮杠杆式传动机构(见图12-9),床面下设有弹簧装置,弹簧座固定在地基上。床面的后退运动依靠传动机构,前进运动依靠弹簧装置。床面支承采用滑动支承。床面坡度采用楔形调坡机构调节。

图12-10是由凸轮杠杆式传动机构简化而来的凸轮摇臂式传动机构。这种机构虽然结构简单,维护方便,但床面运动的不对称性降低了。

弹簧摇床(见图12-11)是我国创造的一种新型摇床。传动机构采用惯性振动式,它主要由带偏心轮的惯性振动器和两个刚度不同的弹簧组成。它的特点是负加速度大(见图12-14),适于选别中细粒矿石。

为了克服摇床单位面积生产率低,占用厂房面积大的缺点,生产上还应用多层床面的摇床。多层摇床有双层的,三层的和六层的。多层床面叠置,用一个传动机构传动。

为了提高摇床的处理量和有效地回收细粒物料,还研究了一种离心摇床。离心摇床的工作原理基本上与平面摇床相同,不同的只是平面摇床的选别作用发生在重力场中,而离心摇

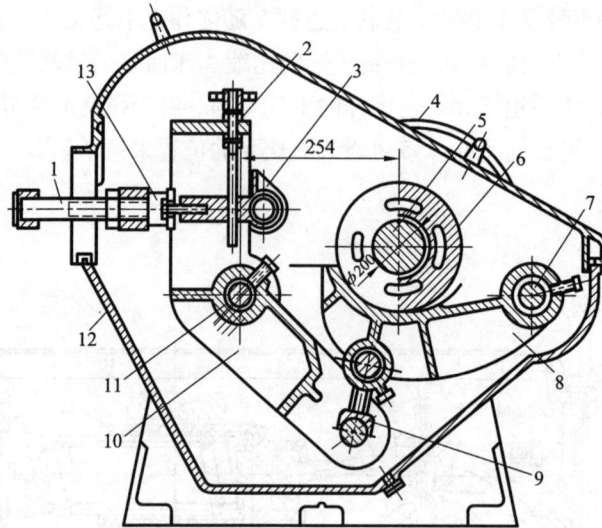

图 12 - 9　凸轮杠杆式传动机构

1—拉杆；2—调节丝杆；3—滑动头；4—大皮带轮；5—偏心轴；6—滚轮；7—支臂偏心轴；
8—摇杆支臂；9—连接杆；10—摇杆臂；11—摇臂轴；12—箱体；13—联接叉

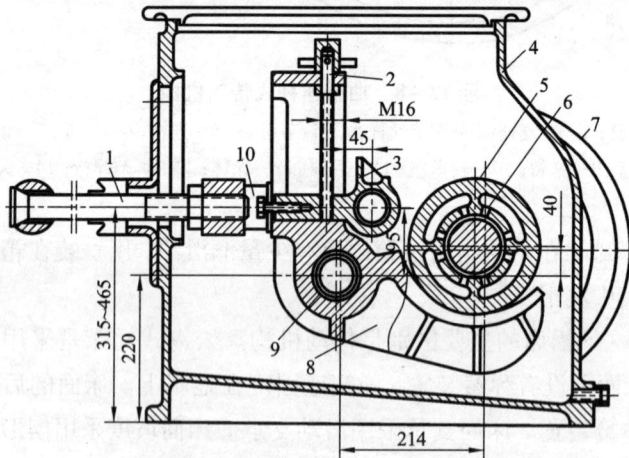

图 12 - 10　凸轮摇臂式传动机构

1—拉杆；2—调节螺杆；3—滑动头，4—箱体；5—滚轮；
6—偏心轴；7—皮带轮；8—摇臂；9—摇臂轴；10—联接叉

床的选别作用除重力之外又引入比重力大几倍、甚至几十倍的离心力，因而强化了选矿过程。

离心摇床工作时，床面既作往复运动又作旋转运动。转数越高，离心力越大，矿粒分选就越快，处理能力也就越大。

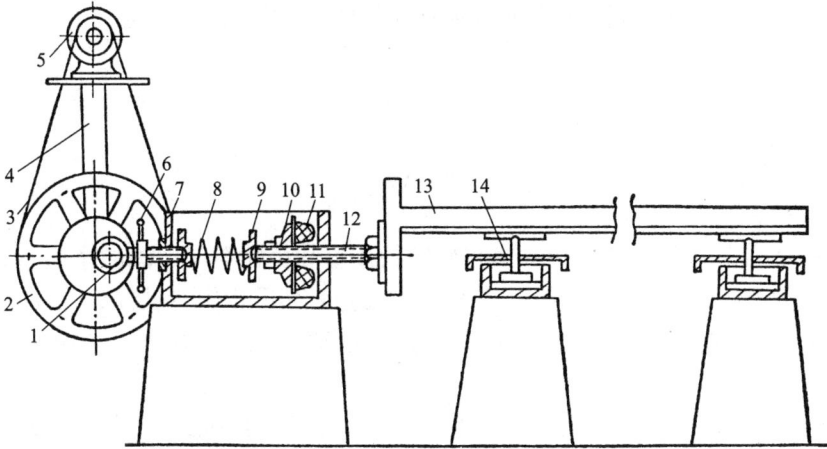

图 12 - 11 弹簧摇床

1—偏心拉杆；2—偏心轮；3—三角皮带；4—支架；5—电动机；6—手轮；7—弹簧箱；

8—金属软弹簧；9—弹簧支座；10—螺帽；11—橡皮硬弹簧；12—拉杆；13—床面；14—床面支承装置

3. 床面运动特性的分析

床面的运动特性影响矿粒的松散分层和纵向移动速度。6 - S 摇床床面的运动特性——位移、速度、加速度曲线如图 12 - 12 所示。

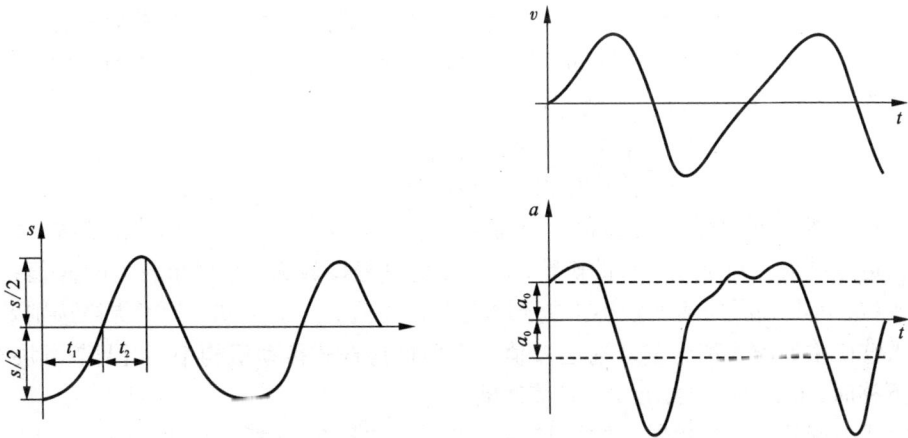

图 12 - 12 6 - S 摇床的位移、速度、加速度曲线

由于床面作往复不对称运动，因而在矿粒上作用有惯性力。欲使矿粒与床面作纵向相对运动，矿粒的惯性力必须大于矿粒与床面间的摩擦力，即

$$ma \geqslant G_0 f \tag{12 - 8}$$

式中：m——矿粒的质量；

a——矿粒惯性加速度；

G_0——矿粒在水中的重量；

f——矿粒与床面间的摩擦系数。

矿粒开始对床面作纵向运动时的加速度称为临界加速度 a_0，其值为

$$a_0 = \frac{G_0}{m} f \qquad (12-9)$$

由式(12-1)，可得

$$a_0 = \left(\frac{\delta - \Delta}{\delta} \right) gf = g_0 f \qquad (12-10)$$

式(12-10)说明临界加速度的大小与矿粒的比重和矿粒与床面间的摩擦系数有关。所以，不同比重和形状的矿粒，其开始运动的时间和速度各不相同，只要床面运动的瞬时加速度大于临界加速度时，矿粒便能开始作纵向相对运动，其运动方向则与加速度运动方向相反。

瞬时加速度的大小和方向随床面作往复不对称运动的变化而变化，如取床面精矿端方向为正，则当：

$|+a| > a_0$ 时，矿粒则对床面作反向运动；

$|-a| > a_0$ 时，矿粒则对床面作正向运动；

$|\pm a| \leqslant a_0$ 时，矿粒则相对床面静止不动。

由此可见，床面的运动特性是实现矿粒群在床面上纵向松散和分层的重要条件。若要矿粒只作正向运动，必须使

$$|+a|_{\max} < a_0 < |-a|_{\max}$$

所以，负加速度的大小是实现矿粒向精矿端运动的主要因素。

根据 6-S 摇床的运动特性曲线，可以看出，当床面前进时，只有前进行程前半段比后半段占较多的时间，前进行程结束时和后退行程开始时床面才具有较大的负加速度，使矿粒逐渐向精矿端移动(正向运动)。如设

$$K = \frac{\text{前进行程前半段时间}}{\text{前进行程后半段时间}} = \frac{t_1}{t_2} = \frac{|-a|_{\max}}{|+a|_{\max}}$$

则 K 值反映了加速度的周期变化规律。K 值越高，加速度曲线的不对称性便越大，矿粒向精矿端的跃进也越大。对于细而重的矿粒，因其临界加速度较大，故要求较大的 K 值；对于粗而轻的矿粒，因其临界加速度较小，故选用较小的 K 值。由此可知，为了提高选别效率，必须根据入选矿物的粒度和比重来选定 K 值。在曲柄连杆式传动机构中，当调节滑块 4(见图 12-8)下移时，K 值便增大，反之，K 值便减小。

云锡式摇床的运动特性曲线如图 12-13 所示。它与 6-S 摇床相比，床面运动的不对称性较大，并具有较大的负加速度。调节支臂偏心轴 7(见图 12-9)的偏心位置，可以改变摇杆支臂 8 的回转中心位置，从而使床面的运动具有不同的不对称性，故能适合不同性质矿物的选别要求，特别适合于细粒物料的选别。

弹簧摇床的运动特性曲线如图 12-14 所示。由于床面是被弹簧急剧弹回，所以获得了极短而强的负加速度。

设计或调节摇床时，应使床面运动的负加速度比大比重矿粒的临界加速度大 1.5~3 倍，以保证矿粒能出现正向滑行，使床面运动的正加速度小于或接近大比重矿粒的临界加速度，即矿粒不致出现或出现不大的反向滑行。

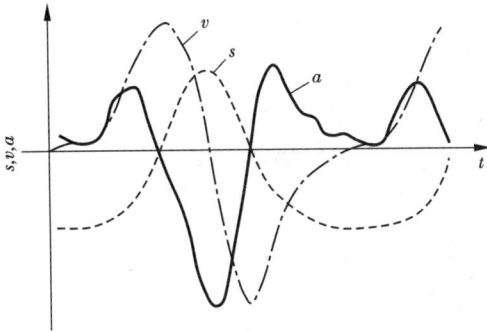

图12－13 云锡式摇床的运动特性曲线

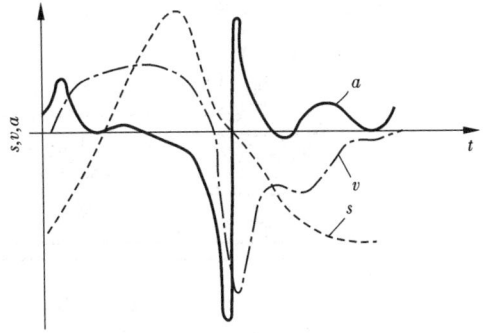

图12－14 弹簧摇床的运动特性曲线

4．摇床的主要参数

（1）床面的形状和尺寸：床面形状有梯形和菱形两种。工业用摇床主要采用梯形床面。床面尺寸（长×宽）一般为 4500 mm×1800 mm，长宽比为 2.5。当选别细泥时（−37 μm 占 93%），其适宜的床面长宽比为 2～2.5。

（2）冲程与冲次：冲程与冲次是根据被选矿物的粒度来选择的。粗粒矿物应选用大冲程低冲次；细粒矿物选用小冲程高冲次。冲程调节范围一般为 8～25 mm，冲次调节范围为（250～400）r/min。

设计摇床的传动机构时，冲程与冲次必须是可以调节的。

（3）电动机功率：摇床的电能消耗不大，电动机容量可根据规格大小和生产能力取 0.55～1 kW。

四、重介质振动溜槽

重介质振动溜槽用于赤铁矿、锰矿等黑色金属矿石的选别，也可以用于其他有色金属矿石的选别。

1．工作原理

图12－15为重介质振动溜槽的示意图。振动溜槽工作时，首先将作为重介质用的悬浮液（悬浮液是由 2～0 mm 的硅铁、磁铁、赤铁矿或方铅矿等固体颗粒和水混合而成）从机器头部给入槽体中，在槽体的振动和槽底水室上升水流的作用下，介质松散悬浮，形成具有一定密度的、流动性较大的重介质床层。矿石由首部送入槽体中。矿石在运动的床层上由于自身重力作用开始分离。比重大于床层比重的矿石，穿过床层沉入槽底，并在槽体摇动作用下向前滑行，由分离隔板下面排出。比重小于床层比重的矿石，悬浮在床层的上面，随介质流动而由分离隔板上面排出。排出的轻、重矿物分别在脱介筛上用水冲洗，脱除介质。回收的介质（或经净化后）再循环使用。

2．基本结构

重介质振动溜槽（见图12－16）由槽体、支承杆、传动装置、分离隔板和底座等组成。

槽体是一个带有槽底水室的长方形溜槽。槽底水室由隔板分成 6 个单独封闭的水箱。水箱的上盖板由两层筛板组成，上筛板的筛孔直径为 10～12 mm，孔距为 30 mm，下筛板的筛

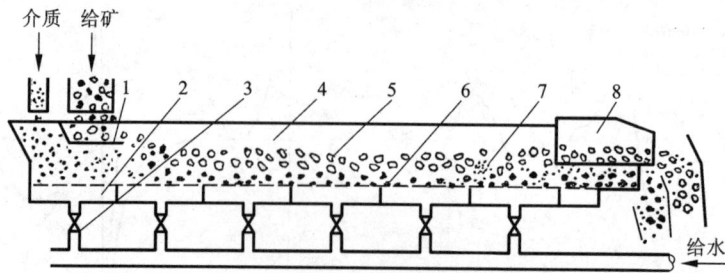

图 12－15　重介质振动溜槽示意图

1—给矿盘；2—槽底水室；3—给水管；4—槽体；5—轻产品；6—重产品；7—重介质；8—分离隔板

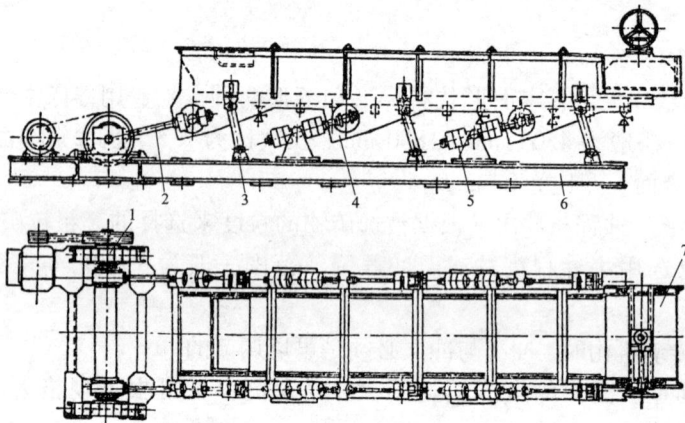

图 12－16　1000×5500 重介质振动溜槽

1—传动装置；2—弹性连杆；3—支承杆；4—槽体；5—工作弹簧；6—底座；7—分离隔板

孔直径为 3 mm，孔距为 60 mm。两层筛板之间的间隙为 1 mm。每个水箱底面的中心位置有一给水管，以便给入高压水。水管上装有闸阀，可以分别调节给水量。槽体向排矿方向与水平成 3°倾角安装。

槽体由三对铰链支承杆支承在底座上。槽体下部装有橡胶工作弹簧作为蓄能弹簧。

传动装置采用曲柄连杆机构。连杆与槽体的联接有两种结构型式：弹性连杆和刚性连杆。弹性连杆即在连杆和槽体的铰接部位用橡胶弹簧缓冲。这种机构的优点是传动机构受力小，轴承寿命长，所需启动功率小；缺点是结构较复杂。刚性连杆即连杆与槽体直接铰接起来。这种结构的优点是振幅较稳定，结构较简单；缺点是传动机构受力大，轴承寿命短，所需启动功率大。

连杆中心线和工作弹簧的中心线平行。

偏心头的偏心距由偏心套和偏心轴的偏心距组成。改变两者的相对位置，即可在一定范围内调节槽体的冲程。当弹性连杆式振动溜槽的弹簧刚性变化时，能用改变偏心距的办法使槽体冲程稳定。

分离隔板设在槽体尾部，其上下位置可用手轮调节。

3. 基本参数的计算

(1)槽体振动质量:

$$m = m_1 + Km_2$$

即

$$G = G_1 + KG_2 \tag{12-11}$$

式中：G_1——参与振动的固定重量，包括槽体、分离隔板的自重、支承杆和连杆部分重量(以一半计入)；

K——外加负荷的当量质量系数，一般为 0.35 ~ 0.4；

G_2——参与振动的外加负荷重量，包括介质重量，矿石重量和水室水重。

(2)槽体的冲程和冲次：槽体的冲程和冲次应使重矿物既能沿筛板向前滑行，又能使槽体内的介质保持稳定。

通常，槽体的冲程取 16 ~ 20 mm，冲次取(360 ~ 380)次/min。

(3)弹簧刚度的计算：整个振动溜槽构成一个弹性系统。总弹簧刚度的计算，连杆弹簧刚度和工作弹簧刚度的配比，应使连杆受力最小，同时又能保证槽体冲程稳定。

①采用刚性连杆时的弹簧刚度：当振动溜槽自振频率接近等于强迫振动频率时，则连杆所受的力最小。因此，则得弹簧刚度的计算公式：

$$K_1 = m\omega^2 = m\frac{\pi^2 n^2}{900} \tag{12-12}$$

式中：K_1——工作弹簧刚度；

m——槽体振动质量；

ω——强迫振动频率，$\omega = \dfrac{\pi n}{30}$；

n——槽体冲次，r/min。

②采用弹性连杆时的弹簧刚度：

$$r = \frac{\omega}{\omega_0} \text{ 及 } Z = \frac{K_2}{K_1 + K_2}$$

式中：ω_0——振动溜槽的自振频率；

K_2——连杆弹簧刚度。

式中，其他符号意义同前。

连杆受力最小和冲程稳定的条件是：

$$Z = 1 - r^2 \tag{12-13}$$

根据选矿工艺要求，冲程变化不能超过 ±10%，为此应该使 $r \leqslant 0.6$。

振动溜槽的自振频率为

$$\omega_0 = \sqrt{\frac{K_1 + K_2}{m}}$$

则

$$K_1 + K_2 = m\omega_0^2 \tag{12-14}$$

按式(12-13)和式(12-14)即可确定 K_1 和 K_2 之值。

(4)电动机功率的计算：有蓄能弹簧结构的刚性连杆及弹性连杆的振动溜槽，电动机功率应按启动转矩来选择。

①刚性连杆式振动溜槽：

$$启动功率: N = \frac{K_1 e^2 n}{2 \times 975000 \eta} \quad (kN) \qquad (12-15)$$

②弹性连杆式振动溜槽:

$$启动功率为: N = \frac{K_1 K_2 e^2 n}{2(K_1 + K_2) \times 975000 \eta} \quad (kW) \qquad (12-16)$$

式中: P——偏心头的偏心距;

$\quad \eta$——传动效率, $\eta = 0.95$。

式中, 长度单位为 mm, 重量单位为 kg。

选用电动机功率时, 尚须考虑皮带轮的启动转矩和启动时克服机构中的摩擦阻力而需要的启动转矩。

五、离心选矿机

1. 概述

离心选矿机是选别 0.074 ~ 0.01 mm 的细粒物料的有效设备。它被广泛用作钨、锡矿泥的粗选设备, 并可用于选别其他稀有金属矿泥及细粒嵌布的赤铁矿。

离心选矿机是目前应用比较成功的矿泥粗选设备, 它与一般矿泥选矿设备比较具有下列优点: 有效回收粒度下限低, 可达 10 μm(一般矿泥选矿设备只能回收 19 μm 或更粗的粒度); 选别指标高; 处理量大。它的缺点是间断作业, 结构比较复杂, 需要一套执行机构和控制机构。

2. 构造与工作原理

离心选矿机的结构如图 12 – 17 所示。它由主机(包括转鼓、给矿器、冲矿嘴、接矿槽、分矿器等)、控制机构和执行机构三部分组成。主机的作用是选矿。执行机构用于给矿、断矿、冲矿、分矿等。控制机构是控制执行机构各部分的动作, 使离心选矿机能按时准确地进行给矿、断矿、冲矿、分矿等动作。

离心选矿机的选别过程是在旋转着的空心锥形转鼓(锥角 8° ~ 10°)内进行的。当矿浆给入转鼓后, 在流膜和离心力的作用下, 矿粒按比重分层, 重矿粒附着在转鼓的内壁上, 成为精矿, 轻矿粒位于表层, 被流膜冲到转鼓大头而排至尾矿槽中。经过一定时间后, 通过控制机构和执行机构, 停止给矿, 皮膜阀打开, 用高压水将紧贴在转鼓内壁上的精矿冲下, 流入精矿槽内。待精矿排完, 停止冲水, 又重新开始给矿。每个工作周期大约 3 分半钟左右。整个过程由时间继电器和电磁铁(或凸轮)组成的控制 – 执行机构自动进行。

离心选矿机是在离心力场中实现流膜选矿的设备。它的工作原理与平面溜槽中的流膜选矿是基本相同的, 只是由于离心力的引入, 强化了流膜选矿过程。

给入到转鼓内的矿浆随转鼓转动, 并向排矿端鼓壁倾斜的方向流动, 从而使矿浆在转鼓内形成螺旋线方向运动。这样就使矿浆流动的距离增长, 强化了流膜选矿过程。由于矿浆呈螺旋运动, 在给矿端出现较明显的波峰, 波峰在向排矿端的运动过程中可以激起较大的涡流, 因此能克服较强的离心沉降速度而形成松散的悬浮层, 并使混入底层的脉石翻到上层, 排入尾矿中, 而比重大的细粒在离心力作用下, 通过悬浮的松散层析离到下层。由于离心力的作用, 不仅增强了矿粒的沉降能力, 而且还增大了流膜的流动速度, 从而提高了设备的处理能力。分层和排矿速度的加快, 使得离心选矿机能够在较短的转鼓内完成分选过程。

3. 主要参数

(1)转鼓的直径和长度: 转鼓直径大则选别面积大, 因而处理量也大。但直径太大容易

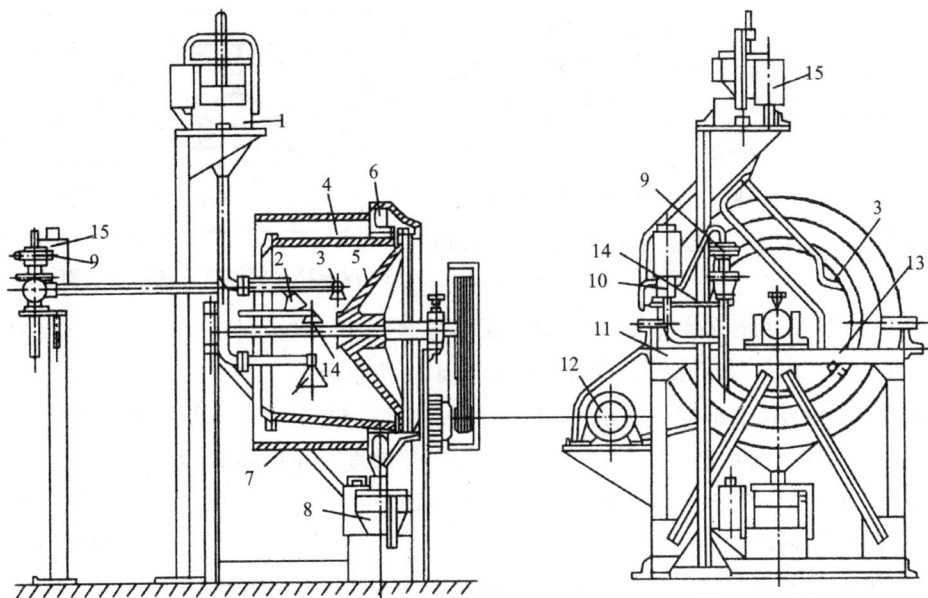

图 12 – 17　φ800 × 600 卧式离心选矿机

1—给矿器；2—冲矿嘴；3—给矿嘴；4—转鼓；5—底盘；6—接矿槽；7—防护罩；8—分矿器；
9—皮膜阀；10—三通阀；11—机架；12—电动机；13—下给矿嘴；14—洗涤水嘴

产生拉沟现象。转鼓的长度主要是影响回收率。转鼓越长回收率越高，如果太短，轻、重矿粒尚未分层就跑入尾矿。目前，离心选矿机有两种规格：φ800 × 600 和 φ1600 × 900。

（2）转鼓的倾角：转鼓的倾角必须保证尾矿能够在轴向方向流动。如果倾角太小，轻、重矿物虽然能够分层，但由于矿浆在轴向方向流动速度很慢，彼此不能分开，甚至越积越多而影响分层。如果倾角太大，矿浆的轴向流动速度很快，容易把重矿物冲跑，破坏了分选过程。一般粗选采用 4°倾角，精选采用 5°倾角。

（3）转鼓的转数：对于一定大小的离心选矿机，转数越大，产生的离心力越大。提高转数，尾矿品位降低，精矿产率和回收率相应提高，但精矿品位降低。选别钨、锡矿泥时，粗选转数为 450 ~ 500 r/min；精选转数为 300 ~ 400 r/min 为宜。对铁矿一般不超过 400 r/min。

第三节　浮洗机

一、概述

浮游选矿（简称浮选）是根据各种矿物表面不同的物理化学性质来选别有用矿物的一种方法，各种矿物表面对水具有不同的润湿性。能被水润湿表面的矿物叫做亲水性矿物；反之，表面不能被水润湿的矿物，叫做疏水性矿物，在易于被水润湿的表面上，水能够迅速而容易地排挤空气，然而，在不易润湿的表面上，空气将排挤水。

如将亲水性矿物（如石英）和疏水性矿物（如方铅矿）放在盛有水的容器里，并且，使气泡与固体表面相触，我们可以看到：空气从方铅矿的表面上排挤水，同时气泡附着在其表面上（见图12-18）。相反，空气并不从石英的表面上排挤水，同时气泡也不能附着在它的表面上。如果气泡比矿物的颗粒尺寸大得多时，则矿物与附着在它身上的气泡，要比排开同体积水的重量轻些，在这种情况下，附着在气泡上的矿物像气球似地上升到液面上。

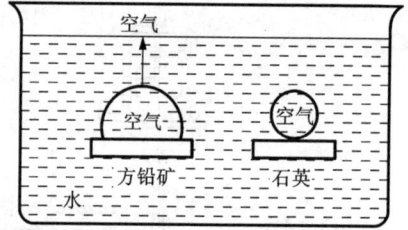

图 12-18 气泡附着在矿物表面的示意图

从上述实验中，可以看到，如果矿物表面不被水润湿，则这种矿物能附着在气泡上，并在一定的条件下，可以浮到水面，这就是浮游选矿法的原理。

矿物的表面性质（亲水性或疏水性）是可以改变的。这可以用某种药剂与矿物表面发生作用而变为亲水性或疏水性的矿物。所以，矿物的浮游度是可以控制的。

浮选前，矿石要磨碎到一定的细度，使有用矿物与脉石达到单体分离，以便分选。在进行浮选时，将捕集剂加入磨碎后的矿浆中，由于这些药剂的作用，造成了矿粒表面的疏水性，因此，促使颗粒附着在气泡上。为了使捕集剂与矿浆中的矿粒更好地发生接触，就要进行搅拌。矿浆是依靠抽吸和弥散空气用的叶轮来进行搅拌的，或依靠压缩空气来进行搅拌。搅拌的同时导入空气形成气泡，并加入起泡剂。浮选时起泡剂能更好地把空气弥散，并形成坚韧的、能把有用矿粒带到液面上来的浮选泡沫。

在矿浆不断地搅拌过程中，有用矿物颗粒表面具有疏水性及制造出坚韧泡沫以后，矿粒与气泡相遇，附着在气泡上而被带到液面，构成一层矿化泡沫，然后把这种泡沫刮下来，这种泡沫就是精矿。另外不附着在气泡上的其他矿物留在矿浆里，就是尾矿，这种尾矿若含有有用矿物，则需送去继续处理；反之，就把它输送到尾矿场去。

浮选法在选别有色、黑色、稀有金属矿物和非金属矿物等方面，都得到了广泛的应用，而且在造纸、制糖等化学工业，炉渣、镍、冰铜等冶金半成品和废水处理等方面也有应用。

浮选机按充气和搅拌矿浆的方式可以分为三类：

（1）机械搅拌式浮选机：它是利用叶轮或回转子的旋转（同时形成负压）而使矿浆进行充气和搅拌。

（2）压气式浮选机：它是由外部用鼓风机送入压缩空气来完成矿浆的充气和搅拌。

（3）混合式浮选机：这种浮选机除了由叶轮或回转子的旋转使矿浆进行充气和搅拌外，还从外部用鼓风机送入压缩空气，以加强矿浆的充气和搅拌作用。

目前国内应用较为广泛的是机械搅拌式浮选机。此类浮选机又可根据搅拌机结构型式分为叶轮式浮选机（XJK 型）、棒型浮选机、伞型浮选机（XJM 型）等。

随着浮选机向大型化发展，为了保证足够的充气量和搅拌作用，国外加强了对混合式浮选机和压气式浮选机的研究和使用。

二、机械搅拌式浮选机的构造

图 12-19 为叶轮式浮选机的结构图。叶轮式浮选机是由一排木制的或金属制的长方形槽子所组成，其间可用隔板分成几个浮选槽。大型浮选机每两个浮选槽是一个机组，小型的

则由 4 个或 6 个浮选槽组成一个机组。每台浮选机都是由几个机组所组成。每个机组的第一个槽是吸入槽（带有给矿管 3），其下部和第二个槽相通，故称第二槽为直流槽（无给矿管）。每个槽内有竖轴 7，其下端装有叶轮 9，上端装有皮带轮 4。叶轮是由主电动机经三角皮带轮带动旋转。由于叶轮的旋转，在叶轮上面的定子 8 下形成负压，致使空气由进气管 11 进入，形成气泡。吸的空气和由给矿管进入的矿浆在叶轮上部混合，并被旋转的叶轮抛向槽体周围。为了防止矿浆产生涡流，在槽体内装有稳流器 15——直立翅板。欲浮矿物被气泡带至矿浆表面形成矿化泡沫层，用旋转的刮板 16 将泡沫刮出即得精矿。而不浮的矿物和脉石则经槽子侧壁上的闸门 2 进入下一浮选槽内。每个机组的矿浆水平可用闸门 2 来调节。在竖轴外装有和进气管相连的中心套筒 6。为了控制吸气量的多少，在中心套筒的下部开有较大的循环孔 12，用闸门 13 进行控制，同时还在定子盖板上布置了许多小孔 14 来改变矿浆的内循环。

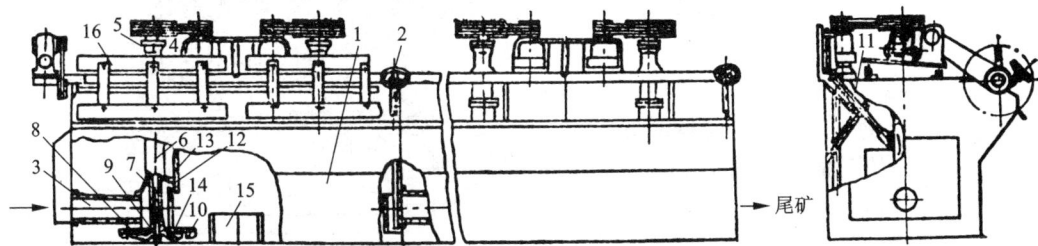

图 12－19　叶轮式浮选机

1—机槽；2—闸门；3—给矿管；4—皮带轮；5—轴承；6—中心套筒；7—竖轴；8—定子；9—叶轮；
10—定子导向叶片；11—进气管；12—中矿返回孔；13—闸门；14—矿浆循环孔；15—稳流器；16—刮板

矿浆在槽内的充气和搅拌是借叶轮的旋转和定子的作用而产生的。叶轮是一个铸铁圆盘。其上有 4 个或 6 个辐射状的长方形叶片。这样可以使矿浆沿圆盘四周在径向方向强烈地抛出。增强矿浆的充气和搅拌。在叶轮上面有定子，它与中心套筒相连。定子在浮选机内起着重要的作用。首先由于进到叶轮上的矿浆被旋转的叶轮抛出后，在定子下面形成真空，造成负压，从而使空气由进气管被吸进槽中。其次，定子能使强烈充气搅拌区与其他部分有一定程度的隔离，从而起着稳流的作用。另外，定子还能使叶轮在突然停车时不致淤塞。图 12－20 为叶轮式浮选机叶轮定子的结构图。定子上带有导向叶片，叶片与半径成 55°～65°的倾斜角。定子上导

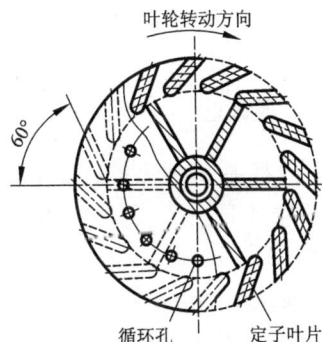

图 12－20　叶轮式浮选机的
叶轮定子结构图

向叶片的作用和离心水泵或通风机的导向器一样，使从叶轮甩出的矿浆流能够平稳畅通地逐渐扩散出去，叶片起了整流作用，使动压变成静压，减小了出口时的压力损失，增加叶轮进口处的真空，使充气量增大。定子上还开有许多适当大小的矿浆循环孔。

定子导向叶片内缘与叶轮叶片外缘之间间隙的大小对于浮选机的充气量影响很大。这个

间隙一般为 6~10 mm，如果间隙增大到 15~20 mm，进入的空气量就要比最大可能进入的空气量减少 50%~60%。这时，浮选机必须停止工作，进行检修。为了使叶轮、定子、垂直轴、进气管及轴承装配准确，所以在设计制造时将它们装成一个部件，检修时将整个部件拆出更换上一个新的。这样不仅提高了检修质量，而且大大缩短了停车检修时间。

近年来，为了防止叶轮和定子导向叶片的磨损，开始采用衬胶叶轮与定子。它是由金属骨架外衬软质橡胶所组成。衬胶叶轮和定子与白口铸铁件相比，具有体轻、运转平稳、耐磨性好、使用寿命长、维护和检修方便等优点，有助于选矿指标的提高。

棒型浮选机(见图 12-21)与其他机械搅拌式浮选机一样，是利用斜棒叶轮回转时所产生的负压，经空心主轴吸入空气，并弥散形成泡沫，靠棒轮的强烈搅拌与抛射作用，使空气泡与矿浆充分混合，并由混合区向下排出，借助于压盖、稳流器的导向作用，使之连续、均匀地流向槽体四周，而后又徐徐扩大上升到液面。这样，既能使矿粒和气泡有较多的接触机会，使有用矿物颗粒在药剂的作用下很快被气泡所吸附而浮至液面，又能使矿流在分选区稳定流动，不致因气泡破坏使有用矿物重新落入槽底，从而促进了分选过程的顺利进行。

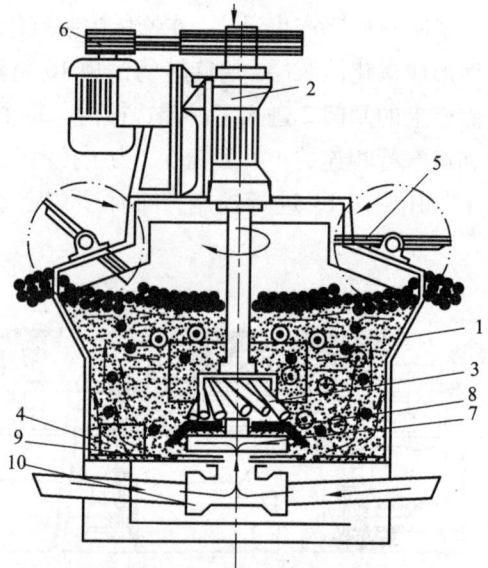

图 12-21 棒型浮选机的结构及工作示意图

1—槽体；2—轴承座；3—斜棒叶轮；4—稳流器；5—刮板；6—传动装置；7—提升叶轮；8—压盖；9—底盖；10—导浆管

棒型浮选机与其他机械搅拌式浮选机比较，它具有结构简单、吸气量大、搅拌力强、浮选速度快、效率高等优点。

三、浮选柱

浮选柱是一种无搅拌机构的空气压入式浮选机。图 12-22 为刮板式浮选柱的结构图。浮选柱是一个高达 4~8.6 m 的柱体，其断面形状有圆形、方形或上方下圆形，直径为 0.5~3.5 m。

矿浆从上部给矿管给入，均匀地流入浮选柱内。压缩空气是经柱体下端的充气室通过竖置的空气管向柱内充气。形成的大量细小气泡，均匀地分布在整个断面上。矿浆在重力作用下缓缓下降，气泡由下往上缓缓升起，与矿浆中所要选取的有用矿物在柱中不断相遇。在对流运动中由于浮选药剂的作用，所要选取的矿物便附着于升起的气泡表面上，在柱体上部形成矿化泡沫层，由刮板刮入或自溢到精矿槽中，其余矿物(一般是脉石或非选矿物)则从柱体下部锥底的尾矿管排出。

为使浮选柱正常运转，要求严格控制给矿量、风量和风压。

浮选柱分自溢式和刮板式浮选柱。自溢式浮选柱是由上体、中间圆筒和下体组成，整个柱体为圆形。刮板式浮选柱还有泡沫刮板和传动装置，其柱体形状为上方下圆形。

浮选柱与机械搅拌式浮选机比较，具有结构简单、占地面积小、耗电量低、易损件少等优点。其缺点是空气管和尾矿管易堵塞、工作稳定性差等。

四、浮选机的设计

浮选机是完成浮选过程的主要设备。浮选机性能的好坏对浮选指标有很大影响。因此，浮选机必须满足以下基本要求：

（1）为了向矿浆中充入足够的空气，浮选机必须具备充气机构。这些空气应尽量弥散成大量大小适中的气泡，并均匀地分布在整个浮选槽内。充气量（以每分钟通过 1 m² 槽截面的空气量——立方米来衡量）越大，空气弥散及气泡分布越均匀，则矿粒与气泡接触的机会越多，浮选效率就越高。

（2）为了使矿粒悬浮在矿浆中，并均匀地分布在整个浮选槽内，造成矿粒与气泡充分接触的条件，浮选机必须有搅拌机构。搅拌还可促进某些难溶药剂的溶解与分散。

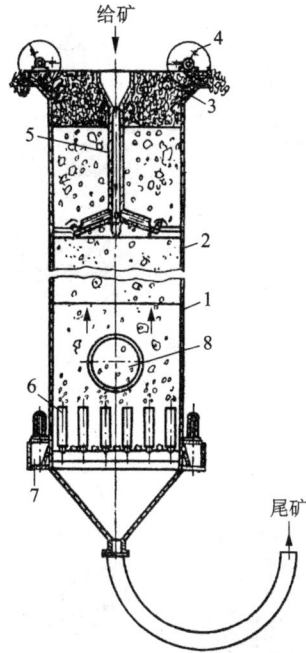

图 12 – 22　刮板式浮选柱
1—下体；2—中间圆筒；3—上体；4—刮板；
5—给矿管；6—空气管；7—充气室；8—观察孔

（3）根据工艺的需要，为了调节矿浆水平面、泡沫层厚度及矿浆流动速度，浮选机应有相应的调节机构。

（4）为了保证浮选过程的连续性，浮选机应能连续接受给矿和排矿，为此必须有受矿、刮泡和排矿装置。

此外，浮选机还应有工作可靠、操作和维修方便、结构简单、生产率大、动力消耗少、耐磨等要求。

1. 机械搅拌式浮选机的结构分析

（1）搅拌机构：在机械搅拌式浮选机中，搅拌机构是它的主要部件。矿浆的充气量、搅拌的强烈程度和气泡弥散的均匀性等，都与搅拌机构的型式有关；它对浮选机的性能影响较大。搅拌机构的型式很多，国内外浮选机采用的有代表性的搅拌机构的型式如图 12 – 23 所示。

FW 型搅拌机构是一种最简单的型式。它是由平行的盖板和带辐射状叶片的叶轮组成。由于它的充气量小，单位处理量的电耗较大，目前已很少采用。

XJK 型搅拌机构用于 XJK 型浮选机中，它的优缺点已在前面介绍了。这种搅拌机构的浮选机不仅在选矿厂获得了广泛应用，而且在选煤厂也有应用。

φM – 25 型搅拌机构的特点是采用了双层辐射叶轮，分别吸入空气和矿浆。过去使用的煤用浮选机，大部分采用这种叶轮。

XJM 型搅拌机构用于 XJM 型煤用浮选机中。这种搅拌机构采用了三层伞形叶轮，分别吸入空气和煤浆。伞形叶轮的上层有径向辐射叶片，与伞形定子配合吸入空气和循环煤浆

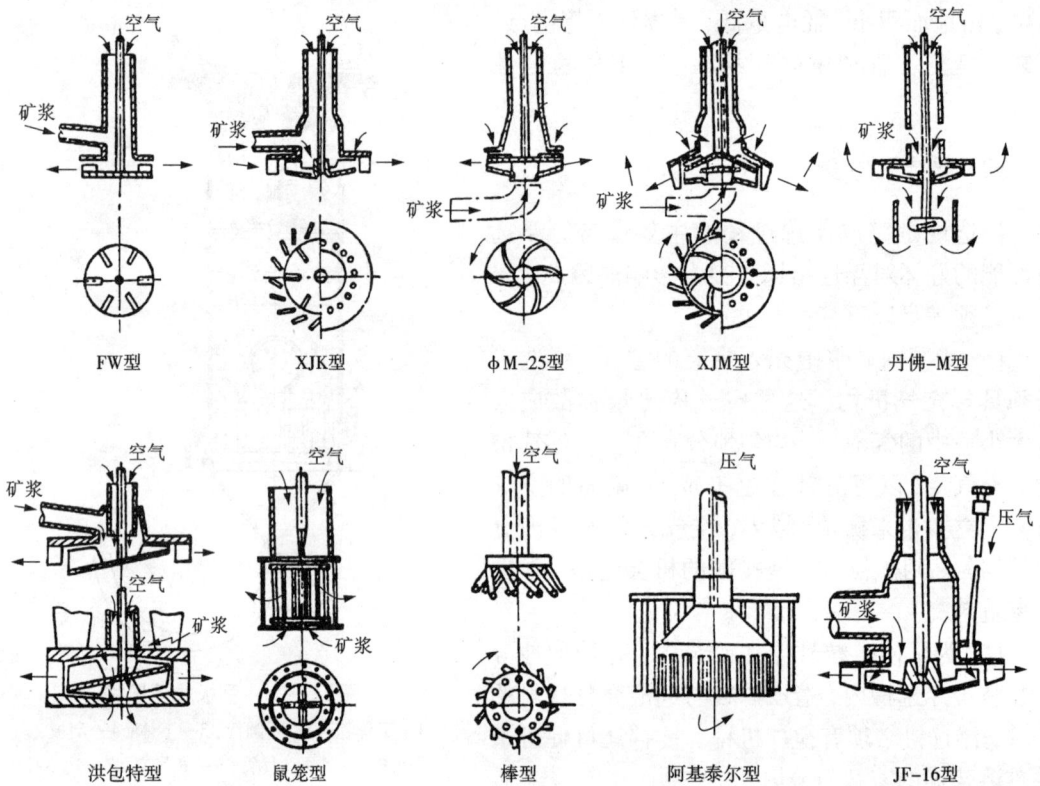

图 12 - 23 搅拌机构的结构型式

流，伞形叶轮的下层有弧形叶片，叶轮的上层与下层用伞形挡板分隔成吸气室和吸浆室。叶轮的上层从中空轴吸入空气，下层从浮选机底部吸浆管吸入煤浆。伞形定子上设有与径向成 60°的导向叶片。由于空气可从空心轴及套筒分别吸入，所以，这种叶轮的充气量较大，因而煤浆流动呈 W 形，易于在降低槽深时，保持液面稳定，达到电耗小，充气量大的效果，同时，也能避免煤泥在槽底沉积。

丹佛 - M 型搅拌机构装有两个叶轮，上部为离心式叶轮，下部为轴向螺旋桨式叶轮。从上部叶轮区吸入空气和矿浆，经下部叶轮进一步搅拌，使空气再度弥散，形成微小气泡，并使槽底矿浆处于悬浮状态。这种浮选机的单位面积生产能力高，生产费用低。

洪包特型搅拌机构是一种摇动斜盘，倾角为 10°～15°的斜盘上带有叶片。盖板下面有辐射状叶片。在斜盘上，空气管插入锥形罩内。叶轮从锥形罩中吸入矿浆，矿浆进入叶轮时，经过环形孔，并借喷射作用从中空套筒中吸入大量的空气。这种搅拌机构的充气量大，电能消耗少。

鼠笼型搅拌机构是出现较早的一种结构型式，由于它的充气量大，生产能力高，浮选槽的深度较小，所以，在一些大型浮选机中仍然采用这种机构。它的缺点是工作不够稳定，液面高度变化时，充气量变化很大。

棒型搅拌机构是一种新型的结构型式，它的优点是结构简单、充气量大、浮选速度快，目前在选矿厂已推广使用。

阿基泰尔型搅拌机构是压气式浮选机的一种搅拌机构。空心轴的下端装有圆锥形转子，转子周边设有垂直棒，转子外面有定子稳流装置。空气由低压鼓风机(0.1~0.15 atm)供给，经空心轴进入槽内。转子只起搅拌作用。这种转子可以正反转动，所以使用寿命长，由于是压入空气，充气量容易调节，电能消耗也较低。

JF-16 型搅拌机构是混合式浮选机的一种搅拌机构。空气除了由叶轮吸入一部分外，还从外部经压风管送入压缩空气。压风管与盖板上的气环相连，盖板下面有孔与叶轮相通。从外部补加空气可以提高浮选机的充气量，但补加空气后，气泡变大，液面易翻花。

(2)槽体：槽子的深度、矿浆在槽内的流动方式、刮泡方式、稳流装置等都影响浮选机的工作效率。

槽子的深度和充气量与电能消耗有关。降低槽子深度不仅能使充气量增加，而且还能减少电能消耗。但是，减小槽子深度，浮选槽的容积将按比例减小，从而缩短了矿浆在槽内的停留时间。为了保证浮选时间，就要增加浮选机的槽数，或增大槽子的断面尺寸。若槽子深度太小，则气泡矿化的路程缩短，泡沫层易出现翻花的现象。从增加充气量和减少电能消耗而言，采用较小的槽子深度是适宜的。

浮选槽有间接式和直流式两种。间接式的浮选槽，槽与槽之间有中间室(见图12-19)，矿浆从一个槽到下一个槽受闸门控制，并由叶轮通过吸浆管吸入，所以，矿浆流速受到限制。直流式浮选槽，槽子是串通的，没有中间室，矿浆可以从浮选槽的最大横截面流过，通过能力较大，所以，采用直流式可以提高浮选机的生产能力，并易于实现浮选机的自动控制，但是，直流式浮选机的液面不易调整。目前，大多数浮选机是隔几个槽设一中间室，这样，就兼有直流式和间接式的优点。

槽体一般是方形，但也有采用圆形(如鼠笼型搅拌机构)或其他形状的。浮选槽可以根据泡沫量采用一面刮泡和两面刮泡。

浮选槽的底部，通常装设若干垂直放置的稳流板。稳流板的作用是降低从叶轮出来的矿浆速度，并改变其运动方向，使槽底形成许多小涡流，使矿粒保持悬浮状态，增加矿粒与气泡的接触机会。稳流板的形状可以是辐射形，也有曲线形或其他形状。

在浮选槽内，并不是所有空间都有气泡存在，只是含有气泡的那些容积才进行矿化作用，所以，这部分容积称为有效容积。浮选机的有效容积与搅拌机构和稳流装置有关。

2. 机械搅拌式浮选机的参数计算

(1)叶轮的直径和转数：设计机械搅拌式浮选机时，常将其比作离心式水泵，把浮选机内的搅拌叶轮看作水泵内的叶轮，浮选机的槽子则看作水泵的外壳和出水管。搅拌叶轮从中心吸入矿浆，矿浆从搅拌的离心作用中，取得能量，使其升起到一定的高度。

根据离心水泵的工作原理，通过搅拌叶轮的含气矿浆(矿浆和空气混合物)量，可用下式计算：

$$Q = \alpha \pi D h c_r \quad (m^3/min) \tag{12-17}$$

式中：α——矿浆流的压缩系数；

D——叶轮的直径，m；

h——叶轮中叶片的高度，m；

c_r——叶轮出口处，矿浆的径向速度，m/s。

矿浆的径向速度 c_r 与叶轮的圆周速度($u = \dfrac{\pi Dn}{60}$)成正比,所以,利用式 12 – 17,可得

$$\frac{Q_1}{Q_2} = \left(\frac{D_1}{D_2}\right)^2 \times \left(\frac{h_1}{h_2}\right) \times \left(\frac{n_1}{n_2}\right) \qquad (12-18)$$

从式(12 – 18)可以看出,叶轮所通过的含气矿浆能力与叶轮直径的平方、叶片高度和叶轮转数成正比。

增加叶轮的直径和转数,虽然可以提高通过叶轮的含气矿浆量,但是,却使浮选槽的有效容积减小和电能消耗增大。

根据试验结果,槽子宽度与叶轮直径之比一般在 2 ~ 3 范围内。

浮选机工作时,矿化泡沫要上升到槽子的液面上,所以叶轮除了应有一定的通过能力外,还应给矿浆一定的能量,使矿粒能浮游起来,即从叶轮出来的含气矿浆,应该有一定的静压头,这个静压头要相当于叶轮至槽面的矿浆深度。矿浆的静压头与叶轮的直径和转数有关。根据离心水泵的扬程计算公式可得

$$H = \vartheta \frac{u^2}{2g} \qquad (12-19)$$

式中:H——叶轮至槽面的矿浆深度,m;

    g——重力加速度,m/s^2;

    u——叶轮的圆周速度,m/s;

    ϑ——压头系数,$v = 0.2 \sim 0.3$。

若将 $u = \dfrac{\pi Dn}{60}$ 和 $\vartheta = 0.2$ 代入上式,则得

$$n = \frac{189}{D}\sqrt{H} \qquad (12-20)$$

由此可见,当槽子的深度增加时,如果叶轮的直径不变,为了保证矿浆具有一定的静压头,必须增加叶轮的转数。目前,大多数浮选机的叶轮圆周速度在 8 ~ 10 m/s 的范围内。

(2)浮选机的功率:浮选机叶轮的传动功率 N 是根据流经叶轮的矿浆上升到槽面所作的功来决定,它可按下式计算:

$$N = \frac{(Q_1 + Q_2)H\gamma}{102\eta} \quad (\text{kW}) \qquad (12-21)$$

式中:Q_1——吸入矿浆量,m^3/s;

    Q_2——循环矿浆量,m^3/s;

    H——叶轮至槽面的矿浆深度,m;

    γ——矿浆比重,kg/m^3;

    η——叶轮的效率,$\eta = 0.6 \sim 0.8$。

(3)浮选机的处理量:机械搅拌式浮选机的处理量(按干矿量计算)Q,一般用下式计算:

$$Q = \frac{60nVK}{\left(R + \dfrac{1}{\gamma}\right)t} \quad (\text{t/h}) \qquad (12-22)$$

式中:n——浮选槽数;

    V——浮选机的单槽容积,m^3;

K——有效容积系数，一般取 $K = 0.65 \sim 0.75$，扫选作业取较大值，精选作业取较小值，粗选作业取中间值；

R——矿浆液固比(按重量计)；

γ——矿石比重，t/m^3；

t——浮选时间，min，浮选时间根据实验室试验或处理类似矿物的实际数据确定。

第四节　磁选机和电选机

一、磁力选矿的基本原理

1. 矿物的磁性和磁选过程

磁力选矿是以各种矿物的磁性差别为基础的一种选矿方法。矿物按比磁化系数(比磁化系数表示单位质量的矿物在单位磁场强度中产生的磁矩)的大小可分为三类：强磁性矿物(如磁铁矿)、弱磁性矿物(如钛铁矿、赤铁矿和钨锰铁矿)、非磁性矿物(如石英)。几种矿物的比磁化系数见表 12 - 3。

表 12 - 3　几种矿物的比磁化系数表

矿物名称		粒度/mm	颜色	比磁化系数 $k/(cm^3 \cdot g^{-1})$
强磁性矿物	磁铁矿	$0 \sim 0.83$		80000×10^{-6}
	磁黄铁矿	$0 \sim 0.83$		5400×10^{-6}
弱磁性矿物	钛铁矿	$0 \sim 0.83$	黑色	399×10^{-6}
	赤铁矿	$0 \sim 0.42$	暗赤色	290×10^{-6}
	钨锰铁矿	0.13	黑褐色	66×10^{-6}
	锰矿	0.83	暗赤色	75×10^{-6}
非磁性矿物	石英	0.13	无色	10×10^{-6}
	锡石			0.83×10^{-6}

强磁性矿物($k \geqslant 3000 \times 10^{-6}$ cm^3/g)在磁场强度 $H = 900 \sim 1600$ Os 磁选机中可以选出。弱磁性矿物($k = 15 \times 10^{-6} \sim 600 \times 10^{-6}$ cm^3/g)在磁场强度 $H = 6000 \sim 18000$ Os 磁选机中可以选出。非磁性矿物($k < 15 \times 10^{-6}$ cm^3/g)在现有磁选机中不能分选。

磁选法是黑色金属矿石特别是磁铁矿石和锰矿石的主要选矿方法。磁选法在含有磁性的有色金属和稀有金属矿石的选矿中也有应用。

具有不同磁性的矿物通过磁选机的磁场时(见图 12 - 24)，矿物同时受到磁力和机械力的作用。磁性矿物所受磁力大于机械力，故改变原来的运动轨迹；而非磁性矿物由于不受磁力的作用，沿着原来的路径通过磁场。由此，则可按矿物磁性的不同获得两种或几种单独的选矿产品。

为了使磁性矿粒与非磁性矿粒很好分离，必须使作用在磁性矿粒上的磁力大于与其方向相反的机械力的合力，即

$$F_c \geqslant \sum F_j \qquad (12-23)$$

式中：F_c——作用在磁性矿粒上的磁力；

$\sum F_j$——与磁力方向相反的所有机械力的合
力，包括重力、惯性力、摩擦力和介
质阻力等。

如果要使磁性较强和磁性较弱的两种矿物很好
地分离，必须使作用在磁性较强的矿粒上的磁力大于
与其方向相反的机械力的合力，而作用在磁性较弱的
矿粒上的磁力，必须小于与磁力方向相反的机械力的
合力。

2. 磁选机的磁场特性

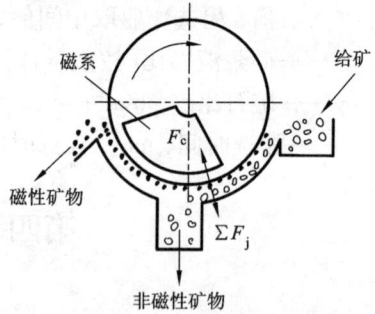

图 12－24　磁选过程示意图

利用磁选法分选矿物的主要条件是磁力，而磁力
的大小既与矿物的磁性有关，也与磁选机的磁场特性有关。

磁场特性主要是指磁场强度和磁场梯度在磁场空间的变化规律及其对磁力大小、分布的
影响。

在工程上，磁场强度常用下式表示：

$$H = \frac{B}{\mu} \quad (Os) \quad\quad\quad (12-24)$$

式中：B——磁感应强度，$Gs(1Gs = 10^{-4}T)$；

μ——介质的导磁系数。

磁场强度 H 的矢量与磁感应强度 B 的矢量是一致的。

磁场分均匀磁场和非均匀磁
场。在均匀磁场中，各点的磁场强度和方向都是相同的，因
而位于其中的磁性矿粒所受的引力和斥力大小
相等[见图 12－25(a)]，只受转矩的作用产生
旋转，转至与磁场方向一致时就停止了，矿粒
并不产生移动，也就是不被任何一个磁极吸
过去。

在非均匀磁场中[见图 12－25(b)]，磁场
强度的大小和方向是逐点变化的，磁性矿粒在
其中除受转矩作用外，还受磁力的作用，使矿

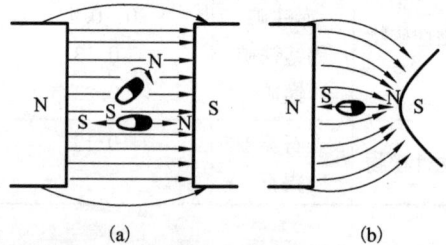

图 12－25　磁性矿粒在磁场中的运动状态
(a)均匀磁场；(b)非均匀磁场

粒从磁场强度低的地方向磁场强度高的地方移动。在磁选机中就是利用磁力吸住磁性矿粒，
从而达到使磁性矿物与非磁性矿物分离的目的。所以，在磁选机中只采用不均匀磁场，因为
磁场越不均匀，作用在磁性矿粒上的磁力就越大。

磁场强度的非均匀性用磁场梯度表示。磁场梯度是沿磁极法线方向磁场强度的变化量，
用 $\dfrac{dH}{dx}$（或 $\text{grad}H$）表示。在非均匀磁场中，各点磁场强度的大小和方向不同，即 $\dfrac{dH}{dx} \neq 0$，$\dfrac{dH}{dx}$ 越
大，则磁场的非均匀性也越大；反之，磁场的非均匀性越小。

磁场强度和磁场梯度的乘积称为磁场磁力 F，即

$$F = H \times \frac{\mathrm{d}H}{\mathrm{d}x} \quad (\mathrm{Os}^2/\mathrm{cm}) \tag{12-25}$$

在非均匀磁场中，作用在磁性矿粒上的磁力可用下式表示：

$$F_c = KVH\frac{\mathrm{d}H}{\mathrm{d}x} = KVH\mathrm{grad}H \quad (\mathrm{dyn}\text{——达因}，1\ \mathrm{dyn} = 10^{-5}\mathrm{N}) \tag{12-26}$$

式中：K——矿物的体积磁化系数。K 是 1 cm^3 矿物在磁场强度为 1 Os 的外磁场中所产生的磁矩；

　　　　V——矿粒的体积，cm^3；

　　　　H——磁场强度，$\mathrm{Os}(1\mathrm{Os} = 79.5775\mathrm{A/m})$；

　　　　$\dfrac{\mathrm{d}H}{\mathrm{d}x}$——磁场梯度，$\mathrm{Os/cm}$。

公式(12-26)表示的是单个矿粒上受到的磁力。为了比较不同矿粒在磁场中所受磁力的大小，通常采用比磁力，即作用在单位质量矿粒上的磁力，其计算公式为

$$f_c = \frac{F_c}{m} = \frac{KVH}{V\delta}\mathrm{grad}H = kH\mathrm{grad}H \quad (\mathrm{dyn/g}) \tag{12-27}$$

式中：m——矿粒的质量，g；

　　　　δ——矿粒的密度，$\mathrm{g/cm}^3$；

　　　　k——矿物的比磁化系数，cm^3/g。

公式(12-27)表明，作用在磁性矿粒上的比磁力与矿粒的比磁化系数 k 成正比，即矿粒的磁性越强，所受的磁力越大。比磁力与矿粒所处的磁场强度和磁场梯度的乘积(即磁场磁力)成正比，即磁场强度越大，磁场梯度越大，则矿粒所受的磁力越大。在公式(12-27)中，k 为矿粒本身的磁性，是磁选能否进行的主要依据。若矿粒的磁性很弱，在磁选机磁场中所受的磁力就很小，这种矿粒就难于选出。磁场强度和磁场梯度是磁选机磁场工作性能的主要指标。设计磁选机时，应力求增大磁场磁力，从而扩大分选矿物的品种，提高设备的生产能力。

3. 磁选机的磁系

磁选机的磁场是由永久磁铁和电磁铁产生的。永久磁铁一般用锶铁氧体($\mathrm{SrO \cdot 6Fe_2O_3}$)或钡铁氧体($\mathrm{BaO \cdot 6Fe_2O_3}$)磁性材料制成。电磁铁由供给直流电的绕组、铁心和磁极端部组成。铁心由软铁制成，在铁心上套有线圈。磁极端部固定在铁心的边上。目前弱磁场磁选机多采用永久磁铁，强磁场磁选机多采用电磁铁。

对磁选机磁场的要求，不仅要有足够的磁场强度，而且要有一定的不均匀性，即具有一定的磁场梯度，这样，才能产生足够的磁场磁力。

根据磁选机磁系的构造特点，磁系可分为开放磁系[见图12-26(a)、(b)]和闭合磁系[见图12-26(c)]两种。

开放磁系的两磁极间，由于空气隙大，磁阻很大，因而产生的磁场强度较低，所以只用于弱磁场磁选机的磁系。

闭合磁系的两磁极间，由于空气隙小，磁阻小，易于产生较高的磁场强度，所以多用于强磁场磁选机。

开放磁系的特点是磁极单向排列，排列的方式有平面排列[见图12-26(a)]、圆柱面排

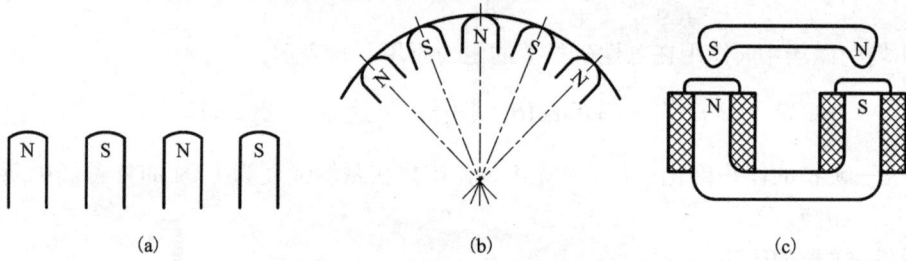

图 12 - 26 开放磁系和闭合磁系

(a)、(b)开放磁系;(c)闭合磁系

列[见图 12 -26(b)]和塔形排列[见图 12 -26(c)]。

开放磁系的磁场特性决定于极距、极宽与极隙的比值和磁块厚度。

极距的变化对磁系的磁场强度和磁场作用深度都有影响。

图 12 -27 表示不同极距对磁场强度沿极面中心垂直方向的变化。从图中可以看出,极距小时,磁场梯度大,离极面的距离稍有增加,则磁场强度下降较多,而极距大时,磁场梯度小,磁场强度下降较少。由此可见,极距大的磁系,磁场作用深度大,磁距小的磁系,磁场作用深度小。

在磁选过程中,一般要求磁性矿粒在移动过程中受到较均匀的磁力,以防止磁性矿粒脱落,因此,对极宽 b 与极隙 a 都有一定的要求。当极距 $L(L = b + a)$ 相同而极宽对极隙比值不同时,磁极表面上的磁场强度 H 变化情况如图 12 -28 所示。从图中可以看出,仅当 $b:a = 1.20:1$ 时,极宽与极隙上面的磁场强度才变化不大,这样就能防止磁性矿物在磁力较小处脱落。

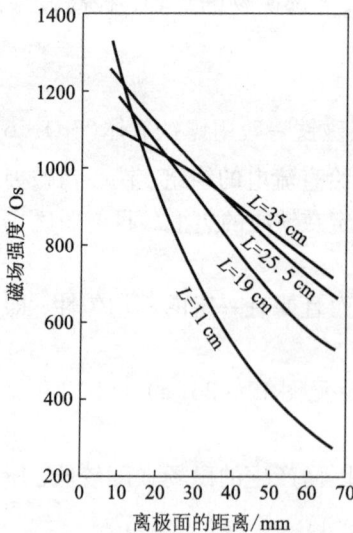

图 12 -27 不同极距时磁场强度沿垂直方向的变化

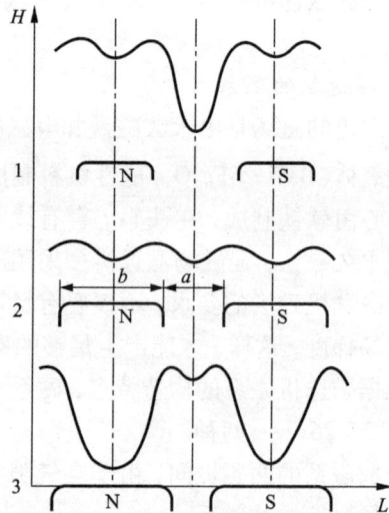

图 12 -28 b 与 a 的比值不同时,H 沿 L 的变化曲线

1—b:a = 0.75:1; 2—b:a = 1.20:1; 3—b:a = 3.00:1

通常，对于电磁磁系，$b:b=1.5:1$，对于湿式永磁筒式磁选机的磁系，$b:a=2(3):1$，对于干式永磁筒式磁选机的磁系，$b:a=5:1$。

磁极高度主要对永磁磁系而言。永磁磁系的磁场强度随磁极高度的增加而增加，但增加到一定数值时，磁场强度达到饱和。图 12 - 29 表明，当磁块（86 mm × 66 mm × 18 mm）增至五块时，磁场强度近似饱和，如继续增加磁块，磁场强度不再增加。因此，磁极组（由 86 mm × 66 mm × 18 mm 磁块组成）的高度通常为 90 mm。当磁极断面增加后，磁极组的高度仍可增加，但需根据实测决定。

闭合磁系的特点是磁极双侧配置。要获得较高的磁场强度和磁场梯度，选择适当的感应磁极（或感应介质）和原磁极形状是很重要的。

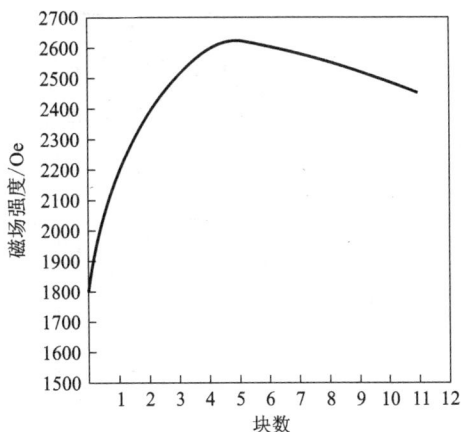

图 12 - 29 磁场强度与磁块厚度的关系

常见闭合磁系磁极对的形状如图 12 - 30 所示。方案（a）的磁极对是由一平面极（原磁极）和一尖形齿极（感应磁极）组成。方案（b）和（c）的磁极对是由一平面极（原磁极）和矩形齿极、尖形齿极（感应磁极）组成。方案（e）、（d）的磁极对是由槽形磁极（原磁极）和矩形齿极、尖形齿极（感应磁极）组成。图 12 - 31 表示方案 2、3、4、5 的磁场强度和磁场力的变化曲线。

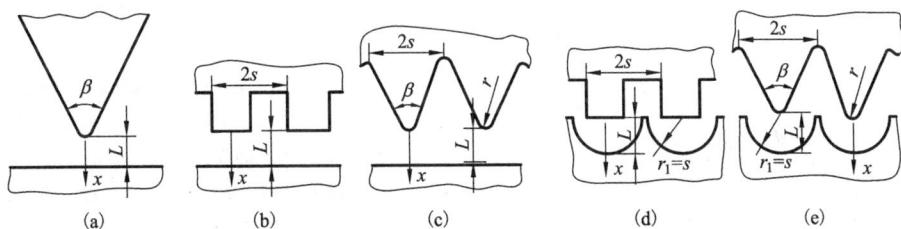

图 12 - 30 闭合磁系磁极对的形状

从图 12 - 31 中可以看出，当原磁极相同时，尖形齿极比矩形齿极可以获得较高的磁场力，即方案 3 比方案 2 的磁场力大；方案 5 比方案 4 的磁场力大。这是由于尖形齿极比矩形齿极能够造成非均匀性大得多的磁场。

尖形齿极的尖削角对磁场力的大小也有影响。磁场的非均匀性随着尖削角的增大而下降。通常单齿极的尖削角采用 60°，多齿极采用 45°。

为了避免尖形齿极的磁性饱和及防止尖端由于磨损而造成工作间隙的增大，所以应将齿的尖端制成圆弧形。实践证明，对于单齿极圆弧半径 $r \approx 0.5L$（L 为极距）；对于多齿极 $r \approx 0.2s$（s 为齿距）。

槽形磁极的凹槽应按半径 $r_1 \approx s$ 制成圆弧形。

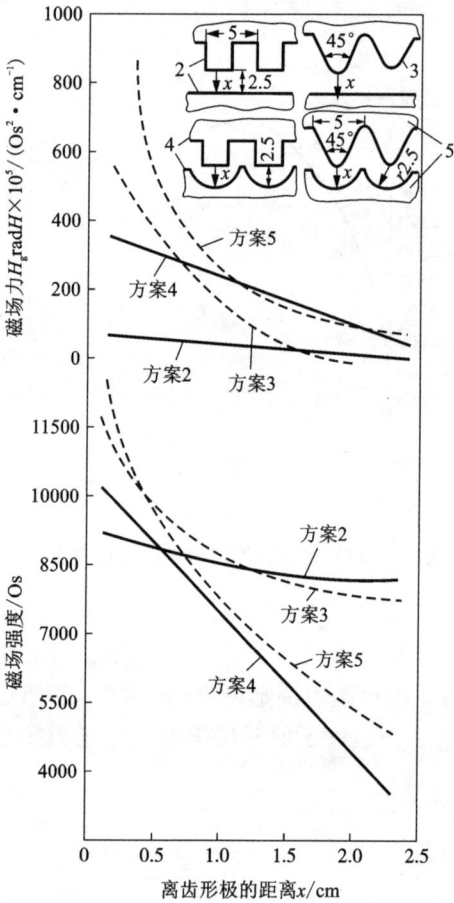

图 12 - 31　各种磁极对的 $H = f(x)$ 和
$HgradH = f(x)$ 曲线

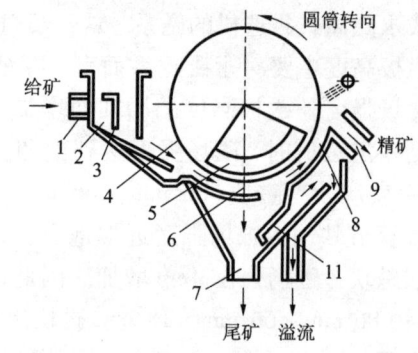

图 12 - 32　顺流型磁选机的工作原理

1—给矿管；2—给矿箱；3—挡矿板；4—圆筒；
5—磁系；6—扫选区；7—尾矿管；8—脱水区；
9—精矿管；10—冲洗水管；11—槽底

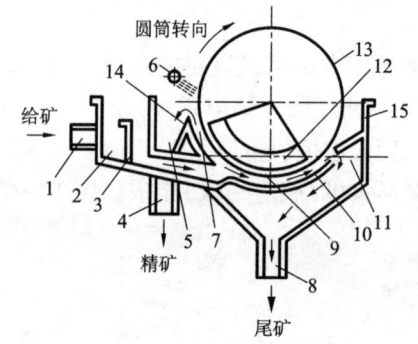

图 12 - 33　逆流型磁选机的工作原理

1—给矿管；2—给矿箱；3—挡矿板；4—精矿管；
5—精矿溜槽；6—冲洗水管；7—脱水区；8—尾矿管；
9—扫选区；10—槽底；11—溢流堰；12—磁系；
13—圆筒；14—前壁；15—侧壁

矩形齿极的齿高、齿宽、齿槽宽对磁场的非均匀性和磁场力均有影响，通常应根据矿物的磁性通过试验选定。当被选矿石中磁性矿物的磁性很弱，且其含量低时（<30%），最好采用齿宽 c 小于齿槽宽 b（如 $\frac{c}{b} = \frac{1}{2}$）的齿形；磁性较强，且其含量也很高时（≥50%），最好采用齿宽 c 大于齿槽宽 b（如 $\frac{c}{b} = \frac{2}{1}$）的齿形。在一般情况下，取齿高 a 不大于齿距 $2s$，齿宽 c 约等于齿槽宽 b 的齿形。

二、磁选机的分类与构造

目前，国内外生产的磁选机种类很多，其分类方法也各不相同。根据产生磁场的方法不同，磁选机分为电磁磁选机和永磁磁选机；根据选别方式的不同，磁选机分为干式磁选机和湿式磁选机；根据磁场强度的强弱不同，磁选机分为弱磁场磁选机（$H < 2500$ Os）和强磁场磁

选机($H = 6000 \sim 26000$ Os)；根据结构的不同，磁选机分为筒式、盘式、辊式、环式和带式磁选机。

1. 弱磁场湿式永磁筒式磁选机

永磁筒式磁选机已广泛应用于黑色及有色金属选矿厂、重介质选煤厂以及其他工业部门。它具有结构简单、体积小、重量轻、效率高、耗电少等优点，现已几乎全部代替了复杂笨重的带式磁选机和电磁筒式磁选机。

湿式永磁筒式磁选机能选别粒度为 6 mm 以下的强磁性矿物。

湿式永磁筒式磁选机根据槽体的型式可分为顺流型、逆流型和半逆流型三种。

顺流型磁选机的工作原理如图 12-32 所示。矿浆由给矿管 1 进入给矿箱 2，由挡矿板 3 上边缘溢出，均匀地流入选矿槽。矿浆中的磁性矿物受磁力吸引，附着于圆筒 4 上。由于磁极极性交变排列，而且矿浆的流动方向与圆筒的转动方向相同，所以，吸附在圆筒上的磁性矿物经过几次磁搅动作用之后，使混杂在磁性矿物中的非磁性矿物在离心力和水流冲力的作用下被甩到槽底。磁性矿物通过脱水区 8，脱离磁场，被水冲下后经精矿管 9 排出槽体外。尾矿沿扫选区 6 经槽底 11 从尾矿管 7 流出。

顺流型磁选机适用于粒度为 6~0 mm 的强磁性矿物的精选作业（或粗选作业），可获得高品位的精矿。但是，由于矿浆流速大，难免带走少量的磁性矿物，因此，尾矿品位稍高。

逆流型磁选机的工作原理如图 12-33 所示。逆流型磁选机的扫选区较长，回收磁性矿粒较充分，因此，回收率高。它适用于粒度为 0.6~0 mm 的强磁性矿物的粗选或扫选作业。

半逆流型磁选机的工作原理如图 12-34 所示。矿浆从中间给入，扫选区比逆流型的短些，脱水区比顺流型的长些，因此，它兼有逆流型的高回收率和顺流型的高精矿品位的优点，分选指标较好。半逆流型磁选机在选矿厂获得广泛的应用，它适用于粒度为 0.2~0 mm 矿物的精选或粗选作业。

半逆流型永磁筒式磁选机（见图 12-35）主要由传动装置、永磁圆筒和槽体等部分组成。

传动装置系采用 JCH 型齿轮减速三相异步电动机，通过一对开式齿轮带动永磁圆筒旋转，其传动系统见图 12-36。圆筒圆周速度为 1.2~1.3 m/s。由于圆筒直径不同，圆筒转速也不同。圆筒直径 600 mm 的转速为 40 r/min，圆筒直径 750 mm 的转速为 35 r/min。

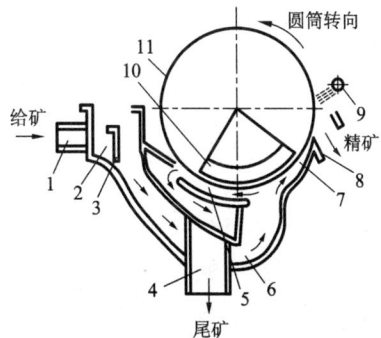

图 12-34　半逆流型磁选机的工作原理
1—给矿管；2—给矿箱；3—挡矿板；4—尾矿管；
5—扫选区；6—槽底；7—脱水区；8—精矿管；
9—冲洗水管；10—磁系；11—圆筒

永磁圆筒由圆筒、轴和磁系组成。圆筒是由 3~4 mm 厚的不锈钢板焊接而成。为了保护筒体不受磨损。通常在圆筒表面衬一层 2~4 mm 的橡胶。筒体两端用铸铝端盖密封，端盖的中心装有球面滚动轴承，轴承安装在芯轴上，芯轴则支承在机架上。

磁系是产生磁能的源泉。磁系主要由永磁磁块和磁轭组成。根据圆筒直径的大小，磁系有 3~5 个磁极。通常，直径 600 mm 的圆筒配用三极磁系，而直径 750 mm 的圆筒采用 4~5 个极的磁系。图 12-37 为四极磁系的示意图。

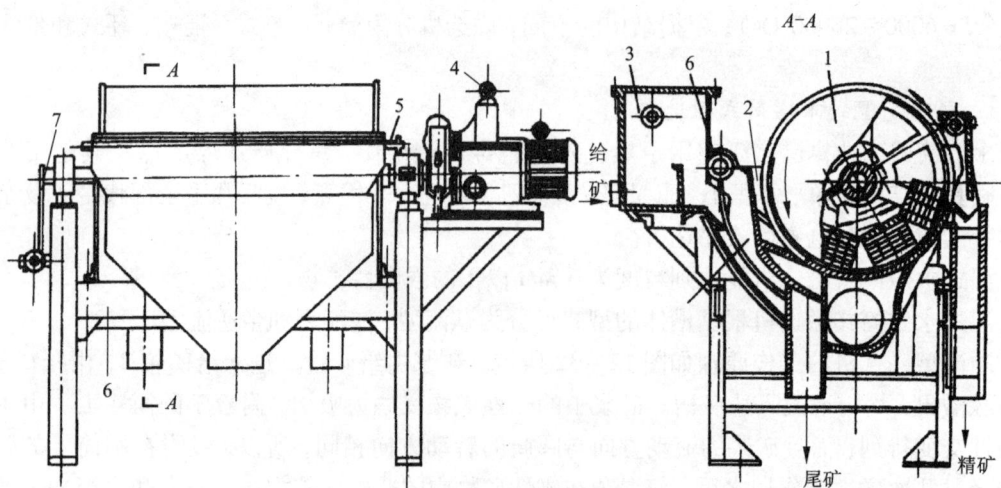

图 12 –35 半逆流型永磁筒式磁选机

1—永磁圆筒；2—槽体；3—给矿箱；4—传动部分；5—卸矿水管；6—机架；7—转向装置

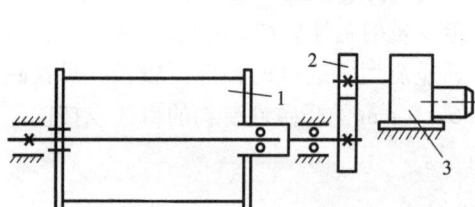

图 12 –36 传动系统示意图

1—永磁圆筒；2—开式齿轮副；
3—JCH 型齿轮减速三相异步电动机

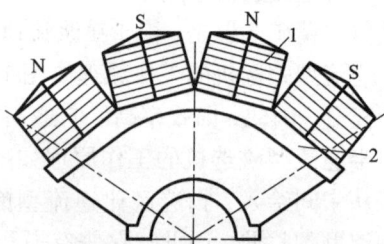

图 12 –37 四极磁系示意图

1—永磁磁块；2—磁轭

永磁磁块的材料是锶铁氧体。磁块规格是 $86 \times 60 \times h$（mm），厚度 h 有 15、18、21 mm。磁块用环氧树脂胶粘在加工好的低碳钢板上，通常由 5 块组成一个磁极组，然后充磁，最后安装在磁轭上。磁轭是用低碳钢或工业纯铁铸造而成，它的作用是联接磁块构成放射状磁系，起导磁作用。磁极的极性沿圆周方向交变排列。

磁选机的槽体用非导磁材料不锈钢（靠近磁极部分）和普通钢板焊接而成。目前也有用工业塑料板焊接的。

2. 磁力脱水槽、预磁器和脱磁器

磁力脱水槽具有选别和脱水两种作用。它主要用于分选粒度 1.5 ~ 0 mm 的强磁性矿物——磁铁矿、磁黄铁矿和经过磁化焙烧的赤铁矿、褐铁矿等。在一段或两段磨矿后采用磁力脱水槽时，其作用是脱除矿物中的细粒脉石，进行粗选。当用在磁选机之后，过滤机之前时，主要作用是脱水，也有一定的精选作用。

磁力脱水槽有电磁的和永磁的两种。目前，大多数磁选厂都采用永磁脱水槽。

永磁脱水槽（见图 12 –38）主要由槽体、给矿装置、磁系、给水装置及排矿装置等组成。

槽体是用钢板制成的倒置中空圆锥体，锥角为 45° ~ 60°。其上端有溢流槽，底部有两个对称布置的溢流管，用于排出尾矿。槽体底部有一个弯形排矿管与排矿箱相连，用于排出精矿。

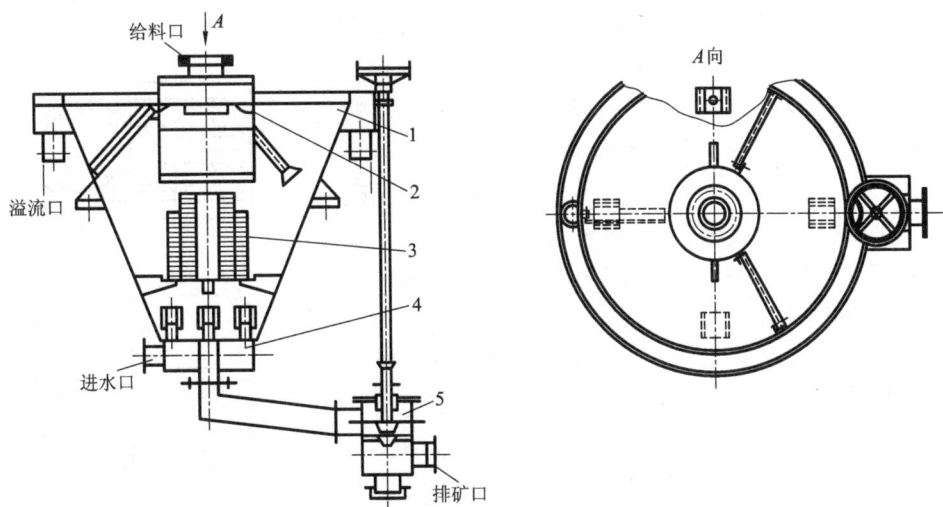

图 12 - 38　永磁脱水槽
1—槽体；2—集矿筒；3—磁系；4—给水管；5—排矿管

给矿装置为圆形集矿筒，上部由钢板制成，下部用橡胶板或塑料板制成，以防止磁感应。给矿装置由三根角钢支承于槽体内壁上。

磁系是由磁块组成的圆塔形结构。磁块在圆周上均匀分布，空隙处用三角形木楔楔紧，用铜螺钉将磁块固定在一个钢制底板上，然后固定于槽体内的四个支板上。

磁系结构应使产生的磁场有利于磁性矿粒向精矿区沉降，即能倾斜下降。为此，槽体内沿轴向的磁场强度及磁场梯度是由上向下逐渐增加，而沿径向的磁场强度及磁场梯度是由外向内逐渐增加，这样就达到磁力脱水槽分选的要求。

给水装置是由给水管及布置在排矿口周围的 4~6 个喷水管构成。喷水管端部装有返水帽，使上升水流均匀分布。

排矿装置用于控制排矿量。转动手轮使螺杆上下移动，便能调节阀门的开闭程度，从而达到控制排矿量的目的。

在磁力脱水槽中，矿浆从上部进入集矿筒，落至返矿盘上，再流入槽内。这种给矿方式，给矿面积大，溢流均匀而稳定。磁性矿物在磁力和重力的作用下，克服上升水流阻力，被吸在磁系上，吸到足够多就掉下来，沉降于槽底，经排矿口排出。非磁性矿物及矿泥在上升水流的作用下，克服重力上升，由溢流槽排出。

上升水流的作用，一方面是将非磁性细粒矿物及矿泥冲入尾矿，另一方面也使磁性矿粒呈松散状态，将夹杂于其中的细粒脉石及矿泥冲洗出来，从而提高精矿品位。

由于上升水流的作用，微细的磁性矿粒很易冲入尾矿。为了克服这一缺点，矿浆在进入磁力脱水槽之前，先通过预磁器进行预先磁化。矿浆中的磁性矿物经预先磁化后，由于细粒的强磁性矿物的剩磁和矫顽力作用，使细粒矿物聚成磁团。磁团所受磁力和重力要比单个矿粒大得多，因而可以提高磁力脱水槽的分选效果。

预磁器有电磁的和永磁的两种。电磁预磁器是由绕在铜管上的电磁线圈组成。线圈内通入直流电，在铜管内产生磁场。磁场强度一般为 400 Os 左右，磁场方向（铜管内磁力线方向）平行于矿浆流动的方向。矿浆流经铜管时，磁性矿粒就被磁化，从而相互吸引聚成磁团。磁场强度等于或超过 400 Os 时，矿浆在预磁器内流经的时间应大于 0.2 s。

永磁预磁器(见图 12－39)是由磁块组、磁导板和非磁性材料(塑料或橡胶)的矿浆管组成。为了保证矿粒的充分磁化，预磁器的磁场强度应大于 400 Os，矿浆通过预磁器的时间要大于 0.2 s。为了使矿浆能顺利地通过预磁器，预磁器应产生均匀磁场，并且预磁器矿浆管的入口及出口处的磁场梯度不应很大，避免产生较大的磁力将矿粒吸入管道内壁而堵塞矿浆流。

经过磁力脱水槽或磁选机选别后的强磁性矿物，由于剩磁的作用而发生的磁团聚现象，对磁性产品的精选或分级(如再磨后的分级)都是不利的。为此，必须采用脱磁器去掉磁团的剩磁，使其分散，以利于下段作业的顺利进行。

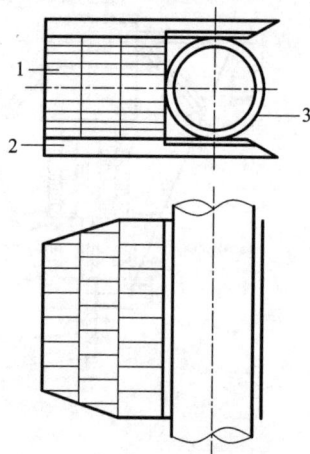

图 12－39　永磁预磁器
1—磁块；2—磁导板；3—矿浆管

脱磁器(见图 12－40)，是由套在铜管或非磁性材料管上的圆锥形线圈组成。线圈中通入频率为 50 周波的交流电。矿浆通过管道时，由于沿矿浆流动方向的线圈匝数逐渐减少，强磁性矿粒在逐渐减小的交变外磁场作用下，其磁感应强度 B 与外磁场强度 H 相应地形成形状相似而面积逐渐缩小的磁滞回线(见图 12－41)，剩磁和矫顽力逐步缩小，从而达到脱磁的目的。

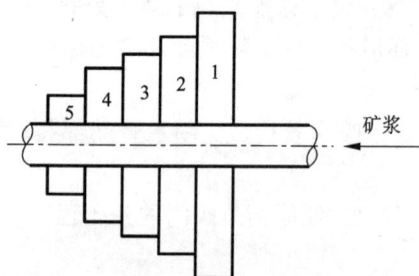

图 12－40　脱磁器

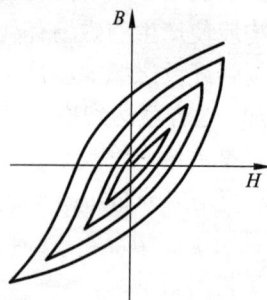

图 12－41　脱磁器中矿粒的磁滞回线

3. 盘式磁选机

盘式磁选机属于强磁场磁选机，它用于干式细粒状弱磁性矿物的分选。盘式磁选机有单盘、双盘和三盘三种。这三种磁选机的结构、工作原理基本相同，都具有工作间隙和磁场强度可调的特点，但生产能力较小。下面仅介绍双盘磁选机的工作原理和结构。

双盘磁选机用于选别干式、粒度小于 2 mm 的弱磁性矿物，如钨矿、钛铁矿、锆英石，独居石等，并具有同时分选几种矿物的特点。

双盘磁选机的工作原理如图 12－42 所示。入选矿物经给矿槽下部的闸门进入永磁分矿筒时，强磁性矿物被分选出来，经斜槽落入首部接矿斗中，弱磁性矿物在重力和离心力作用下，落到筛子上。筛上物由筛框一侧排到接矿斗中，筛下物(弱磁性矿物)由给矿盘送到回转的磁盘下面的强磁区进行分选。吸在磁盘上的矿物被带到侧面弱磁区，矿物在重力和离心力作用下,落到两侧的接矿斗中,未坠落的矿物由卸矿刷强迫脱落,经磁盘四次分选后,非磁性矿物沿给矿盘被送入尾部接矿斗中。

双盘磁选机的构造如图 12 - 43 所示。该机主要由给矿斗、永磁分矿筒、偏心振动给矿盘、磁盘传动装置、电磁系统、机架等部分组成。电气控制箱为该机的附属设备。

永磁分矿筒的圆筒由铜板制成,筒内装有永久磁铁。永磁分矿筒由电动机经三角皮带和蜗轮减速器带动回转。

偏心振动给矿盘(见图 12 - 44)由振动头和给矿盘组成。振动头由搭轮、偏心轴,偏心

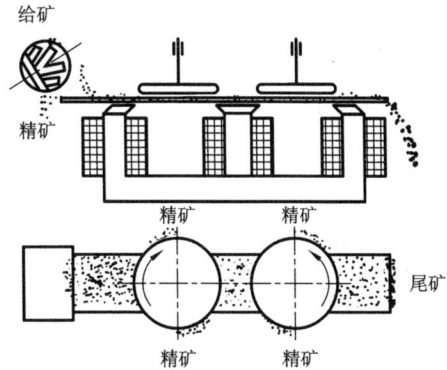

图 12 - 42　双盘磁选机的工作原理

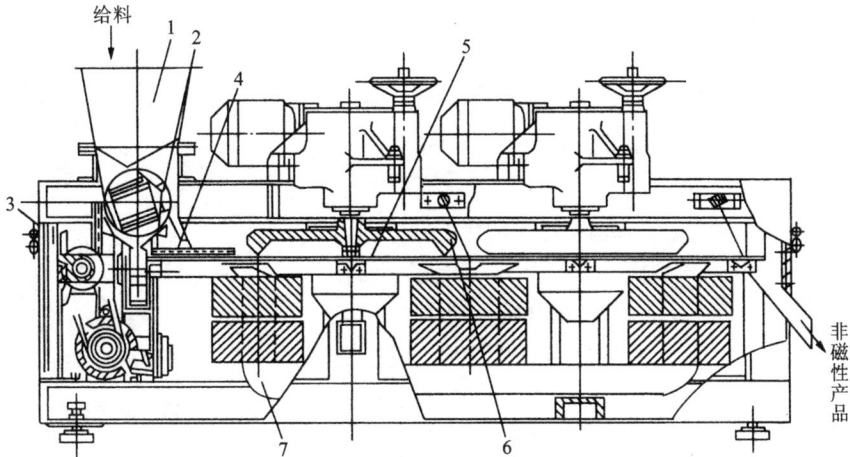

图 12 - 43　双盘磁选机

1—给矿斗;2—永磁分矿筒;3—接矿斗;4—筛料槽;5—偏心振动给矿盘;6—磁盘;7—磁系

套和连杆构成。振动头由电动机经皮带单独驱动。借助搭轮可得三种频率,其振幅由偏心轴和偏心套的相对位置决定。给矿盘由 2 mm 厚的不导磁不锈钢板和铸铝架组成,给矿端设有 2 mm 筛孔的筛网,用两块和六块单板弹簧分别与振动头和机架相连接。

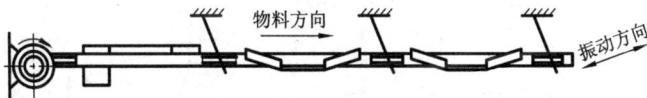

图 12 - 44　偏心振动给矿盘

磁盘分别由电动机经蜗轮减速器带动相向旋转,磁盘的升降由手轮调节。两磁盘的安装位置和旋转方向不允许调换。

电磁系统由"山"型的铁芯和磁盘组成，构成一个"囗"型的磁回路。铁芯由 DT$_3$ 工业纯铁铸成，每个铁芯上装有两个线圈。

机架是用槽钢焊接而成。永磁分矿筒的下部、筛子侧面、每个磁盘的侧面以及尾部均设有铝制的接矿斗。

三、电选机

电选是矿物在高压电场作用下，利用矿物的电性差异而达到分选的一种选矿方法。

有些矿物由于比重和磁性差别不大，或因无适合的浮选药剂，往往用重选法、磁选法或浮选法不能很好地进行分选，但是利用矿物的电性差别却能有效地分选，特别是对于砂矿和稀有金属脉矿的精选，电选法通常是一种有效的选矿方法。电选和其他选矿方法不同，电选的分离过程是在高压电场的条件下，主要是通过矿物电性这个内因实现的，矿物的电性主要是矿物的导电率（导电系数）、介电常数和比导电度。根据导电率的大小，矿物可分为三类：导体矿物，半导体矿物和非导体矿物。

电选机是实现不同电性矿物分离的设备。电选机按电场的特性可分为静电场电选机、电晕电场电选机、复合电场（静电场和电晕电场组合）电选机。按结构特征可分为筒式、箱式、板式和带式电选机。电选机的工作原理如图 12-45 所示。

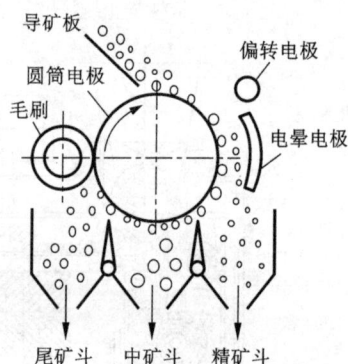

图 12-45　电选机的工作原理

当电选机的高压电极（与高压电源负极相连）通入高压电时，在电晕电极与圆筒之间产生电晕电场，而在偏转电极与圆筒之间形成非均匀静电场。电晕电场是不均匀电场，在电晕电极附近的电场强度很强，随着距离的增大，电场强度减弱得很快。在大气压力下提高两电极间的电位差到某一数值时，由负极发射出大量的电子，这些电子在电场的作用下以很大的速度运动，当和气体（如空气）分子碰撞时便使气体分子电离。气体被电离的正离子飞向负极，负离子飞向正极（圆筒接地是正极）。矿物沿导矿板给到圆筒电极上。导电性不同的矿物进入电场后，都获得负电荷。导体矿物由于界面电阻接近于零，故很快把得到的电荷传导给圆筒，因而在电场力和机械力的作用下，离开筒面偏向偏转电极而落入精矿斗中；非导体矿物由于界面电阻很大，故在圆筒上的放电速度比得到电荷的速度慢得多，从而吸附在圆筒表面上，然后受毛刷作用而落入尾矿斗中，半导体矿物则介入二者之间，落人中矿斗中。

在分选过程中，矿粒受到下列几种力的作用（见图 12-46），由于受力不同，导体、半导体和非导体矿粒在电场中的运动轨迹不同，因而使矿物得到分选。

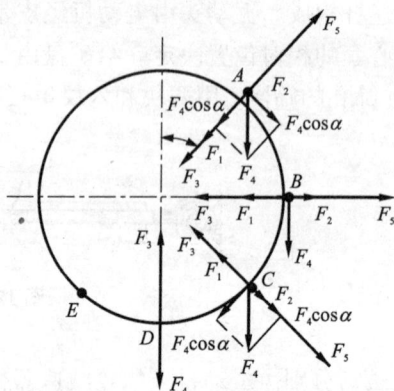

图 12-46　作用在矿粒上的力

1. 作用在矿粒上的电力

（1）库仑力：根据库仑定律，矿粒在电场中所受的库仑力 F_1 为

$$F_1 = Q_{(R)} E \qquad (12-28)$$

式中：$Q_{(R)}$——矿粒上的剩余电荷，C；

　　　E——矿粒所在位置的电场强度，V/m。

由于矿粒上的剩余电荷为负电荷，故 F_1 促使矿粒被吸引在圆筒表面上。

（2）非均匀电场引起的力 F_2：如矿粒在电场中被极化（非导体矿物）或感应（导体矿物）而形成电偶极子时，非均匀电场对它有一个吸向电场强度大的区域的力：

$$F_2 = r^3 \frac{\varepsilon - 1}{\varepsilon + 2} E \frac{\mathrm{d}E}{\mathrm{d}x} \qquad (12-29)$$

式中：r——矿粒的半径，mm；

　　　ε——矿粒的介电常数；

　　　$\dfrac{\mathrm{d}E}{\mathrm{d}x}$——电场梯度。

由式（12-29）可知，电场越不均匀，则 $\dfrac{\mathrm{d}E}{\mathrm{d}x}$ 越大，F_2 也越大。在电晕放电的电场中，越靠近电晕电极，则电场梯度越大，而在圆筒表面附近的电场，电场梯度很小，因此 F_2 也很小。

（3）界面吸力 F_3：界面吸力是由荷电矿粒的剩余电荷与圆筒表面相应位置的感应电荷（此感应电荷与剩余电荷大小相等，符号相反）之间产生的吸引力，即

$$F_3 = \frac{Q_{(R)}^2}{r^2} \qquad (12-30)$$

式中，符号意义同前。

界面吸力使矿粒吸向圆筒表面。界面吸力的大小主要决定于矿粒的剩余电荷，而剩余电荷又决定于矿粒的界面电阻。界面电阻大时，剩余电荷多，所受的库仑力和界面吸力就大，反之则相反。

2. 作用在矿粒上的机械力

（1）矿粒本身的重力 F_4：

$$F_4 = mg \qquad (12-31)$$

式中：m——矿粒的质量，g；

　　　g——重力加速度，9.81 m/s^2。

在 AC 两点间的电场区内，重力 F_4 从 A 点开始起着使矿粒沿圆筒表面移动或脱离的作用。

（2）离心惯性力 F_5：

$$F_5 = m \frac{v^2}{R} \qquad (12-32)$$

式中　v——圆筒表面的线速度；

　　　R——圆筒半径。

为了保证不同电性的矿粒在选分带分离，必须分别满足以下条件。

在选分带 AC 段内分出导体矿物时：

$$F_1 + F_3 + mg\cos\alpha < F_2 + F_5 \qquad (12-33)$$

式中，α 为矿粒在圆筒表面所在处的半径与垂线间的夹角。

在选分带 CD 段内分出半导体矿物时：

$$F_1 + F_3 + mg\cos\alpha < F_2 + F_5 \qquad (12-34)$$

在选分带 DE 段内分出非导体矿物时：

$$F_3 > mg\cos\alpha + F_5$$

图 12 – 47 为 $\phi370 \times 600$ 高压电选机的结构示意图。该机是采用电晕电场和静电场相组合的复合电场。电选机由以下几个主要部件组成：

(1) 给矿装置：给矿装置由给矿斗、加热器和给矿辊等组成。被分选矿物经给矿斗加热后，通过闸门、给矿辊、导矿板均匀地落到圆筒上进行分选。给矿辊由电动机经减速器带动旋转。

(2) 圆筒：圆筒在电选机中作为接地正极起分选作用。圆筒用无缝钢管加工后表面镀铬制成，它绕固定的空心轴转动。圆筒由直流电动机经皮带轮带动旋转。圆筒转数采用无级调速。为了避免空气温度变化对分选过程造成影响，在圆筒内装有加热器，使圆筒表面温度保持在 80℃ 左右。

(3) 电晕电极与偏转电极：电晕电极采用直径小于 0.2 mm 的电晕丝张紧于铜制弧形支架上，形成弧形的电晕电极组。在电晕丝的旁边安有直径为 40 mm 的铜管作为偏转电极。这些电极能平行地移动，极距可以调节。电晕电极与圆筒表面的距离可在 45 ~ 150 mm 范围内调节，以适应矿物粒度和电性等条件的变化。

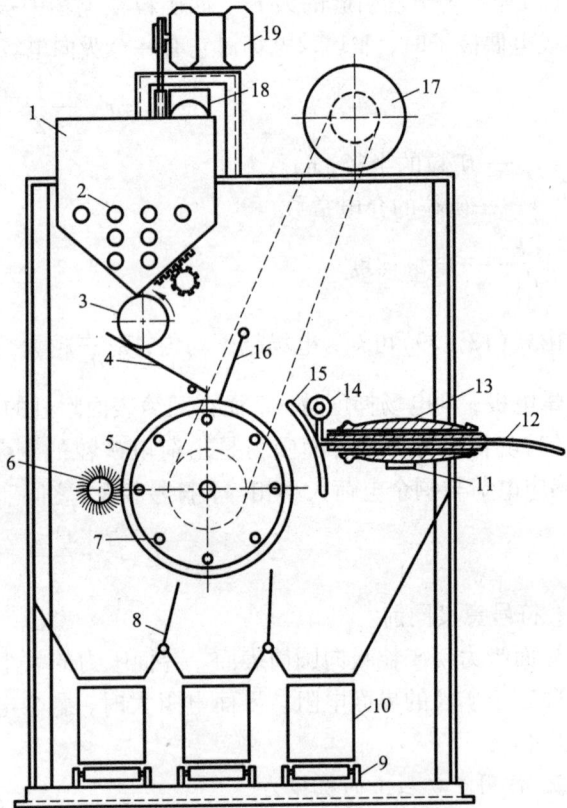

图 12 – 47　$\phi370 \times 600$ 高压电选机

1—加热给矿斗；2—加热管；3—给矿辊；4—导矿板；5—辊筒；
6—毛刷；7—辊筒加热管；8—分矿隔板；9—托滚；10—接矿斗；
11—高压电阻支承架；12—高压电源引入电缆；13—高压瓷套管；
14—偏转电极；15—电晕电极；16—挡矿板；17—直流电动机；
18—减速箱；19—给矿辊传动电机

电选机的高压直流电源采用四管桥式全波整流线路，整流电压和电流比较稳定。

第十三章　脱水机械

第一节　概　述

　　湿式选矿所得产品，常常含有大量的水分，因此不便于运输，也不能满足冶炼加工的要求。在严寒地区，含有水分的精矿则会被冻结，因而使装载和运输发生困难。所以，精矿在送往冶炼或作其他用途之前，必须先进行脱水。从选矿产品中除去水分的过程，叫做脱水作业。

　　选矿产品脱水的方法有：自然脱水，浓缩，过滤和干燥。

　　1. 自然脱水

　　利用物料颗粒表面水分的自重作用作为粗粒物料的脱水叫自然脱水，这种脱水作业通常是在筛子或脱水仓中进行的。

　　2. 浓缩

　　在选矿厂中，浓缩是作为矿泥脱水作业的第一步。它是利用矿浆中的固体颗粒在重力或离心力的作用下会发生沉降的原理来除去水分，从而提高矿浆浓度。浓缩产品中残留的水分不大于50%。用于这一过程的浓缩设备有各种型式的浓缩机、水力旋流器和沉淀池等，而应用最广的是连续作用的机械卸料式浓缩机，即各种结构型式的耙式浓缩机。

　　3. 过滤

　　该过程一般为浓缩过程的下一道工序。在这一过程中，固液混合物通过多孔的筛板（如过滤布、刚性多孔筛板等）而分离，其产品水分一般为10%～18%。用于这一过程的脱水设备有各种型式的过滤机，如筒式、盘式、绳索式和压辊式过滤机等。应用最广的是各种筒型真空过滤机，其中又分为内滤式、外滤式以及新发展起来的折带式真空过滤机和磁力真空过滤机。

　　4. 干燥

　　干燥是基于水分蒸发原理而使物料脱水的方法。通过这一过程，其产品水分保留在1%～6%。该方法生产成本较高，因为要通过加热而使水分蒸发。只有在采用机械脱水的方法不能达到要求而又必须继续降低物料中的水分含量时，才采用加热干燥的方法。用于这一过程的有各种型式的干燥机。干燥在选矿厂内应用较少，通常在冶炼厂内应用。

　　在选矿厂的脱水作业中，通常采用的脱水设备有浓缩机和过滤机。

第二节　浓缩机

　　浓缩是在浓缩机中进行的。浓缩机是一个圆形的贮水池，矿浆中的固体颗粒受重力作用下沉而与水分离。矿浆在浓缩池中的沉淀过程如图13－1所示。

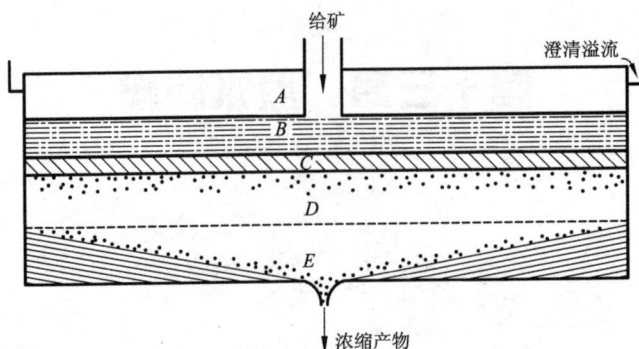

图 13 - 1 浓缩机的浓缩过程示意图

如图 13 - 1 所示,需浓缩的矿浆首先进入自由沉降区(B 区),矿浆中的固体颗粒靠自重迅速下降。当沉降至 C 区时,一部分矿粒能够自重下沉,一部分矿粒却又受到密集的矿粒的阻碍而不能自由下沉;形成了介于 B、D 两区之间的过渡区。由于矿粒愈细,其沉降速度愈慢。因为物料愈细,矿粒的表面积愈大,水分的含量取决于润湿性和毛细管现象。因此在沉淀过程中,最难沉降的是微细的矿泥。对于粒度为 $0.1 \sim 0.001\ \mu m$ 的胶体粒子,由于分子力、勃朗运动以及同名电荷粒子的静电排斥作用,使其因自重沉降的倾向被平衡,实际上没有了沉淀作用。为了改善这类悬浮矿粒的沉降情况,必须消除它们的电荷,以使微粒互相结合而成为大的絮团和浓聚块。在选矿厂中,常在进入浓缩机的矿浆中,加入絮凝剂使分散的微粒絮凝而加速沉降。

根据国内外许多单位的试验及生产实践证明,在浓缩机中加入倾斜挡板是提高浓缩效率的最新途径。倾斜挡板沿浓缩池周边均匀布置,挡板与水平倾斜成 $60°$ 角安装。

浓缩产物的浓度在一定限度内为矿浆在浓缩机停留时间的函数。它取决于压缩区的密集程度。该区的絮凝体是相互重叠的,在上层颗粒重量的作用下,由于压挤产生进一步的浓缩,随着水分的排出,原絮凝体的结构被破坏,产生了更加密实的絮凝体。当外加力与增加的流动阻力平衡时,浓缩即停止。

若需要进一步提高浓缩产物的浓度,就要用机械的方法来破坏絮凝体的结构,使其结构更加密实。同时,又将分散的颗粒集中,使其占有最小的体积而获得较高的浓度。这就是把式浓缩机在选矿中获得广泛应用的重要原因之一。

图中 B、C、D 区是矿浆的浓缩过程。固体颗粒沉到池底,它们在池底相互紧密地积聚(E 区)。由于刮板的运转,使 E 区形成一种锥形表面,同时又受到刮板的压力,使沉降在池底的沉淀物进一步浓缩,然后由底部卸料口排出。在浓缩池上部形成的一层澄清水(A 区),经池边溢流槽排出。浓缩机一般用于过滤之前的精矿的浓缩或用作尾矿脱水。用作精矿浓缩的浓缩机,它的产品是由底部卸料口排出的精矿,其浓度指标为 75% 以下,同时控制溢流浓度,防止精矿流失。用作尾矿脱水的浓缩机,它的产品是由上部溢流槽排出的溢流水。溢流水的含固量指标小于 0.5%,排泥指标为 20% ~ 30%。

选矿厂通常使用连续式浓缩机,往浓缩机中送入矿浆,排出澄清水和排出浓缩产品,都是连续进行的。

浓缩机按其传动方式可分为中心传动式和周边传动式两种。

一、中心传动式浓缩机

中心传动式浓缩机分小型(直径为 φ1.8～20 m)与大型(直径可达 φ100 m 以上)两种。

小型中心传动式浓缩机(见图13－2)由浓缩池、耙架、传动装置、信号安全装置、耙架提升装置、给料装置和卸料装置等组成。

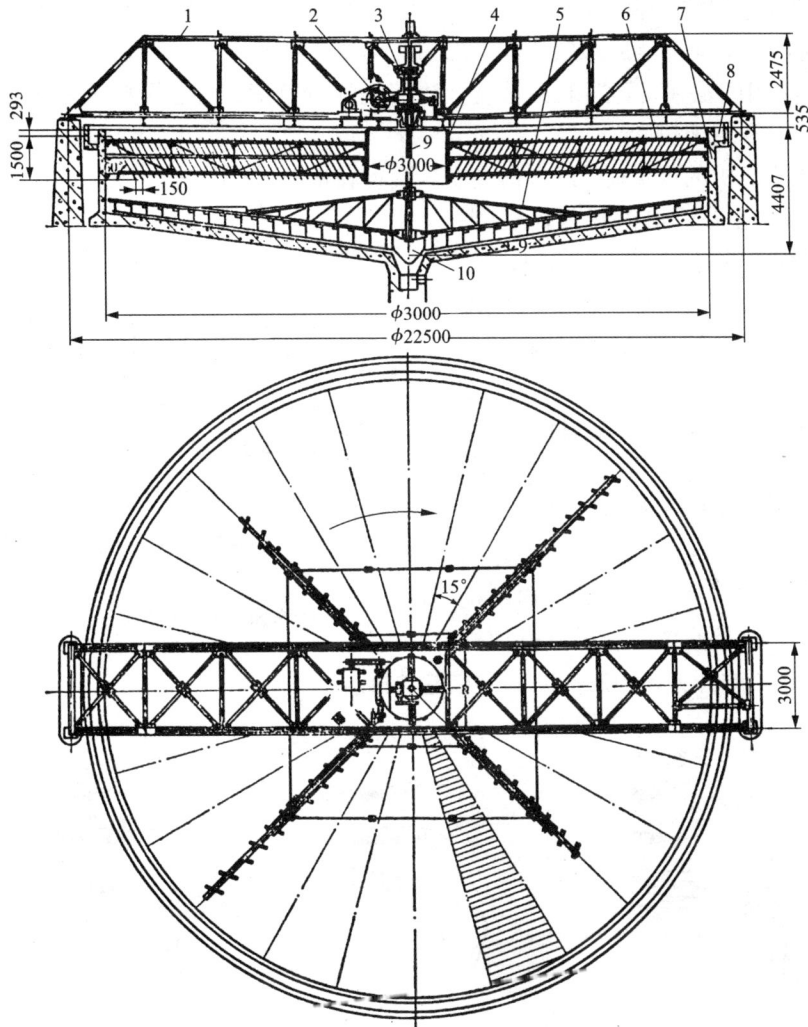

图13－2　φ20 m 中心传动式浓缩机
1—桁架；2—传动装置；3—耙架提升装置；4—受料筒；5—耙架；
6—斜板装置；7—浓缩池；8—环形溢流槽；9—竖轴；10—卸料斗

圆柱形浓缩池7用水泥或钢板做成，池底稍呈圆锥形或是平的。在池底的中心有一个排出浓缩产品的卸料斗10。池子上部周边设有环形溢流槽8。

为了提高浓缩效率，在浓缩池的澄清区下部，沿池的周围装有倾斜板6。装设倾斜板后，矿浆流就沿倾斜板的空间向斜上方运动，固体颗粒在两块斜板之间垂直沉降，沉降的路程缩短，时间减少，沉降到倾斜板上的微细颗粒团聚在一起，沿倾斜板向下滑，沉降速度加快。装设倾斜板后，也增大了浓缩机的自然沉淀面积。

在浓缩池的中间安有一根竖轴9，轴的末端固定有一个十字形耙架5，耙架的下面装有刮板。耙架与水平面成8°~15°角。竖轴由固定在桁架1上的电动机经圆柱齿轮减速器、中间齿轮和蜗轮减速器带动旋转。

当竖轴旋转时，矿浆沿着桁架上的给矿槽流入池中心的受料筒4，并向浓缩池的四周流动。矿浆中的固体颗粒渐渐沉降到浓缩池的底部，并被耙架下面的刮板刮入池中心的卸料斗10，用砂泵排出。上面澄清的水层从池上部的环形溢流槽8溢出。

在操作过程中，必须注意排料的浓度。浓缩机的过负荷，或是物料非常浓缩的情况，都会使卸料斗淤塞和耙架扭弯。

为了防止浓缩机的过负荷，设有信号安全装置和耙架提升装置。

信号安全装置采用水银开关控制器，如图13-3所示。蜗杆1的一端支承于垫圈3中，此垫圈为弹簧2所支持。当浓缩机负荷过大时，即沉淀物太多而使耙架转动阻力过大时，蜗杆螺纹上所受的压力增大，使蜗杆沿轴向发生移动，压缩弹簧，将垫圈推向右方。垫圈上带一个触头4，使之与偏心的水银开关座5相触。开关座上固定着三个不同倾角的水银开关，见图13-4。其中最下面的开关1控制提升电动机使耙架下降；中间开关2控制提升电动机使耙架上升；上面的开关3控制传动部分主电动机。

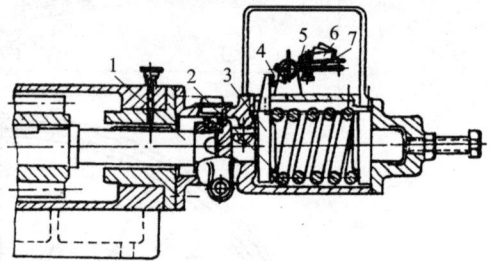

图13-3 水银开关控制器
1—蜗杆；2—弹簧；3—垫圈；
5—开关座；6—水银开关；7—调整螺栓

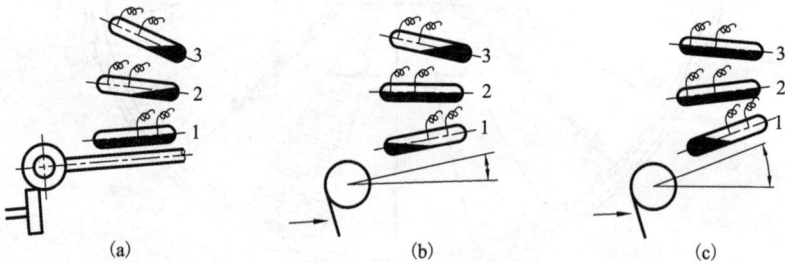

图13-4 水银开关位置图

在正常负荷情况下，各水银开关的位置如图13-4(a)。开关1处于水平状态，二触点接通，此时耙架下降到最低极限位置，开关2与3均断开；随着负荷的增加，使刮泥的阻力矩增大，当达到一定值时，蜗杆的轴向力克服弹簧力而发生位移，使水银开关座转动一定角度，各开关位置变成如图13-4(b)所示。开关1断开，开关3仍然断开，开关2接通，即提升电动机接通，耙架上升。如果在耙架上升过程中负荷减少，则蜗杆在弹簧力的作用下恢复原位，开关位置回复到图13-4(a)位置，于是提升电动机反转，耙架下降。反之，在耙架上升过程中，负荷继续增加，耙架上升到最高极限位置时，如蜗杆继续产生轴向位移，开关座又转一个角度，开关变成图 13－4(c) 的位置，1 仍然断开，2 接通，3 也接通，发出警报，全机停转。

图 13－5 为耙架提升装置示意图。为了将耙架提起，竖轴 1 和轴套 2、蜗轮 3 的联接是滑动连接，竖轴可作轴向运动。在竖轴的止推轴承外壳 4 的上部固定有传动轴 5，轴上有螺纹，与蜗轮连接的螺母 6 旋入传动轴上。利用提升电动机的正向或反向旋转运动带动蜗杆使蜗轮转动，可将传动轴提高或下降，又通过止推轴承的外壳而将竖轴—耙架提高和下降。将提升电动机连接在控制线路上，就可实现自动提耙。传动轴的螺纹上固定一个挡块，在提升架上固定两个行程开关，控制耙架的最高和最低的极限位置。

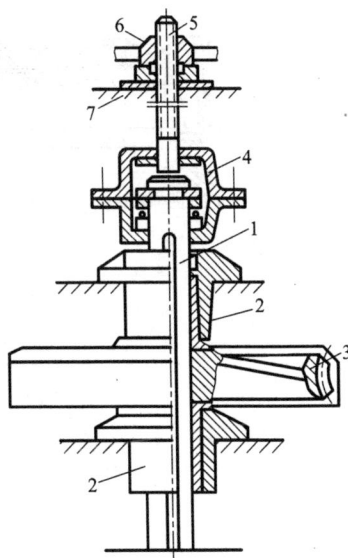

图 13－5　耙架的提升装置

1—竖轴；2—轴套；3—蜗轮；4—止推轴承外壳；
5—传动轴；6—螺母；7—提升架

二、周边传动式浓缩机

周边传动式浓缩机如图 13－6 所示，浓缩池 4 由混凝土制成，其中心有一个钢筋混凝土支柱。耙架 3 的一端借助于特殊的轴承置于浓缩池的中心支柱上，耙架的另一端与传动小车相连接，并由小车上的滚轮 2 支承在浓缩池圆周敷设的钢轨轨道 1 上。滚轮由固定在传动小车上的电动机经减速器、齿轮齿条传动装置驱动，使之在轨道上滚动，带动耙架回转以刮集沉淀物。

为了对电动机供电，在中心支柱上装有环形接点，而沿环滑动的集电接点则与耙架相连，并由敷设在耙架上的电缆将电流从这些接点引入电动机。

周边传动式浓缩机由于耙架刚性较大，故其直径可以做得很大，一般可达 50 m，最大规格为 φ100 m。国外最大规格达 φ180 m。在大型选矿厂中广泛采用这种型式的浓缩机。

浓缩机耙架的运动速度决定于浓缩物料的特性。耙架的旋转速度很慢，以避免破坏矿粒的沉淀过程。对矿粒较粗和容易沉降的物料，耙子的转速为 6 m/min 左右；对极细矿粒和细粒精矿，耙子的转速应小于 3～4 m/min。

浓缩机的构造简单，管理容易，因此它被广泛用来浓缩各种物料。上述两种浓缩机的缺点是占地面积大，不能用来沉积大于 0.3 mm 的产品，因为在这种情况下可能将浓缩机淤塞。

为了节省厂房占地面积，可采用多层浓缩机。这种浓缩机只是将两个或四个浓缩池叠加起来，其结构与一般小型中心传动式浓缩机相同。目前，为了减少占地面积，浓缩机不是向大型化发展，而是改进机器结构，如安置倾斜板，增大有效工作面积，添加凝聚剂，强化浓缩过程，提高浓缩效率。

浓缩机是选矿厂中极其重要的机器设备之一。如果它的生产遭到了破坏，就可能使全厂停工，因为全部精矿矿浆都要经过它来处理。因此它的所有机构应当经常保持正常。

在浓缩机开动前，必须检查闸门、池的下部导管和传动机构是否正常，而且必须确认在池内没有意外落入的物品时，才可开动浓缩机。

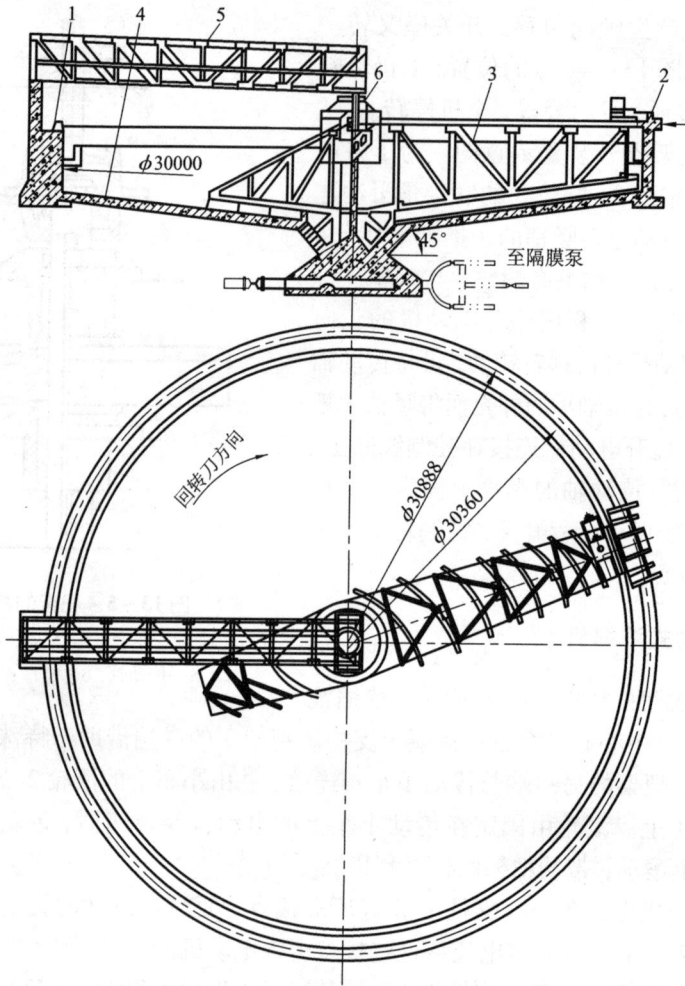

图 13 - 6 φ30 m 齿条周边传动式浓缩机
1—轨道；2—滚轮；3—耙架；4—浓缩池；5—给料槽；6—集电装置

当浓缩机工作时，应注意浓缩机的负荷、溢流的纯度和浓缩产品的浓度。

浓缩机的过负荷可能引起严重的事故，如中心传动式浓缩机的竖轴折断，周边传动式浓缩机的耙子滞塞；并使耙架停止运动。为了避免发生这样的事故，应随时注意浓缩矿浆的浓度变化情况，及时改变浓缩矿浆的排出速度。

排矿斗的堵塞是浓缩机运转中最主要的故障之一。可能发生堵塞的原因是粗粒物料、木屑、破布等落入浓缩机中，特别是在砂泵运转中断时更可能发生。当排矿斗堵塞时，必须关闭浓缩产品管道上的闸门，并用高压水压入排矿斗，这样持续几分钟即可消除堵塞现象。若浓缩机的池内落入木屑、破布等物时，为了彻底排出故障，应当完全将池内的矿浆排出，再进行清理。

三、多层浓缩机

多层浓缩机有两层至五层的。其构造与一般小型中心传动式浓缩机相同，只是将两个或更多浓缩池叠起来。因此，可节省厂房占地面积。

图 13 - 7 为双层浓缩机。它可分为四种不同的形式，如图 13 - 8 所示：

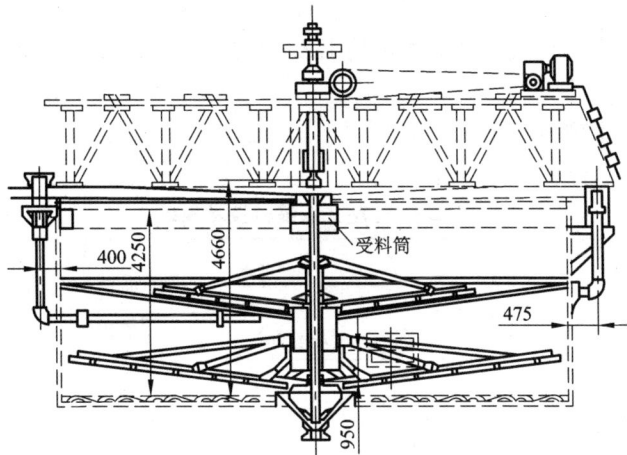

图 13 - 7　双层浓缩机

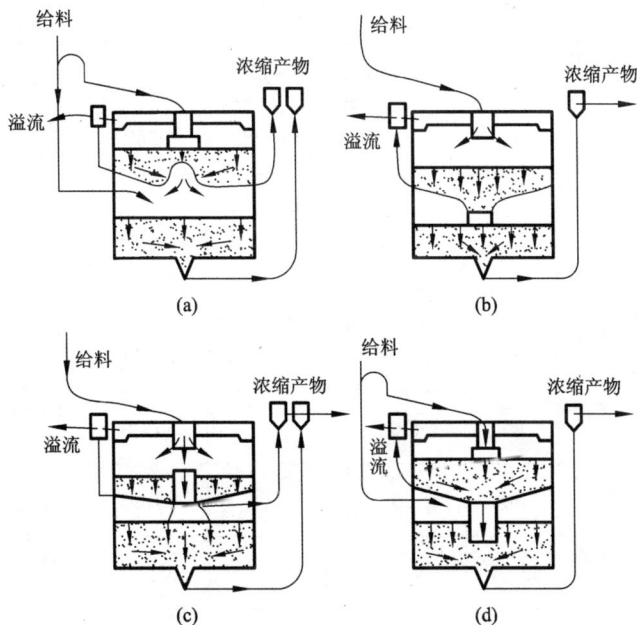

图 13 - 8　双层浓缩机的四种形式
(a)密闭式；(b)开放式；(c)连通式；(d)平衡式

（1）密闭式：为两个完全独立的浓缩机，只是转动耙架在同一个中心垂直轴上。该形式的中间隔底较复杂，故应用不多；

（2）开放式：此种形式的特点是仅在上层的浓缩机进料，而浓缩产物于下层卸出，溢流液则从上层和下层的溢流槽溢出。此种浓缩机适用于稀释度极大的矿浆的沉淀浓缩；

（3）连通式：需进行浓缩的矿浆与开放式的相似，给料仅于上层浓缩机中送入，但溢流及浓缩产物却是各层独立排出。此式在操作时须注意矿浆排卸的调节；

（4）平衡式：此式的特点是需浓缩的矿浆同时在上、下两层送入，溢流液亦自各层分别溢出，而浓缩产物仅于下层排卸。此式效率较高，双层浓缩机多用此种形式。

双层浓缩机的处理量约为单层浓缩机的 1.8～2 倍。多层浓缩机当尺寸很大时构造复杂，制造费用较高。

耙式浓缩机的技术规范见表 13-1。

表 13-1 耙式浓缩机技术规范

序号	名称及规格	主要参数			设备重量 /kg	电动机型号规格	备 注
		直径 /m	中央深度 /m	生产能力 /(t·24h^{-1})			
1	ϕ1.8 m 中心传动式浓缩机	1.8	1.8	1.3～5.6	1230	JO$_2$22-6 1.1 kW	
2	ϕ3.6 m 中心传动式浓缩机	3.6	1.8	5～22.4	2875	JO$_2$22-6 1.1 kW	
3	ϕ6 m 中心传动式浓缩机	6	3	14～62	8760	JO$_2$21-4 1.1 kW	
4	ϕ9 m 中心传动式浓缩机	9	3	32～140	6000	JO$_2$41-6 3 kW	
5	ϕ12 m 中心传动式浓缩机	12	3.6	56～250	8420 12831	JO$_2$41-6 3 kW	
6	ϕ15 m 周边传动式浓缩机	15	3.7	88～390	9250	JO$_2$51-6 5.5 kW	周边辊轮传动
7	ϕ18 m 周边传动式浓缩机	18	3.7	127～560	10100	JO$_2$51-6 5.5 kW	
8	ϕ24 m 周边传动式浓缩机	24	3.7	226～1000	23990	JO$_2$52-6 7.5 kW	周边齿条传动和周边辊轮传动
9	ϕ30 m 周边传动式浓缩机	30	3.97	352～1560	26415	JO$_2$52-6 7.5 kW	
10	ϕ45 m 周边传动式浓缩机	45	4.0		56520	JO$_2$52-6 7.5 kW	
11	ϕ50 m 周围边传动式浓缩机	50	4.5		60180	JO$_2$61-6 10 kW	周边齿条传动
12	ϕ53 m 周边传动式浓缩机	53.36	4.5		68520	JO$_2$61-6 10 kW	
13	ϕ50 m 周边传动式浓缩机	50	4.5		108500	JO$_2$62-6 13 kW	周边齿条双传动
14	ϕ53 m 中心传动式浓缩机	53.34	5.8	1000	38790	JO42-4-ϕ_2 2.8 kW	
15	ϕ20 m 中心传动式浓缩机	20	4.4		33090	JCH752-31 4.2 kW	自动提耗加倾斜板

四、浓缩机的设计、选用与计算

设计浓缩机时，首先须根据所要求的生产能力、给料浓度和浓缩产物浓度等技术参数确定浓缩池的面积与深度。再按已定的池子面积及深度选定浓缩机的结构型式及传动方式。

1. 浓缩池面积的计算

矿粒在浓缩池中沉淀的过程十分复杂，目前尚无准确的计算方法。通常是假定矿浆在浓缩池里的沉淀如同在静止的沉淀池中一样。基于这种假定，我们就很容易从实验中测得矿浆沉淀速度来计算实际所需的浓缩池面积。为了使溢流保持澄清，应使澄清区下部界面永远保持在溢流口之下。因此，必须使浓缩机的溢流量与该机的澄清能力平衡。所谓澄清能力，即单位时间内所能澄清的水量。面积为 F m^2 的浓缩池其澄清能力为

$$24 \times 3600 \frac{V_R}{1000} FK \quad (\text{t/d})$$

式中：V_R——矿浆的沉淀速度，mm/s；

K——校正系数。即使用的有效面积与浓缩池总面积之比，介于 $0.5 \sim 0.7$ 之间。

浓缩机的溢流量为

$$(R_1 - R_2)Q \quad (\text{t/d})$$

其中：R_1——给料浓度（液∶固）；

R_2——浓缩产物浓度（液∶固）；

Q——浓缩机每 24 小时处理之干固体量，t/d。

为了保持溢流清洁，必须至少使

$$24 \times 3600 \frac{V_R}{1000} FK = (R_1 - R_2)Q$$

即

$$86.4 V_R FK = (R_1 - R_2)Q$$

故浓缩池面积

$$F = \frac{(R_1 - R_2)Q}{86.4 V_R K} \quad (\text{m}^2) \qquad (13-1)$$

若令 $f = \dfrac{F}{Q}$ ［m^2/(t·d)］，即为沉淀 1 t 干固体所需的澄清面积。则

$$f = \frac{R_1 - R_2}{86.4 V_R K} \quad [\text{m}^2/(\text{t·d})] \qquad (13-2)$$

容许的单位给矿量 q，根据上式可视为单位沉淀面积的倒数：

$$q = \frac{1}{f} = \frac{86.4 V_R K}{R_1 R_2} \quad (\text{t/m}^2 \cdot \text{d}) \qquad (13-3)$$

应注意到，式(13-2)和式(13-3)只是在矿浆浓度很高，在干涉沉降的情况下，亦即在矿浆的澄清区与沉降区之间有明显的界线时，才能使用。否则，计算出的浓缩池面积将超过实际所需的面积，造成浪费。这是因为矿粒在浓度很高的矿浆中下沉时，其沉降速度显然较低的缘故。

因此，在浓度较稀薄的矿浆中，即在澄清区与沉降区之间无明显分界线时，应采用下式计算

$$f = \frac{R_1 - R_2}{86.4 V_0 K} \quad [\text{m}^2/(\text{t} \cdot \text{d})]$$

$$q = \frac{86.4 V_0 K}{R_1 - R_2} \quad [\text{t}/(\text{m}^2 \cdot \text{d})]$$

式中：V_0 为溢流中最大颗粒在水中的自由沉降末速，mm/s；

f、q、R_1、R_2、K 的意义与前面相同。

当计算浓缩金属矿物的浓缩机时，通常应使溢流中不会有大于 4～5 μm 的矿粒。

除上述两种计算浓缩池面积的方法外，在实际中常按经验数据来计算，即按适合于该种矿浆的单位生产率计算必须的面积。以下给出几种精矿的许可单位给矿量的经验数据：

(1) 易沉淀的价值不高的精矿(黄铁矿、重晶石和铁精矿等)为 1～2 [t/(m² · d)]；

(2) 有色金属精矿(铜、铅、锌之精矿)为 0.4～0.8 [t/(m² · d)]；

(3) 稀有金属精矿(钨、钼、钴之精矿)为 0.25～0.5 [t/(m² · d)]。

2. 浓缩池深度的计算

浓缩池深度 H 取决于浓缩过程中矿浆所经过的各区的高度

$$H = H_1 + H_2 + H_3 + H_4 \quad (\text{m}) \tag{13-4}$$

式中：H——浓缩池总深度，m；

H_1——澄清区高度，为了保证溢流清洁，应使 H_1 在 0.5～0.8 m 之间；

H_2——自由沉降区高度，由实验确定；

H_3——压缩区高度，由试验及计算确定；

H_4——刮板运动区高度，可由下式求得：

$$H_4 = \frac{D}{2} \tan \alpha \quad (\text{m})$$

式中：D——浓缩池直径，m；

α——浓缩池水平倾角，常取 12°。

计算 H_3 时，可以从实验室的试验中测定矿浆浓缩至规定浓度所需的时间 t，等于矿浆在浓缩机中所停留的时间(即下沉高度 H_3 所需的时间)来求得。

设 R_{C_P} 为矿浆在压缩区中的平均液固比；t 为浓缩所需时间(实测得)，h；δ 为矿粒密度，g/cm³；f 为沉淀 1 吨干固体所需的澄清面积，m²/(t · d)。

则每排出一吨(干固体)矿粒需由卸料口排出之矿浆体积 V 为

$$V = \frac{1}{\delta} + R_{C_P} = \frac{1 + \delta R_{C_P}}{\delta} \quad (\text{m}^3)$$

要使矿浆在压缩区中停留 f 小时(浓缩所需时间)，则所需的高度 H_3 为

$$H_3 = \frac{(1 + \delta R_{C_P})t}{24 \delta f} \quad (\text{m})$$

式中，计算 H_3 时所需浓缩时间 t 为矿浆沉淀到临界点后，从临界点开始至所需浓度的时间。这可从实验中直接观察得出。其中 R_{C_P} 即为矿浆沉积至临界点时的浓度与浓缩产物浓度之平均值，也就是压缩区中沉积物的平均浓度(液固比)。若以 R_{R_P} 表示矿浆在临界点(B 区和 C 区已消失，A 区和 D 区直接接触之点)时的液固比，则

$$R_{C_P} = \frac{R_{K_P} + R_2}{2}$$

3. 结构型式及传动方式的选择

浓缩机类型的选择，当有必要节省厂房面积，并希望得到给，卸物料最小温差时，通常采用多层浓缩机。因双层隔热要比单层简单得多。当厂房面积允许时，可采用单层浓缩机。因其管理简单，高度较低。

对于浓缩池直径小于φ20 m的，应尽量采用小型中心传动式。因为在相同处理量的情况下，这种型式的金属用量最少，能自动提耙，便于加倾斜挡板；对于中等直径的浓缩机（φ15～φ53 m），如果处理量较小，浓度又低，多采用大型中心传动式。对于处理量很大，浓度较高的情况，则采用周边传动型式为佳。因周边传动式的耙架为简支梁，较之中心传动式的悬臂梁耙架坚固且不易变形，工作安全可靠，但是，大型中心传动式的结构便于在浓缩池中加倾斜挡板。对于大直径的浓缩机（φ45～φ100 m），采用周边齿条传动式较好。因这种结构可以防止辊轮打滑，工作比较可靠。

4. 刮板的计算

刮板的形状应能保证当其回转时，可将沉淀在池底的物料从池子周围以最快的速度刮向中心卸料口为原则。所以，刮板形状以对数螺旋线形（见图13-9）为最理想。因为这种曲线为等角曲线，即φ角在任何点均为定角。只要φ角规定得合理，则可满足工作的要求。

对数螺旋线的极坐标方程式为

$$r = ae^{K\theta} \tag{13-5}$$

式中：r——动径；

　　　e——自然对数底，e = 2.718；

　　　a 和 K 均为常数，$K = ctan\phi$；

θ 变化范围在 $+\infty \sim -\infty$ 之间，当 $\theta = 0$ 时，$r = a$，$\theta \to -\infty$ 时，$r \to 0$，$\theta \to \infty$ 时，$r \to \infty$。

ϕ 角由实验确定。

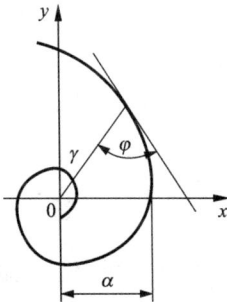

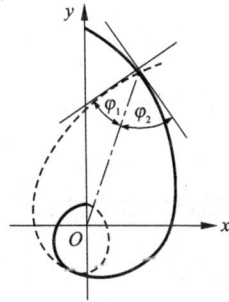

图13-9　对数螺旋线　　　　　图13-10　刮板与矿粒运动轨迹

若不考虑矿物与刮板的摩擦力，并设浓缩池池底为水平时，则矿粒运动的轨迹也是一个对数螺旋线，并且 $\phi_2 = 90° - \phi_1$ 即 $\phi_1 + \phi_2 = 90°$。

图13-10中，实线为刮板曲线，虚线为矿物颗粒运动的轨迹。

六、设备的使用与维护

浓缩机的管理工作较简单，通常仅限于泵的调节、启动和停车，每班不多于一次或两次，每天润滑一台浓缩机约需 10 min。因此，除有多台浓缩机同时工作的选矿厂外，一般可由邻近的工人兼行看管。

浓缩机的管理工作虽然简单，却不可忽视。因为浓缩机是选矿厂重要设备之一，如果它发生故障，就可能引起全厂停工。

为了保证浓缩机正常工作，操作者在给料之前应先启动电动机，在停止给料之后才许可停车。遇到特殊情况必须停车时，要马上停止给料，并将耙架迅速提起或加大排矿量，以避免刮板被埋入浓缩了的矿浆中。给料及排卸浓缩产物的工作应保证连续性及均匀性。须有规律地检查浓缩机的处理量、给料浓度、浓缩产物浓度、溢流质量，使之满足生产要求。当给料浓度过高或给矿量过大时，不但容易使溢流中固体损失增加，同时又会因沉淀物太厚而引起机械的过负荷。浓缩产物的浓度与浓缩池中沉淀物的厚度呈正比，为保证浓缩产物能达到较高的浓度，必须使浓缩池中保持有适当的沉积物厚度。在实际操作中，浓缩产物的浓度可通过控制排料速度来调节，但在调节排料速度的同时，必须注意防止溢流中固体损失的增加。

在浮选精矿浓缩时，由于这种矿浆有大量的泡沫，往往给浓缩机操作带来困难，使溢流浑浊，甚致使溢流中产生大量的金属损失，所以在浓缩之前应将这些泡沫除去。消除泡沫的方法有多种：当矿浆进入浓缩池时，用高压水喷洒，使泡沫消散，或利用离心泵叶轮的回转将气泡打散，或在浓缩池内装设平行于溢流槽的挡圈（挡圈上堰稍高于溢流槽，下缘浸入液面之中）阻挡泡沫，以及加药剂促使泡沫迅速破裂。

第三节　真空过滤机

浓缩后，矿浆采用过滤的方法进一步脱水。过滤是利用多孔的滤布来使固体颗粒与水分离。真空过滤机的工作原理是在滤布的一面由真空泵抽成负压，于是在滤布的两面形成压力差。在这个压力差的作用下，矿浆中的液体透过滤布成为滤液，矿浆中的固体颗粒被阻留在滤布上形成滤饼。滤液不断地被排出机外，滤饼则用刮板刮下。过滤工作是连续进行的。

真空过滤机按照过滤表面的形状可分为盘式、筒式和平面真空过滤机，它们的工作原理是相同的。

一、外滤式圆筒真空过滤机

外滤式圆筒真空过滤机（见图 13 – 11）是由筒体、主轴承、矿浆槽、传动装置、搅拌器、分配头、刮刀和绕线机构等组成。

过滤机筒体用钢板焊接制成。筒体外表面用隔条 1（见图 13 – 12）沿圆周方向分成 24 个独立的轴向贯通的过滤室，每个过滤室都用管子 4 与分配头相通。过滤室里铺设过滤板 3。滤布 6 覆盖在过滤板上，滤布用胶条 5 嵌在隔条的绳槽内，并借助绕线机构（螺杆传动）用钢丝连续缠绕住滤布而使其固定在筒体上。

筒体左端的空心轴颈上固定着链轮，用以传动绕线机构运动。绕线机构的传动系统如图 13 –13 所示。筒体左端的链轮带动链轮 10 使绕线机构的螺杆 11 转动，从而使螺母（绳轮座）12 沿螺杆移动，实现用钢丝缠绕滤布的要求。筒体右端的喉管与分配头相连，并在其外径上，装有蜗轮。

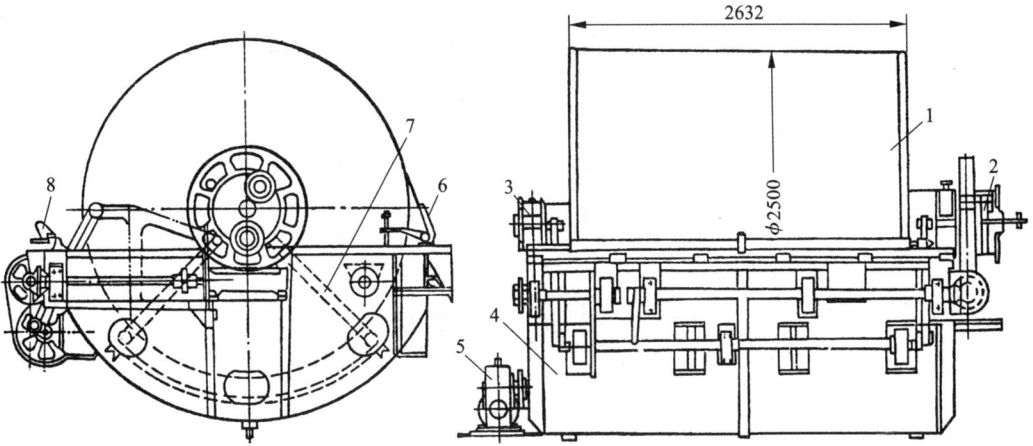

图 13 – 11　20 m² 外滤式圆筒真空过滤机

1—筒体；2—分配头；3—主轴承；4—矿浆槽；5—传动装置；6—刮刀；7—搅拌器；8—绕线机构

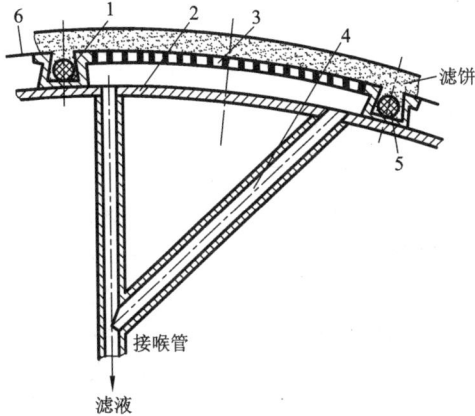

图 13 – 12　过滤机筒体的结构

1—隔条；2—筒体；3—过滤板；4—管子；5—胶条；6—滤布

　　过滤机的筒体通过主轴承支承在矿浆槽上，并由电动机经蜗轮减速器、链传动、伞齿轮副和蜗轮传动装置驱动筒体回转(见图 13 – 13)。

　　筒体的下部位于矿浆槽内。矿浆槽的底部装有往复摆动的搅拌器，用来搅拌矿浆，使固体颗粒呈悬浮状态，防止其沉积在槽底。搅拌器的传动系统见图 13 – 13。搅拌器支承在筒体两端的主轴承座上。搅拌器是由电动机 1 通过弹性联轴节 2、蜗轮减速器 3、链传动 4、直齿齿轮副 5 带动曲柄销 8 运动，从而使搅拌器绕主轴承座作往复摆动进行搅拌作用。

　　分配头是过滤机的重要部件，其位置固定不动，它的一面与喉管密合并保持滑动接触。喉管有与过滤室数量相同的孔道，每个孔道都经过管子分别和对应的一个过滤室接通。为了维修方便，在分配头和喉管之间加了一块可以更换的零件——分配盘。分配头的另一面有管子与真空泵、鼓风机相联。通过它控制过滤机的各个过滤室依次地进行过滤、滤饼脱水、卸

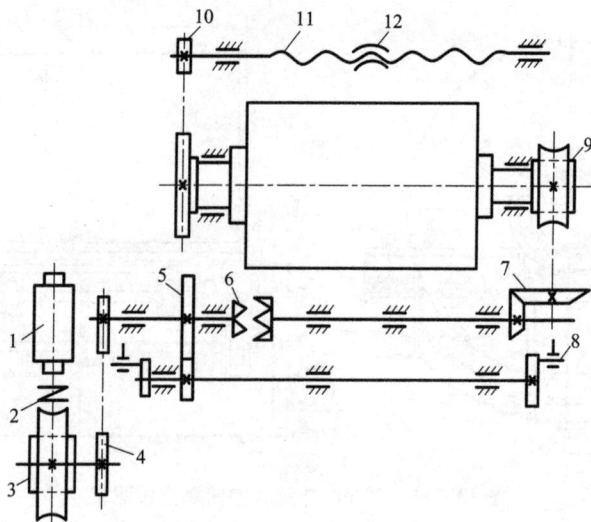

图 13 – 13　传动系统示意图

1—电动机；2—联轴节；3—蜗轮减速器；4—链传动；5—直齿齿轮副；6—离合器；
7—圆锥齿轮副；8—曲柄销；9—蜗轮减速器；10—链传动；11—螺杆；12—螺母(绳轮座)

料以及清洗滤布。

分配头内部有几个布置在同一圆周上并且互相隔开的空腔，形成几个工作区(见图 13 – 14)。Ⅰ区和Ⅱ区与真空泵接通，工作时里面为负压，与Ⅰ区相对应的筒体部分浸在矿浆中，称为过滤区，Ⅱ区在液面之上，称为滤饼脱水区。Ⅵ区和Ⅳ区都与鼓风机相通，工作时里面为正压。Ⅳ区为卸料区，Ⅵ区为滤布清洗区。Ⅲ、Ⅴ、Ⅶ三个区不工作，只是为了把其他几个工作区域隔开。

过滤机工作时，筒体在矿浆槽内旋转，处于筒体下部位置的过滤室经过管子、喉管与分配头的Ⅰ区接通，室内为负

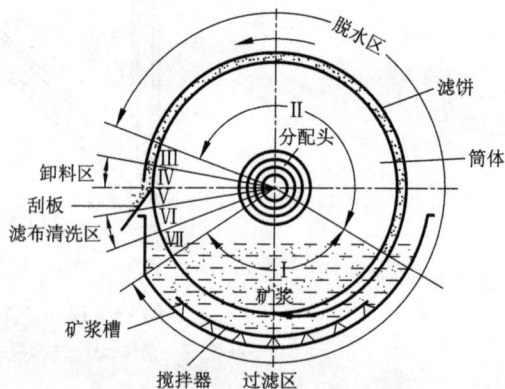

**图 13 – 14　外滤式过滤机工作原理和
分配头分区示意图**

压，水透过滤布进入过滤室，被真空泵抽向机外，滤布表面形成滤饼。当过滤室转到脱离液面的位置以后，过滤室与分配头的脱水区接通，滤饼中所含的水分进一步降低。当这个过滤室转到与分配头Ⅳ区接通时，鼓风机使有压力的空气经过分配头、喉管、管子吹入过滤室，使该过滤室内由负压变成正压，使脱水后的滤饼与滤布脱离，并用刮板刮下来排出机外。该过滤室继续旋转到滤布清洗区时继续向过滤室内鼓风(或鼓风与给水相配合)，清洗滤布，恢复它的透气性。清洗完毕的这个过滤室继续旋转，又进入过滤区，开始了又一次循环。

真空过滤机依靠真空作为脱水的动力，所以保持过滤室和分配头的密封性，使其具有较高的真空度(450 ~ 600 mm 水银柱)，这对提高过滤效果是很重要的。分配头要经常进行润滑

和检查，并且要定期修检。滤布要注意清洗，发现破漏须及时修补。否则，不仅会降低真空度，而且会使大量的矿砂进入过滤室造成过滤机各部分的磨损。

外滤式过滤机在选矿厂主要用来过滤粒度比较细、不易沉淀的浮选有色金属和非金属精矿。

二、内滤式圆筒真空过滤机

内滤式圆筒真空过滤机的构造如图 13-15 所示。这种过滤机的滤布装于筒体的内表面。筒体的一端支承在主轴承上，而另一端支承在托辊上，并由传动机构驱动旋转。喉管和分配头的作用与外滤式过滤机相同，结构也与其相似。不同的是分配头内抽真空和鼓风区域的位置不一样。内滤式过滤机在筒体内部形成的滤饼是在顶部位置卸料，并用皮带运输机或溜槽运出机外。

内滤式过滤机的矿浆装在筒体内部，在形成滤饼时，除了依靠真空的压力以外，由于没有采用搅拌器，还可以借助于固体颗粒本身的重力。矿浆中粒度较大的颗粒沉降速度大，先附着在滤布上，粒度较小的颗粒沉降速度慢，后附着于大颗粒的上面，这样形成的滤饼透气性好，还可以减少滤布的堵塞。内滤式过滤机的缺点是不便于观察过滤机的工作情况，维修工作不方便。

在选矿厂中，内滤式过滤机主要用来过滤磁选的铁精矿。

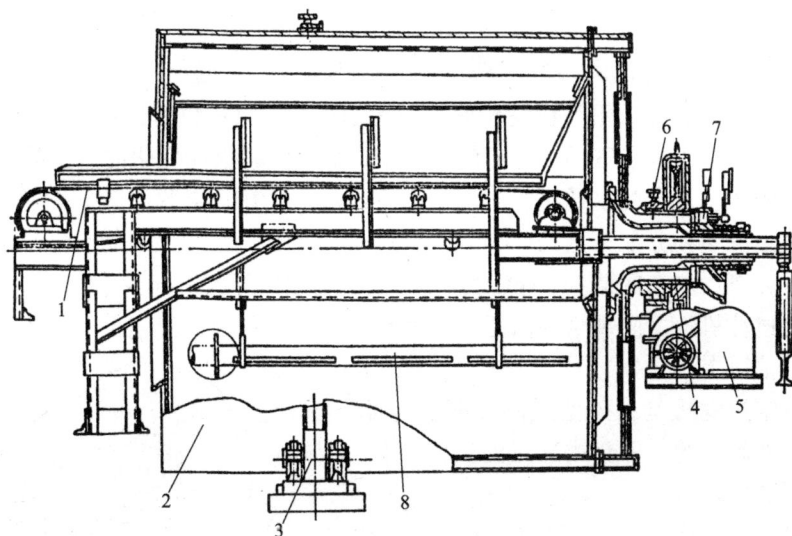

图 13-15 40 m² 内滤式圆筒真空过滤机
1—皮带运输机；2—筒体；3—托辊；4—喉管；5—传动机构；6—主轴承；7—分配头；8—给矿管

三、真空磁力过滤机和折带式真空过滤机

外滤式和内滤式真空过滤机都存在着生产能力低和脱水效果较差的缺点，不能适应生产发展的需要。近年来，在筒式真空过滤机的基础上，设计和生产出了真空磁力过滤机和折带式真空过滤机。这两种新型过滤机在我国一些选矿厂已经取得了较好的使用效果。

真空磁力过滤机(见图13-16)主要适用于粒度较粗的强磁性矿物精矿矿浆的脱水。它的构造类似于外滤式圆筒真空过滤机，不同之处是给矿槽在筒体的上部，筒体内部装有锶铁氧体永久磁系，促使磁性矿物迅速地吸引到滤布表面。

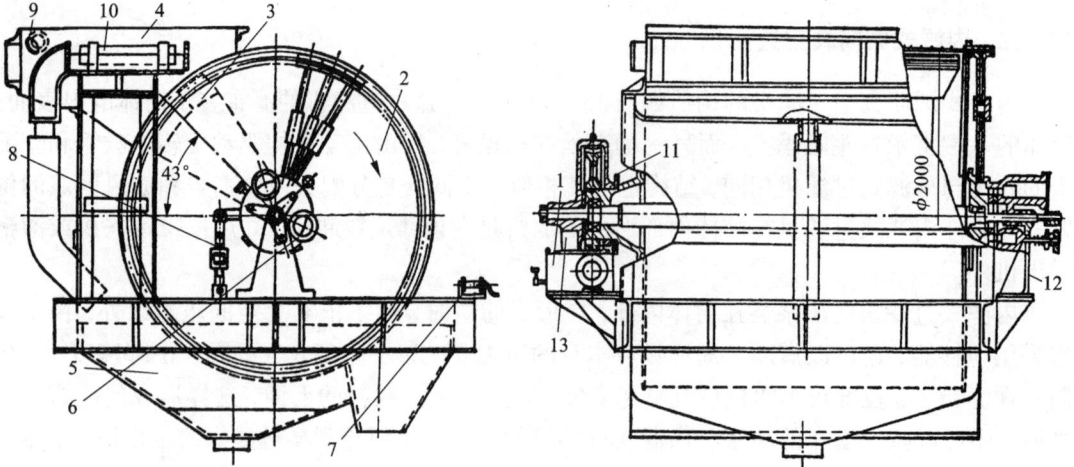

图13-16 真空磁力过滤机

1—传动装置；2—筒体；3—永久磁系；4—给料槽；5—溢流槽；6—分配头；7—绕线装置；
8—风区调整螺杆；9—给料管；10—溢流堰；11—大链轮；12—支架；13—磁系调整螺杆

由于上部给料，使得滤饼按粒度分层的效果更加明显。当磁性精矿形成滤饼时，颗粒同时受到重力和磁力的作用，粗颗粒精矿向滤布运动得快，粗颗粒首先接触滤布，所以，滤饼的透气性好。其次，滤饼在磁场区形成的过程中，由于磁系极性变化而产生的磁搅动作用也有利于滤饼的脱水。大量的水通过给矿槽的溢流口溢出。在真空脱水区，滤饼中的残存水分透过滤布并经过滤室和分配头上的两个真空管路而被抽出。滤饼用压缩空气吹落，并借助刮板刮下。卸料完毕后滤布的清洗、冲洗是用鼓风和水交替进行的。

真空磁力过滤机较之同规格的内滤式过滤机，其效率提高三倍以上。

折带式真空过滤机是在外滤式圆筒真空过滤机的基础上发展起来的一种新式过滤机。它对细、黏物料的过滤效果较好。

外滤式过滤机过滤细、黏物料时，存在卸料困难，透气性差，滤布易堵塞，滤饼水分高，生产能力低等缺点。如何改善细、黏物料的脱水效果一直是脱水作业中的一个难题，国内外为解决这一问题做了许多工作。折带式真空过滤机改变了卸料方式，又加强了滤布的清洗，所以使细、黏物料的脱水效果获得了改善。

折带式真空过滤机的结构和工作示意图如图

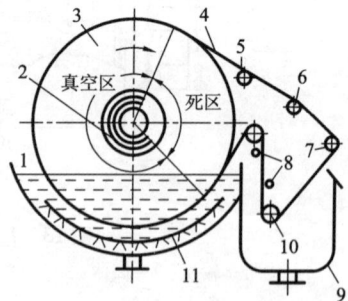

图13-17 折带式真空过滤机的
结构和工作示意图

1—矿浆槽；2—分配头；3—筒体；4—滤布；
5—托辊；6—调整辊；7—卸料辊；8—水管；
9—清洗梅；10—张紧轮；11—搅拌器

13－17所示。它的滤布布置与外滤式过滤机不同。当滤饼经过真空区以后，滤布就由一套辊子引出筒外进行卸料和清洗，清洗好的滤布再回到筒体上重新工作。

折带式真空过滤机不用鼓风卸料，而是使滤布绕过卸料辊，通过变化曲率使滤饼自动下落。也可以用刮板等机构帮助卸料。这种卸料方式，不仅卸料比较完全，提高了过滤机的生产能力，而且不用鼓风，避免了回水造成的滤饼水分的增加。外滤式过滤机虽然采用鼓风清洗滤布，但是，因为滤布固定在筒体上，清洗区角度较小，清洗不够彻底。折带式过滤机将其滤布引出筒体以外，可以有足够的时间并采取有效的方法清洗滤布。一般用压力水冲洗滤布的两面，根据实际需要还可以用刷子和打布器等装置进行更彻底的清洗，以保证滤布的透气性。

四、过滤系统

选矿厂中，矿浆脱水一般分两段进行——浓缩和过滤。过滤操作需要很多的辅助机械和设备。真空过滤机必须与气水分离器、真空泵、鼓风机、离心泵、自动排液装置、管路等组成一个系统才能正常工作。过滤系统的配置大致可分为三种，如图13－18所示。

图13－18(a)中，滤液和空气先被真空泵抽到气水分离器，空气由上部被抽走，滤液从下部自动地流入水池内。因为气水分离器中是负压，所以要使滤液能从分离器中排出，分离器下底和水池要保持有9m的高差。这种配置方式的最大缺点是过滤机必须安装在很高的位置上，优点是滤液能自动排出，不消耗动力。

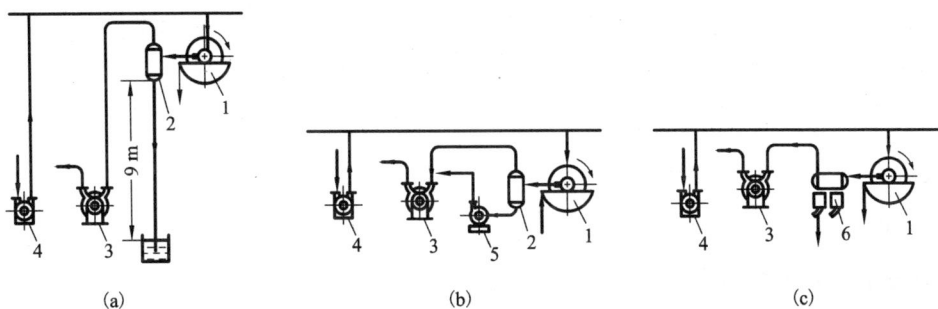

图13－18　过滤系统
1—过滤机；2—气水分离器；3—真空泵；4—鼓风机；5—离心泵；6—自动排液装置

图13－18(b)中，进入气水分离器中的滤液用离心泵强制抽出。过滤机的安装位置可以较低。缺点是需要专门设置离心泵，要消耗动力。

图13－18(c)中，用自动排液装置取代了气水分离器和离心泵。这种过滤系统，滤液既能自动排出，又不需要将过滤机设置在很高的位置上。

自动排液装置是利用过滤系统内部的负压和滤液产生的浮力之间的平衡与不平衡，周期性地自动放出滤液，不需要另外的动力来源。

自动排液装置的结构如图13－19所示。图示位置为右边排液箱与气水分离器的通路被橡胶阀隔绝，空气阀顶起，空气进入排液箱内，箱内形成正压，于是闭死上部的单向阀，箱内积存的滤液靠自重从排液阀流出；与此同时，左边排液箱内的橡胶阀打开，空气阀关闭，箱内形成负压，排液阀靠大气压力关闭，气水分离器中的滤液流入箱内。随着流入滤液的增加，浮筒所受的浮力增大。当左排液箱内浮筒所受的浮力大于右排液箱内浮筒所受的向上压力时，通过杠杆的作用使左浮筒升起，右浮筒下降。左右排液箱的工作状态相互变换。

过滤系统中采用的真空泵，一般为水环式和柱塞式两种。水环式真空泵允许滤液带入泵中短期运转，其维护较简单，但消耗动力大。柱塞式真空泵需要的功率小，维护比较麻烦，要求避免滤液带入真空泵中。在采用柱塞式真空泵的系统中往往设置一个气水分离器，以净化进入真空泵汽缸中的空气。过滤机所需要的真空度为 450～600 mm 水银柱，每平方米过滤面积需要吸气量约为 0.8～1.3 m³/min。

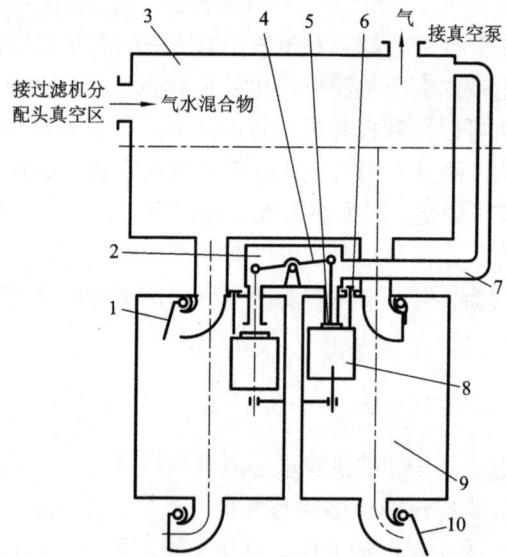

图 13 – 19　自动排液装置的结构和工作原理示意图

1—单向阀；2—杠杆箱；3—气水分离器；4—杠杆；5—橡胶阀；6—空气阀；7—连通管；8—浮筒；9—排液箱；10—单向阀

在过滤系统中，一般采用叶式或罗茨鼓风机集中供给鼓风卸料和滤布清洗。一些使用水环式真空泵的选矿厂利用水环式真空泵排出的空气作为卸料和清洗滤布用，效果很好，节省了鼓风设备和动力消耗。采用这种方法供给压缩空气，需要在真空泵排气管道中加一个气水分离器，以减少鼓风带入过滤室中的水分。过滤机需要的鼓风压力为 0.1～0.3 kg/cm²，每平方米过滤面积需要压缩空气量为 0.2～0.5 m³/min。

五、真空过滤机的工作参数

过滤机的工作参数有：生产能力和滤饼水分、筒体转数、电动机功率等。这些参数的确定与被过滤的矿浆种类和浓度、以及过滤机的类型有关。

1. 生产能力和滤饼水分

生产能力和滤饼水分是衡量过滤机性能和生产情况的主要指标。选矿厂使用的过滤机大部分是以滤饼为产品。过滤机的生产能力系指干精矿的产量。生产能力的大小，通常用过滤机的利用系数来表示，即用每平方米过滤面积每小时生产干精矿粉的吨数表示。滤饼水分是指滤饼中含水重量的百分比，如滤饼水分为 11%，是指一吨滤饼中含有 0.11 t 水。

过滤机的生产能力和滤饼水分与机器本身性能有关，也与被过滤物料的性质、粒度、矿浆的粘度和浓度有很大关系。

筒式过滤机的利用系数可用下式计算：

$$W = 60n\delta\gamma(1 - M) \quad [t/(m^2 \cdot h)] \tag{13 - 6}$$

式中：n——筒体每分钟的转数，r/min；

　　　δ——滤饼厚度，m；

　　　γ——滤饼容重，t/m³；

　　　M——滤饼水分。

2. 筒体的转数和耙式搅拌器的摆动次数

筒体的转数对生产能力和滤饼水分影响很大。筒体的转数随被过滤的物料性质和矿浆浓度而定。过滤浮选精矿等物料时，可取 $n = 0.15 \sim 0.6$ r/min；过滤磁选精矿等物料时，$n = 0.5 \sim 2.0$ r/min。易过滤的物料选用较高转速，反之，选用低转速。

在设计过滤机时，筒体的转数不能定为一个转数，为了适应各种不同物料过滤的要求，筒体的转数要有一个变化范围，因此，过滤机传动系统中要有一个无级变速箱，以便根据使用条件具体选定一个适合的筒体转数。

耙式搅拌器的摆动次数通常为 20 ~ 60 r/min。一般均采用低的搅拌次数，只有个别极易沉淀的物料才选用较高的搅拌次数。

3. 电动机功率

真空过滤机在运转中所消耗的功率主要用来克服两端主轴颈或辊圈的摩擦阻力矩 M_1、分配头处分配盘与错气盘之间的摩擦阻力矩 M_2、刮刀刮取滤饼的阻力矩 M_3、筒体上滤饼的重力对筒体产生的阻力矩 M_4、搅拌器搅拌矿浆的阻力矩 M_5 以及传动系统各部分的摩擦损失等。M_1、M_2、M_3、M_4 和 M_5 都可以用理论公式计算出来，传动系统各部分的摩擦损失用传动效率来考虑。

过滤机所需的电动机功率可以用理论公式计算，也可以用经验公式确定。下面仅介绍确定电动机功率的经验公式。

(1)外滤式筒型真空过滤机

筒体和搅拌器分别传动时，筒体的电动机安装功率 N_1 用下式确定：

$$N_1 = (1.2 \sim 1.5)\sqrt{\frac{A}{10}} \quad (kW) \tag{13-7}$$

式中，A 为过滤面积，m^2。过滤机效率高，传动效率低时，式中系数取大值，反之取小值。

搅拌器的电动机安装功率 N_2：

$$N_2 = (1.0 \sim 1.3)N_1 \quad (kW) \tag{13-8}$$

(2)内滤式筒型真空过滤机

$$N = (1.7 \sim 2.0)\sqrt{\frac{A}{10}} \quad (kW) \tag{13-9}$$

式中，N 为电动机功率，kW；A 为过滤面积，m^2。筒体直径大，传动系统效率低，过滤机效率高时，式中系数取大值，反之取小值。

第十四章　移动式选矿厂

移动式破碎筛分厂在筑路和水泥工业中已经得到广泛的应用。随着工业生产发展的需要，为了加快建设速度，降低基建投资费用，以及适应作业地点需要经常变动的特点，移动式选矿厂（破碎、筛分、磨矿、分级、选别、脱水）也逐渐地得到应用和发展。目前，国外已经发展成系列移动式选矿厂，其处理能力已达到日处理量 400 t。

移动式选矿厂可以分为半移动式选矿厂（机器装在雪橇式框架上）和移动式选矿厂（机器安装在平板拖车上）。

石料加工厂使用的半移动式破碎筛分厂的机械流程如图 14 – 1 所示。

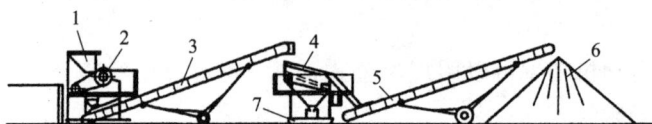

图 14 – 1　半移动式破碎筛分厂的机械流程图

1—给料槽；2—颚式破碎机；3—皮带运输机；4—振动筛；5—皮带运输机；6—料堆；7—雪橇式框架

更换作业地点时，机器设备可用平板卡车及平板拖车运输（见 14 – 2）。

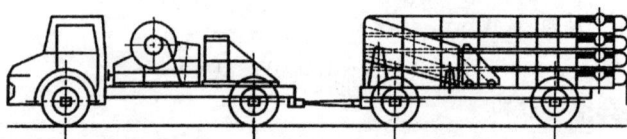

图 14 – 2　半移动破碎筛分厂的运搬

移动式破碎筛分厂的机械流程如 14 – 3 所示。各拖车之间用皮带运输机相连。

移动式浮选厂的设备配置及流程如图 14 – 4 所示。移动式选矿厂的机械流程是由许多移动单元（平板拖车）按照一定的、相互联系的工序组合而成。每个移动单元由安装在一辆平板拖车上的一台或几台机器构成。移动式选矿厂也是采用平板卡车及平板拖车搬运。

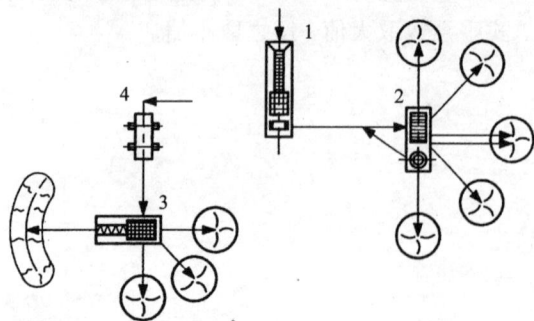

图 14 – 3　移动式破碎筛分厂的机械流程图

1—粗碎拖车；2—中细碎拖车；3—分级脱水拖车；4—洗矿拖车

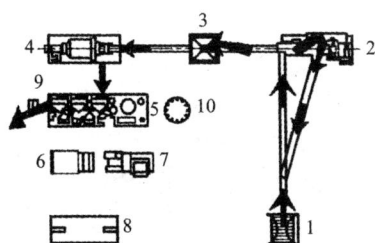

(a)设备配置及流程图　　　　　　　　　　　　　　　　(b)移动式浮选厂现场图片

图 14 - 4　移动式浮选厂的设备配置及流程图

1—原矿给料箱；2—破碎机组；3—中间给料箱；4—磨矿机组；5—浮选机组；
6—浓缩箱；7—过滤机组；8—发电机组；9—砂泵；10—水箱

　　根据选矿工艺流程的要求，我们可以将一个工序或几个工序集中在一辆平板拖车上。显然，在一辆平板拖车上组合的工序越多，则每一工序承担的基础费用就越少。但是，在平板拖车上组合工序的多少取决于机器的重量和维修的条件。若组合的机器多，则拖车承受的重量大，机器间的空隙减小，不利于设备检修；同时，在拖车上集中的工序愈多，则工序间的转载运输就会增多，因而要把这些机器布置在狭窄的空间上是很困难的。若采用皮带运输机时，还要受运输倾角的限制。在一辆拖车上组合的工序过多，也不能适应选矿流程变化时的要求，降低了它的通用性。根据实践经验，在一辆平板拖车上集中的工序，最多为4道工序，通常为3道工序。

　　为了便于工序间的联系，一般将皮带运输机作为一个独立的移动单元。常用的移动式皮带运输机的结构如 14 - 5 所示。

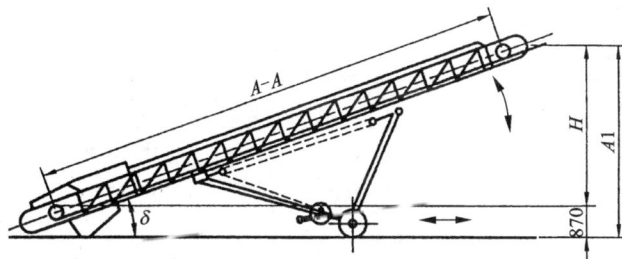

图 14 - 5　移动式皮带运输机

　　皮带运输机的卸载高度与皮带运输长度有关，其值可参考图 14 - 6 选取。

　　图 14 - 7 粗碎流程的机械设备在平板拖车上的一种配置方案。原矿通过斗式装载机给入板式给矿机上，并输入双层重型振动筛。筛上产品进入颚式破碎机破碎。破碎产品与筛分的中间产品经皮带运输机送往下一工序。筛下产品经皮带运输机送到另一工序。粗碎破碎机也可采用反击式破碎机。表 14 - 1 为粗碎流程各种机械设备的技术特征。

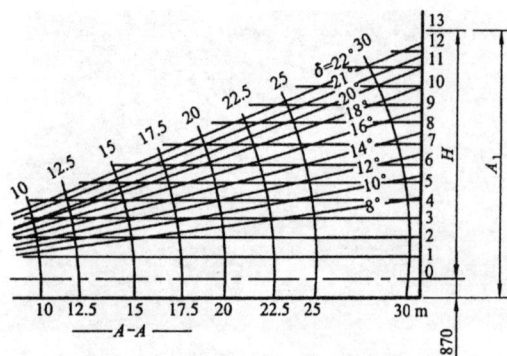

图 14-6 皮带运输机的卸载高度与
运输长度和倾角的关系

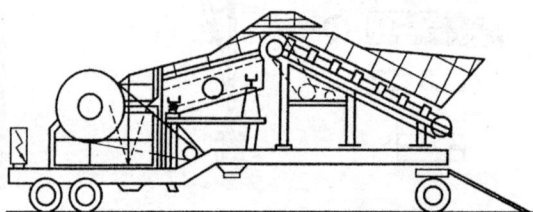

图 14-7 粗碎流程的平板拖车

表 14-1 粗碎流程机械设备的技术特征

复摆颚式破碎机规格	500/350				600/425				800/570			
最大给矿粒度/mm	450×320				500×400				750×550			
排矿口宽度/mm	35	50	65	85	50	65	85	110	85	110	135	
生产率/(t·h⁻¹)	20	30	37	45	37	45	60	75	75	90	110	
产品粒度/mm	60	85	110	130	85	110	130	150	130	150	180	
电动机功率/kW	22~30				30~45				45~55			
重型振动筛												
长度×宽度/mm×mm	2000×800											
上筛面筛孔/mm	30/80；40/90；60/110											
下筛面筛孔/mm	15~50											
电动机功率/kW	7.5~11											
板式给矿机												
长度×宽度/mm×mm	4000×650				4000×650				4000×800			
生产率/(t·h⁻¹)	0~100				0~125				0~150			
电动机功率/kW	3~4				3~4				4~5			
平板拖车												
长度×宽度/mm×mm	10190×2500				10190×2500				11955×2500			
车轴数	2				2				3			
轮胎	8×250—15				8×250—15				12×250—15			
总功率/kW	32.5~45				40.5~60				56.5~71			

注：平板拖车附有气压制动器、停车制动器和自动制动器。

图 14 - 8 为由两台筛子和圆锥破碎机
（或颚式破碎机、反击式破碎机）组成的一
种中细碎流程。上部筛子上的物料被分成
三种粒级。筛上产品进入圆锥破碎机。破
碎产品可以采用闭路循环或送到下一工
序。筛下产品落人下部筛子上，又分成四
种粒级。上部筛子的中间产品和下部筛子
的四种产品分别经皮带运输机排到料堆上
或下一工序。

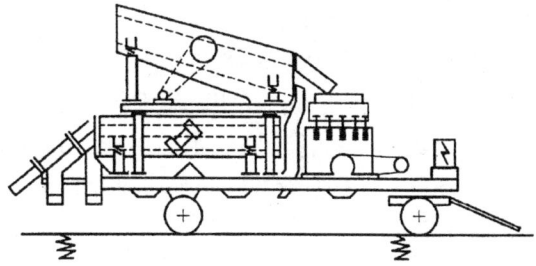

图 14 - 8　中细碎流程的平板拖车

中细碎流程各机械设备的技术特征见表 14 - 2。

表 14 - 2　中细碎流程机械设备的技术特征

圆锥破碎机																				
破碎锥底部直径/mm	600			700			700			700			900			900			900		
最大给矿粒度/mm	30	45	60	35	60	80	80	85	120	120	135	150	35	55	80	80	95	120	110	130	150
排矿口宽度/mm	8	12	16	9	15	21	21	23	26	26	28	30	9	15	21	21	23	25	25	28	30
生产率/(t·h⁻¹)	14	17	23	28	35	45	45	48	53	52	54	58	42	52	65	65	70	74	74	78	84
产品粒度/mm	12	20	25	15	24	33	33	36	40	40	44	48	15	24	33	33	36	39	39	44	50
破碎机电动机功率/kW	30 ~ 45			55 ~ 75			55 ~ 75			55 ~ 75			75 ~ 90			75 ~ 90			75 ~ 90		
油泵和冷却器/kW	1 ~ 1.5			1 ~ 1.5			1 ~ 1.5			1 ~ 1.5			1 ~ 1.5			1 ~ 1.5			1 ~ 1.5		
圆形振动筛																					
长度×宽度/mm×mm	300×1250			4000×1250			4000×1250			4000×1250			4000×1500			4000×1500			4000×1500		
每层筛面面积/m²	3.75			5			5			5			6			6			6		
筛面层数	2			2			2			2			2			2			2		
上筛面筛孔/mm	40			40			40			40			40			40			40		
下筛面筛孔/mm	25			25			25			25			25			25			25		
电动机功率/kW	7.5 ~ 11			11 ~ 15			11 ~ 15			11 ~ 15			15 ~ 18.5			15 ~ 18.5			15 ~ 18.5		
直线振动筛																					
长度×宽度/mm×mm	4000×1250			4000×1250			4000×1250			4000×1250			4000×1500			4000×1500			4000×1500		
每层筛面面积/m²	5			5			5			5			6			6			6		
筛面层数																					
上筛面筛孔/mm	16			16			16			16			16			16			16		
中间筛面筛孔/mm	8			8			8			8			8			8			8		
下筛面筛孔/mm	4			4			4			4			4			4			4		
电动机功率/kW	5 ~ 7.5			5 ~ 7.5			5 ~ 7.5			5 ~ 7.5			7.5 ~ 9.0			7.5 ~ 9.0			7.5 ~ 9.0		
平板拖车																					
长度×宽度/mm×mm	10740×2500			10840×2500			10840×2500			10840×2500			10900×2500			10900×2500			10900×2500		
轴数	2			2			2			2			2			2			2		
轮胎	8×250 -15			8×300 -15			8×300 -15			8×300 -15			8×300 -15			8×300 -15			8×300 -15		
总功率/kW	43.5 ~ 65			72 ~ 99			72 ~ 99			72 ~ 99			98.5 ~ 119			98.5 ~ 119			98.5 ~ 119		

图 14 - 9 所示的破碎机组是由双层筛、颚式破碎机和圆锥破碎机组成的。它采用闭路循环作业。机组总重为 19 t。

图 14 - 10 所示为由一台具有三层筛面的筛子和螺旋分级机组成的一种分级脱水流程。物料在筛子上被分成四种粒级。筛上产品分别经皮带运输机送到料堆上或下一工序。筛下产品经螺旋分级机进行清洗和脱水后也送到料堆上。螺旋分级机的规格尺寸为 $\phi 600 \times 6000 \sim \phi 1000 \times 7500$。拖车上设备的安装功率为 8.5～33.5 kW。平板拖车的长度为 10.5～12 m，宽度为 2.5～2.82 m。

图 14 - 9　破碎机组

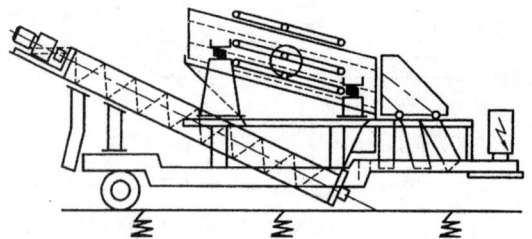

图 14 - 10　分级脱水流程的平板拖车

当物料的含泥量过多时，可以布置一个洗矿工序。洗矿筒作为一个独立的移动单元安置在滚轮上（见图 14 - 11），它可以灵活地用在选矿流程的任一工序中。

图 14 - 12 为磨矿机组的设备配置图。磨矿机组有球磨机（或棒磨机）、砂泵、水力旋流器等。设备总重约 25 t，安装在一辆平板拖车上。球磨机为格子型，采用橡胶衬板，比钢衬板轻 3～4 t。目前已有规格更大的磨矿系统，其电动机功率为 220 kW。

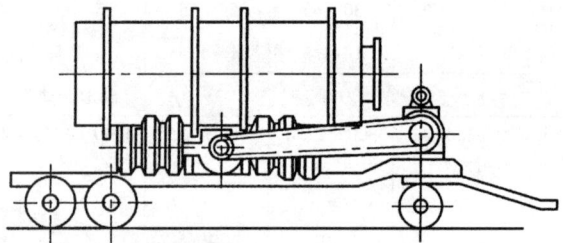

图 14 - 11　洗矿工序的平板拖车

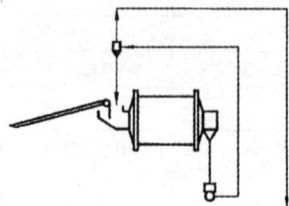

图 14 - 12　磨矿机组的配置（左）及物料流程（右）图

选别设备有浮选、重选或浮选加重选。浮选拖车上(图14-13)安装有粗、扫、精选、浮选槽、搅拌槽、给药设备、鼓风机和砂泵。机组重约15 t。为了在一定有效面积上获得更多的浮选容积,可采用深槽浮选机。目前已有处理能力为20 t/h的拖车浮选系统。

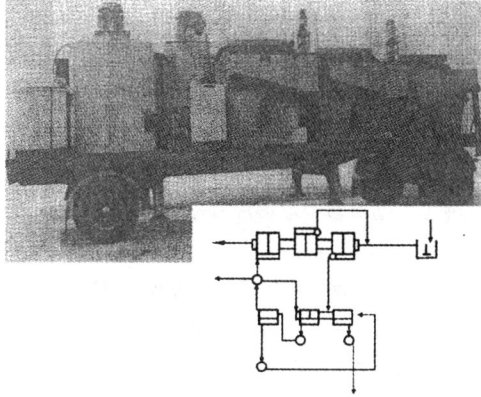

图14-13　拖车浮选系统

拖车摇床系统(见图14-14)装有三台三层摇床、给矿分配器、砂泵等设备,总重约10 t。

螺旋选矿机在平板拖车上的配置如图14-15所示。拖车上装有给矿分配器、螺旋选矿机、精矿箱和砂泵。设备总重约9 t。

图14-14　拖车摇床系统

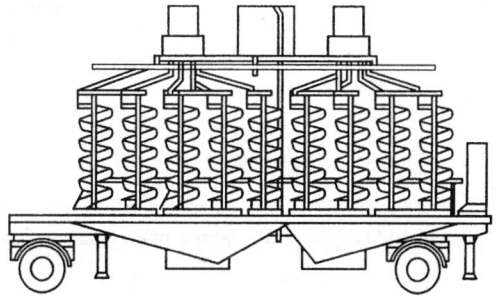

图14-15　螺旋选矿机的配置

移动式选矿厂具有结构紧凑、移动灵活的特点,可以满足各种工艺流程的需要,特别适于作业地点经常变化的要求。移动式选矿厂与固定式选矿厂相比,不仅可以省去基建费、机器基础施工费和安装费,而且还可以节约很多基建时间,加快建设速度。目前,对于小而富的矿床,以及从尾矿中回收有用成分或加速仍处在勘探阶段的新矿区的开发,移动式选矿厂是十分经济有效的选择。

参考文献

[1] 周恩浦等. 粉碎机械的理论与应用[M]. 长沙：中南大学出版社，2004

[2] 周恩浦等. 矿山机械(选矿机械部分)[M]. 北京：冶金工业出版社，1979

[3] 洛阳矿山机械研究所. 机械工程手册(第66篇矿山机械)[M]. 北京：机械工业出版社，1981

[4] 沈阳重型机器厂编译. 国外破碎粉磨设备发展概况与结构计算[M]. 北京：机械工业出版社，1975

[5] 沈阳选矿机械研究所. 选矿机械[M]. 北京：机械工业出版社，1974

[6] 任德树. 粉碎筛分原理与设备[M]. 北京：冶金工业出版社，1984

[7] 李启衡. 破碎与磨矿[M]. 北京：冶金工业出版社，1980

[8] 神保元二等. 粉碎[M]. 北京：中国建筑工业出版社，1985

[9] B. A. WILLS. MINERAL PROCESSING TECHNOLOGY. PERGAMON PRESS, 1981

[10] 煤炭工业部选煤科技情报中心站组织. 国外选煤设备手册[M]. 北京：煤炭工业出版社，1981

[11] 李先炜. 岩块力学性质[M]. 北京：煤炭工业出版社，1983

[12] Реаакционнад Коллегпд, БОГДАНОВ О С 等. СЛРАВОЧНИК ПО ОБОГАЩЕННИЮ РУД (ПОДГОТОВИТЕЛЕЛЬНЫЕ ПРОДЕССЫ). МОСКВА〈HEDPA〉, 1982

[13] GUSZTAV TARJAN. MINERAL PROCESSING (VOLUME 1), AKADEMIAI KIADO. BUDAPEST, 1981

[14] KLAUS SCHÖNERT. ZERKLEINERN. Karlsruhe, 1978

[15] ERROL. G. KELLY, DAVID J. SPOTTISWOOD, Introduction to Mineral Processing

[16] 周恩浦. 关于第三破碎理论——裂缝假说的应用[J]. 北京：矿山机械，1980，No. 6

[17] Клущаннев Б В, Волчек В И. Исследованид режимов дробленид в щековых дробилках. 〈Строителцние и дорожнне мащинн〉, 1968, No. 6

[18] Клущанцев Б В, Волчек В И. Оптималсные режимы работн щековых дробилок с простнм движением щеки. 〈Строителснне и дорожнне Мащиннх〉, 1969, No. 9

[19] КЛУЩАНЦЕВ Б В. Расчет произэводи – Телсности щековых и конхснних дробилок, Строителснне и дорожнне Мащинн, 1977, No. 6

[20] НИКОЛАИ Е Л. 理论力学[M]. 北京：高等教育出版社，1954

[21] БАРАБАЩКИН В П. МОЛОТКОВНЕ И РОТОРНЫЕ ДРОБИЛКИ. Москва, 1963

[22] Бауман В А, Роторние Дробилки. Мащиностроение, 1973

[23] Lewinski J, Mazela A. Analyse des Stobes eines Einzelpartikels gegen den Hammer von Hammerbrechern, Aufbereitungs Technik, иг, 1985, No. 10